Jörg Link

Computergestützte Fertigungswirtschaft

Dr. Jörg Link

Computergestützte Fertigungswirtschaft

Die Automatisierung fertigungswirtschaftlicher Planungs- und Realisationsprozesse

ISBN-13: 978-3-409-31871-6   e-ISBN-13: 978-3-322-83853-7
DOI: 10.1007/978-3-322-83853-7

Vorwort

EDV-Systeme, NC-Maschinen, Prozeßrechner und Industrieroboter haben in den letzten 20 Jahren dazu beigetragen, Diebolds "automatische Fabrik" in immer stärkerem Umfang Wirklichkeit werden zu lassen. Dabei sind es nicht mehr so sehr die Fertigungsstraßen und Fertigungsautomaten der Großserienfertigung, die Erscheinungsbild und Weg der fertigungswirtschaftlichen Automatisierung prägen ("Detroit Automation"), sondern zunehmend die für alle Arten von Aufgaben und Fertigungstypen eingesetzten Elektronischen Datenverarbeitungssysteme:

- Über das weite Feld der Material- und Zeitwirtschaft hinaus werden Computer heute auch in den vorgelagerten Bereichen der Konstruktion sowie Stücklisten- und Arbeitsplangenerierung eingesetzt;

- Prozeßrechner steuern selbsttätig ganze Walzstraßen, Hochöfen, Chemie- und sonstige Fertigungsanlagen sowie Prüfsysteme und Lagerhäuser;

- Datenverarbeitungssysteme unterschiedlichster Struktur und Leistungsfähigkeit übernehmen in Werkzeugmaschinen die Steuerung aller Relativbewegungen Werkzeug/Werkstück sowie der Werkzeug- und ggf. Werkstückhandhabung (NC-, CNC-, AC-Systeme);

- Computer schließlich stellen auch eine zentrale Komponente der jüngsten und der Vorstellung von einer "automatischen Fabrik" am nächsten kommenden Konzeption dar: Ganze Gruppen materialflußtechnisch verketteter NC-Systeme werden von hierarchisch angeordneten EDV-Programmen gesteuert und können auf diese Weise die Fertigung kompletter Teilespektren ohne menschlichen Eingriff - d. h. quasi autonom - abwickeln (Randomfertigung).

Für Betriebswirtschaftslehre und Organisationswissenschaft stellt sich nun die Aufgabe, in Forschung und Lehre mit diesen längerfristig so tiefgreifenden Veränderungen innerhalb ihres Erfahrungsbereiches Schritt zu halten. Diese Veränderungen können nicht aus einer traditionalen Abwehrhaltung bzw. Grenzziehung zwischen den Wissenschaften heraus der ingenieurwissenschaftlichen Behandlung allein überlassen bleiben, sondern müssen in ihren ökonomischen sowie organisations- und arbeitswissenschaftlichen Dimensionen voll in die Betriebswirtschaftslehre integriert werden.

Die vorliegende Arbeit will als ein Beitrag in diesem Sinne verstanden werden.

Über diese grundsätzliche Zielsetzung hinaus will sie aber auch gewisse allgemeine Entscheidungshilfen für den praktischen Einsatz derartiger technologischer Systeme in der Fertigungswirtschaft geben. Es wird aufgezeigt, bei welchen betrieblichen Gegebenheiten welche Systeme im Grundsatz als wirtschaftlich sinnvoll anzusehen sind; ergänzend werden konkrete Automatisierungsbeispiele aus führenden Unternehmungen verschiedenen Fertigungstyps dargestellt.

Entstanden ist diese Arbeit als Dissertation an der Justus Liebig-Universität in Gießen ("Die Automatisierung fertigungswirtschaftlicher Planungs- und Realisationsprozesse", Gießen 1976); in diesem Zusammenhang ist es mir ein Anliegen, meinen akademischen Lehrern jener Zeit, Prof. Dr. D. Hahn sowie Prof. Dr. K. Bleicher, für die erfahrene Unterstützung zu danken.

Jörg Link

Hilden, im September 1977

Zusammengefaßte Inhaltsübersicht

Inhaltsverzeichnis

1. Einführung

11 Problemstellung

Der tieferliegende und zunächst ohne einen besonderen Bezug zur Fertigungswirtschaft zu sehende Ausgangspunkt der vorliegenden Untersuchung sind zwei Aufgabenstellungen der Betriebswirtschaftslehre, die - nach Meinung kompetenter Fachvertreter - insbesondere auch seitens der Betriebswirtschaftlichen Organisationstheorie noch erhebliche Anstrengungen in der Zukunft erfordern werden: Es handelt sich

a) um die Anpassung der Betriebswirtschaftslehre im allgemeinen und Betriebswirtschaftlichen Organisationstheorie im besonderen an die außerordentlich bedeutsamen technologischen Veränderungen innerhalb ihres Erfahrungsbereiches, und

b) um das pragmatische Wissenschaftsziel der Erarbeitung anwendungsorientierter Entscheidungshilfen für die Unternehmungspraxis.

Zu a): Immer wieder ist - besonders auch in den letzten zehn Jahren - die Forderung erhoben worden, Betriebswirtschaftslehre und Betriebswirtschaftliche Organisationstheorie nicht isoliert von den faktischen technologischen Gegebenheiten unserer Zeit weiterzuentwickeln, wobei vor allem auf die Elektronische Datenverarbeitung Bezug genommen wurde (1). Eine erste und bereits frühzeitig gezogene Konsequenz aus den tech-

---

1) Vgl. Grochla, E., Automation und Organisation, Wiesbaden 1966; Schmidt, E., Die Automation in organisationstheoretischer Betrachtung, Berlin 1966; Wild, J., Betriebswirtschaftliche Organisationslehre: Gegenwartsstand und Zukunftsperspektiven, in: ZfürO 1969, S. 3, 9; Hartmann, B., Integrierte Datenverarbeitung und Informationssysteme in der Unternehmung, in: Haberlandt, K. (Hrsg.), Automatisierte Datenverarbeitung in Forschung und Praxis, Ludwigshafen (Rhein) 1970, S. 28; Schulz, A., Strukturanalyse der maschinellen betrieblichen Informationsbearbeitung, Berlin 1970, S. 260 f.; Szyperski, N., Zur wissenschaftsprogrammatischen und forschungsstrategischen Orientierung der Betriebswirtschaftslehre, in: ZfbF 1971, S. 273; Hartmann, B., Unternehmensführung mit Hilfe integrierter EDV-Organisationssysteme, Freiburg i. Br. 1973, S. 6.

nologischen Entwicklungen war es beispielsweise, daß die Konzeption vom Menschen als dem alleinigen Aufgabenträger in der Unternehmung in Frage gestellt wurde (2); eine weitere wichtige Aufgabe lag darin, in Gestalt der Betriebsinformatik eine wissenschaftliche Disziplin herauszubilden, die in ihren Forschungs- und Lehrinhalten dem Erfordernis einer anwendungsbezogenen und betriebswirtschaftlich orientierten Beschäftigung mit der Struktur sowie Strukturierung informationsverarbeitender Systeme Rechnung trägt (3). Dennoch kann nicht übersehen werden, daß die grundlegenden Zusammenhänge und Substitutionsprozesse zwischen den für p e r - s o n a l e Aufgabenträger vorgegebenen Problemlösungsinstruktionen einerseits und den auf m a s c h i n e l l e Aufgabenträger übertragenen Problemlösungsstrukturen andererseits inhaltlich wie auch terminologisch bis auf den heutigen Tag eine nur unbefriedigende Berücksichtigung innerhalb der betriebswirtschaftlichen und organisationstheoretischen Aussagensysteme gefunden haben. Einen nicht unwesentlichen Fortschritt vermag hier nach Auffassung des Verfassers eine verstärkte Hinwendung von Betriebswirtschaftslehre und Organisationstheorie auf den vor allem mit dem Namen SIMONs eng verbundenen a l l g e m e i n e n P r o g r a m m - A n s a t z zu bewirken (4).

zu b): Ebenso, wie bereits hinsichtlich der Betriebswirtschaftlichen Organisationstheorie als Ganzes ein ausgesprochener Mangel an operationalen Entscheidungshilfen konstatiert worden

---

2) Siehe hierzu Wegner, G., Sachmittel in der Organisation, in: Grochla, E. (Hrsg.), HWO, Stuttgart 1969, Sp. 1473 ff.; Grochla, E., Automation und Organisation, a. a. O., S. 73; Schmidt, E., Die Automation in organisationstheoretischer Betrachtung, a. a. O., S. 58.

3) Vgl. Betriebswirtschaftliches Institut für Organisation und Automation an der Universität zu Köln, Betriebsinformatik und Wirtschaftsinformatik als notwendige anwendungsbezogene Ergänzung einer allgemeinen Informatik, in: ZfürO 1969, S. 228 ff.; Grochla, E./Szyperski, N./Seibt, D., Ausbildung und Fortbildung in der Automatisierten Datenverarbeitung, München/Wien 1970; Seibt, D., Betriebsinformatik, in: Grochla, E./Wittmann, W. (Hrsg.), HWB, Stuttgart 1974, Sp. 579 ff.

4) Vgl. im einzelnen March, J. G./Simon, H. A., Organizations, New York/London/Sydney 1958, S. 141 ff.; Simon, H. A., The New Science of Management Decision, New York/Evanston 1960, S. 5 ff.; Simon, H. A., Perspektiven der Automation für Entscheider, Quickborn 1966, S. 75.

ist (5), existieren auch speziell im Hinblick auf die Strukturierung computergestützter Planungssysteme (CPS) nur relativ wenige praktikable Gestaltungsregeln i. S. v. Heuristiken
für einen wirtschaftlichen EDV-Einsatz. Derartige Anwendungsheuristiken sind bzw. wären aber unbedingt erforderlich,
um der Unternehmungspraxis zusätzliche Anhaltspunkte für
die Einleitung, Durchführung und Auswertung von Wirtschaft-
lichkeitsrechnungen bzw. Nutzwertanalysen (6) zu geben, die
gerade im Hinblick auf Organisationsprojekte mit einer besonderen Unsicherheit bzw. Problematik behaftet sind: Es
erweist sich häufig als schwierig, wenn nicht gar unmöglich,
organisatorischen Maßnahmen im allgemeinen und ebenso den
Maßnahmen der EDV-Organisation im besonderen ganz bestimmte Wirtschaftlichkeitseffekte eindeutig zuzuordnen; auch
im nachhinein kann selten einigermaßen zuverlässig und genau
ermittelt werden, welche Wirkung eine konkrete organisatorische Maßnahme im Verhältnis zu den zahlreichen anderen,
simultan in der Unternehmung wirksamen Faktoren gehabt hat
und wie sich dies etwa im Hinblick auf den Unternehmungsge-
winn quantitativ niedergeschlagen hat (7). Die t y p o l o g i -

---

5) Zum pragmatischen Wissenschaftsziel der Betriebswirtschaftslehre im allgemeinen vgl. Kosiol,,E. , Betriebswirtschaftslehre und
Unternehmensforschung, in: ZfB 1964, S. 745; speziell zu den
bisherigen Beiträgen der Betriebswirtschaftlichen Organisationstheorie zur Erreichung dieses Wissenschaftszieles siehe die kritischen Anmerkungen bei Wild, J. , Zur praktischen Bedeutung
der Organisationstheorie, in: ZfB 1967, S. 575; Schweitzer, M. ,
Kooperationsformen zwischen Organisationslehre und Organisationspraxis, in: ZfürO 1973, S. 252 ff.
6) Zu diesem Verfahren siehe insbesondere Zangemeister, C. , Nutzwertanalyse in der Systemtechnik, 2. Aufl. , München 1971; siehe
auch Bottler, J. /Horváth, P. /Kargl, H. , Methoden der Wirtschaftlichkeitsberechnung für die Datenverarbeitung, München
1972, S. 66 ff. ; Rüede, O. , Analytische Werkzeugmaschineneva-
luation, in: IO 1975, S. 295 ff.
7) Vgl. u. a. Noack, H. , Der Aufbau eines elektronischen Datenverarbeitungssystems als rationale Investitionsentscheidung, Berlin
1969, S. 17; Grochla, E. , Grundfragen der Wirtschaftlichkeit
automatisierter Datenverarbeitung, in: ZfürO 1970, S. 330, 334 ff. ;
Heilmann, H. , Beispiel einer Wirtschaftlichkeitsanalyse für eine
elektronische Datenverarbeitungsanlage, in: ZfürO 1970, S. 299 f. ;
Klussmann, G. , Wirtschaftlichkeit der Organisation, Stuttgart
1970, S. 34; Dworatschek, S. /Donike, H. , Wirtschaftlichkeitsanalyse von Informationssystemen, Berlin/New York 1972, S. 32
f. ; Graf, H. /Kunerth, W. , Investitionsbeurteilung von EDV-ge-

sche Betrachtungsweise erscheint hier besonders geeignet, der Unternehmungsführung zusätzliche Erkenntnisse hinsichtlich der zweckmäßigsten Schwerpunkte ihrer Automatisierungsbemühungen, der Art und Bedeutung der in eine Nutzwertanalyse einzubeziehenden besonderen Beurteilungskriterien, der grundsätzlichen typenbezogenen Struktur automatisierter Planungs- und Realisationsprozesse sowie der Interpretation der faktischen Investitionsergebnisse zu liefern.

12 Ziele der Untersuchung

Entsprechend der vorstehend geschilderten Problemstellung verfolgt diese Untersuchung schwerpunktmäßig zwei Ziele:

Einmal sollen die grundlegende organisationstheoretische Verwandtschaft, aber auch die Unterschiede und Substitutionsprozesse zwischen den für personale Aufgabenträger vorgegebenen Problemlösungsinstruktionen einerseits und den auf maschinelle Aufgabenträger übertragenen Problemlösungsstrukturen andererseits dargestellt und so gleichzeitig ein Beitrag zu einem interdisziplinären Brückenschlag zwischen Betriebswirtschaftlicher Organisationstheorie, Betriebsinformatik und Maschinenbau geleistet werden. Es soll dabei nicht zuletzt unterstrichen werden, daß Strukturierung und/oder Implementierung bestimmter Problemlösungsprogramme auch dann, wenn es sich um maschinelle Programme handelt, organisatorischen Charakter tragen, der Automation immer zugleich auch Organisation sein läßt.

Fortsetzung von Fußnote 7)
    stützten technisch-organisatorischen Informationssystemen, in:
    VDI-Z 1975, S. 127 ff. Darauf, daß derartige Problematiken
    grundsätzlich auch bei Prozeßrechnern und NC-Maschinen bestehen können, wird hingewiesen bei Waechter, K. H., Ermitteln
    der Wirtschaftlichkeit des Einsatzes von Prozeß-Steuerungs-Anlagen, in: VDI-Z 1972, S. 1266; Hamke, F., Über die Anwendbarkeit neuzeitlicher Investitions-Rechenverfahren bei der Beschaffung von numerisch gesteuerten Werkzeugmaschinen, in: Simon,
    W./unter Mitwirkung von Brödner, P./Hamke, F./Maßberg, W.
    (Hrsg.), Produktivitätsverbesserungen mit NC-Maschinen und
    Computern, München 1969, S. 103 ff.

Zum anderen soll - nunmehr allerdings eingeengt auf den Bereich
der Fertigungswirtschaft - ein Beitrag zur Erarbeitung von   A n -
w e n d u n g s h e u r i s t i k e n in bezug auf den Einsatz moderner Automatisierungsinstrumente geleistet werden; im Gegensatz
zum ersten Ziel, dessen Bedeutung mehr im theoretisch-wissen-
schaftlichen Raum liegt (und damit aber keineswegs geringer einge-
ordnet werden sollte), ist diese zweite Zielsetzung also in hohem
Maße auch auf die unmittelbaren Bedürfnisse und Probleme der   U n -
t e r n e h m u n g s p r a x i s ausgerichtet. Es sei allerdings an
dieser Stelle ausdrücklich betont, daß die Aussagen sich mehr auf
Determinanten und Manifestationen der a l l g e m e i n e n Zweck-
mäßigkeit des Einsatzes bestimmter Automatisierungsinstrumente
bei bestimmten Fertigungstypen beziehen; Anwendungsheuristiken
im Sinne fertiger, qualitativ und quantitativ genau spezifizierter Gestaltungsregeln können angesichts des derzeitigen Erkenntnisstan-
des der relevanten Wissenschaften sowie der Vielzahl der in jedem
konkreten Anwendungsfall zu beachtenden Einflußfaktoren nicht erwartet werden.

13 Methodische Anmerkungen

Wie bereits angedeutet, kommt bei der Verfolgung des ersten Untersuchungszieles dem allgemeinen Programmbegriff, wie er seit
1958 in Anlehnung vor allem an SIMON Eingang in die Organisationstheorie gefunden hat, eine zentrale Rolle zu. In Anbetracht dessen
kann es als ausgesprochen günstig angesehen werden, daß schon seit
langem zwei spezifische Programmbegriffe in der Betriebswirtschaftslehre eingeführt sind, die zwar bisher i. d. R. ohne jeden Zusammenhang gesehen wurden, nunmehr aber - im Abschnitt 222 -
als Sonderfälle eines allgemeineren Programmbegriffes eingeord-
net werden können: Das "Computerprogramm" auf der einen und
das "Sachprogramm" auf der anderen Seite. Gleichzeitig Anregung
und Bestärkung hinsichtlich der Entscheidung für eine programmorientierte Konzeption war auch, daß z. B. mit ALBACH (1961),
LUHMANN (1964), SCHMIDT (1966), FRESE (1968), H. ULRICH
(1968), GROCHLA (1969), BLEICHER (1970), KIRSCH (1971), ZUR
NIEDEN (1971) und HILL/FEHLBAUM/ P. ULRICH (1974) bereits
verschiedentlich Arbeiten und Gedanken in der gleichen Richtung
vorgelegt worden sind (8).

---

8) Vgl. Albach, H., Entscheidungsprozeß und Informationsfluß in der
   Unternehmensorganisation, in: Schnaufer, E. /Agthe, K. (Hrsg.),
   Organisation, Berlin/Baden-Baden 1961, S. 381 ff.; Luhmann, N.,
   Funktionen und Folgen formaler Organisation, Berlin 1964, S.

Eine entsprechend ausgebaute programmorientierte Konzeption vermag zudem - wie z. B. durch HILL/FEHLBAUM/ULRICH sowie auch durch eine 1973 vorgelegte Arbeit des Verfassers verdeutlicht wird (9) - eine interdisziplinär verbindende Funktion nicht nur zwischen Betriebswirtschaftslehre und technischen Wissenschaften, sondern auch zwischen Betriebswirtschaftslehre und Verhaltenswissenschaften zu spielen; neben der noch im einzelnen darzustellenden A u s - w e i t u n g des ablauforganisatorischen Programmbegriffes auch auf niedrigere Organisationsgrade sowie auf aufbauorganisatorische Phänomene begründet vor allem diese multidisziplinäre U n i v e r - s a l i t ä t die Kennzeichnung als a l l g e m e i n e r P r o - g r a m m a n s a t z .

Hinsichtlich der t y p o l o g i s c h e n A n a l y s e , die im Zuge der Verfolgung des zweiten Untersuchungszieles dieser Arbeit Anwendung findet, soll an dieser Stelle folgende Abgrenzung des Untersuchungsfeldes vorgenommen werden:

1. Keinen Nutzen hätte es in bezug auf die Verfolgung des zweiten
   Untersuchungszieles gebracht, wenn auch in dieser Arbeit erneut

---

Fortsetzung von Fußnote 8)

98 f., 230 ff., 260, 282 f.; Schmidt, E., Die Automation in organisationstheoretischer Betrachtung, a. a. O., S. 62 ff.; Frese, E., Kontrolle und Unternehmungsführung, Wiesbaden 1968, S. 104 ff.; Ulrich, H., Die Unternehmung als produktives soziales System, Bern/Stuttgart 1968, S. 307 f.; Grochla, E., Planung, Organisation der, in: Grochla, E. (Hrsg.), HWO, Stuttgart 1969, Sp. 1308 ff.; Bleicher, K., Zur Organisation von Entscheidungsprozessen, in: Jacob, H. (Hrsg.), Zielprogramm und Entscheidungsprozeß in der Unternehmung, Wiesbaden 1970, S. 59 f., 73 ff.; Kirsch, W., Entscheidungsprozesse, Bd. 3, Entscheidungen in Organisationen, Wiesbaden 1971, S. 51 f., 121; Zur Nieden, M., Maschinelle Datenverarbeitungssysteme in der Unternehmung, Wiesbaden 1971, S. 26 f., 83; Hill, W./Fehlbaum, R./Ulrich, P., Organisationslehre 1, Bern/Stuttgart 1974, S. 266 ff.; an dieser Stelle sei zusätzlich verwiesen auf Luhmann, N., Die Programmierung von Entscheidungen und das Problem der Flexibilität, in: Mayntz, R. (Hrsg.), Bürokratische Organisation, Köln/Berlin 1968, S. 324 ff. und Luhmann, N., Zweckbegriff und Systemrationalität, Frankfurt a. M. 1973, S. 101 ff., 257, 284, sowie die bei diesen Quellen jeweils angegebene weitere Literatur.

9) Siehe Hill, W./Fehlbaum, R./Ulrich, P., Organisationslehre 1, a. a. O., S. 267 ff.; Link, J., Zur Programmierung von Entscheidungen bei der Steuerung, Regelung und Anpassung organisierter Systeme, in: ZfürO 1973, S. 339 ff.

auf die in der Literatur bereits relativ ausführlich behandelten V e r f a h r e n zur Wirtschaftlichkeits- und Nutzwertanalyse sowie die n i c h t fertigungstypenspezifischen Kosten- und Nutzeffekte der EDV eingegangen worden wäre.

2. Ebenso ist - vor allem in Anbetracht des ohnehin bereits erreichten Umfanges der Arbeit - davon Abstand genommen worden, über vier besonders relevant erscheinende Merkmale hinaus auch die Betriebsgröße und/oder mögliche andere Merkmale in die typologische Untersuchung mit einzubeziehen; speziell zur Betriebsgröße sei an dieser Stelle nur soviel ausgeführt (10): Welches Gewicht diesem Merkmal heute noch zukommt, ist schwierig zu sagen. Zum einen weisen kleinere Unternehmungen ohnehin generell eine größere Beherrschbarkeit bzw. geringere Komplexität im Planungsbereich auf als größere Unternehmungen gleichen Fertigungstyps (siehe z. B. Potentialbelegungsplanung bei Werkstattfertigung); etwaige Automatisierungsanstrengungen können sich hierdurch erheblich vereinfachen oder aber u. U. ganz erübrigen (siehe S. 141 167). Zum anderen bieten sich mittleren und kleineren Unternehmungen heute in Gestalt der Nutzung unternehmungsexterner EDVA (bzw. Rechenzentren) sowie standardisierter Softwarelösungen (insbesondere Modularprogramme) im Planungsbereich vielfach ähnliche Automatisierungsmöglichkeiten wie größeren Unternehmungen. In Zusammenhang hiermit wäre ein näheres Eingehen auch auf den gesamten Bereich der Mittleren Datentechnik, der gerade in bezug auf Anwendungen in der Produktionswirtschaft vor einem Umbruch steht, unerläßlich. Weiterhin müßte, da in enger - aber eben nicht zwangsweiser - Verknüpfung zum Merkmal "Betriebsgröße", generell auch das Merkmal "Organisationsniveau" eingeführt werden. Schließlich soll speziell im Hinblick auf den Realisationsbereich darauf hingewiesen werden, daß auch hier natürlich die Betriebsgröße nur immer innerhalb eines jeden speziellen Fertigungstyps gesehen werden darf und sich ihre Bedeutung von

---

10) Zu wesentlichen Teilen der folgenden Ausführungen vgl. Hammer, H., Integrierte Produktionssteuerung mit Modularprogrammen, Wiesbaden 1970, S. 29; Grupp, B., Einsatzmöglichkeiten der Datenverarbeitung in Mittel- und Kleinbetrieben, Ludwigshafen (Rhein) 1972, S. 61 f., 154 f., 183 f.; Schulze, H. H., Zum Problem der Computernutzung für mittlere und kleinere Betriebe, in: adl-n 77/1972, S. 22 ff.; Heinrich, L. J./Krieger, R., Systemplanung und Anwendung benutzerorientierter Computer, Köln-Braunsfeld 1974, S. 112; siehe auch die Ausführungen zur Entwicklung des Preis-/Leistungsverhältnisses bei der Hardware sowie zum Einsatz von Modularprogrammen im Abschnitt 43 dieser Arbeit.

daher hauptsächlich auf das Merkmal "kapital- und absatzmäßige Restriktionen" reduzieren dürfte.

Solche und andere Vertiefungen müssen daher zwangsläufig gesonderten Untersuchungen bzw. dem weiteren Ausbau sowohl der programmorientierten als auch der typologischen Sicht der Automatisierungsphänomene vorbehalten bleiben.

Abschließend ist es ein besonderes Anliegen des Verfassers, folgenden Industrieunternehmungen dafür zu danken, daß sie die Durchführung der Abschnitt 41 42 zugrundeliegenden Erhebungen gestattet und in großzügiger Weise unterstützt haben:

- BASF AG/Ludwigshafen
- IBM Deutschland GmbH/Stuttgart
- RASSELSTEIN AG/Neuwied
- SCHLOEMANN-SIEMAG AG/Düsseldorf
- SEL AG/Stuttgart
- SIEMENS AG/Berlin und München
- VW AG/Wolfsburg.

2. Planungs- und Realisationsprozesse im Fertigungsbereich der Unternehmung

21 Die Unternehmung als organisiertes soziotechnisches System

Unternehmungen können als organisierte, soziotechnische Systeme aufgefaßt werden; diese Betrachtungsweise eröffnet innerhalb der natürlichen Grenzen, die dem Systemansatz aufgrund seines Formalcharakters gezogen sind (11), interessante und verbesserte Mög-

---

11) Zu den prinzipiellen Möglichkeiten und Grenzen des Systemansatzes vgl. insbesondere Kosiol, E./Szyperski, N./Chmielewicz, K., Zum Standort der Systemforschung im Rahmen der Wissenschaften, in: ZfbF 1965, S. 337 ff.; Irle, M., Soziale Systeme, in: Grochla, E. (Hrsg.), HWO, Stuttgart 1969, Sp. 1505 ff.; Grochla, E., Systemtheorie und Organisationstheorie in: ZfB 1970, S. 10 ff.; Ulrich, H., Die Unternehmung als produktives soziales System, 2. Aufl., Bern 1970, S. 41 ff.; Meffert, H., Systemtheorie aus betriebswirtschaftlicher Sicht, in: Schenk, K.-E. (Hrsg.), Systemanalyse in den Wirtschafts- und Sozialwissenschaften, Berlin 1971, S. 187 ff.; Kosiol, E., Or-

lichkeiten der Beschreibung und Veranschaulichung wesentlicher Aspekte des Unternehmungsgeschehens. Systeme sind begrenzte Mengen beziehungsmäßig verbundener Elemente; in ihnen übernehmen Elemente mit Leistungsvermögen - P o t e n t i a l e - eine tragende Rolle, wenn durch A k t i o n e n bestimmte Z i e l e - im Beispiel der Unternehmung sind es Gewinn und andere Ziele - erreicht werden sollen (12). Je nachdem, ob die Potentiale dabei ausschließlich Personen, ausschließlich Sachmittel oder aber - wie bei der Unternehmung - sowohl Personen als auch Sachmittel umfassen, kann von sozialen, realtechnischen oder s o z i o t e c h n i - s c h e n Systemen gesprochen werden (13); je nachdem, wieweit

---

Fortsetzung von Fußnote 11)

ganisation - der Weg in die Zukunft, in: ZfürO 1973, S. 7 ff.; Schneider, D. J. G., Systemtheoretisch orientierte Betriebswirtschaftslehre? in: ZfB 1974, S. 54 f.

Umfassende Ausführungen zur Darstellung oder auf der Basis des Systemansatzes finden sich - neben den in dieser Fußnote oben bereits aufgeführten Quellen - insbesondere auch bei v. Bertalanffy, L., General System Theory, London 1971; Fuchs, H., Systemtheorie, in: Grochla, E. (Hrsg.), HWO, Stuttgart 1969, Sp. 1618 ff.; Bleicher, K., Die Entwicklung eines systemorientierten Organisations- und Führungsmodells der Unternehmung, in: ZfürO 1970, S. 3 ff.; 59 ff., 111 ff., 166 ff.; Hackstein, R./ Nüssgens, K. H./Uphus, P. H., Personalwesen in systemorientierter Sicht, in: Fortschrittliche Betriebsführung 1971, S. 27 ff.; Ropohl, G., Flexible Fertigungssysteme, Mainz 1971, S. 108 ff.; Forrester, J. W., Grundzüge einer Systemtheorie, Wiesbaden 1972; Mantell, L. H., The Systems Approach and Good Management, in: Business Horizons Oct. 1972, S. 43 ff.; Fuchs, H., Systemtheorie und Organisation, Wiesbaden 1973.

12) Zur Charakterisierung der Unternehmung als System auf der Basis der Parametersystematik Ziele - Potentiale - Aktionen siehe Hahn, D., Planungs- und Kontrollrechnung - PuK, Wiesbaden 1974, S. 3 ff., 53 ff. sowie Hahn, D., Führung des Systems Unternehmung, in: ZfürO 1971, S. 167 f. in Verbindung mit Alewell, K./Bleicher, K./Hahn, D., Anwendung des Systemkonzepts auf betriebswirtschaftliche Probleme, in: ZfürO 1971, S. 159 f. und Schweitzer, M., Probleme der Ablauforganisation in Unternehmungen, Berlin 1964, S. 15 ff.

13) Vgl. ähnlich Lehmann, H., Zum Objekt und wissenschaftlichen Standort einer "Organisationskybernetik", in: Grochla, E./Fuchs, H./Lehmann, H. (Hrsg.), Systemtheorie und Betrieb, ZfbF - Sonderheft 3/1974, S. 57 f.; Meffert, H., Systemtheorie aus betriebswirtschaftlicher Sicht, a. a. O., S. 179; Rühl, G., Soziotechnologische Systemforschung und -gestaltung, in: IE (REFA) 1974, S. 155; Kirsch, W., Entscheidungsprozesse, Bd. 3, Entscheidungen in Organisationen, a. a. O., S. 27 f.

den einzelnen Aufgabenträgern auf Dauer gedachte Instruktionen darüber erteilt werden, welche Ziele sie mit Hilfe welcher anderen Potentiale (untergeordneten personellen und sachmittelhaften Kapazitäten) und welcher Aktionen erreichen sollen, kann zusätzlich von o r g a n i s i e r t e n Systemen gesprochen werden (14). Die Gesamtheit der einem einzelnen Aufgabenträger erteilten (organisatorischen) Instruktionen stellen sein P r o b l e m l ö s u n g s p r o g r a m m dar, das bei Personen oft in Gestalt einer ausführlichen Stellenbeschreibung und Dienstanweisung, bei Sachmitteln als Anwendungshard- und/oder -software vorgegeben wird; wie die weiteren Ausführungen zeigen werden, können sowohl zwischen Personen und Sachmitteln als auch zwischen den verschiedenen System- bzw. Unternehmungsebenen (politische, strategische, operative, Basis-Ebene) wesentliche Unterschiede hinsichtlich des Konkretisierungsgrades der zugehörigen Problemlösungsprogramme herausgestellt werden (15).

Während der Begriff des Problemlösungsprogrammes also die (organisatorischen) Instruktionen für jeweils e i n z e l n e Aufgabenträger beinhaltet, umfaßt die "organisatorische S y s t e m s t r u k t u r " die Instruktionen für a l l e zum System zugehörigen Aufgabenträger (und damit natürlich automatisch auch alle Problemlösungsprogramme). Je nachdem, ob diese Instruktionen Beschreibungen der getroffenen Zuordnung von Zielen und Potentialen oder aber Beschreibungen der Aktionen von Potentialen darstellen, gehören sie innerhalb der organisatorischen Systemstruktur zur V e r t e i l u n g s - oder zur A k t i o n s s t r u k t u r (siehe Abb. 1) (16).

---

14) Zum zeitlichen Horizont organisatorischer Instruktionen vgl. Kosiol, E., Organisation der Unternehmung, Wiesbaden 1962, S. 28 f.

15) Zu Stellenbeschreibungen und Dienstanweisungen siehe Acker, H. B., Stellenbeschreibung, in: Grochla, E. (Hrsg.), HWO, Stuttgart 1969, Sp. 1582; zum Begriff des Konkretisierungsgrades siehe Kosiol, E., Organisation der Unternehmung, a. a. O., S. 43 f. Die verschiedenen Programmarten und -definitionen werden im einzelnen behandelt in Abschnitt 22 2.

16) Die Abb. 1 und 2 wurden - fast unverändert - übernommen aus Link, J., Zur Programmierung von Entscheidungen bei der Steuerung, Regelung und Anpassung organisierter Systeme, a. a. O., S. 338 f.; zu Begriff und Wesen der "Verteilungsstruktur", der "Aktionsstruktur" und der "Metaaktionen" vgl. die dort angegebene Literatur sowie ähnlich auch Schweitzer, M., Probleme der Ablauforganisation in Unternehmungen, a. a. O., S. 15 ff., und Hahn, D., Planungs- und Kontrollrechnung - PuK, a. a. O., S. 11 ff. einschließlich der dort angegebenen weiteren Literatur.

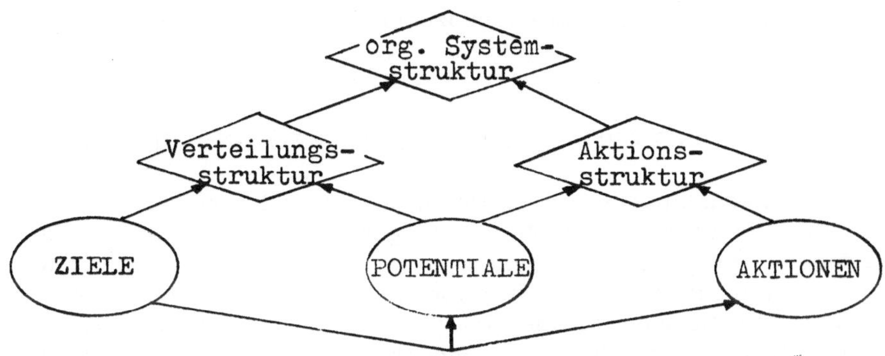

<u>Abb. 1</u>: Die Determinanten der organisatorischen Systemstruktur

Der Vorgang selbst, durch derartige Instruktionen den Aktionsspielraum zeitlich nachfolgender Aktionen von Potentialen einzugrenzen,
ist kennzeichnend für Metaaktionen, zu denen in der Unternehmung neben der Tätigkeit des Organisierens auch die der
"Führung" gehört; Abb. 2 verdeutlicht die Abgrenzung derjenigen
zielorientierten Aktionen, die wir als Metaaktionen bezeichnen, von
allen anderen Aktionen zur Zielerreichung - Objektaktio-
nen -, und enthält darüber hinaus in Kurzform Definitionen der
verschiedenen Strukturen innerhalb der Unternehmung.

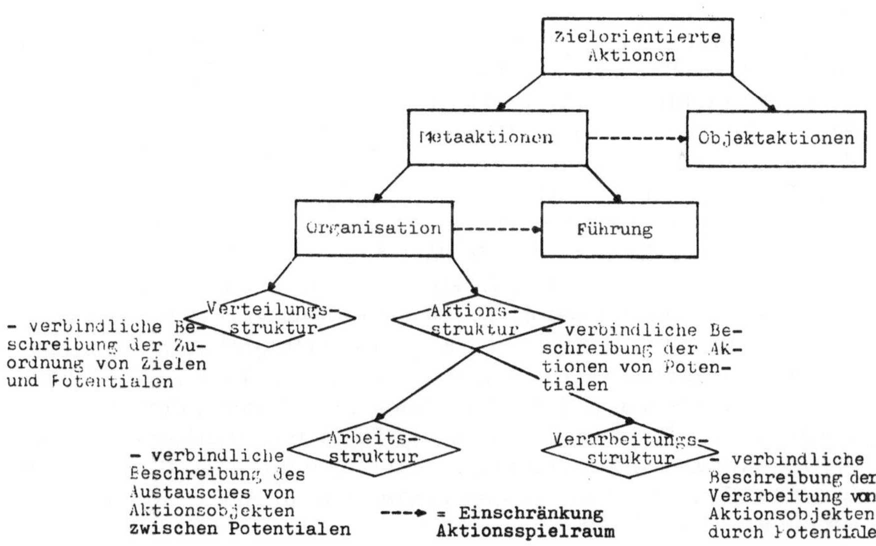

<u>Abb. 2</u>: Zielorientierte Strukturen als Ergebnis organisatorischer
Metaaktionen

22 1 WESEN UND ABLAUF VON PROBLEMLÖSUNGSPROZESSEN

Alle in Unternehmungen durch Potentiale zu vollziehenden Aktionen
sind ihrem Wesen nach Problemlösungsbeiträge bzw. Teile umfas-
senderer P r o b l e m l ö s u n g s p r o z e s s e , wenn wir unter "Problemen" die tatsächlich vorhandenen oder aufgrund irgendwelcher Informationen für möglich gehaltenen Abweichungen von der
Zielerreichung verstehen (17). Innerhalb dieser Problemlösungsprozesse vollziehen sich jeweils wiederum zwei grundsätzlich voneinander zu unterscheidende Arten von Teilprozessen, nämlich zum
einen die Prozesse der Problemlösungsfindung bzw. -entscheidung
bzw. -planung (18) - im folgenden kurz P l a n u n g s p r o z e s -
s e genannt -, und zum anderen die Prozesse der Problemlösungs-
realisation - im folgenden als R e a l i s a t i o n s p r o z e s s e
bezeichnet (19). Diese grundsätzliche Ablaufstruktur von Problemlösungsprozessen - unter Mitberücksichtigung sowohl des Führungs-
als auch des Organisationsphänomens - verdeutlicht Abb. 3 (20); für

---

17) Zur Problemdefinition vgl. analog Frese, E. , Heuristische Entscheidungsstrategien der Unternehmungsführung, in: ZfbF 1971,
S. 303.

18) Zum Zusammenhang Entscheidung - Planung siehe Koch, H. ,
Betriebliche Planung, Wiesbaden 1961, S. 11; Grochla, E. , Pla-
nung, betriebliche, in: v. Beckerath, E. /u. a. (Hrsg.), HdSw,
Bd. 8, Stuttgart/Tübingen/Göttingen 1964, S. 314 f. ; Frese, E.,
Kontrolle und Unternehmungsführung, a. a. O. , S. 46 f. ; Hahn,
D. , Führung des Systems Unternehmung, a. a. O. , S. 163; Kah-
le, E. , Betriebswirtschaftliches Problemlösungsverhalten,Wies-
baden 1973, S. 22 f. sowie die dort angegebene Literatur.

19) Zu dieser grundsätzlichen Zweiteilung der Problemlösungsprozesse vgl. ähnlich Kosiol, E. , Organisation der Unternehmung,
a. a. O. , S. 53 ff. ; Schmidt, E. , Die Automation in organisationstheoretischer Betrachtung, a. a. O. , S. 76 f. , 89; Frese,
E. , Zur wirtschaftlichen Gestaltung komplexer Informationssysteme, in: Grochla, E. (Hrsg.), Die Wirtschaftlichkeit automatisierter Datenverarbeitungssysteme, Wiesbaden 1970, S. 269;
Grochla, E. , Unternehmungsorganisation, 3. Aufl. , Reinbek bei
Hamburg 1974, S. 49.

20) Erweiterte Fassung von Link, J. , Fertigungsplanung und -steue-
rung in betriebswirtschaftlicher Sicht, in: IE (REFA) 1974, S.
378; derartige Darstellungen des Ablaufes von Problemlösungsprozessen - primär im Hinblick auf Aktionen und Führungsaktio-

die weiteren Betrachtungen sind insbesondere die komprimierten
Darstellungen in den Abb. 4 und 5 von Bedeutung, aus denen hervorgeht, daß sich im Grundsatz Problemlösungsprozesse in Unternehmungen immer als Iterationszyklen von Planungs-, Steuerungs-,

---

Fortsetzung von Fußnote 20)
nen - finden sich in unterschiedlicher Ausprägung auch bei Ulrich, H., Betrachtungen zur Willensbildung in der Unternehmungsorganisation, in: Betriebswirtschaftliche Mitteilungen
Heft 1, Willensbildung in der Unternehmung, Bern 1958, S. 2 ff.;
Kloidt, H./Dubberke, H.-A./Göldner, J., Zur Problematik des
Entscheidungsprozesses, in: Kosiol, E. (Hrsg.), Organisation
des Entscheidungsprozesses, Berlin 1959, S. 9 ff.; Staerkle, R.,
Der Entscheidungsprozeß in der Unternehmungsorganisation, in:
DU 1963, S. 11 ff.; Bleicher, K., Zur Zentralisation und Dezentralisation des Entscheidungsprozesses in der Unterneh-
mungsorganisation, in: Grochla, E. (Hrsg.), Organisation und
Rechnungswesen, Festschrift für E. Kosiol, Berlin 1964, S.
131 ff.; Heinen, E., Das Zielsystem der Unternehmung, Wies-
baden 1966, S. 19 ff.; Hackstein, R./Nüssgens, K. H./Uphus,
P. H., Struktur des Führungsprozesses im System Personal-
wesen, in: Fortschrittliche Betriebsführung 1971, S. 47 ff.;
Hahn, D., Führung des Systems Unternehmung, a. a. O., S. 161
ff.; Schmidt, R.-B., Wirtschaftslehre der Unternehmung, Bd. 2,
Zielerreichung, Stuttgart 1973, S. 78 ff.; Grochla, E./Meller,
F., Datenverarbeitung in der Unternehmung/Grundlagen, Reinbek bei Hamburg 1974, S. 21 ff.; kritische Überlegungen zum
Phasentheorem, insbesondere zu potentiellen Implikationen hinsichtlich der zeitlichen Ablaufstruktur, finden sich bei Witte, E.,
Phasen-Theorem und Organisation komplexer Entscheidungsverläufe, in: ZfbF 1968, S. 625 ff.; speziell zum Ablauf von organisatorischen Problemlösungsprozessen siehe auch Ulrich, H.,
Organisieren als Berufsaufgabe, in: ZfürO 1968, S. 89 f.; Adamowsky, S., Prüfung der Organisation, in: Grochla, E. (Hrsg.),
HWO, Stuttgart 1969, Sp. 1371 ff.; Büchel, A., Systems Engineering, in: IO 1969, S. 373 ff.; Kramer, R., Planung der Organisation, in: Grochla, E. (Hrsg.), HWO, Stuttgart 1969, Sp.
1317 ff.; Lee, A. M., Systems Analysis Frameworks, London/
Basingstoke 1970, S. 129 ff.; Zangemeister, C., Systemtechnik,
in: ZfürO 1970, S. 209 ff.; Bleicher, K., Perspektiven für Organisation und Führung von Unternehmungen, Baden-Baden/Bad-
Homburg v. d. H. 1971, S. 19 ff.; Koreimann, D. S., Systemanalyse, Berlin/New York 1972, S. 46 ff.; Schmidt, G., Organisations-Planung und Durchführung in sieben Phasen, in: bürotechnik
1972, S. 292 ff.; Scola, I., Organisieren - ein Entscheidungs-
prozess, in: DU 1972, S. 199 ff.

Problemlösungsphasen		den Phasen entsprechende Objektaktionen: Aktionen	den Phasen entsprechende Metaaktionen: Führungsaktionen	den Phasen entsprechende Metaaktionen: organisatorische Aktionen
1. Problemstellungsphase	Problemlösungsfindung	Planung (Selbstentscheidung)	Planung (Fremdentscheidung)	Planung (Fremdentscheidung auf Dauer)
2. Suchphase				
3. Beurteilungsphase				
4. Entscheidungsphase				
5. Ausführungsphase	Problemlösungsrealisation	Durchführung	Steuerung (Durchführungsveranlassung)	Steuerung (Implementierungsveranlassung)
6. Kontrollphase		Kontrolle (Selbstkontrolle)	Kontrolle (Fremdkontrolle)	Kontrolle (Fremdkontrolle)

Abb. 3: Problemlösungsaktionen auf der Objekt- und Metaebene

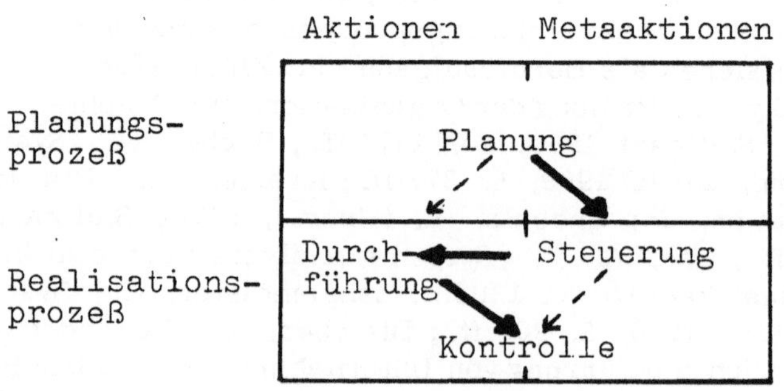

Abb. 4: Grundsätzliche Problemlösungskomplexe in organisierten Systemen

Durchführungs- und Kontrollaktionen auffassen lassen. Abb. 5 bringt
u. a. zum Ausdruck, daß auch die Realisationsakte der Steuerung
und Kontrolle geplant werden müssen, was im Zusammenhang mit
der Fertigungssteuerung und -kontrolle noch veranschaulicht werden
wird (21).

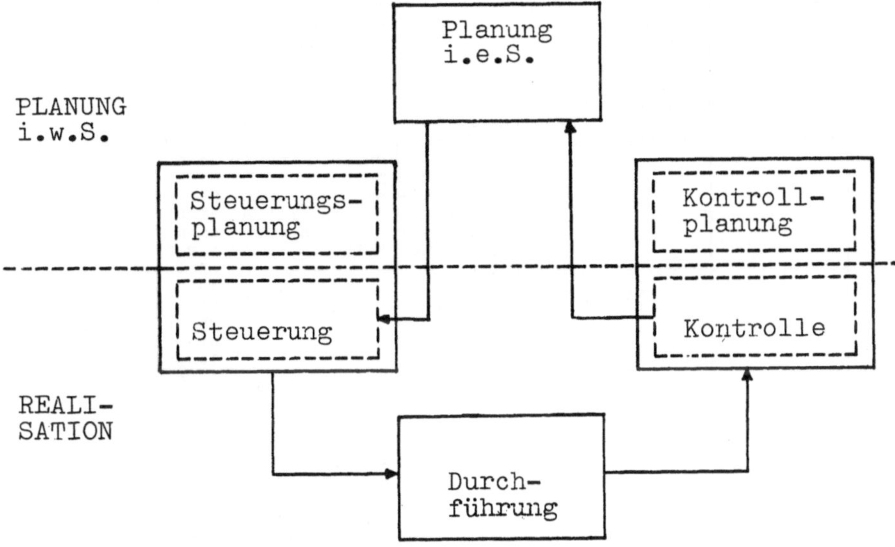

<u>Abb. 5</u>: Der Führungsprozeß im Regelkreisschema

22 2 WESEN UND ARTEN VON PROBLEMLÖSUNGSPROGRAMMEN

Wie bereits den Ausführungen des Abschnittes 21 entnommen werden konnte, sind die Aktionen in organisierten Systemen wie der
Unternehmung in bestimmten Umfang durch die bzw. in den P r o -
b l e m l ö s u n g s p r o g r a m m e n der Aufgabenträger
(Dienstanweisungen, Computerprogramme usw.) festgelegt. Entsprechend den beiden soeben herausgestellten Problemlösungsphasen
bzw. -teilprozessen kann im einzelnen zwischen den E n t s c h e i -
d u n g s p r o g r a m m e n einerseits und den R e a l i s a -
t i o n s p r o g r a m m e n andererseits unterschieden werden;

---

21) Planung, Steuerung, Durchführung und Kontrolle als Teilaktivi-
täten in einem Regelkreisschema finden sich z. B. auch bei Heilmann, W., Fertigungsregelung, elektronische, in: Management-
Enzyklopädie, Bd. 2, München 1970, S. 839 sowie Hahn, D.,
Führung des Systems Unternehmung, a. a. O., S. 163, dessen
6-Phasen-Schema sich im übrigen auch in Abb. 3 wiederfindet.

Abb. 6 gibt einen ersten Überblick über Arten und Definitionen dieser grundlegenden Aktions- und Programmarten (22).

Problemlösungsphasen	phasenspezifische Aktionsart	Oberbegriff	phasenspezifische Programmart	Oberbegriff
Planung	ENTSCHEIDUNGS-AKT: Auswahlvorgang zwischen mindestens zwei Problemlösungsalternativen	PROBLEMLÖSUNGSAKTION: Bezeichnung für einzelne oder miteinander verbundene Entscheidungs- und/oder Realisationsakte	ENTSCHEIDUNGS-PROGRAMM: Gesamtheit der Aussagen über die von einem Aufgabenträger (einer Aufgabenträgermehrheit) in Wahlakten anzuwendenden Kriterien und/oder Methoden	PROBLEMLÖSUNGSPROGRAMM: Gesamtheit der die Problemlösungsstruktur bestimmter Aufgabenträger auf Dauer definierenden Instruktionen
Realisation	REALISATIONS-AKT: Vollzug einer in einem Entscheidungsakt ausgewählten Problemlösungsalternative		REALISATIONS-PROGRAMM: lückenlose Beschreibung der durch einen Aufgabenträger (eine Aufgabenträgermehrheit) in die Wirklichkeit umzusetzenden Problemlösungsalternative	

Abb. 6: Definitionen grundlegender Aktions- und Programmarten

Nun sind allerdings Ziele, Potentiale (zur Zielerreichung verfügbare Kapazitäten) und Aktionen nicht für alle Aufgabenträger bzw. auf allen Unternehmungsebenen im gleichen Umfang fest vorgegeben ("konkretisiert" - s. o.). So bedürfen zwar S a c h m i t t e l aus Gründen, die noch näher zu verdeutlichen sind, grundsätzlich der l ü c k e n l o s e n Vorgabe bzw. vollkommenen Konkretisierung aller Aktionen; auf der anderen Seite aber gibt es - besonders in bestimmten Unternehmungsbereichen und auf bestimmten Unternehmungsebenen - zahlreiche betriebliche Problemstellungen, hinsichtlich derer die Voraussetzungen für einen vollständigen oder auch

---

22) Zur Charakterisierung von Entscheidungs- und Realisationsakten vgl. z. B. auch Kosiol, E., Organisation der Unternehmung, a. a. O., S. 101; Frese, E., Kontrolle, Organisation der, in: Grochla, E. (Hrsg.), HWO, Stuttgart 1969, Sp. 873; Kahle, E., Betriebswirtschaftliches Problemlösungsverhalten, a. a. O., S. 16 sowie die dort angegebene Literatur.

nur hohen Programmierungsgrad nicht gegeben sind: Eine vollständige Vorgabe aller Problemlösungsparameter, von den Zielen bis
hin zu den einzelnen Aktionen, bedingt, daß die zu lösenden (künftigen) Probleme im wesentlichen sowohl hinsichtlich ihrer Beschaffenheit als auch ihrer Ursachen als bekannt vorausgesetzt werden
können; nur wenn dies nämlich zutrifft, ist es sinnvoll, neben Zielen und Potentialen beispielsweise auch die Aktionen durch organisatorische Dauerregelungen so detailliert festzulegen, daß dann im
Ergebnis vom Moment einer Problemerkennung an bis zur Ausführung und (Erfolgs-)Kontrolle einer Problemlösung ein Aktionsspielraum von 0 verbleibt. Je weniger die Unterstellung eines derart
hohen Informationsstandes aber zutrifft, desto mehr Kompetenzen
müssen zwangsläufig gewährt werden (23). Während der I n f o r -
m a t i o n s s t a n d also als ausschlaggebendes Kriterium dafür
anzusehen ist, welche Kompetenzen rein von der Aufgabe bzw. Sa-
che her ("ad rem" (24)) mindestens gewährt werden müssen, gehen
unter ökonomischen und humanen Aspekten in die tatsächlichen Pro-
blemlösungsprogrammierungen der Unternehmungen bekanntlich
auch noch andere Kriterien ein wie der (in Abhängigkeit vom
jeweiligen Informationsstand mehr oder weniger zuverlässig kalku-
lierbare) Wiederholungsgrad von Problemlösungsprozessen, der
Grad der Verfügbarkeit spezifischer Problemlösungsmodelle sowie
Entscheidungsbedürfnis und komparative (Problemlösungs-)Vorteile
(25) der Aufgabenträger.

Dies alles bedingt, daß in der Unternehmung neben den für die Sachmittel charakteristischen Problemlösungsprogrammen mit dem Aktionsspielraum 0 noch mehrere andere Arten weniger strukturierter Programme zum Einsatz kommen (siehe Abb. 7 (26)):

U l t r a s t a b i l e A n p a s s u n g s p r o g r a m m e geben
maximale Gestaltungsfreiheit hinsichtlich der betrieblichen Ziele,
Potentiale und Aktionen und kommen entsprechend den vorhergehenden Ausführungen in den Unternehmungsbereichen bzw. auf den Unternehmungsebenen zum Einsatz, die generell durch relativ unsiche-

---

23) Bei der Abschätzung des Informationsstandes sind etwaige Infor-
mationslücken hinsichtlich potentieller Probleme mit deren Bedeutung zu gewichten.
24) Bleicher, K., Organisation und Führung der industriellen Unternehmung, in: Jacob, H. (Hrsg.), Industriebetriebslehre, Bd.
3, Organisation und EDV, Wiesbaden 1972, S. 59 f.
25) Siehe hierzu Abschnitt 22 3.
26) Vgl. weitgehend bereits Link, J., Zur Programmierung von Entscheidungen bei der Steuerung, Regelung und Anpassung organisierter Systeme, a. a. O., S. 339 f.

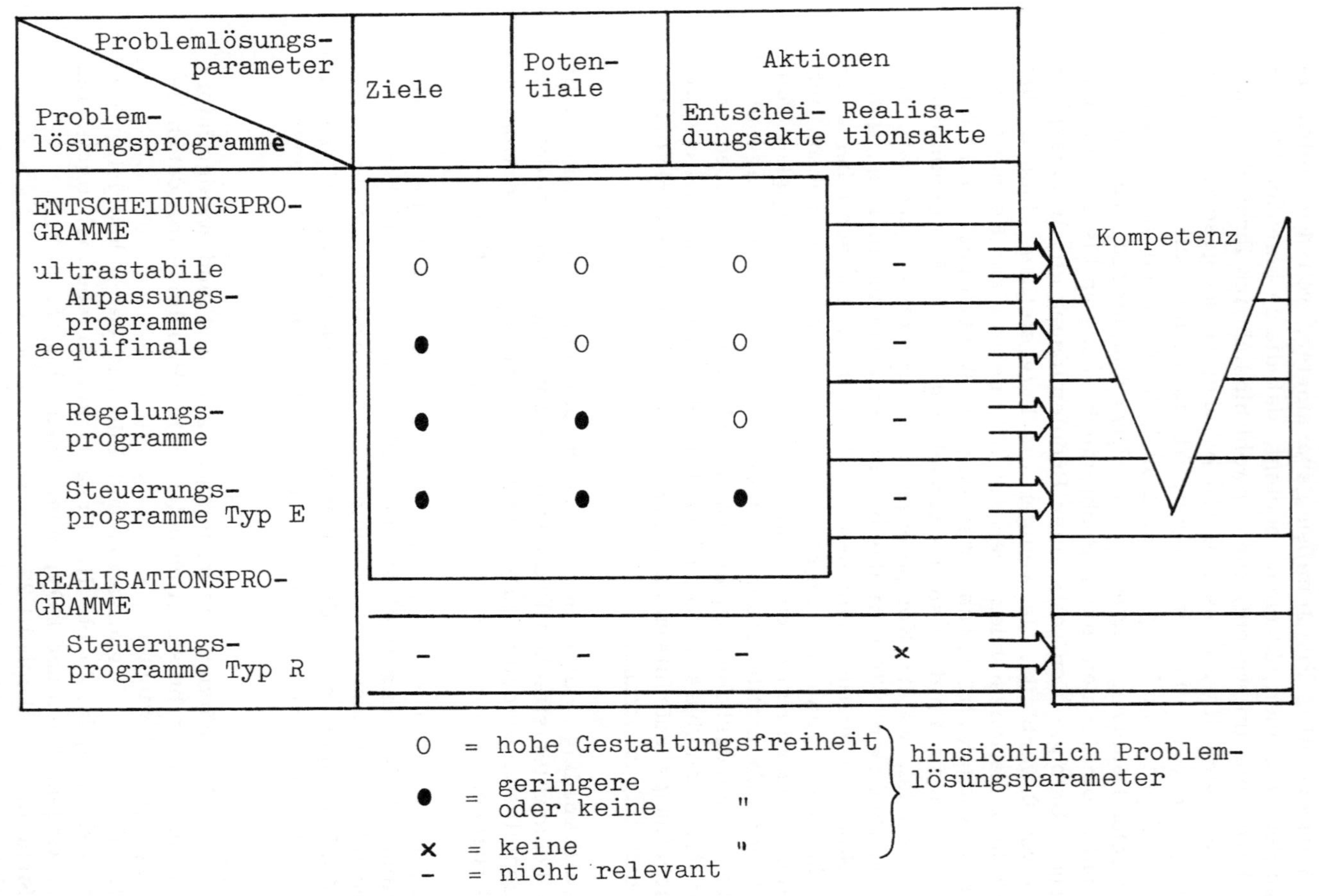

Abb. 7: Idealtypische Klassifizierung und Charakterisierung unterschiedlicher Problemlösungsprogramme

re Zukunftserwartungen, einen geringen Wiederholungsgrad gleicher Problemstellungen sowie einen Mangel an speziellen Problemlösungsmodellen gekennzeichnet sind; diese Charakterisierung trifft bekanntlich insbesondere auf den Bereich der Forschung und Entwicklung sowie die obersten Führungsebenen der Unternehmung zu (27). Ähnliches gilt in abgeschwächter Form für den Anwendungsbereich der a e q u i f i n a l e n   A n p a s s u n g s p r o g r a m m e , bei denen nunmehr bestimmte betriebliche Zielvorstellungen bzw. -systeme bereits in mehr oder weniger konkretisierter Form als Entscheidungsrahmen vorgegeben sind, hinsichtlich der Potentiale und Aktionen jedoch noch weitgehende Gestaltungsfreiheit besteht. Als "freie" Problemlösungsparameter der   R e g e l u n g s p r o g r a m m e   verbleiben im wesentlichen nur noch die Aktionen in Verfolgung laufend (periodisch) aktualisierter Mittel- und Kurzfristziele, wie dies z. B. für die mittlere und untere Führungsebene vor allem des Fertigungsbereiches charakteristisch und vom Informationsstand, Wiederholungsgrad und OR-Instrumentarium bezüglich der dortigen Problemstellungen auch angemessen ist. Bei   S t e u e r u n g s p r o g r a m m e n   schließlich ist auch hinsichtlich der Aktionen entweder nur noch ein geringer Gestaltungsspielraum (siehe Tätigkeit des Facharbeiters) oder aber eine völlige Programmierung vorgesehen (Fließbandarbeiter, NC-Maschine); letzteres kann sich, wie im einzelnen in dieser Arbeit noch verdeutlicht werden wird, bei Personen wegen bestimmter Mindesterwartungen nach Berücksichtigung ihres Entscheidungsbedürfnisses auch dann verbieten, wenn alle übrigen, zu Anfang dieses Abschnittes bereits ausführlich angesprochenen Voraussetzungen gegeben sind.

Zusammenfassend lassen sich also, wie in Abb. 8 verdeutlicht, den einzelnen Problemlösungsebenen der Unternehmung bestimmte typische Ausprägungen von Problemlösungsprogrammen zuordnen; es kommt u. a. zum Ausdruck, daß die obersten Führungsebenen von der Gestaltungsfreiheit, die sie (auch) hinsichtlich der   A k t i o n e n   haben, i. d. R. keinen Gebrauch machen, da dies sowohl ihrer quantitativen Problemlösungskapazität als auch elementaren Füh-

---

27) Zu dieser Charakterisierung und den daraus zu ziehenden Schlußfolgerungen vgl. im Hinblick auf die Forschung und Entwicklung Bleicher, K., Perspektiven für Organisation und Führung von Unternehmungen, a. a. O., S. 117 ff., im Hinblick auf die verschiedenen Führungsebenen der Unternehmung Grochla, E., Planung, Organisation der, a. a. O., Sp. 1314 f., und Frese, E., Kontrolle und Unternehmungsführung, a. a. O., S. 104 ff., sowie die dort angegebene Literatur.

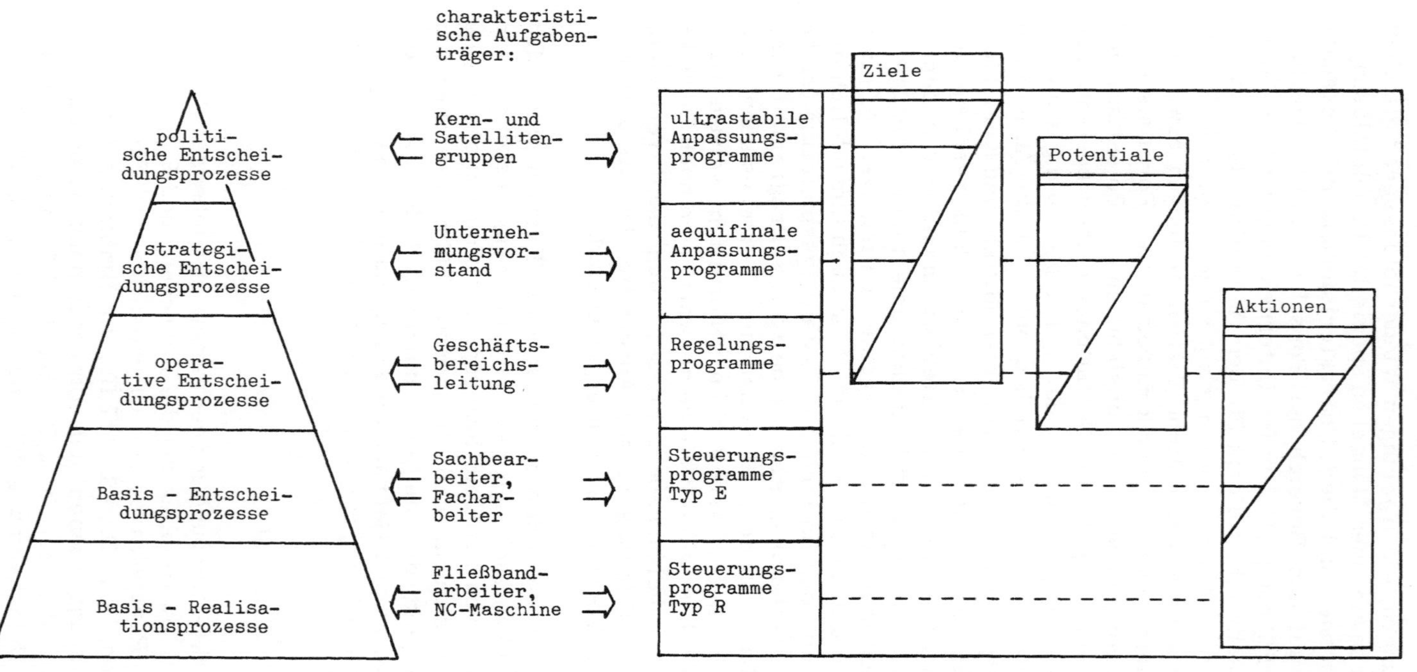

<u>Abb. 8</u>: R e a l t y p i s c h e Ausprägungen der Entscheidungs-
programme auf den verschiedenen Unternehmungsebenen

rungsprinzipien widersprechen würde (28). Den nachgeordneten Führungsebenen (ab division-management abwärts) hingegen verbleiben vorwiegend die Aktionen als Problemlösungsparameter, während Ziele und Potentiale mit hohem Konkretisierungsgrad vorgegeben sind. An dieser Stelle wird der Zusammenhang zwischen Problemlösungsprogrammen einerseits und dem in der Betriebswirtschaftslehre seit langem eingeführten Begriff des "Sachprogrammes" andererseits deutlich: Sachprogramme sind v o r g e g e b e n e Z i e l e und damit nichts anderes als spezielle Ausprägungen von Problemlösungsprogrammen; ebenso finden sich innerhalb der konventionellen betriebswirtschaftlichen Terminologie mit dem "Computerprogramm" und dem "Aktionsprogramm" (29) auch bereits die entsprechenden Bezeichnungen für v o r g e g e b e n e A k t i o - n e n i. S. v. Steuerungsprogrammen. Der allgemeine Programmansatz schafft aber nicht nur eine allgemeine Basis und Systematik für diese verschiedenen Programmbegriffe, sondern er überwindet in gewisser Weise auch die künstliche Trennung zwischen Aufbau- und Ablauforganisation bzw. Verteilungs- und Aktionsstruktur (siehe Abb. 1): Problemlösungsprogramme geben allen Aufgabenträgern einerseits alle Informationen bzw. Instruktionen darüber, welche Ziele sie mit Hilfe welcher anderen Potentiale (untergeordneten personellen und sachmittelhaften Kapazitäten) erreichen sollen, und definieren auf diese Weise die V e r t e i l u n g s s t r u k t u r ; gleichzeitig sind in ihnen aber auch die Angaben darüber enthalten, welche Aktionen der Aufgabenträger und damit welche A k t i o n s - s t r u k t u r der Unternehmung als erforderlich angesehen wird.

Die Bezeichnung "allgemeiner Programmansatz" gründet sich also auf drei Eigenschaften bzw. Funktionen dieser Konzeption:

---

28) Zum Inhalt und Wesen der Problemlösungsprozesse auf den verschiedenen Unternehmungsebenen siehe insbesondere Hahn, D., Planungs- und Kontrollrechnung - PuK, a. a. O., S. 65 (untere Bildhälfte); speziell zum Inhalt und Wesen politischer Entscheidungsprozesse (Ableitung der obersten Ziele und Grundsätze der Unternehmungen aus den individuellen Werten und Präferenzen der Mitglieder der jeweiligen Kern- und Satellitengruppen) siehe im einzelnen Heinen, E., Das Zielsystem der Unternehmung, a. a. O., S. 201 ff.; Fäßler, K., Betriebliche Mitbestimmung, Wiesbaden 1970, S. 110 f.; Kirsch, W., Entscheidungsprozesse, Bd. 3, Entscheidungen in Organisationen, a. a. O., S. 121 ff.; Kirsch, W., Betriebswirtschaftspolitik und geplanter Wandel betriebswirtschaftlicher Systeme, in: Kirsch, W. (Hrsg.), Unternehmensführung und Organisation, Wiesbaden 1973, S. 24, 31.
29) Zum Begriff "Aktionsprogramm" vgl. z. B. Hahn, D., Planungs- und Kontrollrechnung - PuK, a. a. O., S. 280 a, Abb. 100 a.

1. Sie vereint unter dem Begriff des "Problemlösungsprogramms" sowohl die voll strukturierten, speziell als "Computerprogramme" bekanntgewordenen Programmausprägungen (Gruppe der Steuerungsprogramme) als auch diejenigen, speziell für Personen üblichen Vorgabeformen, die als "Sachprogramme", "Stellenbeschreibungen" und "Dienstanweisungen" einen tendenziell niedrigeren Organisationsgrad aufweisen (Gruppe der Regelungs- und der Anpassungsprogramme).

2. Sie erlaubt es, mit nur einem Begriff - nämlich dem des Problemlösungsprogramms - sowohl die Verteilungs- als auch die Aktionsstruktur der Unternehmung zu beschreiben und somit der engen Verbindung zwischen aufbau- und ablauforganisatorischen Phänomenen terminologisch besser Rechnung zu tragen.

3. Ihr kommt - wie in Abschnitt 13 bereits erwähnt und in Abschnitt 32 noch deutlich werden wird - in hohem Maße eine interdisziplinär verbindende Funktion zwischen Betriebswirtschaftslehre, technischen Wissenschaften und Verhaltenswissenschaften zu.

22 3 GRUNDLAGEN INTERDEPENDENTER PARAMETERPLANUNG

Wie die bisherigen Ausführungen (und insbesondere auch die Abb. 1, 7 und 8) gezeigt haben, sind die fundamentalen Problemlösungsparameter in der Unternehmung die Ziele, Potentiale und Aktionen. Diese Parameter sind nun grundsätzlich durch eine w e c h s e l - s e i t i g e Abhängigkeit verbunden und können daher i. d. R. nicht isoliert voneinander festgelegt werden; zwei dieser wechselseitigen Beziehungen - nämlich die allgemeine Ziel-/Mittel-Interdependenz zum einen und die Problemlösungs-/Potential-Interdependenz zum anderen - seien wegen ihrer grundsätzlichen Bedeutung für die weiteren Ausführungen dieser Arbeit im folgenden gesondert angesprochen.

Wie Abb. 9 (30) verdeutlicht, können die Planungen in der Unternehmung in Z i e l - und M i t t e l planungen unterschieden werden, wobei die Ziele (Nominal-, Real- und Sozialziele (31)) immer pri-

---

30) Zu einem vom Grundaufbau her ähnlichen Schema siehe Hahn, D., Planungs- und Kontrollrechnung - PuK, a. a. O., S. 11.

31) Diese Systematisierung knüpft an die bekannte Einteilung in Nominalgüter (= Geld) und materielle Realgüter (= Erzeugnisse) an - vgl. z. B. Kosiol, E., Die Unternehmung als wirtschaftliches Aktionszentrum, Reinbek bei Hamburg 1966, S. 111 ff.; Chmielewicz, K., Wirtschaftsgut und Rechnungswesen, in: ZfbF

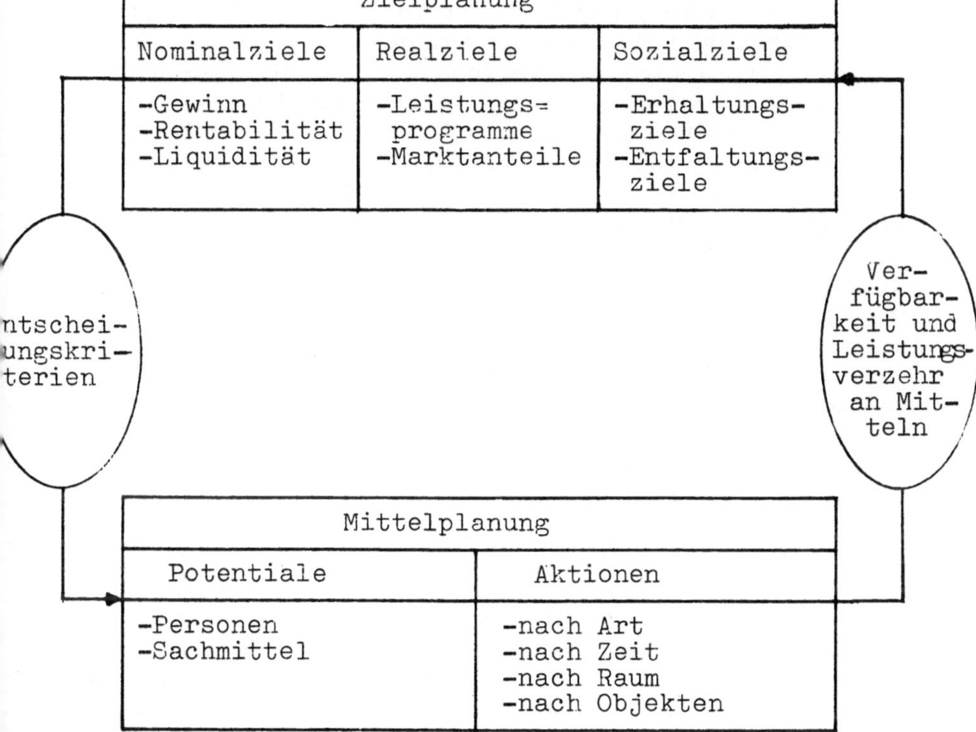

<u>Abb. 9</u>: Die Interdependenzen zwischen Ziel- und Mittelplanung

mär in ihrer Rolle als Entscheidungskriterien für die Mittel (Potentiale und Aktionen) gesehen werden. Nun basiert aber die Zielplanung ihrerseits auf bestimmten Annahmen über die Verfügbarkeit
und den bewerteten Leistungsverzehr (die Kosten) an Mitteln, wie
sich am Beispiel der kurzfristigen fertigungswirtschaftlichen Pro-

---

Fortsetzung von Fußnote 31)
1969, S. 86; Alewell, K. /Bleicher, K. /Hahn, D. , Anwendung
des Systemkonzepts auf betriebswirtschaftliche Probleme, a. a.
O. ; eine analoge Einteilung der Ziele wird vorgenommen bei
Hahn, D. , Planungs- und Kontrollrechnung - PuK, a. a. O. , S.
10; siehe ähnlich auch z. B. Berthel, J. , Zielorientierte Unternehmungssteuerung, Stuttgart 1973, S. 16 und zur grundlegenden
Unterscheidung Sachziel - Formalziel vor allem Kosiol, E. , Die
Unternehmung als wirtschaftliches Aktionszentrum, a. a. O. , S.
212 f. Bei der Unterteilung der Sozialziele wird angeknüpft an
die Ausführungen bei Hahn, D. /Link, J. , Motivationsfördernde
Arbeitsfeldstrukturierung in der Industrie, in: ZfürO 1975, S. 66
f. (Einzelheiten siehe Abschnitt 42 dieser Arbeit).

grammplanung zeigen läßt (32): Werden die kurzfristigen fertigungswirtschaftlichen Leistungsprogramme (Realziele) unter Zugrunde-
legung des Nominalzieles "Gewinnmaximierung" geplant, so müssen
neben den P r e i s e n der verschiedenen Erzeugnisse auch ihre
F e r t i g u n g s k o s t e n in die Planungsrechnungen eingehen.
Letztere aber bleiben solange ungewiß, bis die Aktionen (Prozesse)
zur Herstellung der Erzeugnisse im Rahmen der Mittelplanung nach
Art, Zeit, Raum und Objekt im einzelnen festgelegt worden sind;
insbesondere über die R e i h e n f o l g e der Aktionen im Fertigungsbereich müßte vor jeder endgültigen Festlegung eines Lei-
stungsprogrammes Klarheit geschaffen werden, da sie über die
U m r ü s t k o s t e n nicht nur einen beträchtlichen Teil der Fertigungskosten, sondern auch die gesamte L o s g r ö ß e n p l a -
n u n g beeinflußt und überdies offenbart, ob eine überschneidungs-
freie und damit überhaupt erst realisierbare K a p a z i t ä t s -
b e l e g u n g möglich ist. Insofern müßte also die Zielplanung
auf den Ergebnissen einer bereits vollzogenen Mittelplanung auf-
bauen, die ihrerseits aber wiederum nicht ohne vorhergegangene
Zielplanung denkbar ist. Diese wechselseitigen Abhängigkeiten zwischen Ziel- und Mittelplanung führten zur Entwicklung zahlreicher
Planungsmodelle, die entweder durch Simultanplanung oder aber auf
andere Weise den Interdependenzen zwischen den vielfältigen Aufgabenkomplexen in der Unternehmung Rechnung tragen sollen; insbesondere ein großer Teil der im folgenden Abschnitt 23 noch näher
anzusprechenden f e r t i g u n g s w i r t s c h a f t l i c h e n
Aufgabenkomplexe ist in derartige Planungsmodelle einbezogen, auf
die in dieser Arbeit jedoch nicht näher eingegangen werden soll (33).

---

32) Im folgenden vgl. Gutenberg, E., Grundlagen der Betriebswirt-
    schaftslehre, Bd. 1, Die Produktion, 19. Aufl., Berlin/Heidel-
    berg/New York 1972, S. 200; Jacob, H., Die Planung des Pro-
    duktions- und des Absatzprogramms, in: Jacob, H. (Hrsg.), In-
    dustriebetriebslehre, Bd. 2, Planung und Planungsrechnungen,
    Wiesbaden 1972, S. 148; Adam, D., Produktionsdurchführungs-
    planung, in: Jacob, H. (Hrsg.), Industriebetriebslehre, Bd. 2,
    Planung und Planungsrechnungen, Wiesbaden 1972, S. 337 f.;
    Seelbach, H., Interdependente Programm- und Prozeßplanung,
    in: Koch, H. (Hrsg.), Zur Theorie des Absatzes, Festschrift
    für E. Gutenberg, Wiesbaden 1973, S. 451; Mertens, P., Indu-
    strielle Datenverarbeitung, Bd. 1, Administrations- und Dispo-
    sitionssysteme, 2. Aufl., Wiesbaden 1972, S. 200 f.
33) Zur Anwendung und Ausgestaltung solcher Planungsmodelle siehe
    z. B. Jacob, H., Einführung - Grundlagen und Grundtatbestände
    der Planung im Industriebetrieb, in: Jacob, H. (Hrsg.), Indu-
    striebetriebslehre, Bd. 2, Planung und Planungsrechnungen,
    Wiesbaden 1972, S. 25 ff.; Hahn, D., Planungs- und Kontroll-
    rechnung - PuK, a. a. O., S. 202 ff.; Seelbach, H., Interdepen-
    dente Programm- und Prozeßplanung, a. a. O., S. 449 ff., sowie
    die bei diesen Quellen jeweils angegebene weitere Literatur.

Um im folgenden nun auch die Interdependenzen zwischen P r o -
b l e m l ö s u n g s p r o z e s s e n und P o t e n t i a l e n verdeutlichen zu können, ist eine etwas eingehendere Betrachtung der
Art und Leistungsfähigkeit der Problemlösung (und damit der Infor-
mations- und Stoffverarbeitung (34)) durch Personen und Sachmittel
erforderlich. Zunächst einmal lassen sich - in globaler Betrachtungsweise - die beiden Potentialkategorien (Personen und Sachmittel (35)) übereinstimmend in einem Grundmodell realgüterverar-
beitender Potentiale beschreiben (siehe Abb. 10) (36). Die Eigenschaften und Aktionen beider Potentialkategorien werden jeweils
durch (maximal) drei Informationsfelder determiniert (37):

- Gesamtheit der (die Hardware ausmachenden) Stoffe und Strukturen
- Gesamtheit der (die Software ausmachenden) irgendwann einmal
  gespeicherten Instruktionen
- Gesamtheit der (keine Instruktionen darstellenden) "reinen" Informationen.

Wie in Abb. 10 zum Ausdruck kommt, haben die Instruktionen und
"reinen" Informationen gemeinsam, daß sie erst in das Potential-

---

34) Zum Zusammenhang Problemlösungsprozeß - Informations-
    und Stoffverarbeitung siehe Hahn, D., Planungs- und Kontroll-
    rechnung - PuK, a. a. O., S. 6 ff.; speziell zum Zusammenhang
    Planung bzw. Entscheidung - Informationsverarbeitung siehe
    z. B. Kramer, R., Planungsrechnung und Datenverarbeitung,
    in: Agthe, K. / Schnaufer, E. (Hrsg.), Unternehmensplanung
    Baden-Baden 1963, S. 165; Frese, E., Kontrolle und Unterneh-
    mungsführung, a. a. O., S. 45 ff.; Grochla, E., Modelle als In-
    strumente der Unternehmungsführung, in: ZfbF 1969, S. 385;
    Müller, W. / Pressmar, D. B., Betriebswirtschaftliche Infor-
    mationsverarbeitung und EDV, in: Jacob, H. (Hrsg.), Industrie-
    betriebslehre, Bd. 3, Organisation und EDV, Wiesbaden 1972,
    S. 182 f.
35) Zur Eingrenzung des Begriffes "Sachmittel" siehe S. 69 incl.
    Fußnote 101.
36) Hierzu und im folgenden vgl. ähnlich Link, J., Zur Program-
    mierung von Entscheidungen bei der Steuerung, Regelung und
    Anpassung organisierter Systeme, a. a. O., S. 341 ff.; zur Ein-
    teilung der Realgüter in m a t e r i e l l e Realgüter (= Stoffe
    bzw. Roh-, Halbfertig- oder Fertigerzeugnisse) und i m m a -
    t e r i e l l e Realgüter (= Informationen) siehe S. 38, Fußnote
    31) sowie analog Hahn, D., Planungs- und Kontrollrechnung -
    PuK, a. a. O., S. 6 ff.
37) Darstellung in Anlehnung an Steinbuch, K., Automat und Mensch,
    4. Aufl., Berlin/Heidelberg/New York 1971, S. 188, 192.

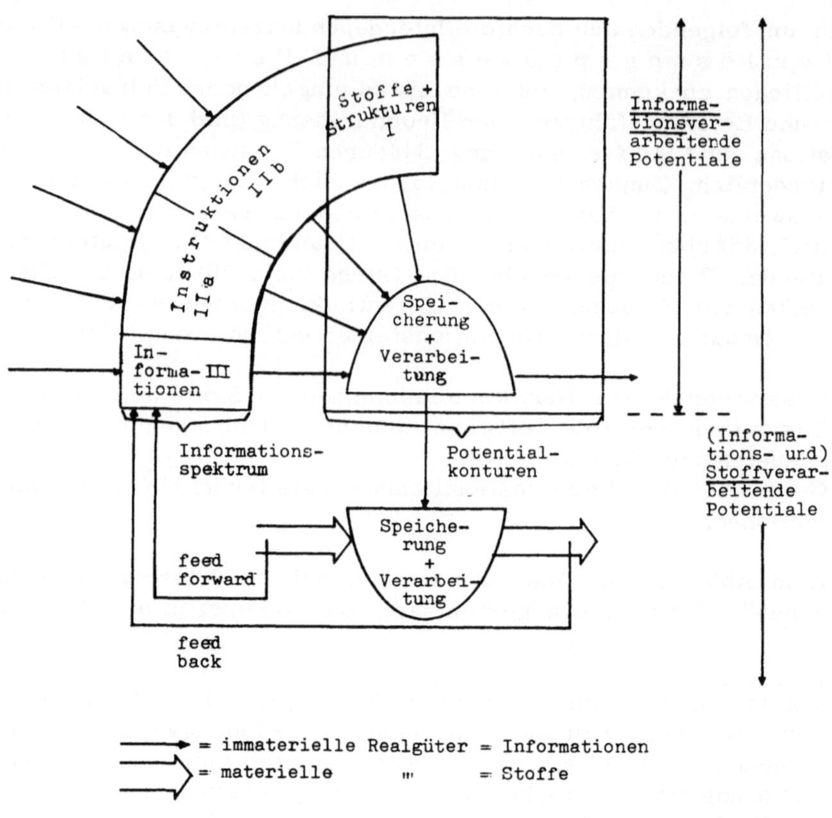

<u>Abb. 10</u>: Das Grundmodell realgüterverarbeitender Potentiale

element eingegeben bzw. von ihm aufgenommen werden müssen, während die Stoffe und Strukturen praktisch bereits in der Hardware des Potentialelementes gebunden sind - in der Tat werden ja z. B. alle in einem Computer fest verdrahteten Befehle zur Hardware gerechnet. Die in den Informationsfeldern I und II enthaltenen Problemlösungsanweisungen gliedern sich beim Menschen in zwei Gruppen unterschiedlichen Charakters, nämlich in die bereits besprochenen organisatorischen Problemlösungsprogramme (IIa in Abb. 10) und die Summe der z u s ä t z l i c h verfügbaren Problemlösungsanweisungen, deren Ursprung z. T. in der bisherigen Ausbildung, Erfahrung und Erziehung (IIb in Abb. 10), z. T. in den Erbanlagen (I in Abb. 10) liegt. Diese zusätzlich verfügbaren Problemlösungsanweisungen erst begründen das Vorhandensein bzw. das Ausfüllen-Können der in einem Entscheidungsprogramm eingeräumten, kompetenz - verkörpernden Aktionsfreiheit - sie jedoch sind bekanntlich beim Sachmittel nicht vorhanden. Ein Sachmittel - z. B. ein Computer - ist daher immer auf die Vorgabe organisatorischer Problemlösungsprogramme mit der Aktionsfreiheit 0 angewiesen (38). Die durch ein Sachmittel auszuführenden Problemlösungsanweisungen liegen demnach in den Informationsfeldern IIa und I und müssen lückenlos vom Menschen vorgegeben werden.

Aber nicht nur hinsichtlich der A r t , sondern auch der L e i - s t u n g s f ä h i g k e i t der Problemlösung müssen wichtige Unterschiede zwischen Personen und Sachmitteln beachtet werden: Abb. 11 gibt einen allgemeinen Überblick über die komparativen Vorteile der beiden Potentialkategorien bei Problemlösungen im informationellen und stofflichen Bereich (39). Je nachdem, welche spezi-

---

38) Vgl. auch Schmidt, E. , Die Automation in organisationstheoretischer Betrachtung, a. a. O. , S. 79 f. , 89 f. ; Zur Nieden, M. , Maschinelle Datenverarbeitungssysteme in der Unternehmung, a. a. O. , S. 83, sowie die Ausführungen in Abschnitt 32 21 dieser Arbeit.
39) Zu diesen komparativen Vorteilen vgl. z. B. Simon, H. A. , Perspektiven der Automation für Entscheider, a. a. O. , S. 54ff. ; Rohmert, W. , Kybernetische Aspekte der Arbeitswissenschaft bei zunehmender Automatisierung, in: VDI-Z 1967, S. 1285 f.; Dolezalek, C. M. , Automatisierung in der Fertigungstechnik, in: Mattee, G. (Hrsg.), Fertigungstechnik und Arbeitsmaschinen, Bd. 1, Reinbek bei Hamburg 1972, S. 48; Kirchner, J. -H., Arbeitswissenschaftlicher Beitrag zur Automatisierung - Analyse und Synthese von Arbeitssystemen, Berlin/Köln/Frankfurt a. M. 1972, S. 202 ff. ; Link, J. , Zur Programmierung von Entscheidungen bei der Steuerung, Regelung und Anpassung organisierter Systeme, a. a. O. , S. 342 ff. sowie die bei diesen Quellen jeweils angegebene weitere Literatur.

Potentialkategorien im Einsatz als	Informationsverarbeitende Potentiale	(Informations- und) Stoffverarbeitende Potentiale
Personen		Fehler und Unvorhergesehenes berücksichtigen; Universalität des (1) Wahrnehmungs-, (2) Problemlösungs- findungs- (3) und Handhabungssystems ausspielen
Sachmittel		Detailfülle und Zeitdruck berücksichtigen; Hoch- und Dauerleistungsfähigkeit bezüglich (1) Präzision, (2) Geschwindigkeit (3) und Arbeitsenergie ausspielen

Abb. 11: Komparative Vorteile der Potentialkategorien

fischen Anforderungen ein zu lösendes Problem stellt, wird es zweckmäßiger sein, den Menschen, das Sachmittel oder aber beide in Kombination miteinander einzusetzen.

Damit können nun die wichtigsten Interdependenzen zwischen Problemlösungsprozessen und Potentialen wie folgt zusammengefaßt werden: Einerseits determiniert die Art der im Einzelfall vorliegenden bzw. zu erwartenden Probleme - der Informationsstand hinsichtlich ihrer Struktur (siehe Abschnitt 22 2) ebenso wie die in ihnen enthaltenen Anforderungen an die Leistungsfähigkeit der Potentiale (siehe Abb. 11) - die Art der einzusetzenden Potentiale und Potentialkategorien; umgekehrt aber stellen die Potentialkategorien ihrerseits ebenfalls klare Bedingungen an die Ablaufstruktur der Problemlösungsprozesse, indem bei Sachmitteln - wie in Zusammenhang mit Abb. 10 verdeutlicht - von dem Erfordernis einer "totalen" Entscheidungsprogrammierung, bei Personen hingegen - wie in Ab-

schnitt 42 ausgeführt - von dem Bedürfnis nach einer "begrenzten"
Entscheidungsprogrammierung auszugehen ist (40).

23 Systematik fertigungswirtschaftlicher Planungs- und Realisationsaufgaben

23 1 CHARAKTERISIERUNG DER GESAMTKONZEPTION

Im folgenden interessieren innerhalb der vielfältigen unternehmeri-
schen Problemlösungsprozesse eingeschränkt nur noch die Planungs-
und Realisationsaktionen bzw. -aufgaben (41) im Fertigungsbereich
der Unternehmung, wie sie zusammenfassend in Abb. 12 dargestellt
sind (42). Dabei wird unter Fertigung die Be- bzw. Verarbeitung von
Stoffen einschließlich aller damit unmittelbar verbundenen sonstigen
Tätigkeiten (siehe im einzelnen Abb. 12) verstanden (43). Für die

---

40) Unter Ausklammerung sonstiger Gesichtspunkte läßt sich also
z. B. folgendes deduzieren: Ist k e i n e volle Information hinsichtlich eines künftigen Problems gegeben, so m u ß eine
Person die Problemlösung übernehmen oder zumindest an ihr
(z. B. als Bedienungskraft oder Kontrolleur des Sachmittels)
beteiligt sein; bei v o l l e r Information k a n n ein Sachmittel die selbsttätige Problemlösung übernehmen, benötigt dann
- im Gegensatz zum Menschen - allerdings auch eine totale Problemlösungsprogrammierung, was unter Wirtschaftlichkeitsaspek-
ten ein Abwägen zwischen den unterschiedlichen Programmie-
rungskosten und komparativen Problemlösungsvorteilen von Person und Sachmittel erforderlich machen wird.
41) Aufgaben (Ziele) werden bekanntlich durch Aktionen erfüllt - vgl.
z. B. Kosiol, E. , Organisation der Unternehmung, a. a. O. , S. 43;
Bleicher, K. , Perspektiven für Organisation und Führung von
Unternehmungen, a. a. O. , S. 14.
42) Zu Abb. 12 und den folgenden Ausführungen vgl. Link, J. , Fertigungsplanung und -steuerung in betriebswirtschaftlicher Sicht,
a. a. O. , S. 377 ff.
43) Vgl. Heinen, E. , Einführung in die Betriebswirtschaftslehre ,
Wiesbaden 1968, S. 129; Hahn, D. , Industrielle Fertigungswirtschaft in entscheidungs- und systemtheoretischer Sicht, 1. Teil,
in: ZfürO 1972, S. 271; Fertigung i. e. S. kann als "Fertigungs-
durchführung" gemäß Abschnitt 23 23, Fertigung i. w. S. als "Fertigungswirtschaft" von der "Fertigungsplanung" bis zur "Fer-
tigungskontrolle" verstanden werden. In letzterer Sicht umfaßt
Fertigung bzw. Fertigungswirtschaft alle Aktionen, die der Be-
bzw. Verarbeitung von Stoffen unter den Zielsetzungen der Unternehmung dienen sollen (zu dieser weiten Sicht des wirtschaftlichen
Handelns vgl. Kosiol, E. , Die Unternehmung als wirtschaftliches
Aktionszentrum, a. a. O. , S. 12).

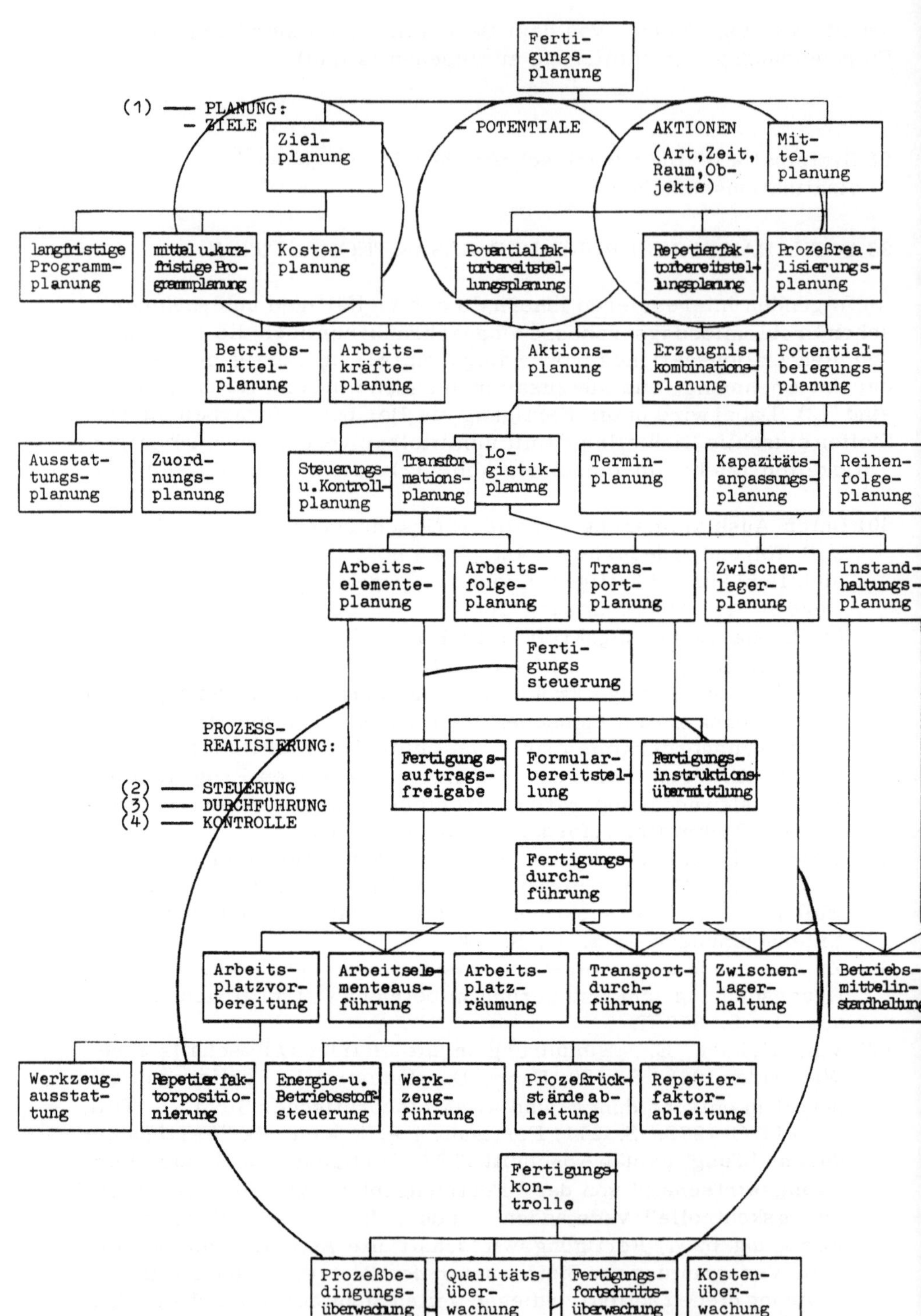

<u>Abb. 12</u>: Systematik fertigungswirtschaftlicher Aufgabenkomplexe

mit Abb. 12 vertretene Konzeption sind unter anderem folgende Punkte kennzeichnend:

- Die Konzeption gliedert sich in zwei große, nach den beiden Hauptphasen des Problemlösungsprozesses gebildete Bereiche: den Komplex der P l a n u n g und den Komplex der P r o z e ß r e a l i s i e r u n g . Diese und die weitere Unterteilung knüpft unmittelbar an Abb. 4 an und trägt insbesondere dem organisatorischen Grundgedanken Rechnung, daß Planungs-, Steuerungs-, Durchführungs- und Kontrollaufgaben stets klar voneinander unterschieden werden sollten, um eine

    - den jeweiligen individuellen, personellen Gegebenheiten angemessene,
    - transparente und
    - sowohl lückenlose als auch überschneidungsfreie

  Aufgabenverteilung zu ermöglichen (44). (Dabei schließt bekanntlich diese i n h a l t l i c h e Unterscheidung in keinem Falle aus, daß verschiedene Aufgabenarten, wie zum Beispiel Steuerungs- und Kontrollaufgaben, von ein und demselben Aufgabenträger wahrgenommen werden können, daß p e r s o n e l l also unter Umständen eine Zusammenlegung erfolgt).

- Die Fertigungs p l a n u n g wird gemäß den Ausführungen zur Parametersystematik im vorhergehenden Abschnitt auf oberster Ebene zunächst in Z i e l planung und M i t t e l planung gegliedert. Innerhalb der Mittelplanung sind die Potentiale durch die P o t e n t i a l b e r e i t s t e l l u n g s planung berücksichtigt, die Aktionen durch die P r o z e ß r e a l i s i e r u n g s planung und - die Aktionsobjekte (Materialien usw.) betreffend - die R e p e t i e r f a k t o r b e r e i t s t e l l u n g s planung.

- Die Fertigungs s t e u e r u n g enthält keinerlei Planungs- oder Kontrolltätigkeiten, sondern wird in konsequenter Anknüpfung an die in Abb. 3 verwendete Definition des Begriffes "Steuerung" (Durchführungsveranlassung) eindeutig gegenüber allen anderen Aufgabenkomplexen abgegrenzt; diese Art der Abgrenzung kann als ein bewußtes Anlehnen an betriebswirtschaftlich eingeführte Konzeptionen angesehen werden. Daß ein mit Steuerungsaufgaben betrauter Aufgabenträger keinen oder aber nur einen äußerst geringen eigenen Problemlösungsspielraum hat, ist Grundgedanke verschiedener, die kybernetischen Begriffe der Steuerung, Regelung und Anpassung für die Beschreibung betriebswirtschaftlich

---

44) Vgl. hierzu auch Kosiol, E. , Organisation der Unternehmung, a. a. O. , S. 32 unten, 46, 54, 56.

und organisationstheoretisch relevanter Tatbestände nutzbar machender Ansätze (45).

- P r o d u k t p l a n u n g   und   -k o n s t r u k t i o n   werden als nicht zum Fertigungsbereich zugehörig angesehen (46); erfahrungsgemäß ist es unzweckmäßig, kreative Aufgaben organisatorisch eng mit repetitiven Aufgaben zu verbinden (47). Von der Konstruktionsabteilung empfängt die Repetierfaktorbereitstellungsplanung die benötigten Stücklisten.

- Auch die   A u f t r a g s e i n g a n g s p r o g n o s e   kann nicht zum Fertigungsbereich gezählt werden, selbst wenn sie alsGrundlage für die Fertigungsplanung je nach Fertigungstyp mehr oder weniger unentbehrlich ist; zwischen die Auftragseingangsprognose und die Fertigungsplanung tritt die bewußte   A b s a t z p l a n u n g, in der die Prognoseergebnisse auf artikelmäßige oder regionale Schwachpunkte analysiert und entweder für gut befunden oder aber gemäß den eigenen Zielsetzungen und beabsichtigten absatzwirksamen Maßnahmen verändert werden (48).

- Schließlich wird auch der Komplex der   L a g e r b e s t a n d s - f ü h r u n g   und das gesamte   B e s t e l l w e s e n   als ein eigener, von der Fertigung getrennter Unternehmensbereich   B e - s c h a f f u n g   gesehen (49).

---

45) Vgl. Ulrich, H., Die Unternehmung als produktives soziales System, 2. Aufl., a.a.O., S. 120 f.; Bleicher, K., Perspektiven für Organisation und Führung von Unternehmungen, a.a.O,, S. 30; Hahn, D., Führung des Systems Unternehmung, a.a.O., S. 163; vgl. auch die Ausführungen zur Kompetenz bei Link, J., Zur Programmierung von Entscheidungen bei der Steuerung, Regelung und Anpassung organisierter Systeme, a.a.O., S. 339 f
46) Vgl. Mellerowicz, K., Betriebswirtschaftslehre der Industrie, Bd. 2, 6. Aufl., Freiburg i. Br. 1968, S. 421, Fußnote 192; Hahn, D., Industrielle Fertigungswirtschaft in entscheidungs- und systemtheoretischer Sicht, 1. Teil, a.a.O., S. 272.
47) Vgl. Bleicher, K., Perspektiven für Organisation undFührung von Unternehmungen, a.a.O., S. 135.
48) Vgl. Mertens, P., Anwendungen der EDV im Industriebetrieb in: Jacob, H. (Hrsg.), Industriebetriebslehre, Bd. 3, Organisation und EDV, Wiesbaden 1972, S. 375 f.
49) Vgl. Mertens, P., Anwendungen der EDV im Industriebetrieb, a.a.O., S. 425 ff.

23 21 Fertigungsplanung

23 211 Zielplanung

In der langfristigen Programmplanung werden - ausgehend von den Ergebnissen der Produktplanung - Art und Menge der in künftigen Perioden zu fertigenden Erzeugnisse in Verbindung mit Art und Menge der hierzu bereitzustellenden Potentialfaktoren festgelegt; darauf jeweils aufbauend entscheidet die mittel- und kurzfristige Programmplanung unter Beachtung von Interdependenzen mit zahlreichen Teilen der Prozeßrealisierungsplanung über Art und Menge der mittel- und kurzfristig herzustellenden Produkte (50). Die Kostenplanung muß insbesondere die Ausarbeitung von Vorgabewerten für die Kostenstellen, die Analyse der von der Kostenkontrolle übermittelten Kostenabweichungen sowie die Vorkalkulation übernehmen.

23 212 Mittelplanung

Innerhalb der Potentialfaktorbereitstellungsplanung sind Entscheidungen zum einen über die Ausstattung des Fertigungsbereiches mit Betriebsmitteln sowie deren räumliche Zuordnung, zum anderen über Art und Menge der zu ihrer Nutzung erforderlichen Arbeitskräfte zu treffen. Ein nächster Aufgabenkomplex beschäftigt sich mit der von den Ergebnissen der mittel- und kurzfristigen Programmplanung ausgehenden Ableitung der Nettobedarfszahlen hinsichtlich der zur Fertigung benötigten Repetierfaktoren (Roh- und Zwischenprodukte, Einkaufsteile, Baugruppen (51)), was dann u. a. als wichtige Entscheidungsgrundlage für den Beschaffungsbereich dient.

---

50) Vgl. Hahn, D., Industrielle Fertigungswirtschaft in entscheidungs- und systemtheoretischer Sicht, 1. Teil, a. a. O., S. 272 f.
51) Zum Begriff "Repetierfaktor" vgl. Heinen, E., Betriebswirtschaftliche Kostenlehre, 3. Aufl., Wiesbaden 1970, S. 299; Fäßler, K./Reichwald, R., Fertigungswirtschaft, in: Heinen, E. (Hrsg.), Industriebetriebslehre, 2. Aufl., Wiebaden 1972, S. 316.

Im Rahmen des umfassenden Bereiches der P r o z e ß r e a l i -
s i e r u n g s p l a n u n g ist zum einen die Durchführung jener
Aktionen festzulegen, die die Überführung (T r a n s f o r m a -
t i o n (52)) der Repetierfaktoren vom Ausgangszustand in ein fort -
geschritteneres Fertigstellungsstadium betreffen, was den Gegen -
stand der A r b e i t s e l e m e n t e (53) - und A r b e i t s -
f o l g e p l a n u n g darstellt; zur Arbeitselementeplanung gehört
gewissermaßen als Vorarbeit auch die Durchführung der Zeitauf -
nahmen. Zum anderen sind auch die zur Prozeßrealisierung gleichermaßen erforderlichen S t e u e r u n g s - und K o n t r o l l t ä -
t i g k e i t e n sowie die - die Transformationsprozesse "unter-
stützenden" - Tätigkeiten des T r a n s p o r t s , der Z w i -
s c h e n l a g e r u n g und der I n s t a n d h a l t u n g zu planen. Den letzteren drei - im militärischen Bereich unter dem Begriff , L o g i s t i k firmierenden (54) - Aktionsarten ist gemeinsam, daß ihrem Vollzug (im Gegensatz zu dem der Transforma-
tionsaktionen) keinerlei Wertsteigerung bei den Repetierfaktoren
gegenübersteht (55).

Welche Rolle der Steuerungs- und Kontrollplanung zukommt, sei
hier noch etwas näher verdeutlicht: S t e u e r u n g s planung beinhaltet die Festlegung der Art der Durchführungsveranlassung bzw.
der Durchsetzung; hierzu gehört - neben den grundsätzlichen Entscheidungen über die Ausgestaltung der in Abschnitt 23 22 angesprochenen Aufgabenkomplexe - vor allem die Wahl eines entsprechenden Führungsstiles (56). Der Führungsstil entscheidet mit darüber,

---

52) Zum Begriff der "Transformation" vgl. z. B. Kosiol, E. , Orga-
    nisation der Unternehmung, a. a. O. , S. 26, 186; Grochla, E. ,
    Technische Entwicklung und Unternehmungsorganisation, in:
    Grochla, E. (Hrsg.), Organisation und Rechnungswesen, Fest-
    schrift für E. Kosiol, Berlin 1964, S. 72; Schweitzer, M. , Pro-
    bleme der Ablauforganisation in Unternehmungen, a. a. O. , S. 11;
    Ulrich, H. , Die Unternehmung als produktives soziales System,
    2. Aufl. , a. a. O. , S. 227 ff.
53) Zu diesem Begriff vgl. Hahn, R. , Produktionsplanung bei Linien-
    fertigung, Berlin/New York 1972, S. 28.
54) Vgl. Obermann, E. (Hrsg.), Gesellschaft und Verteidigung,
    Stuttgart 1971, S. 813 ff. ; zu einer etwas anderen Abgrenzung
    des Logistik-Begriffes siehe Kirsch, W. /Bamberger, I. /Gabele,
    E. /Klein, H. K. , Betriebswirtschaftliche Logistik, Wiesbaden
    1973, S. 9, 69 f.
55) Vgl. analog Mellerowicz, K. , Betriebswirtschaftslehre der In-
    dustrie, Bd. 1, 6. Aufl. , Freiburg i. Br. 1968, S. 241; Ellinger,
    T. , Durchlaufzeit, in: Grochla, E. (Hrsg.), HWO, Stuttgart
    1969, Sp. 460.
56) Vgl. Schmidt, R. -B. , Wirtschaftslehre der Unternehmung, Bd. 2,
    Zielerreichung, a. a. O. ,S. 150; der Führungsstil hat darüber hin-
    aus natürlich auch Bedeutung für alle übrigen Planungstätigkeiten.

ob die Mitarbeiter den geplanten Maßnahmen bzw. den getroffenen
Anordnungen erhebliche Widerstände entgegensetzen oder ob sie be-
reit sind, sich für die Durchführung voll einzusetzen. K o n t r o l l -
planung beinhaltet die Festlegung der Art der Ist-Wert-Aufnahme
und des Soll-Ist-Vergleiches, was im Fertigungsbereich z. B. mit
der Erstellung von Stichprobenprüfplänen zur Qualitätssicherung
oder der Ausgestaltung der in Abschnitt 41 2135 aufgeführten Rücklaufdatenträger vollzogen wird.

Die E r z e u g n i s k o m b i n a t i o n s p l a n u n g umfaßt die
Losgrößen-, Teilefamilien- und Verschnittplanung (57); analog zur
Losgrößenplanung (58) ist auch die R e i h e n f o l g e p l a n u n g
ebenso in der Serien- und Sorten- wie in der Einzelfertigung relevant: Einzelne Repetierfaktoren oder aber ganze Lose werden unter
Berücksichtigung der sich ergebenden Termine bezüglich der Reihenfolge ihrer Abwicklung zeitlich fixiert. Häufig - insbesondere
bei relativ wenig komplexen Fertigungsverhältnissen - kann aber
auch bereits eine der Reihenfolgeplanung zeitlich vorgelagerte, gesonderte Grob - T e r m i n p l a n u n g aussagefähig sein, indem
sie eine Taxierung der voraussichtlichen Kapazitätsüberlastungen
(und -unterlastungen) sowie der Möglichkeit zur Einhaltung bestimmter Endtermine erlaubt. Ergibt sich bei einer im übrigen vorteilhaf-
ten Lösungsvariante der Termin- und/oder Reihenfolgeplanung ein
Auseinanderklaffen von Kapazitätsangebot (durch einzelne Potentiale)
und Kapazitätsnachfrage (durch Fertigungsaufträge) und/oder von
erforderlichem und tatsächlichem Endtermin, so sind geeignete
Problemlösungsmöglichkeiten im Rahmen der K a p a z i t ä t s -
a n p a s s u n g s p l a n u n g zu erarbeiten (Überstunden, Son-
derschichten, Fremdvergabe von Aufträgen usw.).

23 22 Fertigungssteuerung

Entsprechend den Ausführungen in den Abschnitten 22 1 und 23 1 werden die Aufgaben der Fertigungssteuerung lediglich in der nach ge-
sicherter Bereitstellung von Repetierfaktoren, Werkzeugen und Vorrichtungen durchzuführenden F e r t i g u n g s a u f t r a g s -
f r e i g a b e , F o r m u l a r b e r e i t s t e l l u n g und F e r -
t i g u n g s i n s t r u k t i o n s ü b e r m i t t l u n g (informa-

---

57) Zu letzteren beiden Komplexen   siehe Abschnitt 41 2126 bzw.
    41 2323; ein anderer Oberbegriff für die drei Planungskomplexe
    findet sich bei Mertens, P. , Industrielle Datenverarbeitung, Bd.
    1, Administrations- und Dispositionssysteme, a. a. O. , S. 197 ff.
58) Vgl. Schäfer, E. , Der Industriebetrieb, Bd. 2, Opladen 1971,
    S. 270.

tionelle Übertragung der Ergebnisse der Fertigungsplanung zu den
Aufgabenträgern, die mit der Durchführung dieser Planungsergebnisse betraut wurden) gesehen; die Aufgaben einer kurzfristigen Fer-
tigungsfeinplanung rechnen inhaltlich - was über die personelle Zu-
teilung nichts aussagt - zur Prozeßrealisierungsplanung.

23 23 Fertigungsdurchführung

Nachfolgende Aufgabenkomplexe werden vor allem unter Automatisie-
rungsgesichtspunkten voneinander abgegrenzt: Am Beginn der Fer-
tigungsdurchführung steht die (in der Regel inhaltlich seitens der
Arbeitselementeplanung vorgeschriebene) A u s s t a t t u n g des
Arbeitsplatzes - gegebenenfalls des Sachmittels - mit Werkzeugen
und Vorrichtungen und die Verlagerung des ersten zu bearbeitenden
Repetierfaktors in eine arbeitsgerechte Position (59). Neben den
Aufgaben einer Steuerung sowohl der mechanischen, elektrischen,
thermischen oder anderen Arbeits e n e r g i e n und der B e -
t r i e b s s t o f f e als auch der Relativbewegungen von Werkzeug
und Repetierfaktor (W e r k z e u g f ü h r u n g) stellt sich in
vielen Fällen alsbald das Problem der regelmäßigen P r o z e ß -
r ü c k s t ä n d e a b l e i t u n g . Bei der den Fertigungsprozeß
an einem Arbeitsplatz in der Regel abschließenden R e p e t i e r -
f a k t o r a b l e i t u n g ist ein wirtschaftlich optimaler Übergang
vom Arbeitsplatz zu den sich anschließenden T r a n s p o r t e n
oder Z w i s c h e n l a g e r u n g e n zu vollziehen; die Durchführung der erforderlichen I n s t a n d h a l t u n g s m a ß n a h -
m e n schließlich hat die Aufrechterhaltung der Produktionsbereit-
schaft sicherzustellen.

23 24 Fertigungskontrolle

Aufgabenkomplexe sind hier die Überwachung der P r o z e ß b e -
d i n g u n g e n , der Erzeugnis q u a l i t ä t , des F e r t i -
g u n g s f o r t s c h r i t t s sowie der K o s t e n .

Abschließend sei noch einmal darauf hingewiesen, daß die inhaltliche Abgrenzung und Definition der Aufgabenkomplexe, wie hier vor-

---

59) Zum Begriff der "Positionierung" vgl. Dolezalek, C. M. , Grundsatzprobleme der Werkstückhandhabung bei Fertigung und Montage, in: Automatisierung in der Fertigungstechnik, VDI - Berichte Nr. 89, Düsseldorf 1965, S. 103; Steinbuch, K. , Systemanalyse - Versuch einer Abgrenzung, Methoden und Beispiele,
in: IBM-N 1967, S. 450 f.

genommen, nicht als Spiegelbild einer personellen Aufgabenverteilung, sondern als deren notwendige Vorstufe zu verstehen ist, welche ihre spezifische Ausprägung durch die angesprochenen betriebswirtschaftlichen und organisationstheoretischen Grundlagen erfährt

23 3 DIE ELEMENTAREN FUNKTIONALSYSTEME DER FERTI-
GUNGSWIRTSCHAFT

Vor allem im Interesse einer Schaffung klarer terminologischer
Grundlagen für die nachfolgenden Ausführungen, aber auch zur Verdeutlichung analoger Strukturen im stofflichen und im informationellen Bereich sei an dieser Stelle die in Abb. 13 dargestellte Syste-

Realobjek-te (Stoffe und In-forma-tionen)	Transforma-tionssysteme	Bereitstellungssysteme		
		Transfer-systeme	Speicher-systeme	Übernahme-systeme
	inhaltliche Transforma-tion (Be- bzw. Verarbeitung)	räumliche Transforma-tion (Transfer)	zeitliche Transforma-tion (Speiche-rung)	Intersystem Transforma-tion (Über-nahme)
materielle Real-objekte (Stoffe)	Erzeugungs-systeme	Förder-systeme	Lager-systeme	Handhabungs-systeme
immate-rielle Realob-jekte (In-formationen)	Datenver-arbeitungs-systeme	Über-tragungs-systeme	Speicher-systeme	Datener-fassungs- und -abgabe-systeme

Abb. 13: Gegenüberstellung der elementaren Funktionalsysteme des
stofflichen und des informationellen Bereiches

matik eingefügt; es wird deutlich, daß Bereitstellung und Verarbeitung materieller und immaterieller Realobjekte - und damit die Erfüllung betrieblicher Planungs- und Realisationsaufgaben (60) - eini-

---

60) Siehe Hahn, D., Planungs- und Kontrollrechnung - PuK, a.a.O.,
S. 6 ff.

gen wenigen Arten konkreter Wirkungssysteme (61) obliegt, die wegen dieser ihrer grundlegenden Funktionen der Objektbereitstellung und -verarbeitung als e l e m e n t a r e F u n k t i o n a l s y s t e m e bezeichnet werden sollen (62).

61) Zur Kennzeichnung konkreter Wirkungssysteme siehe Alewell, K./Bleicher, K./Hahn, D., Anwendung des Systemkonzepts auf betriebswirtschaftliche Probleme, a.a.O., S. 159.
62) Ähnliche Gegenüberstellungen stofflicher und informationeller Phänomene finden sich bei Kosiol, E., Die Unternehmung als wirtschaftliches Aktionszentrum, a.a.O., S. 167, 175 ff.; Chmielewicz, K., Kostenrechnungssystem und automatisierte Datenverarbeitung, in: Grochla, E. (Hrsg.), Die Wirtschaftlichkeit automatisierter Datenverarbeitungssysteme, Wiesbaden 1970, S. 165. Speziell zum Begriff der "Erzeugung" siehe Hennig, K. W., Betriebswirtschaftslehre der industriellen Erzeugung, 5. Aufl., Wiesbaden 1969, S. 9; Riebel, P., Industrielle Erzeugungsverfahren in betriebswirtschaftlicher Sicht, Wiesbaden 1963, S. 11. Zum Begriff "Funktionalsystem" siehe in einer erweiterten Sicht Starkermann, R., Zur Kybernetik wachsender Organisationen, in: IO 1970, S. 264 f.; zu einer analogen Verwendung des Begriffes "Elementarsystem" siehe Jünemann, R./Eggenstein, F., Integration verschiedener Lagersysteme in den Fertigungsprozeß, in: wt 1975, S. 134 f.

54

3. Wesen und Inhalt der Automatisierung aus betriebswirtschaftlicher Sicht

31 Chronologischer Abriß zum Automatisierungsgedanken und -begriff

311 DIE ZEITSPANNE BIS ZUM BEGINN DER AUTOMATISIERUNGSDISKUSSION

Vom Wort her gesehen ist der Ursprung des Begriffs "Automatisierung" im Altgriechischen zu suchen, wo etwa Ende des 8. Jhs. v. Chr. bereits von HOMER das Adjektiv "automatos" im Sinne von "sich selbst bewegend" (in bezug auf Sachen) gebraucht wurde (63). Im 1. Jh. n. Chr. begegnet uns dann in dem Buchtitel "Automata" für ein Werk des griechischen Mathematikers und Mechanikers HERON VON ALEXANDRIEN die gleiche Wortwurzel wieder, wobei HERON in seinen Schriften auch gleich zahlreiche Beschreibungen gewichtsbetriebener Automatentheater liefert (64). Die Konstruktion von Automaten - i. S. v. selbsttätigen Mechanismen - nimmt dann etwa ab dem 14. Jh. durch den Bau von Uhren und mit ihnen gekoppelten Spielwerken einen ersten größeren Aufschwung; etwa 300 Jahre später kommt es zur Entwicklung der ersten mechanischen Rechenmaschinen (SCHICKART 1623, PASCAL 1641, LEIBNIZ 1673). Von nun an folgen die für die Automatisierungstechnik bedeutsamen Neuentwicklungen dicht aufeinander und lassen z. T. bereits deutlich die bevorstehende Industrialisierung ahnen: Lochkartensteuerung von Webstühlen (FALCON 1728, VANCANSON 1738), Spinnmaschine (HARGREAVES 1764, ARKWRIGHT 1769), Dampfmaschine mit Fliehkraftregler (WATT 1769, 1788), vollautomatisierte Getreidemühle (EVANS 1784). Unter den weiteren Marksteinen auf dem Automatisierungssektor ragt in der 1. Hälfte des 19. Jhs. die Entwicklung der programmgesteuerten Rechenmaschine durch BABBAGE (1833), in der 2. Hälfte die Entwicklung der ersten Lochkartenmaschinen durch HOLLERITH (1882) hervor.

Während auf dem Gebiet der Rechen- und Lochkartenmaschinen die weitere Entwicklung bekanntlich über ZUSE (1941), AIKEN (1944)

---

63) Vgl. Frisk, H., Automation, in: Griechisches etymologisches Wörterbuch, Bd. 1, Heidelberg 1960, S. 191.
64) Vgl. Goldscheider, P./Zemanek, H., Computer, Berlin/Heidelberg/New York 1971, S. 5.

sowie ECKERT und MAUCHLY (1946) hin zu unseren derzeitigen
EDV-Anlagen und -Programmen führt (65), vollziehen sich parallel
dazu zwei andere Entwicklungen, die die Automatisierungstechnik
entscheidend mit beeinflussen: Zum einen wird das Fließbandprinzip
erstmals 1880 in den Schlachthäusern von Chicago, 1907 in der Auto-
mobilmontage von Ford und 1923/24 in der Fertigung von Zylinder-
blöcken bei Morris realisiert; zum anderen wird das (u. a. von WATT
bereits zur Anwendung gebrachte) Regelungsprinzip 1868 von MAX-
WELL, 1925 von WAGNER, 1941 von SCHMIDT und schließlich 1948
von WIENER untersucht und theoretisch fundiert (66).

31 2   DER AUTOMATISIERUNGSBEGRIFF IM LETZTEN VIERTEL-
         JAHRHUNDERT

Diese drei zuletzt behandelten, mehr verfahrenstechnisch (67) gearteten Charakteristika - Elektronische Datenverarbeitung, Fließbandprinzip und/oder realtechnische Verwirklichung des Regelungsprinzips - sind es dann auch, die den Ausgangspunkt für die Bemühungen
um die Erfassung und Definition des seit 1952 im Mittelpunkt einer
allgemeinen Diskussion stehenden Phänomens der "automation" darstellen: In den vierziger Jahren prägt zunächst HARDER, der damalige Produktions-Direktor von Ford, den Begriff "automation" zur
Kennzeichnung des selbsttätigen Transportes von Werkstoffen und
Teilen in und zwischen Maschinen (68). Nach allgemeiner Darstellung unabhängig davon (69) benutzt DIEBOLD 1952 den gleichen Be-

---

65) Zur Entwicklung der Datenverarbeitungstechnik im einzelnen
    siehe beispielsweise Jordan, C., Einführung in den Aufbau der
    Hardware eines Datenverarbeitungssystems, in: Jacob, H.
    (Hrsg.), Grundlagen der elektronischen Datenverarbeitung, Wies-
    baden 1970, S. 12 ff.
66) Eine genauere Übersicht zur Geschichte der Regelung findet sich
    z. B. bei Steinbuch, K., Automat und Mensch, a. a. O., S. 90.
67) "Verfahrenstechnik" hier i. S. v. Kosiol, E., Organisation der
    Unternehmung, a. a. O., S. 23 f.
68) Vgl. hierzu z. B. Dolezalek, C. M., Automatisierung - Auto-
    mation, in: VDI-Z 1956, S. 563; Weinberg, E., Stand und Aus-
    sichten der Automation in den USA, in: Wirtschaftsdienst 1956,
    S. 433; Pietsch, M., Automation, in: Görres Gesellschaft (Hrsg.),
    Staatslexikon, Bd. 1, 6. Aufl., Freiburg 1957, Sp. 794; Bright,
    J. R., Lohnfindung an modernen Arbeitsplätzen in den USA, in:
    Automation und technischer Fortschritt in Deutschland und den
    USA, Frankfurt a. M. 1963, S. 173, Fußnote 15).
69) Vgl. z. B. Dolezalek, C. M., Automatisierung - Automation, a.
    a. O., S. 563; Weinberg, E., Stand und Aussichten der Automa-
    tion in den USA, a. a. O., S. 433.

griff als Obertitel eines Buches, das dann für die rasche Weiterver-
breitung des Automationsgedankens und -begriffes sorgte. Sprach-
lich geht die Wortbildung "automation" auf eine Verkürzung des eng-
lischen Wortes "automatization" (bzw. "automatism production") zu-
rück (70), dessen deutsches Pendant "Automatisierung" z. B. bereits
1923 bei GOTTL-OTTLILIENFELD, 1935 im Titel einer Dissertation
von KUHNERT Verwendung gefunden hat (71). Im Gegensatz zu HAR-
DER sieht DIEBOLD den Kern des Automationsgedankens im Regelungsprinzip (72), und er weist auf die bedeutende Rolle hin, die dem
Computer bei der Realisierung dieses Prinzips zukommt (73) (wenn
er auch andererseits davor warnt, über dem Regelungsprinzip und
dem Computer andere wichtige Aufgaben, wie die automatische Werkstückhandhabung oder die automationsgerechte Produktgestaltung ,
zu übersehen (74)).

Im deutschen Sprachraum kennzeichnen 1923 GOTTL-OTTLILIEN-
FELD und 1935 KUHNERT die Automatisierung durch das Prinzip
der Selbsttätigkeit (75); 1951 charakterisiert Gutenberg den Begriff
"Automatisierung" sinngemäß dadurch, daß Funktionen vom Menschen auf die Maschine übergehen (76). DOLEZALEK versteht 1956
die Automatisierung als "die Befreiung des Menschen von der Ausführung immer wiederkehrender gleichartiger Verrichtungen und insbesondere seine Loslösung aus der zeitlichen Bindung an den Rhyth-

70) Vgl. z. B. Dolezalek, C. M. , Automatisierung - Automation, a.
    a. O. , S. 563; Weinberg, E. , Stand und Aussichten der Automa-
    tion in den USA, a. a. O. , S. 433.
71) Vgl. v. Gottl-Ottlilienfeld, F. , Grundriß der Sozialökonomik,
    II. Abteilung, Die natürlichen und technischen Beziehungen der
    Wirtschaft, II. Teil, Wirtschaft und Technik, 2. Aufl. , Tübin-
    gen 1923, S. 148 in Verbindung mit S. 74 f. ; Kuhnert, H. , Der
    Prozeß der Automatisierung und Mechanisierung, Diss. , Würz-
    burg/Leipzig 1935.
72) Vgl. Diebold, J. , Automation - the new technology, in: HBR Nov.
    -Dec. 1953, S. 63, 65.
73) Vgl. Diebold, J. , Die automatische Fabrik, Nürnberg 1954, S.
    38, 48.
74) Vgl. Diebold, J. , Die automatische Fabrik, a. a. O. , S. 37, 51,
    57.
75) Vgl. v. Gottl-Ottlilienfeld, F. , Grundriß der Sozialökonomik,
    II. Abteilung, Die natürlichen und technischen Beziehungen der
    Wirtschaft, II. Teil, Wirtschaft und Technik, a. a. O. , S. 148 in
    Verbindung mit S. 74 f. ; Kuhnert, H. , Der Prozeß der Automa-
    tisierung und Mechanisierung, a. a. O. , S. 12 ff. , 20 ff.
76) Vgl. Gutenberg, E. , Grundlagen der Betriebswirtschaftslehre,
    Bd. 1, Die Produktion, Berlin/Göttingen/Heidelberg 1951, S. 71 ff.

mus maschineller und anderer technischer Einri chtungen" (77). Im
gleichen Jahr führt PIETSCH aus, das Neue an der "Automation "
liege darin, daß Aggregate oder Prozesse "sich s e l b s t   nach
dem tatsächlichen Ablauf steuern, wie er sich unter dem Einfl uß
mehrerer, nicht voraussehbarer Variablen einstellt" (78). Im Gegen -
satz z. B. zu PIETSCH (79) wollen DO LEZALEK (80) und später
GROCHLA (81) keinen Unterschied in der Bedeutung der Begriffe
"Automation" und "Automatisierung" sehen - eine Auffassung, der
sich der Verfasser im folgenden anschließt (82). GROCHLA sieht
die beiden Merkmale der Automatisierung in der selbsttätigen Auf -
gabenerfüllung, die quasi als Automatisierungsziel zu sehen   ist,
sowie der zur Erreichung dieses Zieles notwendigen realtechnischen
Integration (83).

Wie bereits dieser Überblick über einige bedeutende Begriffsbil -
dungen zeigt, wird der Automationsbegriff z. T. in enger Anlehnung
an die verfahrenstechnischen Charakteristika der EDV, des Fließ -
bandprinzips und/oder der realtechnischen Verwirklichung des Re -

77) Dolezalek, C. M., Automatisierung - Automation, a. a. O., S.
    564.
78) Pietsch, M., Die Auswirkung der "Automation" auf den Pro -
    duktionsprozeß, in: ZfhF 1956, S. 450.
79) Pietsch, M., Produktion, automatische, in: Seischab, H. /
    Schwantag, K. (Hrsg.), HWB, Bd. 3, 3. Aufl., Stuttgart 1960,
    Sp. 4462; vgl. u. a. auch Schmidt, E., Die Automation in orga -
    nisationstheoretischer Betrachtung, a. a. O., S. 12 sowie Kosiol,
    E. /Szyperski, N. /Chmielewicz, K., Zum Standort der System -
    forschung im Rahmen der Wissenschaften, a. a. O., S. 367.
80) Dolezalek, C. M., Automatisierung - Automation, a. a. O., S.
    563.
81) Grochla, E., Zum Wesen der Automation, in: ZfB 1964, S. 660 ;
    Grochla, E., Automatisierung, in:v. Beckerath, E. /u. a. (Hrsg.),
    HdSw, Bd. 12, Stuttgart/Tübingen/Göttingen 1965, S. 531.
82) Vgl. auch Preuß, H. -U., Die Automation in betriebswirtschaft -
    licher Sicht, Berlin 1970, S. 22; es spricht nichts dafür, einen
    solchen Unterschied zu machen, zumal der Begriff "Organisa -
    tion" ebenfalls sowohl Tätigkeit als auch Tätigkeitsergebnis be-
    zeichnet. Vielmehr spricht g e g e n   eine Verwendung der Be-
    zeichnung "Automation" (anstelle oder aber auch parallel zum Be-
    griff "Automatisierung"), daß mit ihr lange Zeit ein inhaltlicher
    Unterschied zum Begriff "Automatisierung" konstituiert werden
    sollte, der - wie die Ausführungen des nachfolgenden Abschnittes
    zeigen - nicht haltbar ist.
83) Vgl. Grochla, E., Zum Wesen der Automation, a. a. O., S. 663,
    sowie Grochla, E., Automation und Organisation, a. a. O., S. 31.

gelungsprinzips (z. B. HARDER, DIEBOLD, PIETSCH), z. T. völlig
losgelöst von derartigen Merkmalen (z. B. DOLEZALEK, GROCHLA)
gebraucht. Die Heterogenität der Auffassungen spiegelt sich noch in
verstärktem Maße wider in den Systematisierungen von Automations-
bzw. Automatisierungsbegriffen bei POLLOCK (84) und SCHMIDT
(85), auf die hier verwiesen sei.

32 Automatisierung in der Erklärung durch den allgemeinen Programmansatz

32 1 DER KERN DES AUTOMATISIERUNGSGEDANKENS

Der im vorangegangenen Abschnitt gegebene chronologische Abriß
zum Automatisierungsgedanken und -begriff vermag naturgemäß
wertvolle Hinweise auf das eigentliche Wesen der Automatisierung
zu geben. Es ist zu untersuchen, was als gemeinsames Kennzei -
chen hinter verfahrenstechnischen Erscheinungsformen wie der EDV,
dem Fließbandprinzip und/oder der realtechnischen Ausprägung des
Regelungsprinzips steht. Damit soll die besondere Bedeutung dieser
spezifischen Errungenschaften moderner Technik nicht etwa unzulässig verkleinert werden; es muß jedoch nachdrücklich hervorgehoben werden, daß Automatisierung weder zwangsläufig an die Realisierung einer dieser drei Techniken geknüpft ist (siehe z. B. konventionelle Fertigungsautomaten), noch in ihrem Kerngedanken durch
irgendeine realtechnische Erscheinungsform erfaßt werden kann
(siehe die fundamentalen Widersprüche zwischen den diesbezüglichen Definitions-Vorschlägen verschiedener Autoren).

Das gemeinsame Element beim Einsatz von EDVA, Fließbändern
und Regelungsmechanismen (86) ist die s e l b s t t ä t i ge A u f -
g a b e n e r f ü l l u n g r e a l t e c h n i s c h e r S y s t e m e
(87). Im Falle der EDVA handelt es sich um selbsttätige Erfüllung

---

84) Pollock, F., Automation, Frankfurt a. M. 1956, S. 116 ff.
85) Schmidt, E., Die Automation in organisationstheoretischer Be-
    trachtung, a. a. O., S. 15 ff.
86) Zum Begriff "Mechanismus" siehe Fußnote 155 auf S. 97.
87) Vgl. im wesentlichen die schon angesprochenen Auffassungen
    insbesondere GROCHLAs, aber auch einiger anderer, z. T. be-
    reits angeführter deutscher Autoren (GOTTL-OTTLILIENFELD,
    KUHNERT sowie Kussl, V., Zur Theorie der Automatisierung,
    in: BBC-Nachrichten 1962, S. 160). Zum Begriff der "Selbsttä-
    tigkeit" siehe die einschränkenden Ausführungen bei Schmidt, E.,

von Aufgaben der Datenerfassung, -speicherung, -übertragung, -verarbeitung und -abgabe, im Falle der Fließbänder um selbsttätige Erfüllung von Transportaufgaben, und im Falle der Regelungsmechanismen um die Selbsttätigkeit einer Aufgabenerfüllung unter erweiterten Bedingungen (besondere Fähigkeit zur Bewältigung auch von Störungen nicht vorhergesehener Art und Struktur). "Selbsttätige Aufgabenerfüllung" bedeutet dabei, wie z. B. von MELLEROWICZ ausgeführt, eine seitens des Menschen e i n g r i f f s f r e i e Auf - gabenerfüllung der realtechnischen Systeme (88), wobei naturgemäß verschiedene Grade der Eingriffsfreiheit bzw. Selbsttätigkeit unterschieden werden können. Bei der in nachfolgenden Teilen der Arbeit noch enthaltenen näheren Beschäftigung mit diesen verschiedenen Automatisierungsgraden wird sich zeigen, daß h i e r den drei oben erwähnten Verfahrenstechniken tatsächlich eine hervorge hobene Bedeutung in dem Sinne zukommt, daß sie für jeweils ganz bestimm - te Automatisierungsstufen bzw. -bereiche als charakteristisch ange - sehen werden können.

Um nun im einzelnen verdeutlichen zu können, auf welcher Grund - lage eine selbsttätige Aufgabenerfüllung realtechnischer Systeme möglich ist, wie sie sich vollzieht und wie sie überhaupt erreicht werden kann, wird im folgenden an bestimmte Ausführungen des Abschnittes 2 über die organisatorischen Problemlösungsprogramme angeknüpft.

32 2 DIE ROLLE DER STEUERUNGSPROGRAMME

32 21   Das Steuerungsprogramm al s Grundlage aller Sachmittel - - aktionen

Wenn bei der Automatisierung - wie oben dargest ellt - Sachmittel in relativer Autonomie gegenüber dem Menschen bestimmte Aufga - ben erfüllen, und Aufgabenerfüllung durch A k t i o n e n vollzo - gen wird, so kommt damit der Frage nach den allgemeinen Grund - lagen von Sachmittelaktionen besondere Bedeutung zu.

Fortsetzung von Fußnote 87)
 Die Automation in organisationstheoret ischer Betrachtung, a. a. O. , S. 46; ein "realtechnisches System" kann aus einem einzi - gen Sachmittel oder aber einer Vielzahl beziehungsmäßig ver - knüpfter Sachmittel bestehen (vgl. Lehmann, H. , Zum Objekt und wissenschaftlichen Standort einer "Organisationskybernetik", a. a. O. , S. 57).
88) Vgl. Mellerowicz, K. , Betriebswirtschaftslehre der Industrie, Bd. 2, a. a. O. , S. 362 ff.

Diesbezüglich sind im Zusammenhang mit Abb. 10 dieser Arbeit die
wesentlichsten Fakten bereits angesprochen worden, so daß an dieser Stelle lediglich eine zusätzliche Verdeutlichung und Präzisierung
erforderlich ist.

Wie erwähnt, weisen Eigenschaften und Aktionen von Sachmitteln
einerseits und Personen andererseits aus informationeller Sicht den
fundamentalen Unterschied auf, daß P e r s o n e n aufgrund der
Einflüsse von Ausbildung, Erfahrung und Erziehung i. d. R. über ein
individuelles Repertoire an Problemlösungsanweisungen verfügen,
welches eine vollständige Vorgabe der von ihnen im jeweiligen Einzelfall durchzuführenden Problemlösungsprozesse erübrigt (89) (oder
unter humanen Zielsetzungen sogar verbietet), während S a c h -
m i t t e l prinzipiell auf eine lückenlose Beschreibung der durch
sie zu vollziehenden Aktionen und damit auf Steuerungsprogramme
mit dem Aktionsspielraum 0 angewiesen sind. Einer jeden Sachmit-
telaktion muß eine vollständige organisatorische Problemlösungs-
anweisung im Steuerungsprogramm entsprechen; von den Folgen
etwaiger Material- oder sonstiger Fehler abgesehen ist also das
S t e u e r u n g s p r o g r a m m G r u n d l a g e a l l e r
S a c h m i t t e l a k t i o n e n . Dies gilt - wie im folgenden noch
deutlicher wird - völlig unabhängig davon, ob es sich bei der Sach-
mittelaktion um einen Entscheidungs- oder einen Realisationsakt
handelt, und ob das Sachmittel ein Software-/Hardwaresystem ist
oder ein reines Hardwaresystem.

Dies weist dem Steuerungsprogramm naturgemäß auch eine Schlüs-
selrolle bei der wissenschaftlichen Behandlung und Erklärung der
Automatisierung zu, denn es ist a u s s c h l i e ß l i c h das
hard- und/oder softwaremäßig gespeicherte Steuerungsprogramm,
welches das Sachmittel bei seiner Aufgabenerfüllung in bestimmtem
Umfang unabhängig von Eingriffen des Menschen und damit "selbsttätig" macht. Automatisierung ohne Steuerungsprogramme ist nicht
möglich, bzw. es kann - um es anders auszudrücken - nur das als
automatisierbar angesehen werden, was sich als Steuerungspro -
gramm mit dem Aktionsspielraum 0 formulieren läßt.

Steuerungsprogramme können sich - wie Abb. 7 verdeutlicht - alternativ sowohl auf Entscheidungs- als auch auf Realisationsakte beziehen; analog kann innerhalb der programmgesteuerten Sachmittelaktionen zwischen selbsttätigen Entscheidungs- und selbsttätigen Reali-

---

89) Falls dies erforderlich ist, kann der Mensch sogar in bestimmten
    Situationen neuartige Probleme, die vorher nicht definiert wur-
    den, erkennen, formulieren und einer Lösung zuführen, und so
    auch in diesem Sinne "kreativ" sein.

sationsakten unterschieden werden. Für die Qualifizierung einer Sachmittelentscheidung als einem E n t s c h e i d u n g s akt ist es dabei unerheblich, daß das Sachmittel prinzipiell über keine Aktionsfreiheit verfügt; ausschlaggebend ist in Anknüpfung an die in Abb. 6 gegebene Definition des Entscheidungsaktes lediglich, ob es sich um einen "Auswahlvorgang zwischen mindestens zwei Problemlösungsalternativen" handelt. Wenn einem Computer beispielsweise ein bestimmter Lagerbestand gemeldet wird und er anhand der ihm in einem Steuerungsprogramm Typ E vorgeschriebenen Kriterien und/ oder Methoden überprüft, ob und in welcher Höhe eine Neubestellung zu erfolgen hat, so ist das zweifelsfrei ein Auswahlvorgang zwischen einer Vielzahl von Problemlösungs- bzw. Bestellmengenalternativen (von Bestellmenge 0 bis Bestellmenge x) und damit ein Entscheidungsakt im Sinne von Abb. 6 (90).

Steuerungsprogramme vom Typ E wie auch vom Typ R können Sachmitteln sowohl in hardware- als auch in softwaremäßig gebundener Form vorgegeben werden; es kann allerdings generell ausgesagt werden, daß Entscheidungsprogramme wesentlich häufiger und auch in viel größerem Umfang als Realisationsprogramme s o f t w a r e mäßig gebunden sind. Das heute bekannteste Ausnahmebeispiel n i c h t hardwaremäßig gebundener Steuerungsprogramme vom Typ R sind die Werkstückprogramme für die numerisch gesteuerten Maschinen (NCA).

32 22 Automatisierung als Prozeß der Programmsubstitution

Nachdem im vorangegangenen Abschnitt die fundamentale Bedeutung der Steuerungsprogramme für jede Form der selbsttätigen Aufgaben-

---

90) Es bleibt natürlich jedem Wissenschaftler unbenommen, Ent scheidungen so zu definieren, daß zu ihnen immer auch ein noch nicht programmierter Aktionsspielraum des Entscheidungsträgers gehört. Nach Würdigung aller relevanten Gesichtspunkte - insbesondere der beiderseitig vorgetragenen Argumente zum Turing-Test sowie zum Informationsverarbeitungsansatz - hat sich der Verfasser aber für die andere und im Grundsatz auch in Abb. 10 bereits enthaltene Sicht entschieden; ein näheres Eingehen auf die Gründe muß hier zwangsläufig unterbleiben, da dieser Darlegungsgang weit in die Verhaltenswissenschaften hineinführen würde. (Zu diesem Fragenkomplex siehe aber u. a. Kirsch, W., Entscheidungsprozesse, Bd. 2, Informationsverarbeitungstheorie des Entscheidungsverhaltens, Wiesbaden 1971; Ulrich, P., Ein verhaltenswissenschaftlicher Ansatz zur Theorie der Prozeß-Organisation, in: DU 1974, S. 147 ff.).

erfüllung durch Sachmittel verdeutlicht worden ist, kann die Automatisierung als Z u s t a n d zusammenfassend wie folgt gekennzeichnet werden: Automatisierung (als Zustand) ist die selbsttätige Aufgabenerfüllung realtechnischer Systeme auf der Basis von Steuerungsprogrammen.

Auch die Automatisierung als P r o z e ß läßt sich auf der Grundlage des allgemeinen Programmansatzes bzw. seiner Erläuterung in Abschnitt 22 2 nunmehr in einfachster Weise kennzeichnen: Automatisierung (als Prozeß) vollzieht sich in der Unternehmung als S u b s t i t u t i o n p e r s o n a l e r d u r c h m a s c h i n e l le P r o b l e m l ö s u n g s p r o g r a m m e . Hierbei wird also, in Abhängigkeit davon, ob Personen oder Sachmittel Träger der Problemlösungsprogramme sind, zwischen personalen und maschinellen Programmen differenziert; aus den bisherigen Darlegungen über den unterschiedlichen Aktionsspielraum von Personen und Sachmitteln ergibt sich, daß die maschinellen Programme immer nur Steuerungsprogramme mit dem Aktionsspielraum 0, die personalen Programme hingegen alle Arten organisatorischer Problemlösungsprogramme umfassen (91). Im Rahmen des Automatisierungsprozesses werden personale Programme durch Umstrukturierung und i. d. R. auch weitere Konkretisierung in maschinelle Programme überführt; dadurch findet innerhalb der Organisationsstruktur der Unternehmung eine Erhöhung des Anteils der maschinellen Problemlösungsprogramme und - soweit die substituierten personalen Programme noch einen Aktionsspielraum beinhaltet hatten - auch eine Erhöhung des Organisationsgrades statt (92).

Es verdient noch eine kurze Erläuterung, warum also die P r o g r a m m e und nicht etwa die Potentiale oder Aktionen als die Instrumentalvariable des Automatisierungsprozesses angesehen werden: Würde man letzteren als Substitution personaler durch maschi-

---

91) SCHMIDT unterscheidet analog zwischen "personalen" und "sachmittelhaften" Programmen (Personalprogrammen und Sachmittelprogrammen) und unterstreicht ebenfalls die fundamentale Bedeutung letzterer für die Erklärung der Automatisierung in organisationstheoretischer Sicht (vgl. Schmidt, E. , Die Automation in organisationstheoretischer Betrachtung, a. a. O. , S. 62 ff.)
92) Zum Organisationsgrad siehe insbesondere Ulrich, H. , Betrachtungen zum Organisationsgrad von Unternehmungen, in: Kloidt, H. (Hrsg.), Betriebswirtschaftliche Forschung in internationaler Sicht, Festschrift für E. Kosiol, Berlin 1969, S. 193 ff. , sowie Bleicher, K. , Perspektiven für Organisation und Führung von Unternehmungen, a. a. O. , S. 58 f. ; Kosiol, E. , Organisation der Unternehmung, a. a. O. , S. 29 f. , 43 f.

nelle P o t e n t i a l e charakterisieren, so könnte aufgrund der
allgemeinen Anschauung leicht das Mißverständnis entstehen,es han-
dele sich bei der Automatisierung also um einen physisch in Erscheinung tretenden Prozeß der Ersetzung des Menschen durch die Maschine; dies ist zwar oft, aber - wie das Beispiel des Einsatzes
leistungsfähigerer Software unter Weiterbeschäftigung aller bisherigen personalen und maschinellen Aufgabenträger zeigt - nicht immer
der Fall. Auch die Kennzeichnung des Automatisierungsprozesses
als einer Substitution personaler durch maschinelle A k t i o n e n
würde nicht exakt zutreffen, weil diese Veränderung in der Aktionsstruktur zeitlich erst mit einem gewissen time lag auf die eigentliche Automatisierung folgt; mit dem Zeitpunkt der Installation eines
selbsttätigen Überwachungs- und Schutzsystems zur Unfall-, Feuer-
oder sonstigen Schadensverhütung in der Fertigung muß bereits von
einer Automatisierung gesprochen werden, obwohl Aktionen des
Systems möglicherweise (und hoffentlich) erst nach einem langen
Zeitraum erforderlich werden.

32 23 Die speziell betriebswirtschaftlichen Aspekte der Automati-
       sierung

32 231 Die Abgrenzung der Anwendungsprogramme gegenüber den
        Systemprogrammen

Sachmittel enthalten grundsätzlich immer zwei verschiedene Pro-
gramm-Untergruppen innerhalb ihrer Ausstattung mit Steuerungsprogrammen, die von unterschiedlicher Relevanz für eine speziell
betriebswirtschaftlich orientierte Behandlung des Automatisierungsphänomens sind; diese beiden Untergruppen - A n w e n d u n g s -
programme einerseits und S y s t e m programme andererseits -
stehen in einem unterschiedlichen Verhältnis zur Erfüllung konkreter betrieblicher Aufgabenstellungen (93): Während die Anwendungsprogramme alle Instruktionen enthalten, die einen inhaltlich direkt
an betrieblichen Aufgaben orientierten und von daher u n m i t t e l -
b a r e n Beitrag zur Lösung konkreter betrieblicher Probleme leisten, betreffen die Systemprogramme jene vielfältigen maschinellen
Unterstützungsfunktionen, die im Kern nur die Übernahme und Aktivierung der Anwendungsprogramme durch Sachmittel ermöglichen
oder erleichtern sollen und in diesem Sinne einen m i t t e l -
b a r e n Beitrag zur betrieblichen Aufgabenerfüllung leisten. Diese Zweiteilung der Steuerungsprogramme findet sich nicht nur im

____
93) Vgl. für den informationellen Bereich im Grundsatz z. B. Seibt,
    D. /Emde, W. , Planung der Anwendungs-Software, in: Fuchs,
    J. /Schwantag, K. (Hrsg.), Agplan-Handbuch zur Unternehmens-
    planung, Berlin 1970, Kennzahl 6202, S. 3 f. ; Nicolovius, R. ,
    Betriebssysteme für EDV-Anlagen, in: Jacob, H. (Hrsg.), EDV
    als Instrument der Unternehmensführung, Wiesbaden 1970, S.
    61 ff.

informationellen, sondern auch im stofflichen Einsatzbereich von Sachmitteln; so sind beispielsweise bei einer Ziehpresse in den verschiedenen auswechselbaren Formwerkzeugen die einzelnen Anwendungsprogramme, in den übrigen Bestandteilen der Presse die Systemprogramme gespeichert (siehe hierzu auch Abschnitt 33 23).

Damit kann nun die im Rahmen des allgemeinen Programmansatzes erfolgte und für die weiteren Darlegungen dieser Arbeit grundlegende Systematisierung der verschiedenen Arten von Problemlösungsprogrammen wie folgt zusammengefaßt werden (siehe Abb. 14; in der Bilderläuterung wird tendenziell von unten nach oben vorgegangen): Nach dem unterschiedlichen Grad der Gestaltungsfreiheit hinsichtlich der Problemlösungsparameter Ziele, Potentiale und Aktionen können Anpassungs-, Regelungs- und Steuerungsprogramme unterschieden werden, wobei innerhalb der Steuerungsprogramme nach der Phasenzugehörigkeit zwischen Ausprägungen vom Typ E und Ausprägungen vom Typ R zu differenzieren ist. Ein großer Teil derjenigen Steuerungsprogramme, die eine Gestaltungsfreiheit bzw. einen Aktionsspielraum von 0 aufweisen, ist heute in der Unternehmung Sachmitteln anvertraut; diese "maschinellen Programme" unterteilen sich nach ihrer unmittelbaren Problemorientiertheit wiederum in Anwendungs- und in Systemprogramme.

Nun sind aber natürlich auch alle in Abb. 14 als "personale Programme" zusammengefaßten Problemlösungsprogramme von ihrem Charakter her nichts anderes als "Anwendungsprogramme" im oben gekennzeichneten Sinne; man kann daher - wie durch das etwas kleinere Rechteck in Abb. 14 geschehen - die maschinellen Anwendungsprogramme (Anwendungsprogramme i. e. S.) und die personalen Programme unter der Bezeichnung "Anwendungsprogramme i. w. S." zusammenfassen. Ausgeklammert bleiben dann lediglich die Systemprogramme - eine Sicht, die hier und vor allem im folgenden Abschnitt deshalb Gegenstand der Ausführungen ist, weil sie die unterschiedliche Behandlung des Automatisierungsphänomens durch Techniker und Betriebswirte in erheblichem Umfang zu verdeutlichen geeignet ist. Das größere Rechteck in Abb. 14 bringt zum Ausdruck, daß - je nachdem, ob also nun die Systemprogramme in die Betrachtungen mit einbezogen werden oder nicht - man zwischen der Gruppe der Problemlösungsprogramme i. w. S. und der Gruppe der Problemlösungsprogramme i. e. S. (= Anwendungsprogramme i. w. S.) zu unterscheiden hat.

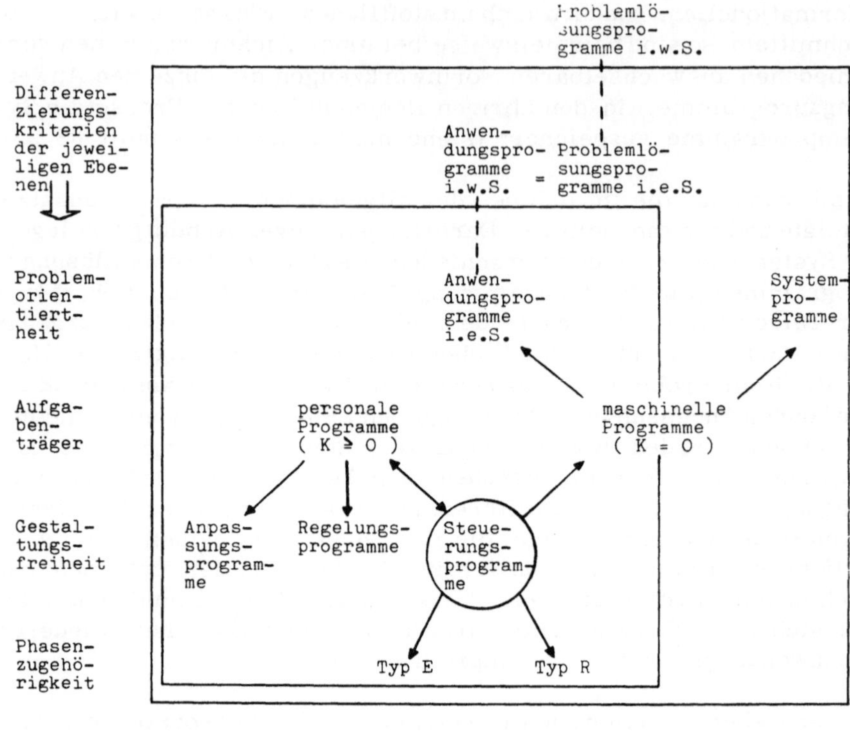

———▶ = Hinweissymbol in Richtung Untermenge

– – – – – = Hinweissymbol auf unterschiedliche Weiten der
Begriffsdefinition

K = Kompetenz

Abb. 14: Die wichtigsten Problemlösungsprogramme und ihre
Beziehungen zueinander

32 232 Zielorientierte Programmstrukturierung und -implementie-
        rung in der Unternehmung

Wie oben erwähnt, spiegelt sich die unterschiedliche Behandlung des
Automatisierungsphänomens durch Techniker und Betriebswirte sehr
weitgehend in dem jeweiligen Grad der Beschäftigung mit Anwen-
dungs- und Systemprogrammen wider. Techniker haben sich im
Rahmen der Herstellung und Wartung realtechnischer Systeme in -
tensiv und detailliert mit allen Möglichkeiten und Problemen der
sachmittelinternen Problemlösungsstrukturierung - insbesondere
auch der Strukturierung der S y s t e m programme -zu befassen;
in technischer Hinsicht geht es um die Frage, wie bestimmte natur-
wissenschaftliche Zusammenhänge für die hard- oder softwaremäss-
sige Speicherung der maschinellen Programme nutzbar gemacht
werden können. Der Betriebswirt hingegen beschäftigt sich mit sachmittelinternen Problemlösungsstrukturen nur in begrenztem, im
wesentlichen durch die Anwendungsprogramme verkörperten Ausmaß (94); sein Beitrag bei der Automatisierung bzw. der Klärung
ihres "ob" und "wie" liegt darin,

a) einen potentiellen Sachmitteleinsatz im Hinblick auf die Förderung
   der spezifischen Gewinn- und sonstigen Ziele der Unternehmung
   zu untersuchen,

b) bei der Erstellung, Implementierung oder Vervollständigung der
   Anwendungsprogramme von EDVA mitzuwirken, und schließlich

c) für ein optimales Zusammenwirken der personalen und maschinellen Problemlösungsprogramme Sorge zu tragen.

Zu Punkt a) erübrigt sich eine Erläuterung; hinsichtlich des zweiten angesprochenen Punktes verdient hier hervorgehoben zu werden, daß ja nicht nur die Gestaltung des personalen, sondern auch
des m a s c h i n e l l e n Teiles der Aktionsstruktur der Unternehmung (siehe Abb. 1) auf o r g a n i s a t o r i s c h e n A n a -
l y s e n u n d E n t s c h e i d u n g e n beruht, die - soweit
der P l a n u n g s bereich das Gestaltungsobjekt ist - im Kern als
Aufgabe entsprechend ausgebildeter B e t r i e b s w i r t e angesehen werden müssen; lediglich die Programmierung in ihrem engen
Sinne (also vor allem die Codierung) sowie bestimmte, ihr unmittelbar vor- und nachgelagerte Tätigkeiten (siehe Abb. 19) kann der Betriebswirt Spezialisten überlassen. Ist das Gestaltungsobjekt der

---

94) Zur unterschiedlichen Sicht des Organisators und des Ingenieurs
    siehe auch Schmidt, E. , Die Automation in organisationstheore-
    tischer Betrachtung, a. a. O. , S. 60 f.

fertigungswirtschaftliche   R e a l i s a t i o n s bereich, so übernimmt der   T e c h n i k e r   bzw. Ingenieur naturgemäß einen wesentlichen Teil der organisatorischen Analysen und Entscheidungen. Daß Entscheidungen über die Strukturierung und Implementierung maschineller Programme jedenfalls grundsätzlich   o r g a n i s a - to r i s c h e n   Charakter tragen, kann im Prinzip bereits aus den Ausführungen von Abschnitt 22 2 entnommen werden, ist andererseits aber auch sofort ersichtlich, wenn man sich vergegenwärtigt, wie Organisation allgemein in der Literatur charakterisiert wird (95):

Organisatorische Tätigkeit kann - von ihrer Intention her gesehen - in allgemeinster Form dadurch gekennzeichnet werden, daß sie

a) Dauerregelungen zur Aufgabenerfüllung schaffen will, die

b) das wirtschaftliche Ergebnis, insbesondere die Rentabilität, der Unternehmung mit verbessern sollen (96) (andere - z. B. soziale - Zielsetzungen (97) sollen hier damit aber keineswegs ausgeschlossen werden).

In der Tat ist es eigentlich auch mehr Ausfluß der im Grunde sehr inferioren Rolle gewesen, auf die das Sachmittel lange Zeit in der Organisationstheorie verwiesen war (98), wenn es nicht als "organisationsfähig" (99) angesehen wurde. Spätestens aber, seitdem das Sachmittel "Computer" ganze Aufgabenkomplexe zur Abwicklung übernehmen kann, scheint diese Rollenzuteilung nicht mehr zweckmäßig. Nachdem bereits einige ältere Autoren im Sachmittel einen dem Menschen gleichzusetzenden Aufgabenträger gesehen hatten (100), kamen 1966 auch GROCHLA und SCHMIDT unabhängig voneinander

---

95) Vgl. ähnlich Grochla, E. /Meller, F. , Datenverarbeitung in der Unternehmung/Grundlagen, a. a. O. , S. 253.
96) Vgl. z. B. Kosiol, E. , Organisation der Unternehmung, a. a. O. , S. 24 ff. ; Grochla, E. , Automation und Organisation, a. a. O. , S. 72 ff. ; Ulrich, H. , Betrachtungen zum Organisationsgrad von Unternehmungen, a. a. O. , S. 193 f. ; Bleicher, K. , Orga - nisation und Führung der industriellen Unternehmung, a. a. O. , S. 21 f. (Frage 7).
97) Siehe Schweitzer, M. , Zum Wandel in den betriebswirtschaftli - chen Organisationsvorstellungen, in: WiSt 1973, S. 171.
98) Zur unterschiedlichen Sichtweise des Sachmittels in der Be - triebsorganisation vgl. Wegner, G. , Sachmittel in der Organi - sation, a. a. O. , Sp. 1473.
99) Schmidt, E. , Die Automation in organisationstheoretischer Be - trachtung, a. a. O. , S. 58
100) Siehe hierzu Wegner, G. , Sachmittel in der Organisation, a. a. O. , Sp. 1473 ff. , sowie die dort angegebene Literatur.

zu den nachstehenden Schlußfolgerungen: "Es ist also beim heutigen technischen Entwicklungsstand nicht mehr vertretbar, wenn innerhalb der Organisation ausschließlich der Mensch als Aufgabenträger betrachtet wird; auch dem an der Aufgabenerfüllung beteiligten Sachmittel gebührt die Stellung eines A u f g a b e n t r ä g e r s . Sachmittel, die als starre Hilfsmittel (Werkzeuge) den Menschen lediglich bei der Aufgabenerfüllung unterstützen (z. B. Handhobel und Rechenschieber) werden in diesem Zusammenhang nicht als Aufgabenträger angesehen. Die ... Ausführungen beschränken sich auf die Sachmittel, d i e   a l s   M a s c h i n e n   e i n e n   w e - s e n t l i c h e n   A n t e i l   a n   d e r   A u f g a b e n e r f ü l - l u n g   h a b e n   bzw. diese selbsttätig durchführen (z. B. Hobelmaschine und Elektronenrechner)" (101). "Gesteht man den sachmittelhaften Erfüllungsfaktoren die Eigenschaft zu, eine selbständige Kategorie von Produktionsfaktoren zu sein, und das soll im folgenden getan werden, dann ist es folgerichtig, unter dem Blickwinkel des Organisierens als einer Substitution von Produktionsfaktoren auch die Sachmittel - wenigstens unter bestimmten Bedingungen - als organisationsfähig anzusehen" (102). Erst in den letzten Jahren scheint im allgemeinen Bewußtsein die O r g a n i s a t i o n   als betriebswirtschaftliches Kernproblem der A u t o m a t i o n und damit als der eigentliche Schlüssel zu einem wirtschaftlichen Sachmitteleinsatz erkannt und anerkannt zu werden (103).

Zu Punkt c) schließlich sei ergänzend festgestellt, daß diejenigen organisatorischen Instruktionen, die ein optimales Zusammenwirken der personalen und maschinellen Problemlösungsprogramme regeln, unter dem Begriff "Anwendungssystem" zusammengefaßt werden sollen (104); sie stellen Anweisungen an die Benutzer bzw. Nutzer

---

101) Grochla, E. , Automation und Organisation, a. a. O. , S. 73; die weiteren Ausführungen beziehen sich auch nicht auf die bei Wegner, G. , Systemanalyse und Sachmitteleinsatz in der Betriebsorganisation, Wiesbaden 1969, S. 43, als "Aktionsbedingungen" gekennzeichneten Sachmittel.
102) Schmidt, E. , Die Automation in organisationstheoretischer Betrachtung, a. a. O. , S. 58.
103) Hierzu siehe neben den Quellen in Fußnote 1), Seite 17, auch bereits Hoffmann, F. , Die Einsatzplanung elektronischer Rechenanlagen in der Industrie, München 1961, S. 151; siehe ebenfalls die Ausführungen bei Schmidt, G. , Organisations-Planung und Durchführung in sieben Phasen, a. a. O. , S. 291; Grupp, B. , Modularprogramme für die Fertigungsindustrie, Berlin/New York 1973, S. 46, 172 f. , 191.
104) In Anlehnung an Grochla, E. , Anwendungssystem für die automatisierte Datenverarbeitung, in: Z für O 1968, S. 242 ff.

der realtechnischen Systeme dar (z. B. Anweisungen über die Art und Reihenfolge bestimmter Iterationszyklen beim Bildschirmdialog in Planungskonferenzen) und sind demgemäß in deren personalen Anwendungsprogrammen enthalten.

Zusammenfassend läßt sich also konstatieren: Bei Automatisierungsprozessen in der Unternehmung erfolgen Strukturierung und Implementierung maschineller Problemlösungsprogramme auf der Basis von Gewinn- und anderen Zielen, wobei für den Betriebswirt die Anwendungsprogrammierung im Planungsbereich eine besondere organisatorische Aufgabe darstellt. Es sei nun abschließend kurz auf den Umstand eingegangen, daß Betriebswirte dieser Aufgabe nur bei entsprechender Ausbildung zufriedenstellend nachkommen können; im Bereich der Betriebswirtschaftslehre hat sich neben der Betriebswirtschaftlichen Organisationstheorie, die sich mit Problemlösungsprogrammierung im allgemeinen beschäftigt, ein spezielles Lehrgebiet für die Strukturierung und den Einsatz maschineller Anwendungsprogramme herausgebildet: Die B e t r i e b s i n f o r m a t i k stellt als problemkreisspezifische, nämlich b e t r i e b s w i r t s c h a f t l i c h e Ausprägung der A n w e n d u n g s i n f o r m a t i k die Strukturierung und den Einsatz von Anwendungsprogrammen (maschinellen Anwendungsprogrammen zuzüglich des ergänzenden Anwendungssystems) in Unternehmungen in den Mittelpunkt, während die A n l a g e n i n f o r m a t i k die bereits erwähnte technisch orientierte Richtung der Programmierung - also die Beschäftigung insbesondere auch mit der Struktur und Speicherung der Systemprogramme - repräsentiert (105) (siehe Abb. 15).

---

105) Siehe zu dieser Gliederung der Informatik die Ausführungen bei Betriebswirtschaftliches Institut für Organisation und Automation an der Universität zu Köln, Betriebsinformatik und Wirtschaftsinformatik als notwendige anwendungsbezogene Ergänzung einer allgemeinen Informatik, a.a.O., S. 228 ff.; Grochla, E./Szyperski, N./Seibt, D., Ausbildung und Fortbildung in der Automatisierten Datenverarbeitung, a.a.O.; Lutz, T., Informatik, in: Management Enzyklopädie, Ergänzungsband, München 1973, S. 380 ff.; Meyer, C. W., Informatik als Wissenschaftsgebiet im Rahmen des wirtschaftswissenschaftlichen Studiums, in: WiSt 1973, S. 402 ff.; Schmid, D./Senger, D./ Wojtkowiak, H., Technische Informatik, Teil 1, Grundprinzipien des Entwurfs und der Organisation digitaler Rechenanlagen, München/Wien 1973, S. 9; Schmitz, P., Zum Standpunkt einer anwendungsorientierten Informatik, in: AI 1973, S. 3 ff.; Schulz, A., Informatik für Anwender, Berlin/New York 1973, S. 5 ff.; Seibt, D., Betriebsinformatik, a.a.O., Sp. 579 ff.; Schmitz, P./Seibt, D., Einführung in die anwendungsorientierte Informatik, München 1975, S. 1 ff.

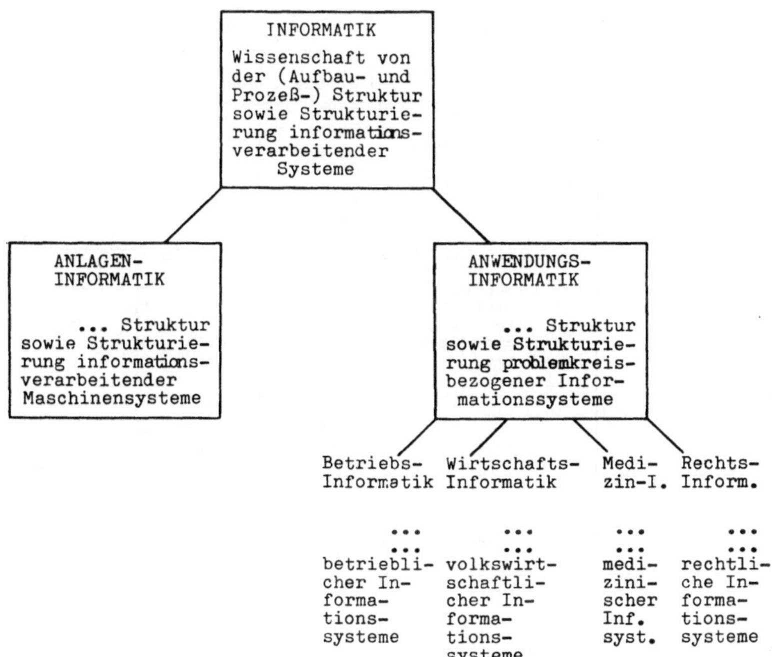

Abb. 15: Die Informatik-Wissenschaften

Der Informatik als Ganzes steht im stofflichen Bereich der Maschinenbau gegenüber, bei dem aber im Unterschiedzur Informatik die
hardwaremäßige Speicherung der maschinellen Programme gegenüber Formen der Softwarespeicherung überwiegt. Dies sowie Abgrenzung und Bedeutung der Problemlösungsprogramme als Erkenntnisobjekte der verschiedenen Disziplinen kann im   einzelnen noch
einmal Abb. 16 entnommen werden. Aus den Abb. 14, 15 und 16 sowie den damit verbundenen Ausführungen ergibt sich   zusammenfassend, daß der Schwerpunkt in dieser Arbeit - als einer b e -
t r i e b s w i r t s c h a f t l i c h e n Untersuchung - auf der Behandlung der Problemlösungsprogramme i. e. S.   (siehe Abb. 14)
liegt.

Wis-senschaft-liche Disziplin	Ziele	Poten-tiale	Aktionen		
			unmittel-bar	mittel-bar	
			problemlösungsorientiert		
Organisa-tionstheorie	ultrasta-bile An-passungs-program-me	aequifi-nale An-passungs-program-me	Regelungs-programm-me, Steue-rungspro-gramme		
Informatik	Anwendungssysteme, d.h. integrative Einbeziehung auch aller personalen Programme		Anwen-dungs-pro-gram-me i.e.S. Typ E	System-pro-gramme	Software / Hardware
Maschinen-bau			Anwen-dungs-pro-gram-me i.e.S. Typ R	System-pro-gramme	Software / Hardware

Abb. 16: Problemlösungsprogramme (i. w. S.) als Erkenntnisobjekte
verschiedener Disziplinen

32 3 KOMPETENZ- UND VERANTWORTUNGSVERTEILUNG IN AUTOMATISIERTEN SYSTEMEN

Mit immer weiterem Fortschreiten des Automatisierungsprozesses
- also der Substitution personaler durch maschinelle Problemlösungsprogramme - erhebt sich naturgemäß die Frage, wer denn
eigentlich die Verantwortung übernimmt für die Art der Aufgabenerfüllung durch realtechnische Systeme. Nach HAUSCHILDT ist Verantwortung "die Pflicht einer Person (Aufgabenträger), für die ziel-
entsprechende Erfüllung einer Aufgabe persönlich Rechenschaft ab-
zulegen" (106). Es ist nun offensichtlich (und wird in der Literatur
auch häufig, vor allem durch den Grundsatz der Übereinstimmung
von Aufgabe, Kompetenz und Verantwortung, zum Ausdruck ge-

---

106) Hauschildt, J. , Verantwortung, in: Grochla, E. (Hrsg.), HWO,
Stuttgart 1969, Sp. 1693.

bracht (107), daß Verantwortung nur hat, wer über Kompetenzen, d.
h. also auch Aktionsfreiheit (108) verfügt. Wenn al so in dieser Arbeit bereits wiederholt dargelegt wurde, daß Sachmittel stets einer
Steuerungsprogrammierung mit der Aktionsfreiheit 0 bedürfen, so
ergibt sich daraus nur auf deduktivem Wege noch einmal, was sicherlich schon immer allgemeine Anschauung gewesen ist, daß nämlich Sachmittel in keiner Weise Verantwortung übernehmen können.

Nichtsdestoweniger besteht aber unverändert das Bedürfnis und die
Möglichkeit, Verantwortlichkeiten bezüglich der   Aufgabenerfüllung
durch realtechnische Systeme herzustellen: Gemäß dem oben erwähnten Grundsatz der Kongruenz von Aufgabe, Kompetenz und Verantwortung muß die Verantwortlichkeit für Aktionen dort gesucht werden, wo die Kompetenz zur Entscheidung über di ese Aktionen liegt.
Dabei können nun drei Personengruppen (109) unterschieden werden,
die besondere Verantwortung für die aus Steuerungsprogrammen resultierenden Sachmittelaktionen tragen:

1. Die H e r s t e l l e r der Steuerungsprogramme (konkret: die
   f i r m e n e i g e n e n Systemanalytiker, Problem-Programm-
   mierer und sonstige, an der Herstellung beteiligte Personen; auf
   e x t e r n e Hersteller kann i. d. R. nur noch im Rahmen etwaiger Garantie- oder Gewährleistungsansprüche (110) zurückgegriffen werden);

2. Die A n w e n d e r der Steuerungsprogramme (konkret: die
   Operator als Anwender im vordergründigen Sinne; bei immateriellem Output der Steuerungsprogramme - Führungsinformatio-
   nen z. B. - auch die eigentlichen Anwender, d. h. also Führungskräfte usw.);

---

107) Vgl. hierzu Bleicher, K. , Grundsätze der Organisation, in:
     Schnaufer, E. /Agthe, K. (Hrsg.), Organisation, Berlin/Baden-
     Baden 1961, S. 156 f. ; Schmidt, E. , Die Automation in orga-
     nisationstheoretischer Betrachtung, a. a. O. , S. 89, 139; Ul-
     rich, H. , Kompetenz, in: Grochla, E. (Hrsg.), HWO, Stuttgart
     1969, Sp. 852; Hauschildt, J. , Verantwortung, a. a. O. , Sp.
     1694; Bleicher, K. , Organisation und Führung der industriel-
     len Unternehmung, a. a. O. , S. 78 f.
108) Zum Zusammenhang Kompetenz - Aktionsfreiheit vgl. Ulrich,
     H. , Kompetenz, a. a. O. , Sp. 852; Link, J. , Zur Programmie-
     rung von Entscheidungen bei der Steuerung, Regelung und An-
     passung organisierter Systeme, a. a. O. , S. 339 f.
109) Hinsichtlich der Programmierer und Kontrolleure vgl. Schmidt,
     E. , Die Automation in organisationstheoreti scher Betrachtung
     a. a. O. , S. 71 ff.
110) Vgl. z. B. Frank, J. , Wann empfiehlt sich der Kauf von Stan-
     dard-Software?, in: Online 1974, S. 826.

3. Alle als K o n t r o l l e u r e des Programmoutputs Tätigen
(konkret: bei physischem Output die in der Qualitätskontrolle Beschäftigten, bei immateriellem Output z. B. die in der Revision
oder als Controller Tätigen; in beiden Fällen ggf. wiederum die
Anwender, soweit sie nämlich zusätzlich mit Kontrollaufgaben
befaßt sind, sowie außerdem generell die vorgesetzten Instanzen,
das Wartungs- und Instandsetzungspersonal sowie die durch
Augenschein bzw. Plausibilitätsbetrachtung zwangsläufig prüfen-
den Weiterverarbeiter des Programmoutputs).

Zu 1.: Es liegt auf der Hand, daß die Qualität der Steuerungsprogramme in dem Maße, in dem die einzelnen Personen kraft
Kompetenz an der Herstellung beteiligt waren, den Betreffenden auch angelastet werden kann; je nach der faktischen
Kompetenzverteilung sind davon grundsätzlich also auch die
dem Systemanalytiker noch vorgelagerten Instanzen (z. B.
Leiter der Abteilung Organisation und Datenverarbeitung oder
auch die Geschäftsleitung) nicht ausgenommen.

Zu 2. : Operator ebenso wie z. B. Führungskräfte sind dafür verantwortlich, daß die vorhandenen Steuerungsprogramme zweck-
entsprechend eingesetzt werden: Beim Operator betrifft dies
überwiegend die formal/technisch optimale Bedienung des
Systems, um für die vorgegebenen Programme einen reibungslosen Ablauf sicherzustellen; Führungskräfte (wie auch
andere Nutzer des Programmoutputs) sind hingegen für die
inhaltlich/ökonomisch optimale Verwendung der Programme
verantwortlich, d. h. sie müssen stets Voraussetzungen, Wirt-
schaftlichkeitsaspekte und Grenzen einer Verwendung der
einzelnen Steuerungsprogramme vor Augen haben.

Zu 3. : Da einerseits nie ausgeschlossen werden kann, daß aufgrund
physikalisch/technisch oder aber personell bedingter unvor-
gesehener Störeinflüsse das Steuerungsprogramm ein anderes als das gewünschte Output/Input-Verhältnis realisiert,
und andererseits in vielen Fällen ohne menschlichen Eingriff
ein solcher unerwünschter oder gar gefährlicher Zustand un-
begrenzt anhalten oder weiter kumulieren würde, sind außer
den hauptamtlich in der Kontrolle Beschäftigten auch alle anderen Personen bei Störungen als für die Einleitung bzw. Ver-
anlassung von Gegenmaßnahmen mitverantwortlich zu betrachten.

Unter Bezugnahme auf die Problemlösungsphasen Planung, Ausführung und Kontrolle lassen sich die zentralen Punkte dieses Abschnittes wie in Abb. 17 dargestellt zusammenfassen (111).

Person Phase	Hersteller	Anwender	Kontrolleure
Planung des Programms	Verantwortung für die Qualität der Steuerungsprogramme		
Ausführung des Programms		Verantwortung für den Einsatz der Steuerungsprogramme	
Kontrolle des Programms			Verantwortung für die Qualitätsüberprüfung des Programmoutputs

Abb. 17: Verantwortungsträger und -inhalte für die einzelnen Phasen der Programmentstehung und -anwendung

33 Entwurfs- und Einsatzformen von Steuerungsprogrammen

33 1 AUTOMATISIERUNG ALS PROZESS DER SYSTEMANALYSE UND -SYNTHESE

33 11 Systemanalyse und -synthese im allgemeinen organisatorischen Gestaltungsprozeß

Programmstrukturierung und -implementierung sind von Wesen und Inhalt her zunächst einmal als Maßnahmen bzw. Begriffe der orga-

111) Eine etwas andere Sicht findet sich bei Schmidt, E., Die Automation in organisationstheoretischer Betrachtung, a.a.O., S. 72 f.; zu dem gesamten Komplex der Verantwortung bei elektronischer Datenverarbeitung siehe auch Luhmann, N., Recht und Automation in der öffentlichen Verwaltung, Berlin 1966, S. 107 ff.

nisatorischen System s y n t h e s e einzuordnen, also demjenigen
Teil der organisatorischen Systemgestaltung zugehörig, der über
die Herstellung und Regelung von Verteilungs- und Aktionsbeziehun-
gen (112) die Organisationsstruktur entstehen läßt (113). Neben der
Systemsynthese ist jedoch als zweiter großer Teilbereich der allgemeinen organisatorischen Systemgestaltung die System a n a l y s e
zu sehen, die sich auf die Analyse der Zwecksetzungen, Elemente,
Beziehungen und des Verhaltens von Systemen erstreckt (114). Abb.
18 stellt das Ineinandergreifen von Analyse und Synthese innerhalb
des generellen organisatorischen, in Analogie zum allgemeinen
Problemlösungsprozeß ablaufenden   Systemgestaltungsprozesses
dar (115); es wird u. a. verdeutlicht, daß auch noch nicht implementierte, lediglich im Planungsstadium befindliche Systeme Objekt der
Systemanalyse sind (116): Werden die im Zuge der Suchphase aufgestellten Alternativ-Entwürfe einer Simulation unterworfen, so sind
dadurch in der Beurteilungsphase Aussagen über ihre Zweckkonformität möglich; je nach den Ergebnissen schließt sich die Herbeifüh-
rung des Finalentschlusses über die Alternativ-Entwürfe oder auch
die Suche nach weiteren Entwürfen an. Auf den Finalentschluß folgt
die Implementierung, d. h. Systemherstellung und -einführung (117)

---

112) Siehe hierzu Abschnitt 21.
113) Zu dieser Kennzeichnung der Systemsynthese vgl. Bleicher, K.
     Perspektiven für Organisation und Führung von Unternehmungen,
     a. a. O. , S. 19.
114) Bis auf die Einfügung der Zwecksetzungen und die Subsumierung
     der Ziele unter die Elemente vgl. Wegner, G. , Systemanalyse
     und Sachmitteleinsatz in der Betriebsorganisation, a. a. O. , S.
     73; die Berücksichtigung der Zwecksetzungen von Systemen er-
     folgt auf der Basis der Ausführungen über die Unterscheidung
     Ziele-Zwecke bei Ulrich, H. , Die Unternehmung als produk-
     tives soziales System, 2. Aufl. , a. a. O. , S. 114 f. , 161 f. , und
     - ebenso wie die Subsumierung der Ziele unter die Elemente -
     im Anschluß an Bleicher, K. , Organisation und Führung der
     industriellen Unternehmung, a. a. O. , S. 32 f.
115) Von einem "ständigen Wechsel zwischen Analyse und Synthese"
     spricht auch Grochla, E. , Anwendungssystem für die automati-
     sierte Datenverarbeitung, a. a. O. , S. 245.
116) Die folgenden Ausführungen basieren nicht unwesentlich auf der
     bildlich zwar andersartigen, inhaltlich aber ähnlichen Darstel-
     lung bei Bleicher, K. , Perspektiven für Organisation und Füh-
     rung von Unternehmungen, a. a. O. , S. 19 ff. , sowie Bleicher,
     K. , Organisation und Führung der industriellen Unternehmung
     a. a. O. , S. 30 f.
117) Zu diesen beiden Phasen der Implementierung vgl. Seibt, D./
     Emde, W. , Planung der Anwendungs-Software, a. a. O. , S. 32 f.

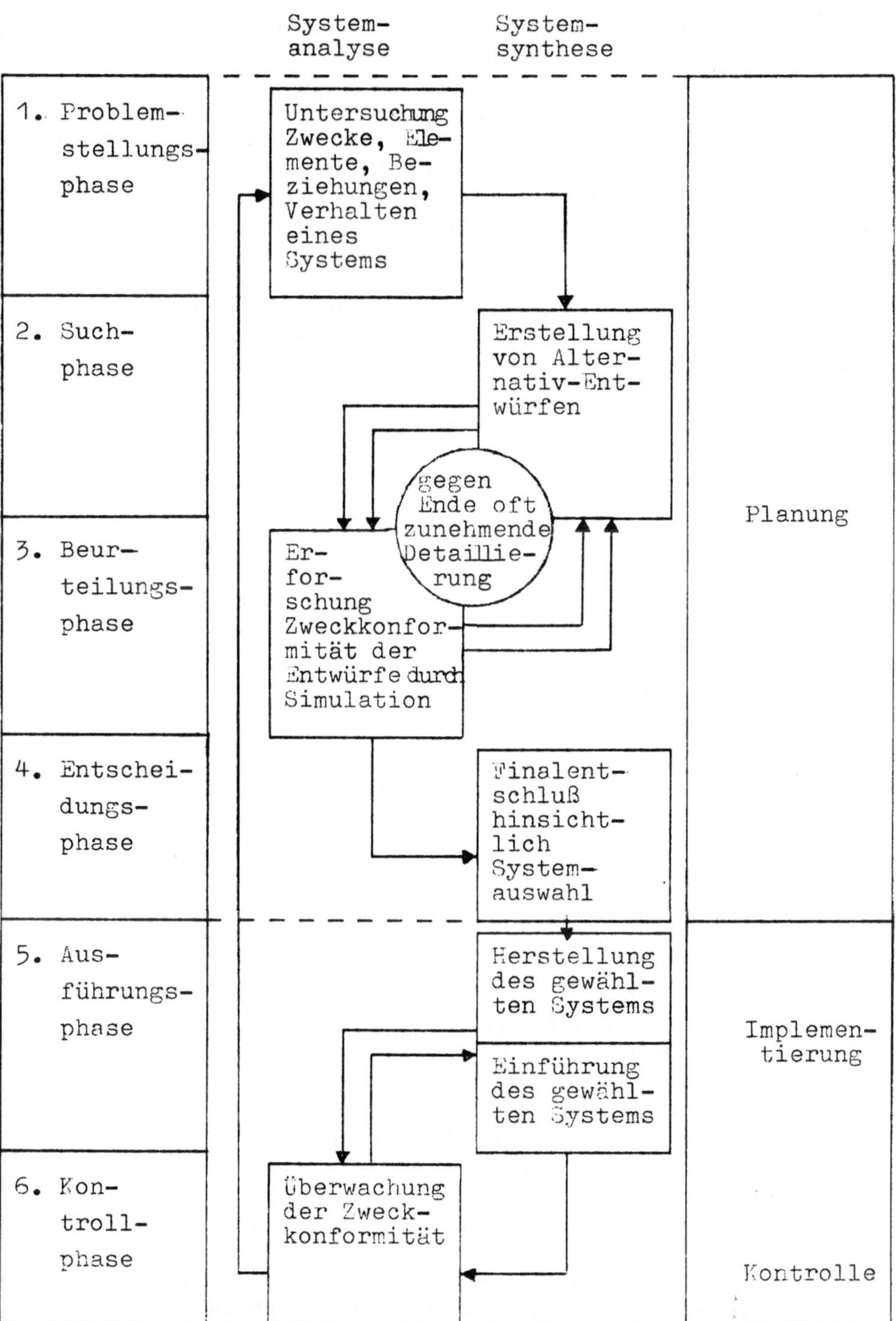

Abb. 18: Systemanalyse und -synthese als Teilkomplexe im allgemeinen organisatorischen Systemgestaltungsprozeß

sowie die weitere Überwachung der Zweckkonformität des System-
verhaltens.

Wie die weiteren Ausführungen zeigen werden, hat nun - wohl nicht
zuletzt aufgrund der dargestellten engen Verzahnung von Systemanalyse und -synthese - der obige Begriff "Systemanalyse" im Bereich
der Betriebsinformatik eine Ausweitung seines Anwendungsbereiches
dergestalt erfahren, daß er dort die Systemsynthese - Strukturierung
und Zuordnung von Steuerungsprogrammen - mit umfaßt. Es ist
demzufolge bei dem Begriff "Systemanalyse" grundsätzlich darauf
zu achten, ob er im Sinne der allgemeinen betriebswirtschaftlichen
Organisationslehre oder aber - wie nun im folgenden - im Sinne
der Betriebsinformatik gebraucht wird.

Es sei an dieser Stelle abschließend noch auf die besondere Bedeutung zweier spezifischer Analysekomplexe für die Automatisierung
verwiesen; zum einen stellen Analysen und Prognosen der t e c h -
n o l o g i s c h e n   E n t w i c k l u n g   mehr noch als bei allgemeinen Planungsentscheidungen in der Unternehmung eine unver-
zichtbare Grundlage von Automatisierungsentscheidungen dar (118).

---

118) Zur Analyse und Prognose der technologischen Entwicklung
     siehe z. B. Brockhoff, K. , Probleme und Methoden technologi-
     scher Vorhersagen, in: ZfB 1969, Ergänzungsheft Dezember, S.
     1 ff. ; Cetron, M. J. , Technological Forecasting, New York/
     London/Paris 1969; Albach, H. , Informationsgewinnung durch
     strukturierte Gruppenbefragung, in: ZfB 1970, Ergänzungsheft
     Dezember, S. 11 ff. ; Blohm, H. /Steinbuch, K. (Hrsg.), Tech-
     nische Prognosen in der Praxis, Düsseldorf 1972; Chladek, W. ,
     Technologische Voraussagen, in: VDI-Z 1972, S. 767 ff. ;
     Jantsch, E. , Technological Planning and Social Futures, Lon-
     don 1972; Martino, J. P. , Technological Forecasting for De-
     cisionmaking, New York 1972; Pfeiffer, W. /Staudt, E. , Das
     kreative Element in der technologischen Voraussage, in: ZfB
     1972, S. 853 ff. ; Kaebernick, H. , Voraussage der zukünftigen
     Entwicklung der Fertigungstechnik mit Hilfe der Delphi-Metho-
     de, in: ZwF 1973, S. 92 ff. ; Müller, J. /unter Mitarbeit von
     Breitenacher, M. , Bedarf der Unternehmen an technologischen
     Vorausschätzungen, Berlin/München 1973; Staudt, E. , Struk-
     tur und Methoden technologischer Voraussagen, Göttingen 1974 ;
     Twiss, B. C. , Managing technological innovation, London 1974,
     S. 66 ff. , speziell zur Stellung der technologischen Prognose im
     Gesamtsystem der Unternehmungsplanung siehe auch Hahn, D. ,
     Prognose und Unternehmungsplanung, in: Hammann, P. /Kroe-
     ber-Riel, W. /Meyer, C. W. (Hrsg.), Neuere Ansätze der Mar-
     ketingtheorie, Festschrift für O. R. Schnutenhaus, Berlin 1974,
     S. 27 ff.

Zum anderen sind in jenen Fällen, in denen die Beurteilung von Automatisierungsprojekten auf der Basis konventioneller Investitions -
rechnungen unmöglich bzw. unzureichend erscheint, N u t z w e r t -
analysen in den Systemgestaltungsprozeß mit einzubeziehen (119).
Beide Analysekomplexe werden jedoch aus Gründen der Übersicht -
lichkeit und in Anlehnung an die allgemeine Vorgehensweise in den
Darstellungen zum Systemgestaltungsprozeß (Abb. 18, 19, 20) nicht
erneut explizit angesprochen, sondern unter die jeweils übergeordneten Aktivitäten subsumiert.

33 12 Systemgestaltung im Planungsbereich

Wohnt der allgemein-organisatorischen Darstellung in Abb. 18
zwangsläufig noch ein relativ hoher Abstraktionsgrad inne, so soll
nun - anknüpfend an die im rechten Teil von Abb. 18 dargestellten
Systemgestaltungsphasen der Planung, Implementierung und Kon -
trolle - mit Abb. 19 zu einer an der spezifischen Betrachtungsweise der Betriebsinformatik ebenso wie der Vorgehensweise der Praxis orientierten Darstellung übergeleitet werden (120). Im Hinblick
auf Planungsprozesse ist die Gesamtheit aller im vorhergehenden
Abschnitt bzw. in Abb. 18 dargestellten, mit der Automatisierung
verbundenen analytischen und synthetischen Gestaltungstätigkeiten
unter dem Begriff "Systemanalyse" zusammengefaßt und zum ter -
minus technicus in Wissenschaft und Praxis gemacht worden.

Zur Darstellung in Abb. 19 sei ergänzend folgendes bemerkt: Bei der
Erwägung besonders umfassender und komplexer Projekte (z. B. Auf -

---

119) Zu Nutzwertanalysen siehe S. 19 , Fußnote 6.
120) Zum Inhalt der Ausführung in Abb. 19 vgl. Futh, H. , Organi -
     sation und Datenverarbeitung, Köln-Braunsfeld 1968; Hartmann,
     B. , Datenverarbeitungsanlagen, elektronische, Einführung von,
     in: Grochla, E. (Hrsg.), HWO, Stuttgart 1969, Sp. 411 ff. ;
     Minder, F. , Systems Engineering in der Datenverarbeitung ,
     in: IO 1969, S. 391 f. ; Futh, H. /Katzsch, R. , Problemanalyse
     und Entwicklung eines EDV-Systems, in: Jacob, H. (Hrsg.),
     EDV als Instrument der Unternehmensführung, Wiesbaden 1970,
     S. 83 ff. ; Seibt, D. /Emde, W. , Planung der Anwendungs-Soft -
     ware, a. a. O. , S. 31 ff. ; Hofmann, K. P. , Organisation der
     Systemanalyse, in: Grochla, E. /Szyperski, N. (Hrsg.), Ma -
     nagement der Datenverarbeitung (BIFOA Arbeitsbericht 72/4),
     Köln 1972, S. 31 ff. ; zu den Phasen der Automatisierung von
     Informationssystemen siehe auch Schmitz, P. /Seibt, D. , Ein -
     führung in die anwendungsorientierte Informatik, a. a. O. , S .
     140 ff.

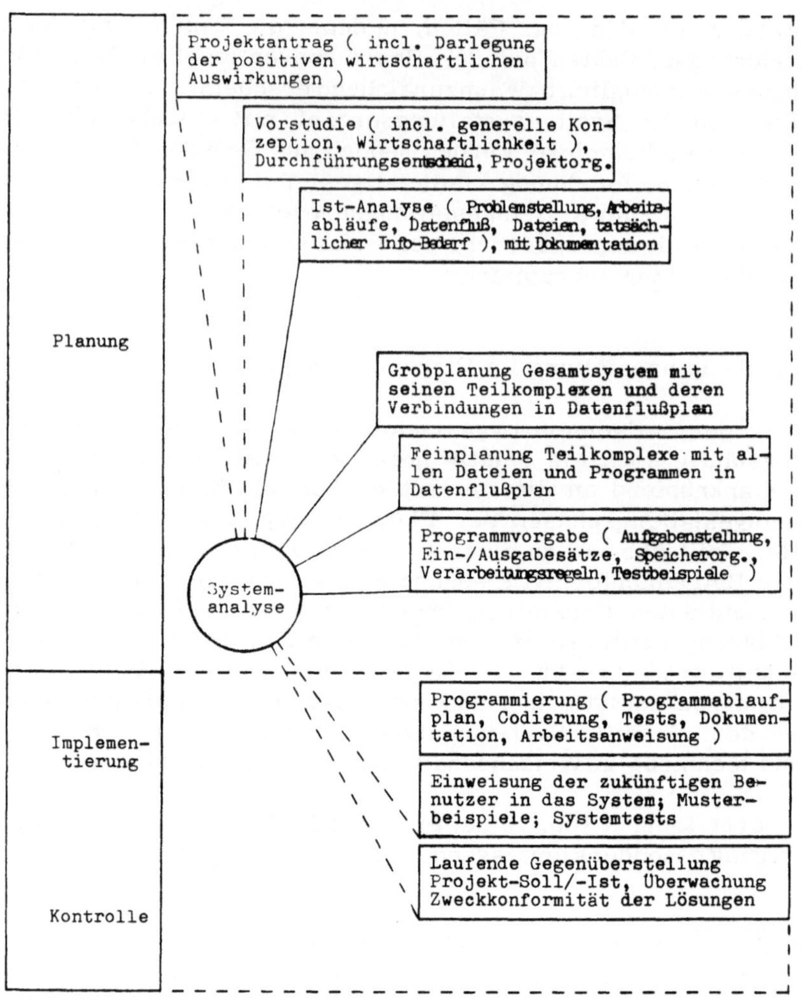

Abb. 19: Der Begriff "Systemanalyse" in der Betriebsinformatik

bau eines MIS) kann es die Geschäftsleitung auch als zweckmäßig
erachten, zunächst erst einmal eine umfassende Ist-Analyse vornehmen zu lassen, um dann auf der Basis einer Gliederung des Ge-
samtsystems in einzelne Teilsysteme für die einzelnen, in Angriff
zu nehmenden Teilsysteme gesonderte Projektanträge ausarbeiten
zu lassen (121). Im übrigen können Initiativen in Form von Projekt-
anträgen auch jederzeit von Fachabteilungen der Linie ebenso wie
organisatorischen Fachstellen der Unternehmungen ausgehen (122);
die Ist-Analyse als erste der vier in Abb. 19 als "Kerntätigkeiten"
gekennzeichneten Tätigkeitskomplexe der Systemanalyse kann dann
- wie dargestellt - immer erst nach einem positiv ausgefallenen
Durchführungsentscheid eingeleitet werden. Diese Ist-Analyse als
Ganzes oder aber bestimmte, ihr unmittelbar durch Ausgliederung
vorgelagerte, ihr über- oder ihr untergeordnete Aufgabenkomplexe
werden in der Literatur nicht selten auch als "Problemanalyse" bezeichnet (123); mit der Forderung, bei bzw. am Anfang der Analyse
das P r o b l e m a n s i c h möglichst stark in den Vordergrund zu stellen, wollen einige Autoren einer etwaigen Befangenheit
bzw. Voreingenommenheit bei der Ausarbeitung der neuen Lösungen
(insbesondere auch bei der Festlegung der informationellen "Belie-
ferung" der einzelnen Aufgabenträger) aufgrund der zu starken bzw.
zu frühen Beschäftigung mit den alten Lösungen entgegenwirken (124).

---

121) Zu dieser Vorgehensweise vgl. insbesondere Futh, H. /Katzsch,
R. , Problemanalyse und Entwicklung eines EDV-Systems, a.
a. O. , S. 83 ff. ; siehe auch Niessen, K. , Strategien zur Gestaltung computergestützter Informationssysteme, in: ZfB 1973,
S. 710 ff.

122) Vgl. Futh, H. /Katzsch, R. , Problemanalyse und Entwicklung
eines EDV-Systems, a. a. O. , S. 93.

123) Vgl. z. B. die Darstellung bei Hartmann, B. , Datenverarbei-
tungsanlagen, elektronische, Einführung von, a. a. O. , Sp. 414 f.
("Problemanalyse" < "Ist-Analyse"); Futh, H. / Katzsch, R. ,
Problemanalyse und Entwicklung eines EDV-Systems, a. a. O. ,
S. 85 ff. ("Problemanalyse" > Ist-Aufnahme und -Beurteilung);
Seibt, D. /Emde, W. , Planung der Anwendungs-Software, a. a.
O. , S. 31 f. ("Problemdefinition" zeitlich vor "Ist-Analyse");
Rölle, H. , Die modellgestützte Systemanalyse für die Gestal-
tung problembezogener computergestützter Informationssysteme
in: ZfD 1972, S. 25 f. ("Problemanalyse" und "Problemdefini-
tion" zeitlich vor "Ist-Analyse").

124) Vgl. z. B. Pärli, H. , Problemanalyse, in: Grochla, E. (Hrsg.),
HWO, Stuttgart 1969, Sp. 1348; Rölle, H. , Die modellgestützte
Systemanalyse für die Gestaltung problembezogener computer-
gestützter Informationssysteme, a. a. O. , S. 25 f. ; Sedlmayr,
H. , Die Entscheidungstheorie als Rationalisierungsinstrument
für Software-Projekte, in: ZfD 1972, S. 561.

Abschließend sei darauf hingewiesen, daß hier unter den in Abb. 19 dargestellten Tätigkeiten insbesondere die drei in der mittleren Gruppe befindlichen Komplexe von Bedeutung sind, da sich in ihnen der eigentliche Entwurf der Steuerungsprogramme - als der in Form von Instruktionen konservierten Problemlösungsprozesse im Hinblick auf bestimmte betriebliche Aufgabenstellungen - vollzieht; die nachfolgende, als "Programmierung" bezeichnete Tätigkeit überträgt diese Instruktionen lediglich in eine für das Sachmittel verständliche Form.

33 13   Systemgestaltung im Realisationsbereich

Da, wie aus den verwendeten Begriffen in Abb. 19 hervorgeht, als Objekt der Systemanalyse zunächst einmal informationelle Ströme bzw. Abläufe unterstellt werden, erhebt sich die Frage, wie analog dazu die Tätigkeiten zur Gestaltung von Steuerungsprogrammen für physische Prozesse, z. B. auf und zwischen Werkzeugmaschinen, zu sehen sind. Hierzu ist zunächst kurz zu klären, in welcher Form solche physischen Prozesse mittels Steuerungsprogrammen überhaupt automatisiert werden; ohne den weiteren Ausführungen vorgreifen zu wollen, sei beispielhaft die Automatisierung durch selbst - tätige Förder- und Erzeugungssysteme betrachtet:Selbsttätige F ö r d e r s y s t e m e sollen durch ihre Aktionen bestimmte Aktionsobjekte bestimmten räumlichen Transformationen unterwerfen, wobei der Transformationsprozeß hinsichtlich der möglichen Aktionsobjekte sowie in seinem zeitlichen und/oder räumlichen Verlauf entweder fest vorgegeben oder aber variierbar sein kann. In dem Maße nun, wie die objektbezogenen zeitlichen und/oder räumlichen Transformationsbedingungen fix ausgelegt werden, vollzieht sich der Entwurf der Steuerungsprogramme für das Fördersystem bereits zum Zeitpunkt und buchstäblich im Vollzuge der die Ausgestaltung des betrieblichen Förderwesens betreffenden Ausstattungs- und Zuordnungsplanung (125); etwaige variable Komponenten hinsichtlich der Transformationsbedingungen erfordern stets eine gesonderte Programmierung über die Ausarbeitung oder Auswahl und anschließende Eingabe von Steuerungsprogrammen mit Hilfe auswechselbarer oder einlesbarer Datenträger analog der Vorgehensweise bei EDV-

---

125) Das Ergebnis dieser Planung ist ja ein Komplex diverser Ausstattungs- und Zuordnungsregelungen, deren Inhalt die objektbezogenen, zeitlichen und/oder räumlichen Transformationsbedingungen in einem bestimmten Maße auf Dauer festschreibt bzw. konkretisiert; die Gesamtheit dieser Regelungen stellt gemäß den Ausführungen in Abschnitt 22 2 einSteuerungsprogramm für das maschinelle Potentialelement "Fördereinrichtung" dar.

Anlagen, NC-Maschinen oder festspeichergesteuerten Werkzeug -
maschinen.

Selbsttätige Erzeugungssysteme sollen durch ihre Aktionen bestimmte Aktionsobjekte bestimmten qualitativen Transformationen unterwerfen, wobei hier - analog - der Transformationsprozeß hinsichtlich der möglichen Aktionsobjekte sowie in seiner zeitlichen,räumlichen (126) und/oder qualitativen Dimension entweder fest vorgegeben oder aber variierbar sein kann.Auch hier wieder vollzieht sich also der Entwurf der Steuerungsprogramme je nach Unveränderlichkeit der Transformationsbedingungen z. T. bereits im Vollzuge der Maschinen-Ausstattungs- und -Zuordnungsplanung, zum anderen Teil erst bei gesonderten Programmierungsarbeiten, wie sie z. B. von den NC-Werkzeugmaschinen her bekannt sind. Wenn man also die Vorgehensweise beim Entwurf von Steuerungsprogrammen für Realisationsprozesse untersuchen will, so muß man dabei das Prozedere sowohl der Betriebsmittelplanung als auch der NC-Programmierung mit einschließen.

Wenn nun im folgenden Gestaltungsprozesse hinsichtlich des Realisationssystems, wie sie sich z. B. eben in der Betriebsmittelplanung vollziehen, bezüglich ihres generellen Ablaufes betrachtet werden sollen, so muß dabei in jedem Fall die im deutschsprachigen Raum hauptsächlich seitens der Ingenieure aufgegriffene Methodik des "Systems Engineering" (SE) besondere Erwähnung finden (127). Diese Methodik - obwohl an kein spezifisches Anwendungsgebiet gebunden - bietet sich insbesondere für die Gestaltung komplexer Systeme, wie eben vor allem auch automatisierter Systeme im Fertigungsbereich, an (128). Sie baut inhaltlich wie terminologisch auf

---

126) Die Tatsache und Art einer räumlichen Transformation von Aktionsobjekten im Koordinatensystem ist für Erzeugungssysteme i. d. R. nur insoweit von Bedeutung, als sie sich auf die Möglichkeit bezieht, das Erzeugungssystem als Ganzes, und damit auch seine Aktionen und Aktionsobjekte, räumlich ohne allzu großen Aufwand zu verlagern, um es beispielsweise in eine neue Fertigungsstraße mit einzubauen. Ansonsten ist ja nicht die Tatsache und Art einer im Zuge der Bearbeitung eventuell notwendigen räumlichen Transformation von Aktionsobjekten a n s i c h , sondern bestenfalls deren K e n n t n i s zur Ermöglichung einer sachgerechten Programmierung oder Bedienung des Erzeugungssystems von Bedeutung.
127) Vgl. zu den folgenden Ausführungen Büchel, A., Systems Engineering, a. a. O., S. 373 ff.; Zangemeister, C., Systemtechnik, a. a. O., S. 209 ff.; Haberfellner, R., Systems Engineering (SE), in: ZfürO 1973, S. 373 ff.
128) Vgl. Büchel, A., Systems Engineering, a. a. O., S. 375, 383 f.; Zangemeister, C., Systemtechnik, a. a. O., S. 209, 215 f.

der Systemtheorie auf (129) und umfaßt als einen zentralen Bestandteil zwei Phasenschemata, wie sie in ähnlicher Form auch in den
Ausführungen der vorhergehenden Abschnitte vorgestellt wurden.
Abb. 20 stellt die in dieser Arbeit zugrundegelegt e Sicht des allgemeinen Ablaufes von Problemlösungsprozessen den beiden Systems

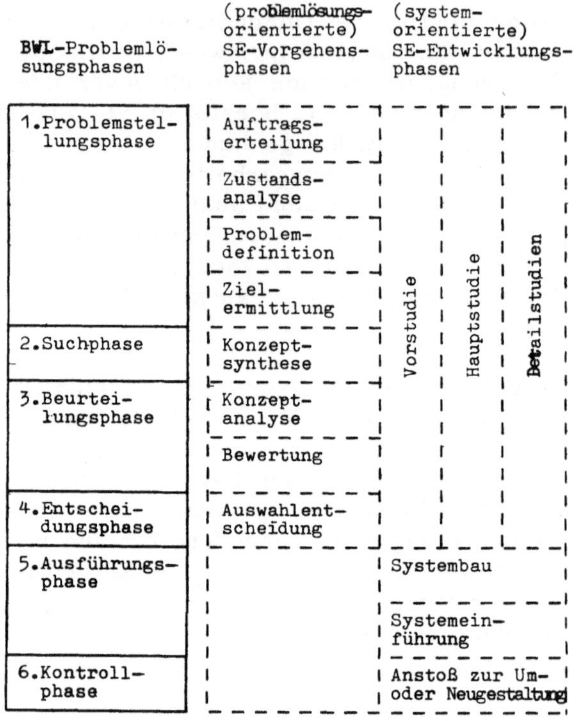

Abb. 20: SE-Phasenschemata und allgemeiner Problemlösungsprozeß der entscheidungsorientierten Betriebswirtschaftslehre

Engineering-Phasenschemata (130) gegenüber. Die weiteren Kenn-
zeichen des Systems Engineering beziehen sich ebenfalls vorwiegend

---

129) Vgl. insbesondere Büchel, A. , Systems Engineering, a. a. O.,
S. 373 ff.; Zangemeister, C. , Systemtechni k, a. a. O. , S. 209
213 ff.; Haberfellner, R. , Systems Engineering (SE), a. a. O.,
S. 373 ff.

130) Darstellung der beiden SE-Phasenschemata in Anlehnung an Haberfellner, R. , Systems Engineering (SE), a. a. O. , S. 376 ff.,
hinsichtlich des problemlösungsorientierten Teils z. T. auch
an Zangemeister, C. , Systemtechnik, a. a. O. , S. 212 f.

auf das systematische Prozedere sowie auf den bewußten Einsatz
organisatorischer Hilfsmittel der Aufbau- und Ablauforganisation
wie Projekt-Management und Systemdarstellungstechniken (131).

Ebensowenig, wie die im Rahmen der allgemeinen Systemgestaltung
verwendeten Begriffe Systemanalyse und -synthese (siehe Abschnitt
33 11) in ihrem Anwendungsbereich beschränkt sind, ist auch der
Begriff des Systems Engineering nun etwa als dem Realisationssystem streng zugeordnet zu betrachten; zwar scheint im deutschsprachigen Raum im Planungssystem mehr der Begriff der Systemanalyse, im Realisationssystem mehr der des Systems Engineering
eingeführt zu sein, jedoch kann dies immer nur als tendenzielle Aussage (132) und logisch nicht begründbar angesehen werden - generell
ist in beiden Bereichen eine beträchtliche Heterogenität in der Terminologie zu konstatieren. So finden sich dann auch im Realisationsbereich zahlreiche formal und terminologisch abweichende, inhaltlich aber weitgehend analog den Darstellungen in Abb. 18, 19 und
20 verlaufende Planungsschemata, die alle im einzelnen zu schildern hier zu weit führen würde (133). Festzuhalten ist lediglich, daß
die Betriebsmittelplanung des Realisationsbereiches und der in ihr

---

131) Vgl. insbesondere Büchel, A., Systems Engineering, a.a.O.,
S. 375 ff., 382 ff., sowie außerdem Zangemeister, C., Systemtechnik, a.a.O., S. 211 f., 215 ff.; Haberfellner, R., Systems
Engineering (SE), a.a.O., S. 373 ff., 385 f.
132) Vgl. z.B. die Verwendung des Begriffes Systems Engineering
für den Bereich der computergestützten Planung bei Minder,
F., Systems Engineering in der Datenverarbeitung, a.a.O.,
sowie Großenbacher, J.-M., EDV mit Systems Engineering
planen, in: IO 1975, S. 169 ff.
133) Siehe hierzu insbesondere Müllejans. H., Gestaltung eines komplexen Arbeitssystems im Bereich der Materialverarbeitung
nach der 6-Stufen-Methode, in: REFA-Nachrichten 1973, S. 175
ff.; Kirchner, J.-H., Die Rolle der Analyse in der Systemgestaltung, in: IE (REFA) 1973, S. 81 ff.; außerdem Müller, M.,
Der organisatorische Gesichtspunkt im Industriebau, in: IO
1970, S. 485, Abb. 1; Aggteleky, B., Rollende Fabrikplanung,
in: IO 1971, S. 125 ff., insbesondere S. 127, Tab. 1; Ringers
G., Die Planung von Fabrikanlagen, in: IE (REFA) 1971, S. 99
ff.; Freudhofer, F., NC-Maschinen - wirtschaftlich eingesetzt,
in: IO 1973, S. 13 ff., insbesondere S. 13, Abb. 1; Ansätze zu
einer Systematisierung der Betriebsmittelplanung finden sich
auch bei Hautau, C.F., Gestaltung und Entstörung von automatisierten Fertigungsverfahren, in: Maynard, H.B. (Hrsg.),
HdIE, Teil IX, Berlin/Köln/Frankfurt a.M. 1956, S. 105 ff.,
insbesondere S. 109, 112 ff.

u. U. partiell sich vollziehende (s. o.) Entwurf von Steuerungsprogrammen sehr ähnlich strukturiert ist wie die Abwicklung von Automatisierungsprojekten im Planungsbereich.

Damit verbleibt abschließend lediglich noch eine kurze Betrachtung
der gesonderten Programmierungsarbeiten, wie sie für NC-Maschinen erforderlich sind (134): Ein NC-Programm besteht aus einer bestimmten Anzahl sogenannter "Sätze", die jeder für sich einen Ar-
beitsschritt repräsentieren. Ausgangspunkt der NC-Programmierung
ist die   K o n s t r u k t i o n s z e i c h n u n g   des betrachteten
Repetierfaktors, die nun zunächst - ausgehend von der als optimal
betrachteten Repetierfaktor-Aufspannung - auf einen festen Bezugs-
punkt (z. B. den Maschinen-Nullpunkt) transformiert wird. Die in
ihr enthaltenen geometrischen Angaben werden in Form von Koordi-
naten oder relativen Maßangaben in sogenannte (Befehls-)"Worte"
übernommen und durch weitere Befehlsworte mit Angaben wie der
Interpolationsart (135), Werkzeugauswahl und -korrektur, Einfahr-
bedingungen und Steuerung der Hilfsfunktionen (Kühlmittel, Spann-
vorrichtungen, Werkstückpositionierung, Vorschübe und Drehzahlen)
zu "Sätzen" ergänzt (136); bei der Auswahl der geeignetsten Werk-
zeugmaschine und Werkzeuge und der Berücksichtigung ihrer spezifischen Gegebenheiten (Maße usw.) stützt der Programmierer sich
auf eine Maschinen- und eine Werkzeugkartei sowie einige andere
Unterlagen wie Schnittwerttabellen usw.

Wie diese knappe Darstellung bereits zeigt, wohnt der Konstruktions-
zeichnung in vieler Hinsicht der Charakter einer relativ konkreten
"Programmvorgabe" (siehe hierzu Abb. 19) inne, so daß die NC-
Programmierung von ihrem Charakter her eher der Phase der "Programmierung" als der der "Grobplanung" in Abb. 19 entspricht und
somit als kontinuierliche Fortsetzung des "Systembaues" im SE-
Phasenschema angesehen werden kann.

------

134) Vgl. im folgenden Kaiser, E. , Numerikmaschinen, Köln-Brauns-
     feld 1971, S. 30 ff. ; Herholz, H. , Datenverarbeitung, Würz-
     burg 1972, S. 149' ff. ; Simon, W. , numerische Steuerung, in:
     Mattee, G. (Hrsg.), Fertigungstechnik und Arbeitsmaschinen,
     Bd. 3, Reinbek bei Hamburg 1972, S. 681; Freudhofer, F. , NC-
     Maschinen - wirtschaftlich eingesetzt, a. a. O. , S. 15 f.
135) Um als definiert gelten zu können, muß eine Werkzeugbahn außer
     durch die Angabe lediglich der Ausgangs- und der Endkoordina-
     ten auch durch die Angabe der Vorschrift, nach welchem Ver-
     fahren die Zwischenpunkte zu bestimmen sind (Interpolations-
     art - incl. der erforderlichen Parameter) beschrieben werden.
136) U. a. im Zusammenhang mit Werkzeug- und Palettenwechseln
     kommen allerdings auch "Sätze" ohne Koordinatenangaben vor
     (vgl. Kaiser, E. , Numerikmaschinen, a. a. O. , S. 48).

33 21 Der Begriff der Programmsteuerung

Wie aus den bisherigen Ausführungen zu entnehmen war, ist in der Ausführungsphase der Systemgestaltung die Codierung der Steuerungsprogramme, d. h. ihre Formulierung in einer spezifischen Programmiersprache, vorzunehmen; die codierten Programme werden sodann gespeichert und über die Generierung physischer Impulse zum Einsatz gebracht bzw. aktiviert. Da unter wirtschaftlichen Gesichtspunkten und z. T. in Abhängigkeit von den verschiedenen Fertigungstypen die Frage der optimalen Programmiersprache sowie der optimalen Speicher- und Steuerungsart für realtechnische Systeme eine erhebliche Rolle spielt, soll hier zu den diesbezüglichen Ausgestaltungsmöglichkeiten bzw. Erscheinungsformen der sogenannten "Programmsteuerung" folgendes ausgeführt werden:

Der Begriff "Programmsteuerung" steht hier und im folgenden für das allgemeine Prinzip, Arbeitsabläufe jeder Art der Steuerung durch Programme zu übereignen (137); eine besondere technische Konkretisierung findet dieses Prinzip im oft gleichfalls als Programmsteuerung bezeichneten "Steuerwerk", d. h. demjenigen Teil eines realtechnischen Systems, in welchem der wesentliche (bzw. ein wesentlicher) Teil der Steuerungsprogramme in die zur Übermittlung aller notwendigen Informationen an die Effektoren und andere Teile der Anlage erforderlichen Impulsfolgen transformiert wird (138). Es ist aufgrund der bisherigen Ausführungen dieser Arbeit deutlich geworden, daß unabhängig davon, ob ein realtechnisches System nun über ein gesondertes Steuerwerk verfügt oder nicht, Automatisierung zwangsläufig mit dem Vorliegen von hard- oder softwaremäßig gespeicherten Steuerungsprogrammen und damit auch einer "Programmsteuerung" im eigentlichen Sinne (nämlich dem eines Prinzips) verbunden ist. Die Art dieser Programmsteuerung soll aus dem oben genannten Grunde im folgenden danach differenziert werden,

a) welche Programmiersprachen zusätzlich zu der für das Sachmittel allein verständlichen Maschinensprache bei der Formulierung des Steuerungsprogrammes Verwendung finden,

---

137) Vgl. z. B. Schuff, H. K. , Programmsteuerung, in: Grochla, E. (Hrsg.), HWO, Stuttgart 1969, Sp. 1362 ff. ; Schneider, C. , Datenverarbeitungs-Lexikon, Wiesbaden 1970, S. 176.
138) Zum Steuerwerk siehe Näheres bei Ropohl, G. , Flexible Fertigungssysteme, a. a. O. , S. 147 f.

b) von welcher Art von Speicher die in Maschinensprache transformierten Steuerungsprogramme abgerufen werden, und

c) auf welche Weise die im Steuerwerk oder an anderen Punkten generierten Impulsfolgen an welche Art von Effektoren weitergeleitet und dort in Aktionen umgesetzt werden.

Eine derartige Differenzierung verschiedener Formulierungs- und Aktivierungsvarianten von Steuerungsprogrammen muß sich im Rahmen einer betriebswirtschaftlichen Arbeit naturgemäß Beschränkungen hinsichtlich der Erörterung technischer Fragen auferlegen, wenn auch im Interesse eines besseren Verständnisses der weiteren Ausführungen der Arbeit auf ein gewisses Mindestmaß technischer Details nicht verzichtet werden kann.

33 22 Sprachen als Mittler der Programmsteuerung

Programmiersprachen haben die Aufgabe, die kommunikative Lücke, die zwischen der für das Sachmittel erforderlichen binär codierten Maschinensprache einerseits und der dem Menschen vertrauten "natürlichen" Ausdrucksweise andererseits besteht, überbrücken zu helfen (139). Abb. 21 gibt einen Überblick über die zur Formulierung

---

139) Vgl. hierzu und im folgenden Schmitz, P. , Programmiersprachen, in: Grochla, E. (Hrsg.), HWO, Stuttgart 1969, Sp. 1349 ff. ; Goldberg, W. , Die Programmierung elektronischer Rechenautomaten, in: Jacob, H. (Hrsg.), Grundlagen der elektronischen Datenverarbeitung, Wiesbaden 1970, S. 37 ff. ; Müller, W. /Pressmar, D. B. , Betriebswirtschaftliche Informationsverarbeitung und EDV, a. a. O. , S. 242 ff. ; Dworatschek, S., Einführung in die Datenverarbeitung, 5. Aufl. , Berlin/ New York 1973, S. 300 ff. ; Hülck, K. , Programmiersprachen, in: Management-Enzyklopädie, Ergänzungsband, München 1973 , S. 783 ff. ; Rühl, H. , Programmiersprachen in der elektronischen Datenverarbeitung, in: Folkertsma, B. (Hrsg.), Handbuch für Manager, Bd. 3, Herne/Berlin 1971, S. 7.3-101 ff. (März 1973); in bezug auf NC-Maschinen vgl. Kaiser, E. , Numerikmaschinen, a. a. O. , S. 63 ff. ; Opitz, H. /Graalmann, H. / Michels, W. , Entwicklungstendenzen auf dem Gebiet der Produktionstechnik, in: VDI-Z 1972, S. 471, Abb. 15; in bezug auf Entscheidungstabellen Elben, W. , Entscheidungstabellentechnik, Berlin/New York 1973, S. 121 ff. Zu den Eigenschaften bzw. den Eignungen verschiedener Programmiersprachen im Hinblick auf den praktischen Einsatz siehe z. B. Goldberg, W. , Die Programmierung elektronischer Rechenautomaten, a. a. O. , S. 49 ff. ; Pressmar, D. B. , Die problemorientierten Programmier-

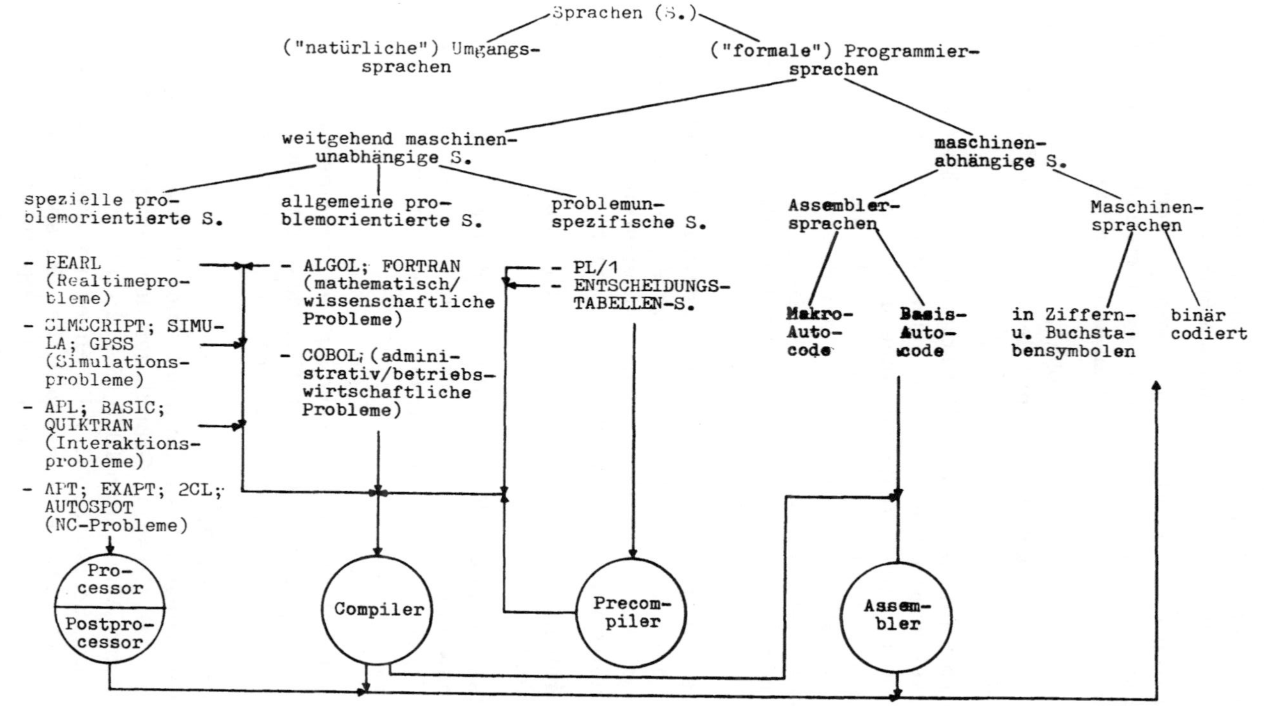

Abb. 21: Systematik wichtiger, zur Formulierung von Steuerungsprogrammen verwendbarer Sprachen

von Steuerungsprogrammen verwendbaren Sprachen, einschließlich
der zu ihrer maschinellen Übersetzung erforderlichen Systemprogramme. Dabei können die Vorteile der als "weitgehend maschinen-
unabhängig" bezeichneten Programmiersprachen gegenüber der Maschinensprache im einzelnen darin gesehen werden,

- daß sie beim Programmierenden relativ wenig Kenntnisse technischer Zusammenhänge und Details voraussetzen und also bereits
  von daher einfacher zu handhaben und zu erlernen sind,

- daß sie sich mnemotechnisch den Gewohnheiten und Bedürfnissen
  des Menschen bei der Beschäftigung mit den jeweiligen Problemen
  weitgehend anpassen,

- daß sie den Programmierer mit Hilfe sogenannter "Makros" von
  immer wiederkehrenden Routinen (Berechnungen aller Art, Sor-
  tier-, Prüf-, Ein- und Ausgabevorgänge usw.) entlasten (140),
  was zusammen mit dem vorhergehenden Punkt die Handhabung
  weiter erheblich vereinfacht und vor allem dazu führt, daß die
  Quellprogramme nicht nur mit relativ geringem Zeitaufwand erstellt werden können, sondern auch einen wesentlich geringeren
  Umfang haben,

- daß mit der vereinfachten Handhabung und dem reduzierten Pro-
  grammumfang die Chancen, Fehler zu vermeiden, zu entdecken,
  das Quellprogramm übersichtlich zu dokumentieren und Änderungen
  ohne viele Komplikationen durchzuführen, steigen,

- daß sich mit sinkenden Fehlerraten der Rechenaufwand an Test-
  läufen vermindert,

- daß der Arbeitsaufwand des Programmierers dadurch, daß dieser
  u. U. auf die Erstellung von Programmablaufplänen verzichten und
  direkt an die Ergebnisse der Systemanalyse anknüpfen kann (141),
  weiter herabgesetzt wird,

- und daß vor allem auch die bei Verwendung der systemspezifischen
  Maschinensprachen gegebene Gebundenheit des Anwenders an seinen bisherigen Maschinentyp und -lieferanten sowie an seine Pro-

____

Fortsetzung von Fußnote 139)
     sprachen. Ein Vergleich am Beispiel eines Fakturierprogram-
     mes, in: Jacob, H. (Hrsg.), Grundlagen der elektronischen Da-
     tenverarbeitung, Wiesbaden 1970, S. 125 ff.
140) Hierzu vgl. auch Schneider, C., Datenverarbeitungs-Lexikon ,
     a. a. O., S. 137, 232; ein anschauliches Beispiel für ein NC-
     Makro findet sich z. B. bei Eisinger, J., Die NC-Fertigung und
     ihre Auswirkungen auf die Konstruktion, in: wt 1973, S. 141 f.
141) Vgl. hierzu Schmitz, P., Programmiersprachen, a. a. O., Sp.
     1353 f.

grammierer gelockert bzw. aufgehoben wird, was Umstellungen erleichtert.

Diesen Vorteilen steht an Nachteilen gegenüber, daß i. a.

- diese Sprachen die Hardware der jeweiligen EDVA nicht so gut wie die spezifische Maschinensprache auszunutzen vermögen und zu längeren Maschinenprogrammen mit erhöhtem Speicher- und Rechenaufwand führen, was insbesondere bei Mangel an Speicherkapazität und in bezug auf häufig laufende Programme (z. B. Routinen, Compiler usw.) von Gewicht ist.

- in Abhängigkeit von dem durch die Sprachen gegebenen Komfort auch höhere Rechenzeiten für den Umwandlungsvorgang des Quell- in das Zielprogramm anfallen.

Insgesamt überwiegen in der Regel die Vorteile einer Verwendung derartiger Programmiersprachen; die bislang noch nicht angesprochenen Assemblersprachen liegen hinsichtlich ihrer Vor- und Nachteile in etwa zwischen den weitgehend maschinenunabhängigen und den Maschinensprachen - z. B. bieten auch sie dem Programmierer mnemotechnische Hilfen, Wegfall der umständlichen Adressenrechnung und bei den Makro-Autocode die Erledigung gewisser Routinen mit Hilfe von Makros.

33 23 Speicher als Zwischenträger der Programmsteuerung

Abb. 22 gibt einen Überblick über maschinell lesbare Datenträger, denen die Bereitstellung von Steuerungsprogrammen - insbesondere für das Steuerwerk - übertragen werden kann (142). Dabei wird unterschieden zwischen den "inneren" Datenträgern, die einen festen (wenn auch u. U. auswechselbaren) Bestandteil des realtechnischen Systems darstellen, und "äußeren", die sich immer nur vorüber-

---

142) Hierzu und im folgenden vgl. vor allem Riebel, P., Industrielle Erzeugungsverfahren in betriebswirtschaftl icher Sicht, a. a. O., S. 134 ff.; Kaufmann, H., Informations-Verarbeitung und Automatisierung, 2. Aufl., München/Wien 1966, S. 16; Ropohl, G., Flexible Fertigungssysteme, a. a. O., S. 163 ff.; Preuß, H.-U., Die Automation in betriebswirtschaftlicher Sicht, a. a. O., S. 25; Dworatschek, S., Einführung in die Datenverarbeitung, a. a. O., S. 59 ff., 246 ff.; Schulz, A., Informatik für Anwender, a. a. O., S. 93 ff., 189 ff.; Schmid, D., Entwicklungsprognosen, in: Steinbuch, K./Weber, W. (Hrsg.), Taschenbuch der Informatik, Bd. 1, Grundlagen der technischen Informatik, 3. Aufl., Berlin/Heidelberg/New York 1974, S. 38 ff.

Datenträger Speicherungsart	äußere Datenträger	innere Datenträger (Speicher i.e.S.)

mechanisch	−Lochkarte
	  −normale Lochkarte
	  −Verbundlochkarte
	  −Zeichenlochkarte
	−Lochstreifen
	−Lochstreifenkarte
		−Nockenscheiben, −leisten
		−Kopiermodell, −schablone
		−Formwerkzeuge
		−Anschläge
		−Wechselradgetriebe
		−Schaltgetriebe
		−Förderschnecken
		−Werkstückführungen

magnetisch	−Magnetkarte
	−Magnetschriftbeleg
		statisch dynamisch
		10^7 bit / $\quad$ 10^{10} bit /
		10^2 ns $\qquad$ 10^7 ns
		
		−Ferrit= −Magnet=
		 kernsp. trommelsp.
		−Dünn= −Magnet=
		 schichtsp. plattensp.
		−Magnet= −Magnet=
		 drahtsp. bandsp.
		          −Magnet=
		           streifen-,
		           kartensp.

elektronisch		−Halbleitersp. 10^6 bit / 10^1 ns −Röhren −Relais −Schaltplatte, −tafel −feste Verdrahtung
optisch	−Klarschriftbeleg −Markierungsbeleg −Zeichenlochkarte −Zeichnung	−holographischer Sp. −Mikrofilm

(Die angegebenen Spitzenwerte von Kapazität und mittlerer Zugriffszeit werden beide natürlich selten gleichzeitig von der gleichen Ausführung erreicht)

Abb. 22: Systematik maschinell lesbarer Datenträger

gehend im System befinden; zwar erfüllen auch die äußeren Datenträger Speicherfunktionen, jedoch sollen im folgenden die inneren als Speicher im eigentlichen, engeren Sinne verstanden werden (143).

Zur Gruppe der die mechanische Speicherungsart verkörpernden Datenträger sei ergänzend bemerkt, daß es sich bei ihnen fast durchweg um sogenannte "Festspeicher" (ROM (144)) handelt, die also zwar im laufenden Betrieb beliebig oft gelesen, nicht aber neu geschrieben werden können. Allerdings besteht in vielen Fällen die Möglichkeit, den ganzen Datenträger auszuwechseln (gilt z. B. für alle äußeren, aber auch für die ersten drei Positionen der inneren mechanisch arbeitenden Datenträger), zu verstellen (siehe Anschläge) oder zu verändern (Wechselradgetriebe); in den letzten beiden Fällen handelt es sich dann nicht mehr um reine ROM-, sondern eher um RMM (145)-Festspeicher. Datenträger mit mechanischer Speicherungsart haben sich nicht zuletzt deshalb im fertigungswirtschaftlichen R e a l i s a t i o n s b e r e i c h so gut bewährt und verbreitet, weil sie den dort herrschenden Anforderungen in bezug auf Schmutz, Hitze, Feuchtigkeit, Staub, Krafteinwirkung usw. relativ weitgehend standzuhalten vermögen.

Die zentrale Rolle bei der Speicherung von Anwendungsprogrammen in der ADV des P l a n u n g s b e r e i c h e s spielen seit langem die auf magnetische Effekte zurückgreifenden, in Abb. 22 in statische und dynamische Arten unterteilten inneren Datenträger.

33 24 Effektoren als Endglieder der Programmsteuerung

Der Weg, auf dem bei EDVA, NC-Maschinen und Prozeßrechnern die im Steuerungsprogramm (STP) enthaltenen Instruktionen an die jeweiligen Effektoren weitergegeben werden, sowie die Art der Effektoren und ihrer Steuerungsobjekte werden in den Abb. 23, 24 und 25 dargestellt (146); erläuternd und ergänzend sei folgendes ausgeführt:

143) Vgl. Schulz, A., Informatik für Anwender, a. a. O., S. 95, 189.
144) Read Only Memory; zum Einsatz von Festspeichern in EDVA siehe Scharbert, J., Festspeicher, in: Kaufmann, H. (Hrsg.), Datenspeicher, München/Wien 1973, S. 184 ff.
145) Read Mostly Memory; hierzu siehe Köhler, R., Speicher für elektronische Datenverarbeitungsanlagen, in: ZfD 1972, S. 627, 630.
146) Abb. 23 erfolgte in Anlehnung an Dworatschek, S., Einführung in die Datenverarbeitung, a. a. O., S. 69 ff., insbes. S. 72, 76; Schulz, A., Informatik für Anwender, a. a. O., S. 273, sowie Grochla, E./Meller, F., Datenverarbeitung in der Unternehmung/Grundlagen, a. a. O., S. 175; Abb. 24 wurde ausgeführt

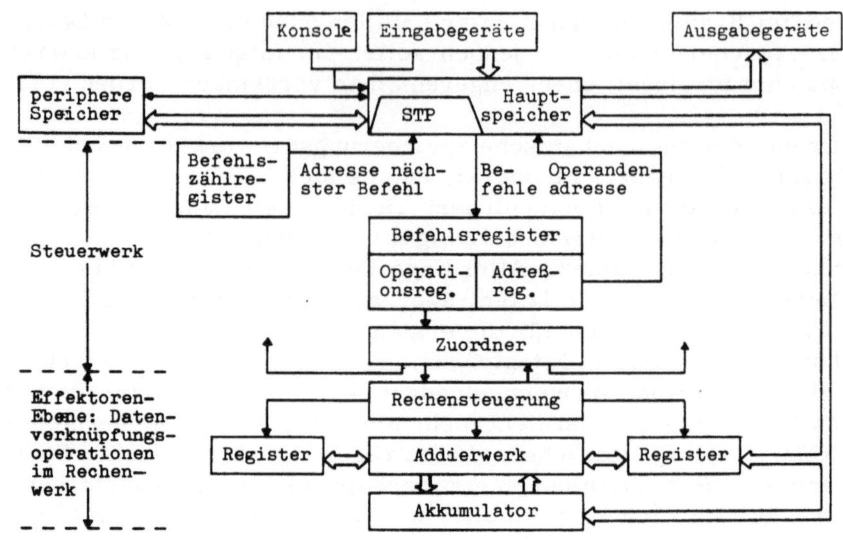

<u>Abb. 23:</u> Struktur einer EDVA

Neben der Programmsteuerung im bereits dargestellten Sinne sind bei allen drei Arten von Anlagen auch sogenannte "externe" Steu-

---

Fortsetzung von Fußnote 146)

    in Anlehnung an Kohring, G., Grundlagen und Praxis numerisch gesteuerter Werkzeugmaschinen, München 1966, S. 41; Kaiser, E., Numerikmaschinen, a. a. O., S. 31; Stute, G., Über die Steuerung von Fertigungseinrichtungen, in: Pentzlin, K. /Kienzle, O. (Hrsg.), Fertigungstechnische Automatisierung, Berlin/ Heidelberg/New York 1969, S. 63; Götz, F. -R. /Klingler, O., Adaptive Control, in: Steuerungstechnik 1972, S. 4 f. ; Meyer, J. /Sautter, G., Numerische Steuerung mit Adaption an Werkzeugmaschinen, in: VDI-Z 1972, S. 532 ff. Abb. 25 erfolgte in Anlehnung an Dworatschek, S., Einführung in die Datenverarbeitung, a. a. O., S. 349 sowie Hartwig, R., Aufbau eines Prozeßrechensystems, in: IBM-N 1970, S. 68 ff., insbes. S. 72.

erungseinrichtungen in Form von Konsolen vorgesehen (147); diese
Konsolen sind je nach Anlagetyp mit diversen Schaltern (z. B. Deka-
denschaltern), Tastaturen, Drehknöpfen, Konsolschreibmaschinen
usw. ausgestattet. Sowohl bei den NC-Maschinen als auch bei   den

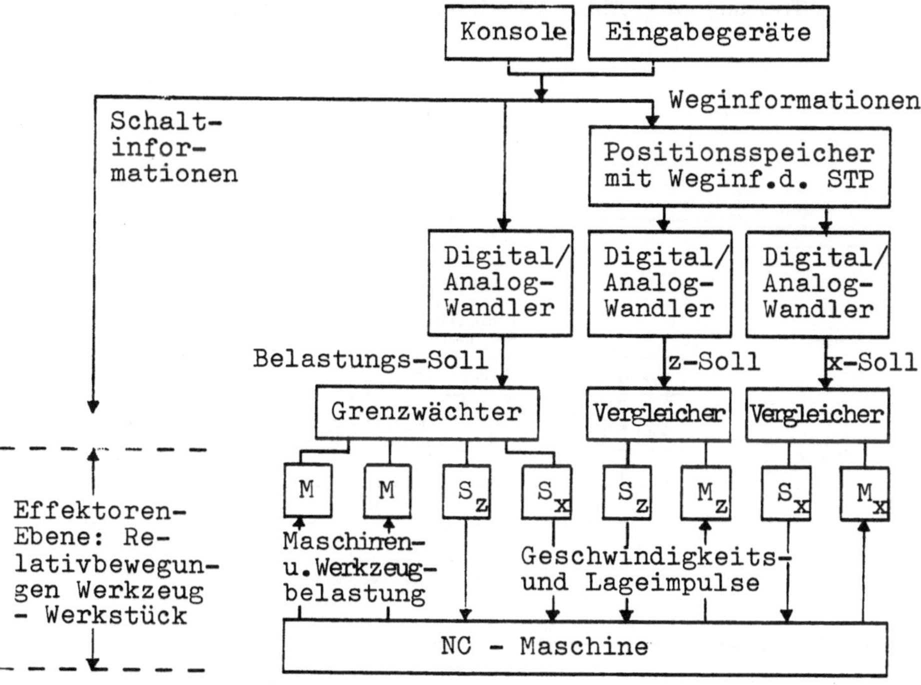

S_i = Stellmotor für i-Schlitten, M = Meßglied

<u>Abb. 24:</u> Struktur einer NC-Anlage

Prozeßrechnern kommen neben den elektrischen auch hydraulisch
oder pneumatisch betriebene Steuereinrichtungen auf der Effektoren-
Ebene zum Einsatz, die ihr Pendant im Signalverarbeitungsteil durch
Fluidik-Schaltungen gefunden haben; ein Einsatz der elektrischen
Schalttechnik kann sich z. B. bei Explosionsgefahr ganz verbieten (148).
Speziell im Hinblick auf NC-Maschinen unterscheidet man darüber
hinaus u. a. die Steuerungen nach der Art des Zusammenwirkens

---

147) Zur Unterscheidung Programmsteuerung - externe Steuerung
    vgl. Dworatschek, S.,   Einführung in die Datenverarbeitung ,
    a. a. O. , S. 66.
148) Vgl. Schlick, K. /Strasser, G. , Digitale Vielfachregelung, in:
    Anke, K. /Kaltenecker, H. /Oetker, R. (Hrsg.), Prozeßrechner,
    München/Wien 1970, S. 495; Herholz, H. , Datenverarbeitung,
    a. a. O. , S. 134.

mehrerer Schlitteneinheiten und des Werkzeugeingriffs in Punkt-, Strecken- und Bahnsteuerungen (149), der Zahl der abhängig vonein- ander gesteuerten Achsen (150) sowie der Möglichkeit zur adaptiven Steuerung, wie sie für die Vorschubgeschwindigkeit und die Schnittaufteilung in Abb. 24 berücksichtigt ist. Speziell im

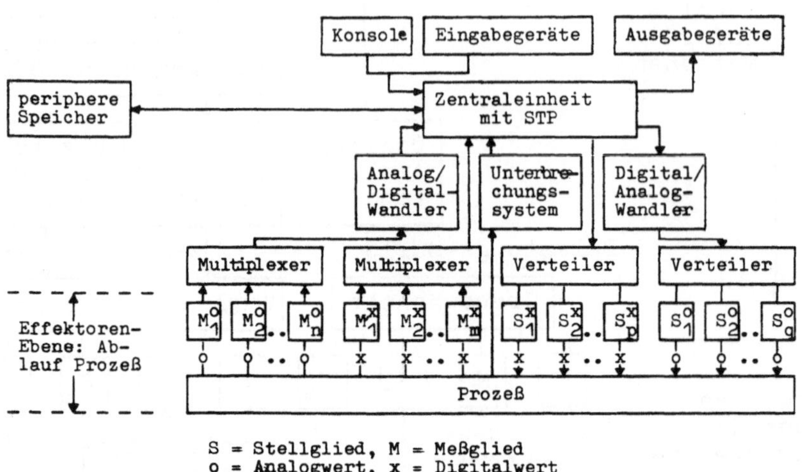

Abb. 25: Struktur eines Prozeßrechners

Hinblick auf Prozeßrechner sei in Ergänzung von Abb. 25 erwähnt, daß die bis zu mehreren hundert Meßwerte bei zykli scher Erfassung laufend und in kürzesten Zeitabständen (oft Sekundenbruchteilen) über den Multiplexer abgetastet werden können, andererseits aber - wie in Abb. 25 dargestellt - auch die Möglichkeit besteht, durch Unterbrechungs- bzw. Alarmsignal jedesmal gesondert auf charak- teristische Zustände im Prozeßablauf aufmerksam machen zu las- sen (151). Neben den in Abb. 25 erwähnten Stellgliedern finden sich

<hr>

149) Siehe Simon, W. , numerische Steuerung, a.a.O. , S. 679; Kai- ser, E. , Numerikmaschinen, a.a.O. , S. 22 f.
150) Siehe Kaiser, E. , Numerikmaschinen, a.a.O. , S. 23.
151) Vgl. hierzu Hartwig, R. , Aufbau eines Prozeßrechensystems, a.a.O. , S. 69 ff. ; Bollmann, H. Automatisierungsverfahren, in: Anke, K. /Kaltenecker, H. /Oetker, R. (Hrsg.), Prozeßrech- ner, München/Wien 1970, S. 310 ff.

natürlich auch Schaltglieder (Stellen = stetiges Verändern, Schalten
= sprunghaftes Verändern (152)) sowie beispielsweise auch den Stellgliedern vorgelagerte Halteglieder (153), die für die Stellglieder
permanent den neuesten, vom Rechner abgegebenen Stellwert speichern; auf die explizite Berücksichtigung dieser und ähnlicher technischer Details wurde aber in den Abb. 23 bis 25 bewußt verzichtet.

33 3 AUTOMATISIERUNGSGRADE MODERNER PROGRAMMHIE-
RARCHIEN

33 31 Bisherige Vorschläge zur Abstufung verschiedener Automa-
tisierungsgrade

Über das Verfahren hinaus, den Automatisierungsgrad fertigungswirtschaftlicher Systeme lediglich als Quotienten beispielsweise zwischen Zahl bzw. Wert der automatisierten Aggregate (bzw. Arbeitsgänge) und Zahl bzw. Wert der gesamten Aggregate (bzw. Arbeitsgänge) oder zwischen Wert der Aggregate und Fertigungslöhnen zu
erfassen (154), sind in der Literatur immer wieder Versuche unter-
nommen worden, verschiedene Stufen der Automatisierung bzw. Mechanisierung (155) möglichst präzis voneinander zu unterscheiden

---

152) Vgl. Riebel, P. , Industrielle Erzeugungsverfahren in betriebswirtschaftlicher Sicht, a. a. O. , S. 151; Preuß, H.-U. , Die
Automation in betriebswirtschaftlicher Sicht, a. a. O. , S. 26.
153) Vgl. Schlick, K. /Strasser, G. , Digitale Vielfachregelung, a. a.
O. , S. 492 ff.
154) Hierzu siehe die Anmerkungen bei Tully, H. , Automatisierung
im Betrieb, in: Management-Enzyklopädie, Bd. 1, München
1969, S. 769; siehe auch Schmidt, E. , Die Automation in organisationstheoretischer Betrachtung, a. a. O. , S. 102, Fußnote
404; Oemigk, J. , Projektablauf, in: Anke, K. /Kaltenecker, H. /
Oetker, R. (Hrsg.), Prozeßrechner, München/Wien 1970, S.
354.
155) Wenn man mit Waddell das Wort "mechanisch" als "Sammelbe-
griff für alle mechanischen, elektrischen, elektromechanischen,
elektronischen, hydraulischen, pneumatischen... oder sonstigen" Komponenten verwendet (Waddell, H. L. , Die Grundlagen
der Automatisierung, in: Maynard, H. B. (Hrsg.), HdIE, Bd.
3, Teil VIII, Berlin/Köln/Frankfurt a. M. 1956, S. 565), so
kann die Beziehung zwischen der "Mechanisierung" - im Sinne
eines zunehmenden Einsatzes von Mechanismen bei der Aufgabenerfüllung - und der "Automatisierung" dahingehend spezifi-
ziert werden, daß die Automatisierung als kontinuierliche Fort-

und deskriptiv zu erfassen; auf die wichtigsten der diesbezüglichen Vorschläge sei im folgenden kurz hingewiesen.

GUTENBERG unterscheidet 1951 in Abhängigkeit davon, ob die motorische Energie wesentlich vom arbeitenden Menschen oder aber einer Maschine geliefert wird, zwischen manuellen und maschinellen Fertigungsverfahren, und unterteilt letztere wiederum in solche mit manueller Werkzeugführung, solche mit manueller Steuerung und solche mit bloßer Bedienung durch den Arbeitenden (156); zusätzlich zu diesen drei Aktivitätsniveaus "Führung", "Steuerung" und "Bedienung" wird 1961 von SZYPERSKI die "Kontrolle" (157) und 1965 von KOSIOL, SZYPERSKI und CHMIELEWICZ die "Korrektur" (158) zur weiteren Verfeinerung des Schemas der maschinellen Verfahren gesondert ausgewiesen, wobei dann jeweils auch Aggregate des Verwaltungsbereiches mit in die Betrachtung einbezogen werden. BRIGHT nennt 1955 insgesamt siebzehn Stufen der Mechanisierung (159) bis hin zur feed-forward control (160), und in der

---

Fortsetzung von Fußnote 155)

    setzung der Mechanisierung anzusehen ist; zu dieser Auffassung vgl. Riebel, P. , Industrielle Erzeugungsverfahren in betriebswirtschaftlicher Sicht, a. a. O. , S. 114; Kosiol, E. /Szyperski, N. /Chmielewicz, K. , Zum Standort der Systemforschung im Rahmen der Wissenschaften, a. a. O. , S. 366; Grochla, E. , Automation und Organisation, a. a. O. , S. 71, aber sinngemäß auch bereits Kuhnert, H. , Der Prozeß der Automatisierung und Mechanisierung, a. a. O. , S. 20 ff. Die Bezeichnung "Automatisierung" kann - berücksichtigt man die bisherigen Ausführungen zu diesem Begriff - nur jene (höheren) Stufen der Mechanisierung abdecken, bei denen das Merkmal einer in mehr oder weniger großem Ausmaß verwirklichten Selbsttätigkeit einer Aufgabenerfüllung durch realtechnische Systeme gegeben ist.

156) Vgl. Gutenberg, E. , Grundlagen der Betriebswirtschaftslehre, Bd. 1, Die Produktion, 1. Aufl. , a. a. O. , S. 69 ff.

157) Vgl. Szyperski, N. , Analyse der Merkmale und Formen der Büroarbeit, in: Kosiol, E. (Hrsg.), Bürowirtschaftliche Forschung, Berlin 1961, S. 113 ff.

158) Vgl. Kosiol, E. /Szyperski, N. /Chmielewicz, K. , Zum Standort der Systemforschung im Rahmen der Wissenschaften, a. a. O. , S. 365 ff.

159) Vgl. Bright, J. R. , How to Evaluate Automation, in: HBR Jul. - Aug. /1955, S. 103 ff.

160) Siehe Bright, J. R. , How to Evaluate Automation, a. a. O. , S. 106: "Anticipating required performance and adjusting accordingly" als Stufe 17, was übersetzt so viel heißt wie "Voraussehen der erforderlichen Arbeitsverrichtungen und entsprechende Einstellung"; zur Übersetzung der 17 Stufen siehe auch Bright,

Anlage ähnlich nimmt 1963 RIEBEL eine Reihung nach dem Mecha-
nisierungsgrad - z. T. unter Hervorhebung fertigungstypbedingter
Spezifika - vor (161); BRÖDNER schließlich schlägt 1969 eine zunächst
von zehn Merkmalen der spanenden Fertigung ausgehende Methode
zur quantitativen Erfassung des Automatisierungsgrades vor (162),
der 1972 durch KOCH eine andere, verfeinerte Variante gegenübergestellt wird (163).

Parallel zu den bisher genannten, grundsätzlich sowohl die Automatisierung von Realisations- als auch von Planungsprozessen umfassenden Vorschlägen sind in den letzten Jahren auch einige allein auf
Planungs- bzw. Informationssysteme bezogene Betrachtungen zum
Automatisierungsgrad veröffentlicht worden (164).

33 32 Eigene Betrachtungen zur technischen Varietät fertigungs-
       wirtschaftlicher Systeme

33 321 Die Globalstruktur der technischen Varietät

Ausgehend von dem in Abschnitt 32 22 definierten Begriff der Automatisierung (als Zustand) kann mit verschiedenen Automatisierungsgraden jeweils ein b e s t i m m t e s A u s m a ß der Selbsttätigkeit einer Aufgabenerfüllung durch realtechnische Systeme als bezeichnet gelten; versteht man unter "Varietät" ein Maß für die Vielfalt der einem System zur Verfügung stehenden zielgerichteten Maß-

---

Fortsetzung von Fußnote 160)
      J. R. , Erhöht die Automatisierung die Anforderungen an das
      Können? in: REFA (Hrsg.), Fortschrittliche Betriebsführung,
      Bd. 7, Arbeitsstudium und Betriebsorganisation, Berlin/Köln/
      Frankfurt a. M. o. J. , S. 38 f.
161) Vgl. Riebel, P. , Industrielle Erzeugungsverfahren in betriebs-
      wirtschaftlicher Sicht, a. a. O. , S. 115 ff.
162) Vgl. Brödner, P. , Betrachtungen zum Erfassen eines Automa-
      tisierungsgrades von Fertigungssystemen, in: Simon, W. /unter
      Mitwirkung von Brödner, P. /Hamke, F. /Maßberg, W. (Hrsg.),
      Produktivitätsverbesserungen mit NC-Maschinen und Computern,
      München 1969, S. 43 ff.
163) Vgl. Koch, G. A. Zur Automatisierung von Mensch-Maschine -
      Systemen, in: IO 1972, S. 195 ff.
164) Vgl. z. B. Morton, M. S. S. , Management Decision Systems ,
      Boston 1971, S. 150 ff. sowie Müller, W. /Pressmar, D. B. ,
      Betriebswirtschaftliche Informationsverarbeitung und EDV, a.
      a. O. , S. 354 ff. und die dort angegebene Literatur.

nahmen oder Verhaltensweisen (165), so kann als einprägsame Kurzformel für das Ausmaß der Selbsttätigkeit einer Aufgabenerfüllung durch realtechnische Systeme auch der Begriff "technische Varietät" eingeführt werden. Die mit der technischen Varietät angesprochene Verhaltensvielfalt ist dabei unter drei Aspekten zu beurteilen:

1. Wie weit vermag das betrachtete realtechnische System erforderliche physische Aktionen selbst durchzuführen, bzw. in welchem Maße ist es dabei auf menschliche Mitwirkung angewiesen?

2. Wie weit ist das realtechnische System in der Lage, für die die physischen Aktionen durchführenden Effektoren erforderlichenfalls neue Sollwerte selbsttätig zu planen, bzw. welche Planungsbereiche werden von dieser Fähigkeit mit welcher Entscheidungsqualität abgedeckt?

3. Wie einfach ist es - gemessen an dem mit der Programmierung verbundenen Aufwand an Zeit und Mühe -, die Planungstätigkeiten des realtechnischen Systems durch Eingabe neuer Instruktionen zu verbessern, bzw. wie hoch ist die Benutzerfreundlichkeit der verwendeten Programmiersprachen und der damit zwangsläufig verbundene Grad der realtechnischen Abwicklung weiterer (nämlich Übersetzungs-)Funktionen (166)?

Die Aspekte 2 und 3 sollen ihrerseits noch einmal gesondert unter dem Begriff "technische Intelligenz" zusammengefaßt werden, da "Intelligenz" allgemein als Maß für die Fähigkeit zu zielgerichtetem Verhalten auf nicht-physischem Gebiet angesehen werden kann (167). Die technische Intelligenz bezeichnet also die Fähigkeiten des realtechnischen Systems im Planungsbereich der Unternehmung, wäh-

---

165) Vgl. ähnlich bei Ashby, W. R. , An Introduction to Cybernetics, London 1970, S. 124 ff.; Flechtner, H.-J., Grundbegriffe der Kybernetik, Stuttgart 1966, S. 367 ff.

166) Zu dem Gedanken, auch diesen Gesichtspunkt zur Bestimmung des Automatisierungsgrades bzw. der technischen Varietät heranzuziehen, vgl. ähnlich Schulz, A., Informatik für Anwender, a. a. O., S. 26, sowie Tully, H., Automatisierung im Betrieb, a. a. O., S. 767.

167) Zum allgemeinen Intelligenzbegriff vgl. Mirow, H. M., Kybernetik, Wiesbaden 1969, S. 125; eine dem hier benutzten Begriff "technische Intelligenz" analoge Verwendung des Intelligenzbegriffes findet sich u. a. auch bei Morton, M. S. S., Management Decision Systems, a. a. O., S. 152, sowie Müller, W. /Pressmar, D. B., Betriebswirtschaftliche Informationsverarbeitung und EDV, a. a. O., S. 354 ff.

100

rend der verbleibende Teil der technischen Varietät die Fähigkeiten im Realisationsbereich betrifft; diese Globalstruktur der technischen Varietät kann auch aus Abb. 26 ersehen werden.

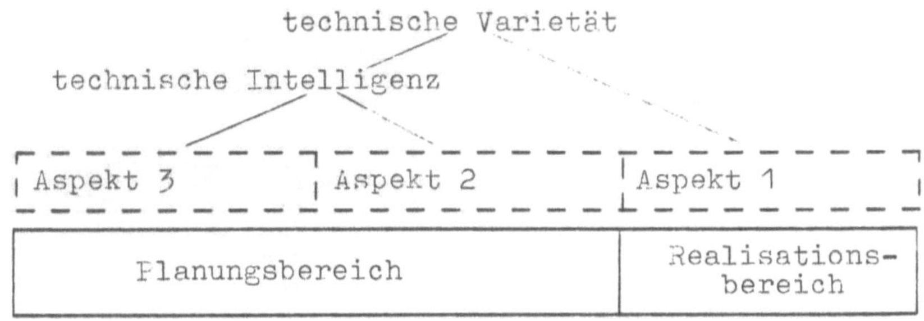

Abb. 26: Die Globalstruktur der technischen Varietät

33 322 Die Bedeutung der Merkmalsauswahl und -gewichtung

33 3221 Zur Auswahl der Beurteilungsmerkmale

Ist somit die globale Struktur der technischen Varietät bzw. des Automatisierungsgrades durch die drei Aspekte hinlänglich bestimmt - und dies wird als unerläßliche, aber oft nicht erfüllte Voraussetzung für jeden logischen und transparenten Aufbau eines Stufenschemas der Automatisierung angesehen -, so muß als nächstes geklärt werden, anhand welcher Merkmale im einzelnen eine Messung der mit den einzelnen Aspekten angesprochenen Leistungskomplexe vorgenommen werden soll. Die generelle Antwort darauf kann bei einer Gesamtbetrachtung der fertigungswirtschaftlichen Automatisierung nur darin zu sehen sein, daß a l l e fertigungswirtschaftlichen Aufgabenkomplexe des Planungs- und des Realisationsbereiches - also auch alle in Abb. 12 berücksichtigten Aufgabenkomplexe - zur Messung heranzuziehen sind; Abb. 27 verdeutlicht, in welcher Form dies hier geschehen soll: Um bei der Vielzahl der Aufgabenkomplexe noch ein Minimum an Übersichtlichkeit der Darstellung zu wahren, werden in einigen Fällen Bündel von Aufgabenkomplexen in Gestalt ihres übergeordneten Aufgabenkomplexes erfaßt, so daß insgesamt der durch Abb. 27 verkörperte (also ohne Einschluß von Aspekt 3 gesehene) Planungs- und der Realisationsbereich durch je 7 Aufgabenkomplexe vollständig erfaßt und bei der Betrachtung des fertigungswirtschaftlichen Automatisierungsgrades berücksichtigt sind. Wo vom Untersuchungszweck her nicht auf den Fertigungsbereich

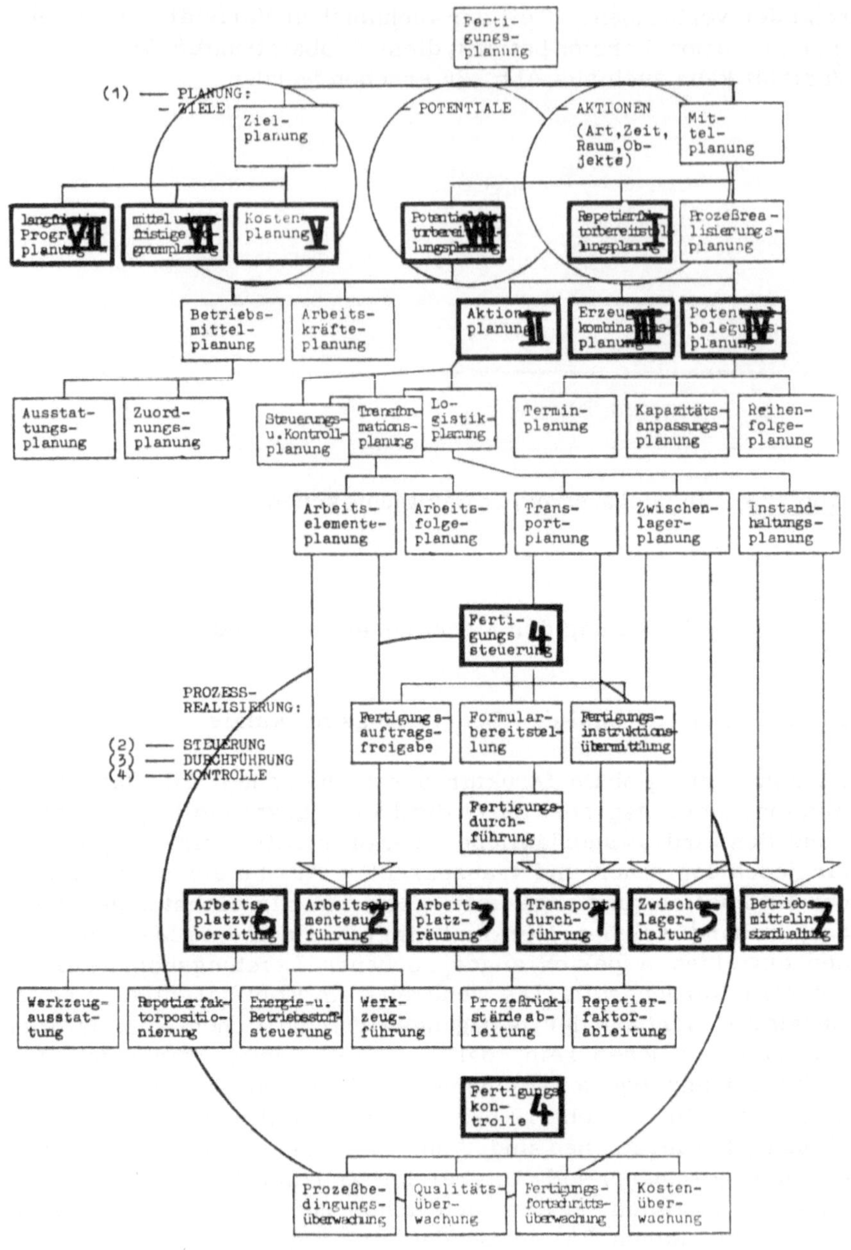

Abb. 27: Darstellung der Art der Berücksichtigung aller fertigungswirtschaftlichen Aufgabenkomplexe zur Bestimmung der technischen Varietät

als Ganzes, sondern einzelne Fertigungsketten oder -aggregate abgestellt werden soll, muß natürlich auf die Einbeziehung zahlreicher, sinnvoll nur im Blick auf den Fertigungsbereich als Ganzes zu behandelnder, Aufgabenkomplexe verzichtet werden; umgekehrt können Betrachtungen zum Automatisierungsgrad, die z. B. wesentliche Teile der Prozeßrealisierungsplanung unberücksichtigt lassen, automatisch immer nur Teile der Fertigung oder Einzelaggregate abdecken. In diesem Sinne stellen fast alle Beiträge zum Automatisierungsgrad in der Literatur Partialbetrachtungen dar.

Zusätzlich zur vollständigen Erfassung aller Aufgabenkomplexe stellt sich im Planungsbereich das Problem, diejenigen Abstufungen der Entscheidungsqualität innerhalb der einzelnen Aufgabenkomplexe zu berücksichtigen, die sich aufgrund der unterschiedlichen zeitlichen Zuordnung des Auftretens von Störgrößen, des Abweichens der Regelgröße und der Veränderung der Stellgröße ergeben. Ohne Zweifel am wertvollsten im Hinblick auf die Prozeßstabilisierung sind solche Entscheidungsabläufe, bei denen bereits das Auftreten von Störgrössen unmittelbar zu einer solchen Veränderung der Stellgröße führt, daß es zu keinem Zeitpunkt zu unzulässigen Abweichungen der Regelgröße kommt; hierzu bedarf es eines Prozeßmodelles, das die Störgrößenauswirkungen zu simulieren und somit Gegenmaßnahmen prophylaktisch einzuleiten erlaubt (168). Dieses feed forward genannte Verfahren stellt bei seiner ausschließlich realtechnischen Verwirklichung die von der Qualität der Zielerreichung her gesehen höchste Automatisierungsstufe innerhalb des jeweiligen Aufgabenkomplexes dar (169) und ist in einfacher Form in Abb. 28 verdeutlicht.

Allen nun im weiteren kurz angesprochenen Verfahren ist gemeinsam, daß das Auftreten von Störgrößen zunächst zu Abweichungen der Regelgröße führt, bevor dann über die Stellgröße eine Korrektur erfolgt. Unterschiede ergeben sich dahingehend, daß

---

168) Hierzu vgl. Graef, M. /Greiller, R. /Hecht, G. , Datenverarbeitung im Realzeitbetrieb, München/Wien 1970, S. 187 f. ; Oetker, R. , Prozeßmodelle, in: Anke, K. /Kaltenecker, H. /Oetker, R. (Hrsg.), Prozeßrechner, München/Wien 1970, S. 233 f. ; Amrehn, H. , Prozeßrechner in der Chemie, in: CF 1973, S. 235

169) Vgl. auch Bright, J. R. , How to Evaluate Automation, a. a. O. , S. 103 ff. ; stellt man allerdings nicht auf die Qualität der Zielerreichung (bei feed forward zu jedem Zeitpunkt ein Maximum), sondern die Bewältigung unvorhergesehener bzw. unbekannter Problemstellungen ab, so stellt das feed forward nur die unterste Stufe einer automatisierten Prozeßstabilisierung dar.

- bei der realtechnischen Verwirklichung des "Lernens" die Abweichungen von Mal zu Mal geringer werden; erreicht wird dies durch
die sukzessive zielorientierte Änderung des zur Stellengrößenbe -

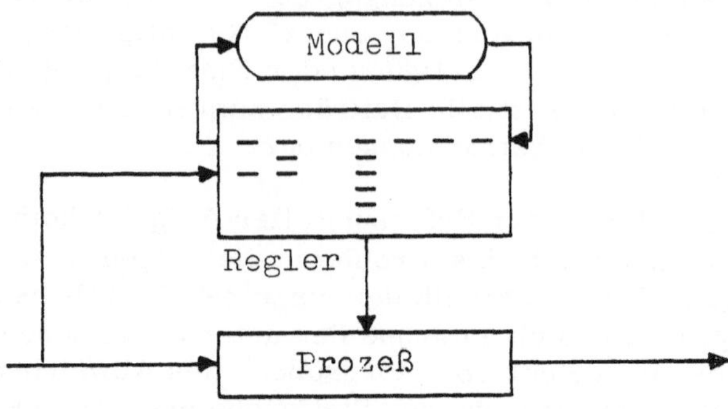

Abb. 28: Das Prinzip des feed forward

rechnung herangezogenen Entscheidungsmodells (170) (siehe Abb .
29, in der durch $\triangle$ verdeutlicht wird, daß das Modell aufgrund von
feed-back Meldungen - Erfahrungen - im Zeitpunkt t+1 verbessert
wird),

- beim feed-back/on-line/real-time die Korrekturen so rasch auf
die Abweichungen folgen, daß der Prozeß noch im gewünschten
Sinne beeinflußt werden kann, die Regelgröße also quasi lediglich
innerhalb einer akzeptierten Toleranz um den Sollwert oszilliert,
und

- beim feed-back/off-line die Abweichungen nicht unmittelbar und
sofort, sondern erst zu einem späteren Zeitpunkt dem realtech -
nischen System zur Verarbeitung zugeführt werden (171).

---

170) Vgl. Kapfer, E., Methoden der Prozeßführung, in: Anke, K. /
Kaltenecker, H. /Oetker, R. (Hrsg.), Prozeßrechner, München/
Wien 1970, S. 292; bei Graef, M. /Greiller, R. /Hecht, G., Da -
tenverarbeitung im Realzeitbetrieb, a.a.O., S. 187 f. wird
dieser Fall als "adaptive Prozeßführung" bezeichnet; zu Ent-
scheidungsmodellen im allgemeinen siehe Heinen, E., Einführung in die Betriebswirtschaftslehre, a.a.O., S. 223 ff.; zum
Lernen siehe auch Horváth, P., Der Betrieb als lernende Entscheidungseinheit, in: ZfB 1970, S. 768; Mirow, H. M., Kyber -
netik, a.a.O., S. 112; Steinbuch, K., Automat und Mensch, a.
a.O., S. 134; Griese, J., Adaptive Verfahren im betrieblichen
Entscheidungsprozeß, Würzburg/Wien 1972, S. 14.
171) Vgl. Schneider, C., Datenverarbeitungs-Lexikon, a.a.O., S.
157.

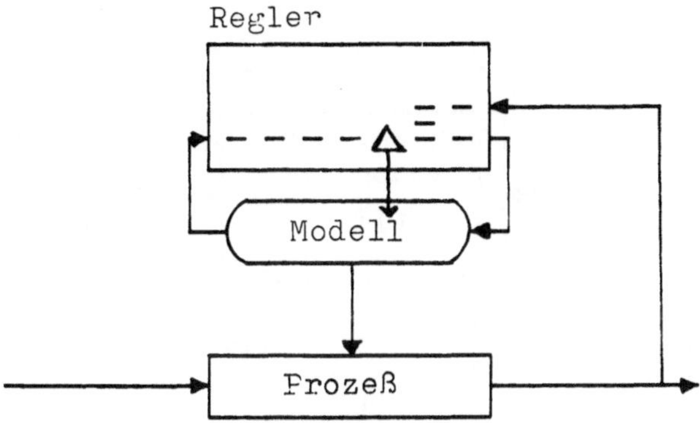

<u>Abb. 29</u>: Das Prinzip des Lernens

Eine zusammenfassende Darstellung dieser verschiedenen Verfahren wird - bei Aggregierung der Aufgabenkomplexe V-VII und I-IV unter den Begriffen "Rahmenplanung" bzw. "Material- und Zeitwirtschaft" - in Abb. 30 gegeben; zu den Symbolen A - G, die den Aspekt 3 berücksichtigen, sei ergänzend bemerkt, daß bereits Bestrebungen bekannt sind, über die bisher bekannten Assembler- und relativ maschinenunabhängigen Sprachen hinaus auch weitgehend auf die Umgangssprache als Programmiersprache zurückzugreifen (172), was die Aussage zu stützen geeignet wäre, daß eine Tendenz besteht in Richtung auf eine noch stärkere Automatisierung im Sinne einer Erhöhung der Selbsttätigkeit realtechnischer Systeme bei der Transformation menschlicher Instruktionen in die Maschinensprache.

33 3222   Zur Gewichtung der Beurteilungsmerkmale

Nachdem die Auswahl der Beurteilungsmerkmale getroffen ist, stellen sich im weiteren Verlauf der Überlegungen zwei grundsätzliche Fragen:

1. Ist es möglich und sinnvoll, jeweils innerhalb des Planungs- und des Realisationssystems eine fertigungstypenunabhängige Reihung der Merkmale nach dem Schwierigkeitsgrad ihrer Automatisierung vorzunehmen und so eine allgemein gültige, organische Stufenleiter der Automatisierung zu konstruieren?

2. In welcher Form könnten die verschiedenen Merkmale des Planungs- und Realisationsbereiches in ihren jeweiligen Ausprägun-

---

172) Vgl. Köhler, R., Computer der Zukunft, Situation und Entwicklungstrends, in: Online 1973, S. 344.

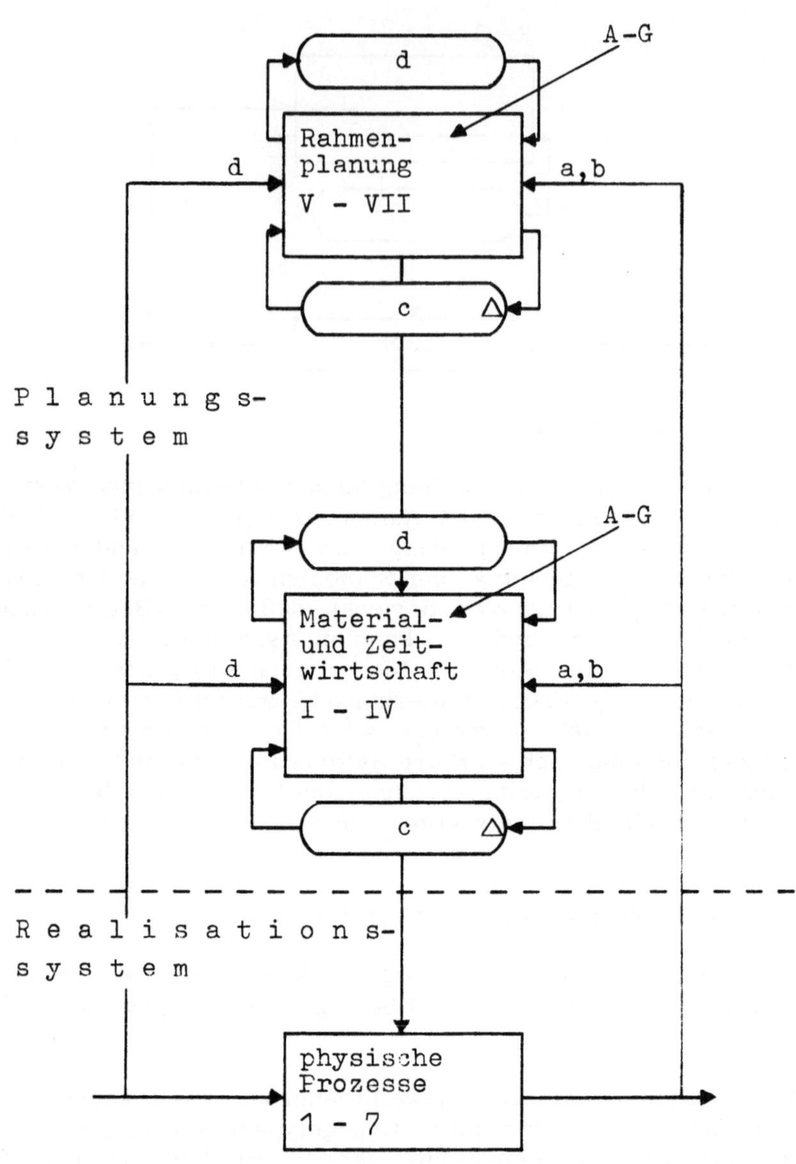

1 - 7, I - VII siehe Abb. 27
A-G = Assembler + weitgehend maschinen-
      unabhängige Programmiersprachen
a   = feed back / off-line
b   =   "   / on-line / real-time
c   = Lernen
d   = feed forward

<u>Abb. 30</u>: Komponenten der technischen Varietät in kybernetischer
         Sicht

106

gen zu einer einzigen qualitativen und/oder quantitativen Aussage hinsichtlich des Automatisierungsgrades bzw. der technischen Varietät im Fertigungsbereich der betrachteten Unternehmung verdichtet werden?

Diese Fragen sollen nachstehend wie folgt beantwortet werden:

Zu 1.: Ohne den in Kapitel 4 anzustellenden Betrachtungen vorgreifen zu wollen, kann davon ausgegangen werden, daß die spezifischen Gegebenheiten eines jeden Fertigungstyps eine allgemein gültige Stufenleiter der Automatisierung nicht zulassen. Als Beispiel aus dem Planungsbereich sei das Merkmal "Potentialbelegungsplanung" gewählt, das einmal - von der Werkstattfertigung mit Hunderten von Arbeitsplätzen und ebensoviel in Einzel- oder Kleinserienfertigung zu erstellenden Teilen her - sehr weit oben in der Stufenleiter anzusiedeln wäre, und ein anderes Mal - von der Fließfertigung einiger Großserien her - als wenig komplex anzusehen ist; ein beinahe triviales Beispiel aus dem Realisationsbereich liefert das Merkmal "Repetierfaktorpositionierung", das bei flüssigen Repetierfaktoren mit ganz unten am Anfang der Stufenleiter rangiert, dagegen bei Repetierfaktoren mit fester Konsistenz bzw. definierter Gestalt z. T. die größten Schwierigkeiten bei der Automatisierung aufwirft. So hat auch RIE BEL bei seinen Betrachtungen bereits nach verschiedenen fertigungstypbildenden Merkmalen differenziert (173); wenn demnach in Abb. 27 dieser Arbeit durch die Bezifferung der einzelnen Aufgabenkomplexe bzw. in Abb. 31 durch ihre entsprechende Anordnung in Form eines Stufenschemas eine ganz bestimmte Reihung zum Ausdruck gebracht wird (174), so kann dieselbe auch nur als ein denkbares Beispiel für einen speziellen, hier nicht näher zu definierenden Fertigungstyp gelten (175). Dementsprechend muß auch - wenn innerhalb eines Betriebes mehrere Fertigungstypen vorliegen - grundsätzlich für jeden Fertigungstyp eine individuelle Reihung und Beschreibung der Automatisierungsstufen erfolgen; Betrachtungsobjekt unter dem Gesichtspunkt des Automatisierungsgrades sind daher zunächst immer Betriebe i. S. v.

---

173) Vgl. Riebel, P., Industrielle Erzeugungsverfahren in betriebswirtschaftlicher Sicht, a. a. O., S. 119 ff.
174) Durch die Annahme eines steigenden Schwierigkeitsgrades der Automation wird als wahrscheinlich unterstellt, daß die Realisierung einer Stufe die aller vorangegangenen impliziert.
175) Zur Frage der Aggregierung verschiedener Aufgabenkomplexe siehe die Bemerkungen gegen Schluß des Abschnittes.

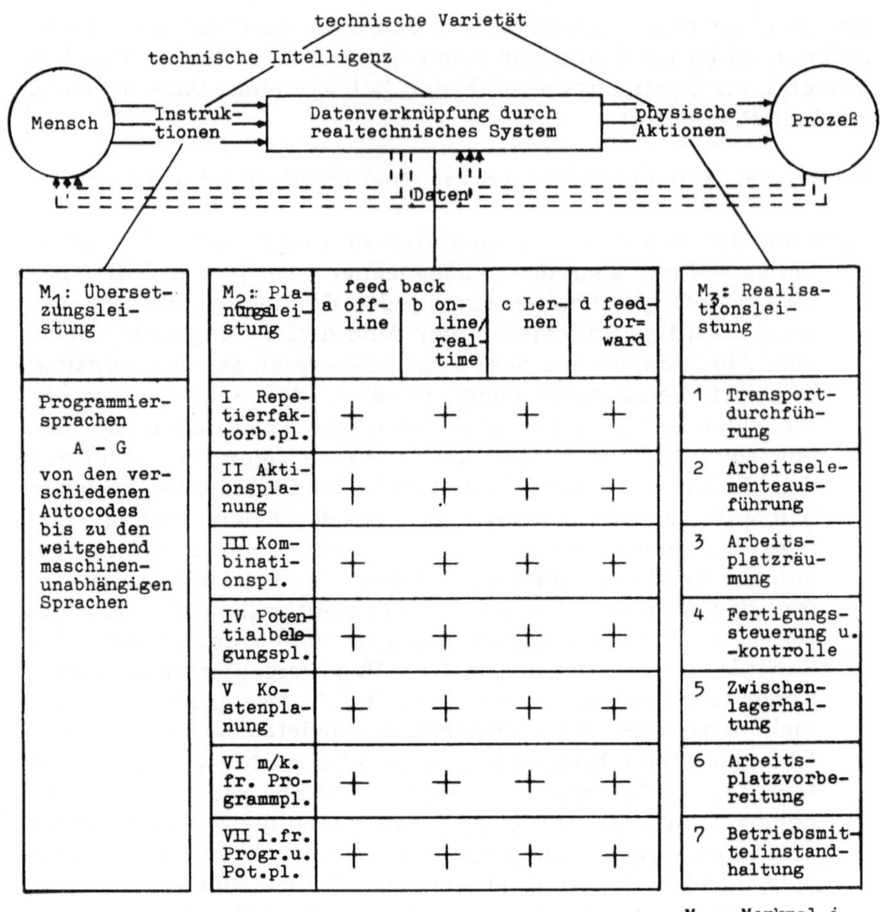

M_1: Übersetzungsleistung	M_2: Planungsleistung	feed back a off-line	b on-line/real-time	c Lernen	d feed-for=ward	M_3: Realisationsleistung
Programmiersprachen A – G von den verschiedenen Autocodes bis zu den weitgehend maschinenunabhängigen Sprachen	I Repetierfaktorb.pl.	+	+	+	+	1 Transportdurchführung
	II Aktionsplanung	+	+	+	+	2 Arbeitselementeausführung
	III Kombinationspl.	+	+	+	+	3 Arbeitsplatzräumung
	IV Potentialbelegungspl.	+	+	+	+	4 Fertigungssteuerung u. -kontrolle
	V Kostenplanung	+	+	+	+	5 Zwischenlagerhaltung
	VI m/k. fr. Programmpl.	+	+	+	+	6 Arbeitsplatzvorbereitung
	VII l.fr. Progr.u. Pot.pl.	+	+	+	+	7 Betriebsmittelinstandhaltung

M_i = Merkmal i

Abb. 31: Struktur und Stufen der technischen Varietät in fertigungswirtschaftlichen Planungs- und Realisationssystemen

Bereichen eines weitgehend homogenen Fertigungstyps. Wie aber trotz dieser Schwierigkeiten nichtsdestoweniger die Möglichkeit besteht, mittels der ausgewählten Merkmale in allgemein anwendbarer Vorgehensweise zu exakten und auch vergleichbaren Aussagen über die technische Varietät bzw. den Automatisierungsgrad beliebiger fertigungswirtschaftlicher Systeme (Betrieben im obigen Sinne) zu kommen, geht aus der nachfolgenden Antwort auf Frage 2 hervor.

Zuvor sei anhand von Abb. 32 eine konkrete Anschauung davon gegeben, welche Ausprägungen automatisierter betrieblicher Systeme - verstanden und dargestellt als vermaschte horizontale und vertikale Hierarchien maschineller Steuerungsprogramme - heute realisierbar sind: Bei dem in Abb. 32 als unterste Regelstrecke eingezeichneten Prozeß möge es sich beispielsweise um den Walzprozeß einer sechsgerüstigen automatisierten Walzstraße handeln (176).

Vollzug und Qualität dieses Walzprozesses hängen zunächst einmal maßgeblich von den in den Hardwarestrukturen der Walzgerüste gespeicherten Realisationsprogrammen (Qualität - insbesondere Genauigkeit - der Walzenoberflächen, der Ständerkonstruktion, der Führungsbahnen usw.) ab. Einstellung und Aktivierung der Walzgerüste übernimmt eine Vielzahl unmittelbar übergeordneter Entscheidungsprogramme; diese errechnen aufgrund der ihnen vorgegebenen Sollwerte hinsichtlich Banddicke, Bandzug usw. sowie der von der Regelstrecke kommenden Informationen laufend neue Stellwerte an die Walzgerüste (= Sollwertregelung$_{1-30}$). Die Vorgabe der Sollwerte ihrerseits basiert auf der Sollwert p l a n u n g durch ein der Sollwert r e g e l u n g überlagertes Steuerungsprogramm; letzteres schließlich ist wiederum einem Programmkomplex untergeordnet, von dem es Angaben über die Reihenfolge der zu walzenden Fertigungsaufträge erhält (177).

---

176) Siehe hierzu auch Abschnitt 41 427 dieser Arbeit.
177) Ähnliche, in Darstellung und/oder inhaltlichem Bezug vorwiegend vertikal ausgerichtete Programmhierarchien werden ebenfalls angesprochen bei Proske, W., Aufbau von On-line-Fertigungsleitsystemen, in: ZfD 1972, S. 474 ff.; Hartmann, B., Unternehmensplanung mittels integrierter EDV-Organisationssysteme, in: Kirsch, W. (Hrsg.), Unternehmensführung und Organisation, Wiesbaden 1973, S. 142 ff.; Roschmann, K., Elektronische Fertigungsüberwachung, Stuttgart / Wiesbaden 1974, S. 258 ff. sowie ausführlich auch in den Abschnitten 41 2134 und 41 424.

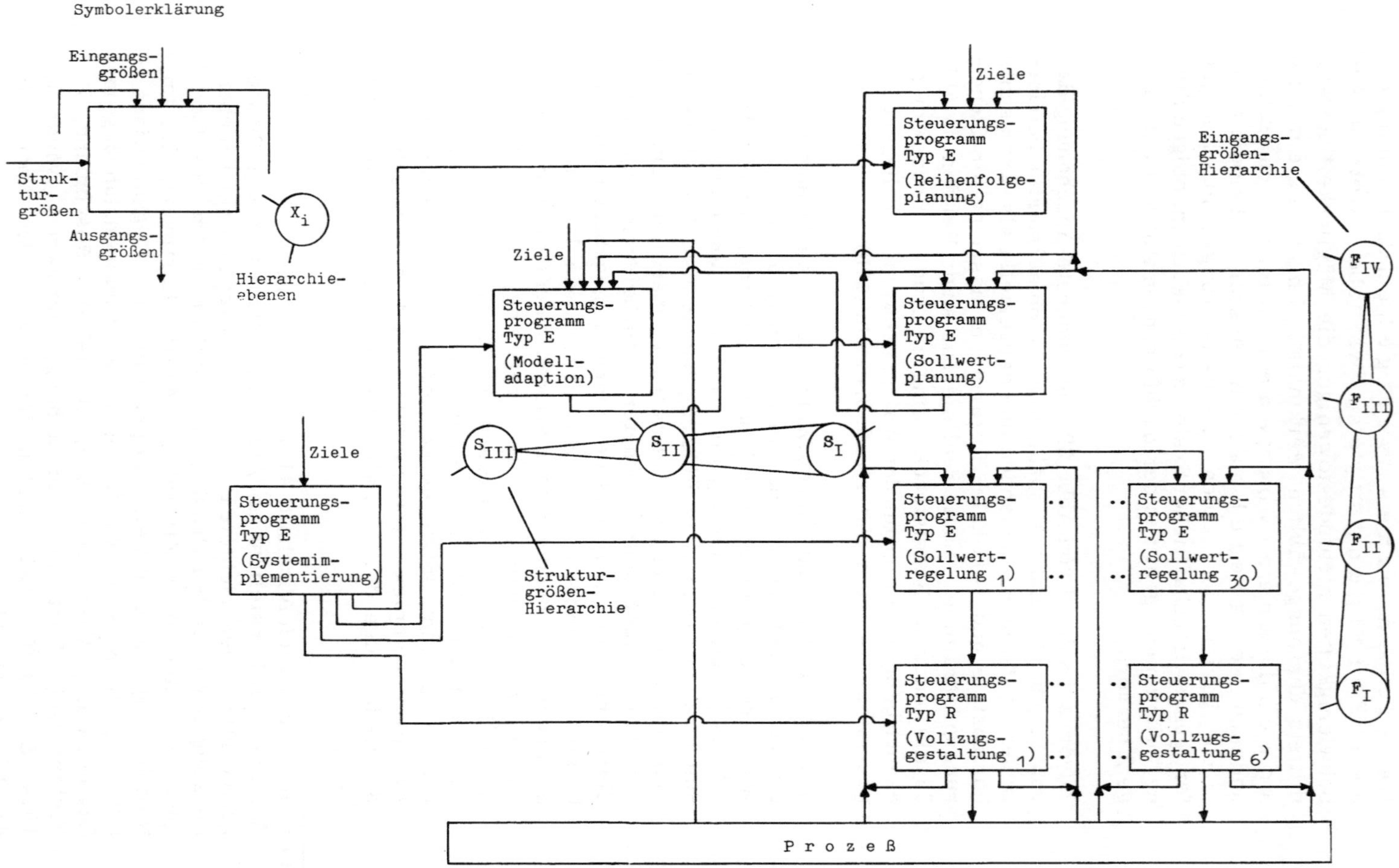

Abb. 32: Exemplarisches Beispiel vermaschter horizontaler und vertikaler Programmhierarchien (Walzwerk)

Dieser v e r t i k a l e Aufbau einer Hierarchie maschineller Steuerungsprogramme gibt jedoch noch kein vollständiges
Bild vom Stand bzw. den Möglichkeiten der Automatisierung
in unseren Tagen. Die einzelnen, in Abb 32 jeweils durch
ein Rechteck gekennzeichneten Programmkomplexe können
hinsichtlich ihres prinzipiellen Aufbaues in einfacher Weise
durch Programmeingang, Programmausgang und Programmstruktur gekennzeichnet werden (siehe Symboldarstellung links
unten in Abb. 32); es ist offensichtlich, daß das bisher besprochene Zusammenwirken der Programme global dadurch
charakterisiert werden kann, daß das jeweils übergeordnete
Steuerungsprogramm dem untergeordneten Steuerungsprogramm eine oder mehrere E i n g a n g s größen vorgibt,
die Programmstruktur hingegen unverändert läßt. Gerade in
Walzwerken aber existieren seit längerem auch automatisierte Problemlösungen, bei denen zentrale Parameter und damit die Strukturen von Steuerungsprogrammen laufend an die
tatsächlich gegebenen Eigenschaften bzw. Einflüsse der Regelstrecke angepaßt werden. Hierzu dienen gesonderte Programmkomplexe zur M o d e l l a d a p t i o n , die also -
wie in Abb. 32 ersichtlich - nicht über Eingangs-, sondern
über S t r u k t u r größen auf andere Programmkomplexe
einwirken (178). Derartige (modell-)adaptive und damit
L e r n f ä h i g k e i t verkörpernde (179) Programme können beispielsweise auch im Rahmen der Fließbandabstim-
mung, der Qualitätsüberwachung sowie der Kosten-, der Ar-
beitselemente-, der Losgrößen-, der Reihenfolge-, der La-
gerhaltungs- und der Instandhaltungsplanung zur Anwendung
kommen (180).

Einen noch größeren Eingriff in die Programmstruktur eines
automatisierten betrieblichen Systems stellt es naturgemäß
dar, wenn über die Implementierung eines neuen Programm-
komplexes oder gar eines ganzen Programmsystems (EDVA,
Modularprogrammsystem) entschieden wird. Auch hier, bei
der Systemimplementierung, ist eine Automatisierung einzelner Aufgaben möglich, wobei dann also mit GROCHLA von

---

178) "Strukturgrößen" betreffen die Schaffung und/oder Veränderung
     eines Problemlösungsprogrammes.
179) Siehe die Ausführungen zum Lernen im vorangegangenen Ab-
     schnitt.
180) Vgl. Griese, J. , Adaptive Verfahren im betrieblichen Ent-
     scheidungsprozeß, a. a. O. , S. 77 ff. ; Hoepfner, F. G. /Schenck ,
     C. , Lernkurven und ihre Anwendungsbereiche im Betrieb, in :
     KRP 1974, S. 210 f.

einer "Automatisierung der Automatisierung" (181) gesprochen werden kann; im einzelnen geht es dabei derzeit vor allem um die (teil-)automatisierte Ist-Analyse, Anlagenauswahl, Codierung, Methodenverknüpfung und Systemeinführung, wobei aber bereits an der Automatisierung weiterer Implementierungsaufgaben gearbeitet wird (182). In diesem Zusammenhang muß natürlich auch die (teil-) automatisierte Durchführung der Wirtschaftlichkeitsanalyse und Zuordnungsplanung im Hinblick auf die Anschaffung bzw. räumliche Strukturierung automatisierter Erzeugungssysteme Erwähnung finden (183); der Programmkomplex "Systemimplementierung" in Abb. 32 steht grundsätzlich sowohl für alle automatisierbaren Implementierungsaufgaben iminformationellen als auch im stofflichen Bereich.

Zu 2.: Bei einem Verfahren zur Zusammenfassung der Ausprägungen der verschiedenartigen Merkmale zu einer einzigen Aussage sollten starre a priori-Annahmen möglichst vermieden werden; die im folgenden genannten Gewichtungskoeffizienten und sonstigen Symbole lassen aus diesem Grunde durch ihre allgemeine Formulierung jeden denkbaren Spielraum für eine Anpassung an die jeweiligen Gegebenheiten der unterschiedlichen Fertigungstypen.

181) Grochla, E., Automatisierung der Automatisierung, in: ZfbF 1973, S. 413 ff.

182) Vgl. im einzelnen Grochla, E., Automatisierung der Automatisierung, a.a.O., S. 413 ff.; Bischoff, R./Fezer, U., Methoden und Software zur Verwendung von Modellen betrieblicher Informationssysteme, in: Grochla, E./Mitarbeiter, Integrierte Gesamtmodelle der Datenverarbeitung, München/Wien 1974, S. 180 ff.; Dreger, W., Die Anwendbarkeit der Systemtechnik, Teil 3, in: IBM-N 1974, S. 384 f.; Esprester, A.C., Datenbank und Methodenbank, Teil 2, Der Bau von Analyse-, Planungs- und Informationssystemen mit dem Programmsystem METHAPLAN, in: data report 4/1974, S. 27 ff.; Grochla, E., Modelle und betriebliche Informationssysteme, in: Grochla, E./Mitarbeiter, Integrierte Gesamtmodelle der Datenverarbeitung, München/Wien 1974, S. 28 ff.; Müller, J., Netzplantechnik steuert DV-Projekt, in: data report 4/1974, S. 21 ff.

183) Vgl. Brückner, O., Computergesteuerte Investitions- und Finanzplanung mit PROSPER, in: adl-n 78/1973, S. 32 ff.; Bokranz, R., Entwicklungen auf dem Gebiet von computergestalteten Arbeitssystemen, in: IE (REFA) 1973, S. 259 ff., sowie die in Abschnitt 41 2421 und 41 425 zur Zuordnungsplanung und Wirtschaftlichkeitsanalyse enthaltenen Quellen bzw. Ausführungen.

Die nun anzustellenden Überlegungen erfolgen in Anknüpfung
an die in Abb. 31 aufgeführten drei Merkmale M_i (i=1 - 3)
mit ihren jeweils sieben Ausprägungsstufen A-G, I-VII und
1-7. Um den Feinheitsgrad der Stufung der Ausprägungen
adaequat bemessen zu können - jede der Ausprägungsstufen
ist ja nicht immer entweder ganz oder überhaupt nicht, sondern oft partiell realtechnisch verwirklicht -, seien auf jeder Ausprägungsstufe S_{ij} (j = 1-7) jeweils $0 \leq x_{ij} \leq z$ Wertungspunkte zu vergeben, so daß also die Maximalpunktzahl
für jedes einzelne Merkmal bei 7 · z und für alle drei Merkmale zusammen bei 21 · z liegen würde. (Der Wert für z
wäre z. B. unter der Annahme, daß beim 2. Merkmal lediglich die vier in Abb. 31 aufgeführten Verfahrensvarianten
a - d als potentielle alternative Ausprägungen einer jeden
Stufe angesehen werden, und eine einfache Punktverteilung
a = 0, b = 1, c = 2 und d = 3 erfolgen soll, für alle drei Merkmale zweckmäßigerweise mit 3 anzusetzen). Je nach Fertigungstyp und Untersuchungszweck kann nun das Bedürfnis
bzw. die sachliche Notwendigkeit bestehen, die Merkmale
und/oder einzelne ihrer Ausprägungsstufen mit unterschied-
lichem Gewicht in das Untersuchungsergebnis eingehen zu
lassen; dies kann erreicht werden, indem entsprechende Gewichtungskoeffizienten vorgesehen werden: Für die Merkmale M_i werden die Merkmalskoeffizienten m_i gebildet, wobei

$$\sum_{i=1}^{3} m_i = 3$$

ist (und die Maximalpunktzahlen für die einzelnen Merkmale
nun durchaus voneinander abweichen können), für die Ausprägungsstufen S_{ij} die Stufenkoeffizienten s_{ij}, wobei

$$\sum_{j=1}^{7} s_{ij} = 7$$

ist. Der Automatisierungsgrad eines fertigungswirtschaftlichen Systems bzw. seine technische Varietät V errechnet
sich aus der Anzahl der tatsächlich vergebenen Wertungspunkte zur theoretisch möglichen Gesamtpunktzahl, die bereits mit 21 · z errechnet worden war (s. o.); da die Anzahl
der tatsächlich vergebenen Wertungspunkte
je Stufe gleich $m_i s_{ij} x_{ij}$,

je Merkmal gleich

$$\sum_{j=1}^{7} m_i s_{ij} x_{ij}$$

und für die gesamte Fertigung

$$\sum_{i=1}^{3} \sum_{j=1}^{7} m_i s_{ij} x_{ij}$$

ist, ergibt sich

$$V = \frac{\sum_{i=1}^{3} \sum_{j=1}^{7} m_i s_{ij} x_{ij}}{21 \cdot z} \quad .$$

Berücksichtigt man nun abschließend noch,

- daß die aus Gründen der Übersichtlichkeit in Abb. 27 vorgenommene Aggregierung verschiedener Aufgabenkomplexe den tatsächlichen Differenzierungserfordernissen oder -bedürfnissen oft nicht genügen wird (z. B. weil die Verhältnisse zwischen den einzelnen aggregierten Aufgabenkomplexen zu unterschiedlich liegen), daß der Index j also u. U. über 7 hinaus laufen muß, und
- daß außerdem auch die Möglichkeit bestehen muß, bei Betrachtung lediglich von Subsystemen innerhalb des Fertigungssystems die Zahl der Merkmale auf eines oder zwei und die Zahl der Aufgabenkomplexe auf weniger als 7 zu begrenzen,

so muß i allgemein bis n, j allgemein bis r laufen,

$$\sum_{i=1}^{n} m_i = n \qquad \text{und} \qquad \sum_{j=1}^{r} s_{ij} = r$$

sein und die allgemeine Formel für V lauten

$$V = \frac{\sum_{i=1}^{n} \sum_{j=1}^{r} m_i s_{ij} x_{ij}}{n \cdot r \cdot z} \quad .$$

Zusammenfassende Erläuterung aller verwendeten Symbole:

M_i = Merkmal i (i = 1-3 bzw. 1-n)

S_{ij} = Ausprägungsstufe j des Merkmals i (j = 1-7 bzw. 1-r)

x_{ij} = Wertungspunkte für S_{ij}

z = Maximalpunktzahl je Ausprägungsstufe

m_i = Gewichtungskoeffizient für Merkmal i

s_{ij} = Gewichtungskoeffizient für Stufe S_{ij}

V = Varietät.

4. Fertigungswirtschaft im Zeichen sich ausweitender Lösungsmöglichkeiten und Bestimmungsfaktoren der Automatisierung

41 Der Fertigungstyp als ein zentraler Bestimmungsfaktor der Automatisierung

41 1 ZUR TYPOLOGISCHEN BETRACHTUNGSWEISE DER AUTO-MATISIERUNG

Umfassende Darstellungen dessen, was generell Inhalt und Aufgabe einer typologischen Betrachtungsweise betriebs- und insbesondere fertigungswirtschaftlicher Phänomene ausmacht, sind bereits - vor allem von RIEBEL, SCHÄFER und in jüngster Zeit GROSSE-OETRINGHAUS und v. KORTZFLEISCH - vorgelegt worden (184); der Sinn bzw. die Aufgabe der betriebswirtschaftlich-typologischen Betrachtungsweise (also des bewußten und immer wieder erneuten gedanklichen Anknüpfens an die Typen der Unternehmungen) sei hier so formuliert, daß - ausgehend von einer systematischen Erfassung und Zusammenstellung aller betriebswirtschaftlich relevanten Unternehmensmerkmale und ihrer Beziehungen zueinander - mit ihr ein Beitrag zu einer hinreichend differenzierten Beurteilung der Eignung potentieller Problemlösungsalternativen für konkrete betriebliche Problemstellungssituationen geleistet werden soll (185). Da nun die Automatisierung gewissermaßen als eine Art genereller (im Sinne von "nicht problemspezifischer") Problemlösungsalterna-

---

184) Siehe Riebel, P. , Industrielle Erzeugungsverfahren in betriebswirtschaftlicher Sicht, a.a.O. ; Schäfer, E. , Der Industriebetrieb, Bde. 1 und 2, Köln/Opladen 1969 und 1971; Große-Oetring haus, W. , Typologie der Fertigung unter dem Gesichtspunkt der Fertigungsablaufplanung, Diss. Gießen 1972; v. Kortz - fleisch, G. , Systematik der Produktionsmethoden, in: Jacob, H. (Hrsg.), Industriebetriebslehre, Bd. 1, Grundlagen, Wiesbaden 1972, S. 119 ff. Zur Typenbildung siehe auch die Ausführungen bei Kosiol, E. , Die Unternehmung als wirtschaftliches Aktionszentrum, a.a.O. , S. 23 ff.

185) Vgl. ähnlich Riebel, P. , Industrielle Erzeugungsverfahren in betriebswirtschaftlicher Sicht, a.a.O. , S. 5; Schäfer, E. , Der Industriebetrieb, Bd. 1, a.a.O. , S. 5, 14 f. ; Große-Oetring haus, W. , Typologie der Fertigung unter dem Gesichtspunkt der Fertigungsablaufplanung, a.a.O. , S. 3 f. ; v. Kortzfleisch, G. , Systematik der Produktionsmethoden, a.a.O. , S. 126, Frage 4.

tive angesehen werden kann, kann auch in bezug auf die Beurteilung
der durch sie gegebenen Möglichkeiten ein derarti ger positiver Beitrag, d. h. also eine die Vielschichtigkeit der praktischen betrieblichen Gegebenheiten hinreichend genau widerspiegelnde Darstellung,
durch die Anwendung der typologischen Betrachtungsweise erwartet
werden. Als Bestätigung wertet der Verfasser insbesondere die zu
Anfang der 60er Jahre bereits mit dem Schwerpunkt "Planungsbereich" durch HARTMANN und dem Schwerpunkt "Realisationsbereich" durch RIEBEL durchgeführten Untersuchungen sowie auch
bestimmte Veröffentlichungen von GROCHLA und von GRAF/KU-
NERTH (186).

Im Zuge der typologischen Betrachtungsweise werden im folgenden
vier bestimmte, vom Thema dieser Arbeit her als besonders relevant anzusehende typenbildende Merkmale (187) in den Mittelpunkt
der Überlegungen gestellt:

1. Der Grad der Leistungswiederholung (führt zu
   den Elementartypen Einzel-, Kleinserien-, Mittelserien-, Groß-
   serien-, Sorten- und Massenfertigung),
2. die Art der Fertigungsauslösung (führt zu den
   beiden als Extreme anzusehenden Elementartypen Bestellfertigung und Vorratsfertigung),
3. die Leistungskonsistenz (führt im wesentlichen
   zu den Elementartypen Stückgüterfertigung und Fließgüterfertigung) sowie
4. die Art der Betriebsmittelanordnung (führt
   vor allem zu den Elementartypen Werkstattfertigung und Fließfertigung).

---

186) Siehe Hartmann, B. , Betriebswirtschaftliche Grundlagen der
     automatisierten Datenverarbeitung, Freiburg i. Br. 1961, S.
     119 ff. ; Riebel, P. , Industrielle Erzeugungsverfahren in be-
     triebswirtschaftlicher Sicht, a. a. O. , S. 113 f f. ; Grochla, E. ,
     Modelle als Instrumente der Unternehmensführung, a. a. O. ,
     S. 394 f. ; Graf, H. /Kunerth, W. , Betriebstypologische Metho-
     denauswahl - ein Hilfsmittel zur Gestaltung betrieblicher In-
     formationssysteme, in: FB/IE 1975, S. 25 ff. ; siehe auch eini-
     ge spätere Veröffentlichungen HARTMANNs und GROCHLAs
     sowie Kramer, R. , Planungsrechnung und Datenverarbeitung,
     a. a. O. , S. 178 f.
187) Zu ihrer Benennung ebenso wie der Benennung der auf ihrer
     Basis gebildeten Elementartypen vgl. z. T. Mellerowicz, K. ,
     Betriebswirtschaftslehre der Industrie, Bd. 2, a. a. O. , S. 310;
     Große-Oetringhaus, W. , Typologie der Fertigung unter dem
     Gesichtspunkt der Fertigungsablaufplanung, a. a. O. , S. 173,
     141, 334.

Es wird davon ausgegangen, daß eine Darstellung der Automatisierung fertigungswirtschaftlicher Planungs- und Realisationsprozesse im weiteren Gang der Untersuchung von der Betrachtung isolierter Elementartypen zur Bildung praxisrelevanter Kombinationstypen übergehen muß. wenn die Aussagen deduzierbar und wirklichkeitsnah zugleich sein sollen; die typologische Betrachtungsweise soll in der Einengung zunächst auf die Elementartypen vor allem eine möglichst transparente Deduktion, in der Ausweitung auf die Kombinationstypen zusätzlich die mit der Überlagerung mehrerer Merkmale verbundene, erhöhte Wirklichkeitsnähe sicherstellen.

41 2 ANALYSE DER EINFLÜSSE AUSGEWÄHLTER ELEMENTARTYPEN AUF INHALT UND AUSMASS DER AUTOMATISIERUNG

41 21 Zum Leistungswiederholungstyp

41 211 Das Bezugsobjekt des Begriffes "Leistungswiederholung"

Bevor in die eigentlichen Untersuchungen eingetreten werden kann, ist zunächst im folgenden unter Bezugnahme auf den allgemeinen Fall der mehrstufigen Mehrprodukt-Produktion (188) zu klären, hinsichtlich welcher Fertigungsstufe(n) die Erfassung und Angabe des Leistungswiederholungsgrades im Rahmen einer typologischen Betrachtungsweise von Automatisierungsphänomenen am zweckmäßigsten erfolgen soll; der Möglichkeit, die Leistungswiederholung lediglich auf der letzten Fertigungsstufe - also der des Fertigerzeugnisses - zu messen bzw. zu betrachten, steht die Alternative gegenüber, alle Fertigungsstufen in die Betrachtung mit einzubeziehen. In beiden Fällen können sich deutliche Unterschiede hinsichtlich des Wiederholungsgrades zwischen den betrachteten Erzeugnissen einer Unternehmung ergeben. In Abb. 33 (189) sind für den Fall ,

---

188) Zur Abgenzung der Fertigungsstufen siehe Beste, T. , Ferti - gungsstufen, in: Seischab, H. /Schwantag, K. (Hrsg.), HWB, 3. Aufl. , Stuttgart 1958, Sp. 1757 ff. ; v. Kortzfleisch, G. , Systematik der Produktionsmethoden, a. a. O. , S. 190, Frage 100, Abschnitt (1).

189) In Anlehnung an Große-Oetringhaus, W. , Typologie der Fertigung unter dem Gesichtspunkt der Fertigungsablaufplanung , a. a. O. , S. 181; die Darstellung soll als eine auf das Wesentliche reduzierte, einfache Schemazeichnung ohne Anspruch auf Abbildungsgenauigkeit hinsichtlich tieferreichender Detailaspek

daß lediglich Fertigerzeugnisse berücksichtigt werden, die Kennlinien für drei bestimmte Unternehmungen A, B und C eingetragen;

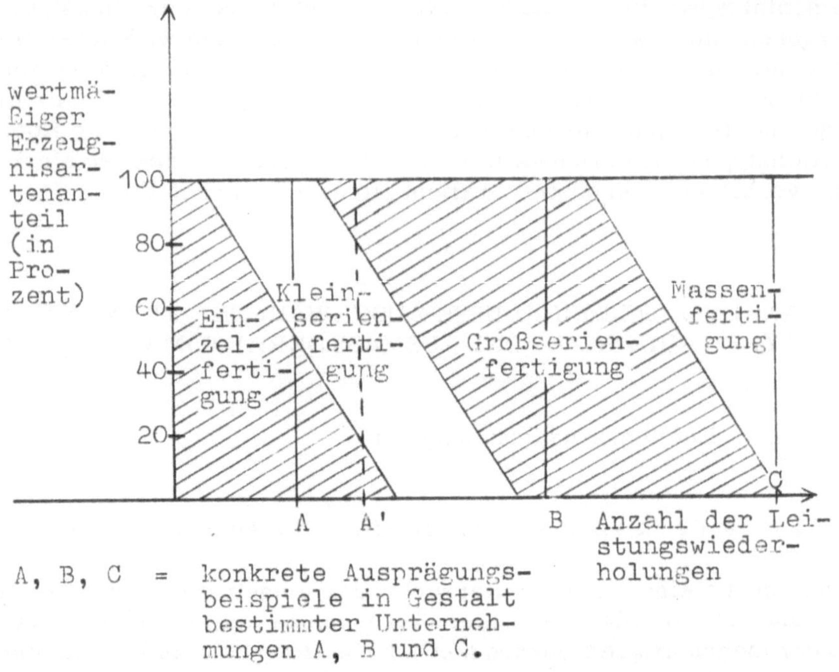

Abb. 33: Der Leistungswiederholungsgrad einer Unternehmung als Kompositum der Leistungswiederholungstypen in Bezug auf die einzelnen Erzeugnisarten

für Unternehmung A stellt sich die Situation z. B. so dar, daß ca. 50 % aller Fertigprodukte in Einzel- und 50 % in Kleinserienfertigung erstellt werden. Bezieht man nunmehr für die gleiche Unternehmung A auch alle übrigen Fertigungsstufen mit ein, so zeigen sich solche Unterschiede im Wiederholungsgrad ebenfalls, allerdings diesmal längs einer ein Stück nach rechts verschobenen (über A' gestrichelt gekennzeichneten) Kennlinie. Die Rechtsverschiebung zu höheren Leistungswiederholungsgraden findet ihre Erklärung darin,

----

Fortsetzung von Fußnote 189)
te verstanden werden. Für diese Arbeit wurde in der Bezeichnung der Ordinate statt auf den mengenmäßigen Anteil der Erzeugnisarten auf deren - über die Arbeitsgangkosten (Löhne + arbeitsplatzabhängige Kosten) ermittelten - wertmäßigen Anteil abgestellt, da ein sehr kostenaufzehrendes Teil in Einzelfertigung u. U. zehn einfache Serienteile mehr als aufwiegt.

118

daß innerhalb einer Unternehmung i. d. R. von einem mit abnehmender Fertigungsstufe steigenden Wiederholungsgrad der Erzeugnisse ausgegangen werden kann (190). Das Ausmaß dieser Rechtsverschiebung ist aufgrund unterschiedlicher Erzeugnisstrukturen, bedingt durch einen unterschiedlichen fertigungswirtschaftlichen Verwandtschaftsgrad der Endprodukte und unterschiedliche Standardisierungserfolge, von Unternehmung zu Unternehmung verschieden und läßt somit keinen hinreichend eindeutigen Rückschluß vom Leistungswiederholungsgrad der höchsten Fertigungsstufe auf den aller vorangegangenen Stufen zu; da aber unter fertigungswirtschaftlichen, insbesondere auch Automatisierungs-Aspekten die Gegebenheiten gerade auf diesen vorgelagerten Fertigungsstufen interessieren, ist somit die Unzweckmäßigkeit einer lediglich die Leistungswiederholung der Fertigerzeugnisse berücksichtigenden Betrachtungsweise verdeutlicht.

Zusammenfassend ergibt sich also: Bezugsobjekt des Begriffes "Leistungswiederholung" müssen die Erzeugnisse auf allen Fertigungsstufen der Unternehmung sein; der Leistungswiederholungsgrad einer Unternehmung als Ganzes wird dementsprechend oft nur mittels einer Kombination von Elementartypen, wie z. B. der Angabe "20 % Einzelfertigung/40 % Kleinserienfertigung/40 % Großserienfertigung", zutreffend charakterisiert werden können, wobei die Ermittlung der Prozentangaben nicht auf mengenmäßiger, sondern der in Fußnote 189), Seite 117 skizzierten wertmäßigen Basis erfolgen sollte.

41 212 Einflüsse auf die Automatisierung der Planung

41 2121 Allgemeines

Im folgenden werden gemäß den Ausführungen des vorletzten Abschnittes lediglich die u n m i t t e l b a r aus dem Leistungswiederholungstyp resultierenden Einflüsse betrachtet - nicht hingegen diejenigen Faktoren, die damit zusammenhängen, daß in der Industrie z. B. die Ausprägung "Einzelfertigung" immer auch mit "Werkstattfertigung" und "Bestellfertigung" einhergeht. Unmittelbar mit dem Grad der Leistungswiederholung verbunden sind
- das Aktivitätsniveau innerhalb der Transformationsplanung,
- die Häufigkeit erzeugnisbezogener Planungsrechnungen innerhalb

---

190) Vgl. Schäfer, E., Der Industriebetrieb, Bd. 1, a.a.O., S.
     74 f., 94; siehe auch v. Kortzfleisch, G., Betriebswirtschaftliche Arbeitsvorbereitung, Berlin 1962, S. 37.

der Kostenplanung,
- die Zahl und Ansprachefrequenz der abzuspeichernden Erzeugnisse, Erzeugnisstrukturen und Arbeitspläne,
- partiell auch die allgemeine Planungsfrequenz innerhalb der fertigungswirtschaftlichen Material- und Zeitwirtschaft, sowie
- das Erfordernis einer möglichst effizienten Teilefamilienbildung
  im Zuge der Erzeugniskombinationsplanung.

41 2122 Transformationsplanung

Die Transformationsplanung - siehe Abschnitt 23 212 - ist ganz auf
das individuelle Erzeugnis bezogen. Es ist daher unmittelbar einsichtig, daß das Aktivitätsniveau bezüglich ihrer Teilbereiche "Arbeitselemente -" und "Arbeitsfolgeplanung" bei dem Fertigungstyp
"Einzelfertigung" sein Maximum erreicht; soweit nicht ein Rück-
griff auf spezifische Wiederholteile oder ganze bereits einmal ge-
fertigte Erzeugniseinheiten möglich ist, erfordert jeder Kundenauftrag die Planung einer Vielzahl entsprechenderArbeitselemente
und Arbeitsfolgen, so daß derartige Betriebe mühelos auf eine Planungsfrequenz von 100 neuen Arbeitsplänen/Woche kommen können.
Unter diesen Umständen stellt sich grundsätzlich die Frage einer
Implementierung von Programmen zur automatischen Arbeitsplan-
Generierung, wobei sich zwei unterschiedliche Alternativen gegen-
überstehen (191):

---

191) Vgl. im folgenden Balogh, L., Fertigungsplanermittlung mit
     Datenverarbeitungsanlagen - Beitrag zur Systemanalyse, in:
     ZwF 1971, S. 496 ff.; Debler, H./Fricke, F./Greindl, A.,
     Automatisierung werkstückbezogener Planungsprozesse, in :
     ZwF 1972, S. 636 ff.; Opitz, H./Olbrich, W./Steinmetz, G.,
     Automatische Arbeitsplanerstellung, Opladen 1972; Spur, G.,
     Automatisierung in der Arbeitsvorbereitung, in: IE (REFA) 1972,
     S. 59 ff.; Herrmann, J./Naumann, K., Die Generierung von
     Arbeitsplänen unter besonderer Berücksichtigung der Karteien/
     Dateien, in: IE (REFA) 1972, S. 181 ff.; Olbrich, W./Stein-
     metz, G., Automatische Arbeitsplanerstellung, in: wt 1972, S.
     381 ff.; Spur, G./Tomczyk, A., Programm für die Zuordnung
     von Drehwerkstücken zu Drehmaschinen, in: ZwF 1973, S. 178
     ff.; Spur, G./Fricke, F./Arbeitsgruppe, Automatisierte Ar-
     beitsplanung, in: ZwF 1973, S. 589 ff.; Steinmetz, G./Wien-
     dahl, H.-P., Automatische Zeichnungs- und Arbeitsplanerstel-
     lung für Varianten - ein Weg zur integrierten Produktionsvor-
     bereitung, in: IE (REFA) 1973, S. 21 ff.; Bachmann, G., Rech-
     nerunterstützte Arbeitsplanerstellung nach dem Neuplanungs-
     prinzip, in: VDI-Z 1974, S. 1171 ff.; VDI-Gesellschaft Pro-
     duktionstechnik (ADB) (Hrsg.), Elektronische Datenverarbei-

1. Beim sogenannten V a r i a n t e n p r i n z i p wird das gesamte betriebliche Teilespektrum auf konstruktive, geometrische, dimensionale und fertigungstechnische Ähnlichkeiten überprüft und in entsprechende Erzeugnisgruppen eingeteilt, denen
dann jeweils ein sogenannter "Standardarbeitsplan" mit variablen Werkstückdaten und einer bestimmten Gruppennummer zugeordnet wird; die automatische Arbeitsplangenerierung für ein
neues, einer spezifischen Erzeugnisgruppe zuzurechnendes Werk-
stück wird dann über die Aktualisierung des jeweiligen Standard-
arbeitsplanes, d. h. Aufruf der betreffenden Gruppennummer und
Eingabe der exakten Werkstückdaten, vollzogen.

2. Das G e n e r i e r u n g s p r i n z i p hingegen erfordert zwar
einerseits die Erfassung und Abspeicherung der gesamten umfangreichen Planungslogik (z. B. mit Hilfe von Entscheidungstabellen
(192)) sowie für jeden Einzelfall die Eingabe einer ausführlichen
Werkstückbeschreibung, ist aber andererseits auf sehr unterschiedlich geformte Werkstücke anwendbar und führt mit Hilfe
überbetrieblich gültiger Problemlösungsmethoden zu wirtschaftlich weitgehend optimalen technologischen Abläufen; als bekann-
testes System auf der Basis des Generierungsprinzips dürfte
wohl EXAPT 2 (zur Programmierung von NC-Drehmaschinen)
anzusehen sein.

Welche dieser beiden Alternativen nun im Einzelfall zum Einsatz
kommt, hängt von den innerbetrieblichen Gegebenheiten, insbesondere der Heterogenität des Teilspektrums, ab. Auf die in diesem
Zusammenhang zusätzlich gegebenen Möglichkeiten zum Einsatz
moderner Geräte für die Dialogverarbeitung sowie zur Integration
der automatischen Arbeitsplangenerierung mit der rechnergestützten
Konstruktion kann an dieser Stelle nur verwiesen werden (193); da

---

Fortsetzung von Fußnote 191)
    tung bei der Produktionsplanung und -steuerung V, Düsseldorf
    1974; Warnecke, H. J. /Hirschbach, O. /Metzger, H. , Rech -
    nerunterstützte Montageplanerstellung nach dem Optimierungs-
    prinzip, in: wt 1975, S. 147 ff.
192) Die Entscheidungstabellentechnik bietet sich deshalb besonders
    an, da sie bei dem Personal der Arbeitsvorbereitung keine
    DV-Kenntnisse voraussetzt und andererseits aber dennoch we-
    nig Mühe bei der nachfolgenden Codierung verursacht. (Vgl.
    analog Hanft, K. K. , Automatisches Konstruieren, in: Manage -
    ment-Enzyklopädie, Bd. 1, München 1969, S. 748).
193) Zu ersterem siehe Bachmann, G. , Programmtechnische Hilfs-
    mittel und Geräte für die Dialogverarbeitung in der Arbeitsvor-
    bereitung, in: IE (REFA) 1974, S. 89 ff. ; zu letzterem siehe

das potentielle Leistungsspektrum der rechnergestützten Konstruktion bereits seit längerem auch auf die automatische Stücklistenerstellung ausgedehnt worden ist (194), kann sich die Einzel- und Kleinserienfertigung heute verhältnismäßig rasch in Form exakter Stücklisten und Arbeitspläne die verläßliche Ausgangsgrundlage für die weitere Fertigungsplanung schaffen, was - wie in Abschnitt 41 411 noch darzustellen ist - von erheblicher wirtschaftlicher Bedeutung ist (195).

Was hier (und in den vier nachfolgenden Abschnitten) für die Einzel- und Kleinserienfertigung ausgeführt wird, gilt natürlich in besonderem Umfang für jene spezielle Variante der Einzelfertigung, bei der Abmessungen und Eigenschaften des Erzeugnisses in maxima-

---

Fortsetzung von Fußnote 193)

    Steinmetz, G. /Wiendahl, H. -F. , Automatische Zeichnungs - und Arbeitsplanerstellung für Varianten - ein Weg zur integrierten Produktionsvorbereitung, a. a. O. , S. 21 ff. ; Herrmann, J. /Naumann, K. , Die Generierung von Arbeitsplänen unter besonderer Berücksichtigung der Karteien/Dateien, a. a. O. , S. 187 ff. ; Spur, G. , Automatisierung in der Arbeitsvorbereitung, a. a. O. , S. 67; Veismann, A. /Pertiller, H. /Mathies, H. , Technische Angebots- und Auftragsbearbeitung in der Variantenfertigung (ADE) mit Entscheidungstabellen, in: IBM-N 1969, S. 693 ff. ; Kisow, H. /Mihm, H. /Rosenbusch, R. , Automatisierung von Entwurf, Konstruktion und Auftragsbearbeitung im Anlagenbau, dargestellt am Beispiel des Wärmeaustauscherbaus, in: IBM-N 1970, S. 147 ff. Siehe hierzu auch Kubitz, R. / Harenbrock, D. , Das Teileprogramm für NC-Drehbearbeitung, in: ZwF 1974, S. 507 ff.

194) Siehe de Micheli, F. , Programmkonzepte zur Steuerung von Daten und Informationsströmen in der Fertigung, München 1972, S. 278 ff.

195) Ergänzend sei hier auch auf die Möglichkeiten einer automatisierten und damit vereinfachten und schnelleren Durchführung von Vorarbeiten im Rahmen der Transformationsplanung - insbesondere von Zeitstudien - verwiesen; siehe hierzu im einzelnen z. B. Spade, H. -G. , Auswertung von Zeitstudien mit Hilfe der EDV, in: Zeitschrift für Führungskräfte 2/1968, S. 89 ff. ; Bauer, M. , Ein Rechnerprogramm zur Auswertung von Arbeitsablaufanalysen und Zeitaufnahmen, in: REFA-N 1973, S. 417 ff. ; Goswami, P. , EDV zur Rationalisierung des Arbeitsstudiums, in: IO 1975, S. 21 ff.

lem Umfang vom jeweiligen Kunden bestimmt zu werden pflegen
(196) und also die Wahrscheinlichkeit der Wiederholung des gleichen
Erzeugnisses extrem gering ist (einmalige Einzelfertigung(197)).
Gerade auch hinsichtlich der Transformationsplanung wird für diesen Fertigungstyp im empirischen Teil dieser Arbeit ein Beispiel
aus der Unternehmungspraxis näher dargestellt (Abschnitt 41 422).

41 2123 Erzeugnisbezogene Kostenplanung

Ebenso wie die Transformationsplanung weist auch die ex ante -
Kostenträgerrechnung (Vorkalkulation im Rahmen der Kostenplanung) beim Fertigungstyp "Einzelfertigung" ihr höchstes Aktivitätsniveau auf; für jedes neue Erzeugnis sind - auf der Basis entsprechender Fertigungsunterlagen (Stücklisten, Arbeitspläne) - die
Stückkosten möglichst vollständig und genau zu ermitteln, um so
über eine ausreichende Grundlage für die Bemessung des Angebots-
preises zu verfügen. Dies sind gute Voraussetzungen für eine Automatisierung der erzeugnisbezogenen Kostenplanung, zumal wenn
die Fertigungsunterlagen bereits (z. B. als Output einer rechnergestützten Transformationsplanung) in maschinell gespeicherter
bzw. lesbarer Form vorliegen. Auch hierfür enthalten die Erhebungen des Abschnittes 41 422 ein praktisches Beispiel.

41 2124 Zahl und Ansprachefrequenz der erzeugnisbezogenen
         Stammdaten

Wenn man einmal von Unternehmen vergleichbarer Größe ausgeht
und die Betrachtung zunächst lediglich auf die Zahl der verschiedenartigen Erzeugnisse im Fertigungsprogramm richtet, so wird
man festzustellen haben, daß der Einzelfertigung eine große, der
Massenfertigung eine vergleichsweise kleine Zahl von Erzeugnisarten zuzuordnen ist (198). Dies schlägt sich naturgemäß jeweils
in einer entsprechenden Zahl datenmäßig zu erfassender (Fertig-

---

196) Letzteres ist z. B. immer dann erforderlich, wenn der Kunde
     von der Sache her auf Fertigungsleistungen bestehen wird bzw.
     muß, die auf die bei ihm vorliegenden Gegebenheiten abge-
     stimmt sind - z. B. bei Klimaanlagen, Walzwerken oder in der
     Bauwirtschaft (hierzu vgl. Schäfer, E. , Der Industriebetrieb,
     Bd. 1, a.a.O. , S. 88).
197) Siehe Ellinger, T. , Industrielle Einzelfertigung und Vorberei-
     tungsgrad, in: ZfhF 1963, S. 486.
198) Siehe hierzu auch Kosiol, E. , Die Unternehmung als wirt-
     schaftliches Aktionszentrum, a.a.O. , S. 30 ff.

und Halbfertig-) Erzeugnisse und Arbeitspläne sowie Erzeugnisstrukturen (für zusammengesetzte Erzeugnisse) nieder;   dennoch
ist es nun keineswegs so, daß der Zahl der insgesamt zu erfassen-
den erzeugnisbezogenen Stammdaten eine besondere Aussagekraft
in bezug auf die Wirtschaftlichkeit einer Automatisierung zuzumessen wäre: So finden sich zwar in der Einzelfertigung die vergleichsweise größten diesbezüglichen Zahlenwerte (199), jedoch werden
die einzelnen, einmal erfaßten erzeugnisbezogenen Stammdaten in
der Folge oft entweder überhaupt nicht mehr oder aber relativ selten angesprochen (200), so daß die durch sie verursachten Kosten
der maschinenorientierten Datenerfassung und ggf. auch maschinellen Speicherung (201) jeweils nur auf wenige Datenverarbeitungs-
aktionen umgelegt werden können; unter diesem speziellen Aspekt
sind optimale Bedingungen für den Einsatz von EDVA mehr in der
Serien- als in der Einzelfertigung zu sehen (202). Es sollte aber
gerade in diesem Zusammenhang nicht übersehen werden, daß die
Ansprachefrequenz der erzeugnisbezogenen Stammdaten nicht unwesentlich auch von der V e r a r b e i t u n g s f r e q u e n z der
sie benötigenden Planungsprogramme und damit vom jeweils vorliegenden Leistungsauslösetyp (siehe Abschnitt 41 22) sowie von der
Z a h l der auf sie zurückgreifenden Planungsprogramme und damit vom allgemeinen Automatisierungsniveau abhängig ist (203).

---

199) Zuber weist zusätzlich auf die bei einmalig auszuführenden Ar-
     beitselementen erforderliche größere Länge der textlichen Ar-
     beitselementebeschreibungen und damit der Arbeitspläne hin
     (siehe Zuber, J. , Der Einsatz der elektronischen Datenverar-
     beitung in der Einzelfertigung, in: Haberlandt, K. (Hrsg.),
     Automatisierte Datenverarbeitung in Forschung und Praxis,
     Ludwigshafen 1970, S. 108).

200) Vgl. Fehr, E. , Produktionsplanung und -steuerung mit elek-
     tronischer Datenverarbeitung, Bern/Stuttgart 1968, S. 57 f.;
     Schmudlach, J. /Pietsch, A. /Vonholdt, H. -U. , Elektronische
     Vertriebs- und Produktionsplanung mit integrierter Auftrags-
     abwicklung in der Praxis, München 1971, S. 42 f.

201) Auf eine Speicherung wird i. d. R. in jenen Fällen, in denen eine
     Wiederholung v o n v o r n h e r e i n nicht zu erwarten
     ist, ganz verzichtet werden; in den übrigen Fällen lassen sich
     die Kosten der Speicherung oft durch spezielle Techniken sen-
     ken (siehe z. B. Zuber, J. , Der Einsatz der elektronischen
     Datenverarbeitung in der Einzelfertigung, a. a. O. , S. 109;
     Kernler, H. K. , Fertigungssteuerung mit EDV, Köln-Brauns-
     feld 1972, S. 255 ff.).

202) Vgl. ähnlich Fehr, E. , Produktionsplanung und -steuerung mit
     elektronischer Datenverarbeitung, a. a. O. , S. 57 f.

203) Auf den allgemeinen Gesichtspunkt der Vorteilhaftigkeit einer
     Vielzahl von Auswertungen vorhandener Ausgangsdaten wird
     auch hingewiesen bei Hartmann, B. , Elektronische Datenver-
     arbeitung für Klein- und Mittelbetriebe, 2. Aufl. , Freiburg i.
     Br. 1966, S. 76 ff.

41 2125 Planungsfrequenz innerhalb der Material - und Zeitwirt-
         schaft

Vorweg ist anzumerken, daß die Planungsfrequenz innerhalb der
Material- und Zeitwirtschaft (204) primär nicht durch den Leistungs -
wiederholungstyp, sondern durch den Leistungsauslösetyp determiniert ist (siehe Abschnitt 41 222); dennoch kann nicht übersehen
werden, daß aus dem für die Einzelfertigung charakteristischen
hohen Anteil erstmalig anfallender Aktionen und Prozeßabläufe ein
vergleichsweise großes Maß an insystembedingten Störeinflüssen
- z. B. negative Überraschungen hinsichtlich der Angemessenheit
des ausgewählten Materials, der ausgewählten Potentialfaktoren ,
der vorgeplanten Ausführungszeiten usw. - resultiert: Die Aktions -
und Prozeßabläufe bei Einzelfertigung können naturgemäß in weit
geringerem Maße das Produkt langer Erfahrung und häufiger Ver -
besserung und daher auch weit weniger ausgefeilt sein als bei Se -
rienfertigung (205); hinzu kommt, daß Ausschuß bei Einzelfertigung
i. d. R. zur völligen Neueinplanung des betreffenden Erzeugnisses
zwingt, so daß insgesamt durch die insystembedingten Störeinflüsse
eine Tendenz in Richtung auf eine erhöhte Planungsfrequenz inner -
halb der Material- und Zeitwirtschaft bei Einzelfertigung anzuneh -
men ist (206). Warum daraus auch auf eine Automatisierungsnei -
gung des Planungssystems geschlossen werden kann, sei vor dem
Hintergrund der einleitenden Anmerkung zu diesem Abschnitt den
Ausführungen des Kapitels 41 2222 vorbehalten.

41 2126 Das Erfordernis einer möglichst effizienten Teilefamilien -
         bildung im Zuge der Erzeugniskombinationsplanung

Neben Typisierung, Normung und Verwirklichung des Baukasten -
systems werden seit langem schon auch Rationalisierungsbemühun -
gen diskutiert, die speziell die Minimierung der Rüstkosten zum Ziel
haben; während dabei die Anstrengungen bzw. Verfahren zur Lö -
sung des Problems der "Sortenschaltung" mit Schwerpunkt natür -

---

204) Zum Begriff der Material- und Zeitwirtschaft vgl. Abschnitt
     33 3221.
205) Vgl. ähnlich Bussmann, K. F., Die Fertigungssteuerung in
     Industriebetrieben als Funktion der Fertigungstypen, in:
     Schwarz, H. /Berger, K. H. (Hrsg.), Betriebswirtschaftsleh -
     re und Wirtschaftspraxis, Festschrift für K. Mellerowicz ,
     Berlin 1961, S. 71.
206) Vgl. die ähnlichen Ausführungen bei Zuber, J. , Der Einsatz
     der elektronischen Datenverarbeitung in der Einzelfertigung,
     a. a. O. , S. 108.

lich im Bereich der Sortenfertigung und damit hoher Leistungswiederholungsgrade liegen, erscheint das Verfahren der "Teilefamilienbildung" dort besonders dringlich, wo das Ausmaß der Leistungswiederholung als unter wirtschaftlichen Aspekten in besonders krassem Mißverhältnis zur Höhe der Rüstkosten liegend angesehen werden muß, also im Bereich niedrigerer Leistungswiederholungsgrade. Der Grundgedanke der Teilefamilienfertigung liegt
darin, durch Bildung von Losen mittels zwar verschiedener, aber
fertigungstechnisch ähnlicher Erzeugnisse ("Scheinserien") die
Summe der Rüstkosten zu senken, wobei je nach den speziellen ter-
minlichen Gegebenheiten u. U. die von der konventionellen Losgrös-
senberechnung her bekannten, begrenzenden Einflüsse durch die
Lagerkosten berücksichtigt werden müssen (207). Für Unternehmen,
bei denen die Teilefamilienfertigung in größerem Umfang zur Anwendung kommen kann bzw. sollte - also insbesondere Unternehmen der Einzel- und Kleinserienfertigung - besteht heute grundsätzlich die Möglichkeit, die Entscheidung über die Teilefamilienbildung
im Zuge der Erzeugniskombinationsplanung zu automatisieren; diese Möglichkeit kann im Einzelfall sogar bereits in Modularpro-
grammsystemen vorgesehen sein (208).

41 213 Einflüsse auf die Automatisierung der Realisation

41 2131 Allgemeines

Bis vor noch gar nicht allzu langer Zeit hätte man beim Studium
der Literatur gelegentlich den Eindruck gewinnen können, als sei

---

207) Vgl. Opitz, H. , Werkstücksystematik und Teilefamilienfer-
tigung, in: VDI-Z 1964, S. 1268 ff. ; Opitz, H. /Eversheim, W. /
Gräßler, D. , Untersuchung über die Einsatzmöglichkeiten von
Datenverarbeitungsanlagen bei der Fertigungsplanung und
-steuerung in Industriebetrieben mit vorwiegender Einzel- und
Kleinserienfertigung, Köln/Opladen 1968, S. 21, 24 f. ; Opitz,
H. /Eversheim, W. /Brankamp, K. , Fertigungsorganisation ,
in: Grochla, E. (Hrsg.), HWO, Stuttgart 1969, Sp. 532 ff.
208) Zur Automatisierung der Teilefamilienbildung vgl. Graf, H. /
Roschmann, K. , Problemlösungen der Datenverarbeitung im
Fertigungsbetrieb, in: wt 1972, S. 424; Kinzer, D. , Fertigungssteuerung mit Modularprogrammen, Berlin/Köln/Frank-
furt a. M. 1972, S. 89 f. ; Mertens, P. , Industrielle Datenverarbeitung, Bd. 1, Administrations- und Dispositionssysteme,
a. a. O. , S. 199; Geitner, U. W. , Teilefamilienbildung mit
Hilfe der EDV-Datenorganisation, in: IE (REFA) 1974, S. 9 ff. ,
121 ff.

Automatisierung vom Wesen her eng an Großserien- und Massenfertigung gebunden, als fordere sie große Auflagen gleichartiger
Erzeugnisse und konstruktiv-technisch weitgehends ausgereifte und
unveränderliche Produkte. Dieses Bild geht - wohl nicht zuletzt
bedingt durch eine zu enge vorstellungsmäßige Fixierung auf die
"Detroit Automation", die Automatisierung mittels Fertigungsstraßen - in großen Teilen am Wesen der Automatisierung vorbei,
wie die nachfolgenden Ausführungen zeigen werden. Es ist - ohne
damit Unterschiede im Automatisierungsgrad leugnen zu wollen -
weniger vom Leistungswiederholungstyp abhängig, o b im Realisationsbereich automatisiert wird als vielmehr w i e automatisiert wird; im einzelnen wirkt sich der Leistungswiederholungstyp
auf
- die Auswahl des unmittelbaren Automatisierungsobjektes,
- die Art der für die Steuerungsprogramme verwendeten Speicher,
- die Art der im Realisationsbereich eingesetzten Sachmittel,
- die Breite des zur Fertigungssteuerung und -fortschrittsüberwa-
  chung zu generierenden Informationsstromes, sowie
- die Qualitätsüberwachung
aus.

41 2132 Zur Auswahl des unmittelbaren Automatisierungsobjektes

Es sei ausgegangen von der an sich trivialen, aber nichtsdestoweniger sehr bedeutungsvollen Tatsache, daß mit dem Einsatz eines
sachmittelhaften Potentialelementes eine im Vergleich zum Einsatz eines personenhaften Potentialelementes sehr langfristige und
bei automatisierten Sachmitteln darüberhinaus besonders hohe Kapitalbindung verbunden ist. Dadurch ist in einem solchen Falle die
Unternehmung in besonderem Maße darauf angewiesen, daß die
Fertigungsaufgaben, deretwegen das Sachmittel angeschafft wurde,
zumindest innerhalb des Nutzungszeitraumes des Sachmittels unverändert bestehen bleiben; auf den ersten Blick scheint dies die
Einzel- und Kleinserienfertigung von vornherein mehr oder weniger von der Automatisierung auszuschließen, da diese Leistungswiederholungstypen ja gerade durch einen häufigen Wechsel der
Fertigungsaufgaben gekennzeichnet scheinen. In Wirklichkeit ist
es nur jeweils eine Frage des betrachteten Umfanges der Fertigungsaufgaben, ob von einer Konstanz dieser Aufgaben gesprochen
werden kann oder nicht:

Bei Massenfertigung liegt eine Konstanz der gesamten, auf die Herstellung eines Erzeugnisses gerichteten Fertigungsaufgaben über
einen nicht absehbaren Zeitraum vor; bei der Sortenfertigung kann
zwar nicht mehr von einer Konstanz der Arbeitselemente bei den
verschiedenen Auflagen ausgegangen werden, dafür bleibt im übri-

gen aber die Fertigungsaufgabe - speziell hinsichtlich der Arbeitsfolge - für alle Sorten unverändert (209). Bei Mittelserienfertigung
ändert sich mit dem Erzeugnis nunmehr oft auch die Arbeitsfolge,
wobei aber die grundsätzlich benötigten Arbeiselementearten (Fräsen, Drehen usw. von Werkstücken einer bestimmten Größenordnung) bekannt sind und in Form relativ weniger (210), hoch lei-
stungsfähiger NC-Systeme automatisch abgewickelt werden können,
so daß der Vielzahl verschiedener Auflagen ein kleines, abgegrenz-
tes und damit gut frequentiertes Transportnetz gegenübersteht. Eine
deutlich geringere Konstanz sowohl der räumlichen Transportbeziehungen als auch hoher Aktivierungsraten je Transportbeziehung
weist die Kombination Einzel-/Kleinserienfertigung auf; zwar kann
auch hier weitgehend von gegebenen Arbeitselementearten ausgegangen werden, so daß ihrer Automatisierung mittels NC-Maschinen grundsätzlich nichts im Wege steht, jedoch erlaubt die wesentlich geringere bzw. ungewissere Stück- und/oder Auflagenzahl der
Erzeugnisse meist nur eine partielle Automatisierung der Ferti-
gungsrealisation (211), was seinerseits das Transportnetz beein-
flußt:Mit einer zwangsläufig größeren (212) Anzahl teils automatisierter, teils nicht automatisierter Aggregate wird zum einen das
Erfordernis und die Aktivierungsrate von Transportbeziehungen
zwischen zwei bestimmten Aggregaten ungewisser, zum anderen
aber auch das Transportnetz insgesamt größer und dadurch je Beziehung im Durchschnitt weniger frequentiert. Diese gesamten Zusammenhänge werden in Abb. 34 noch einmal zusammenfassend
dargestellt (213).

<hr>

209) Sortenfertigung wird hier gesehen als intermittierende Ferti-
     gung (vgl. Gutenberg, E., Sortenproblem und Losgröße, in:
     Seischab, H./Schwantag, K. (Hrsg.), HWB, 3. Aufl., Stutt-
     gart 1962, Sp. 4897 f.); die Großserienfertigung liegt zwischen
     Sorten- und Massenfertigung, wobei sie hinsichtlich der hier
     betrachteten Aspekte mehr Übereinstimmungen mit letzterer
     aufweist.
210) "relativ weniger" deshalb, weil 1. die Bearbeitungsgeschwin-
     digkeiten und 2. die Kapazitätsausnutzung (Mehrschichtbetrieb,
     Vielseitigkeit) im Vergleich zu nicht automatisierten, konven-
     tionellen Aggregaten höher liegen und damit die quantitative
     Kapazität je Maschine erheblich steigern.
211) Zur Bedeutung der Erzeugnisstück- und Auflagenzahl (sowie
     -komplexität) siehe Näheres in Abschnitt 41 2134.
212) Siehe Fußnote 210.
213) Dabei bietet sich als Anhalt für den Bezugszeitraum, in dem
     eine "Konstanz" der Größen vorliegen sollte, die Nutzungs-
     dauer der Aggregate an.

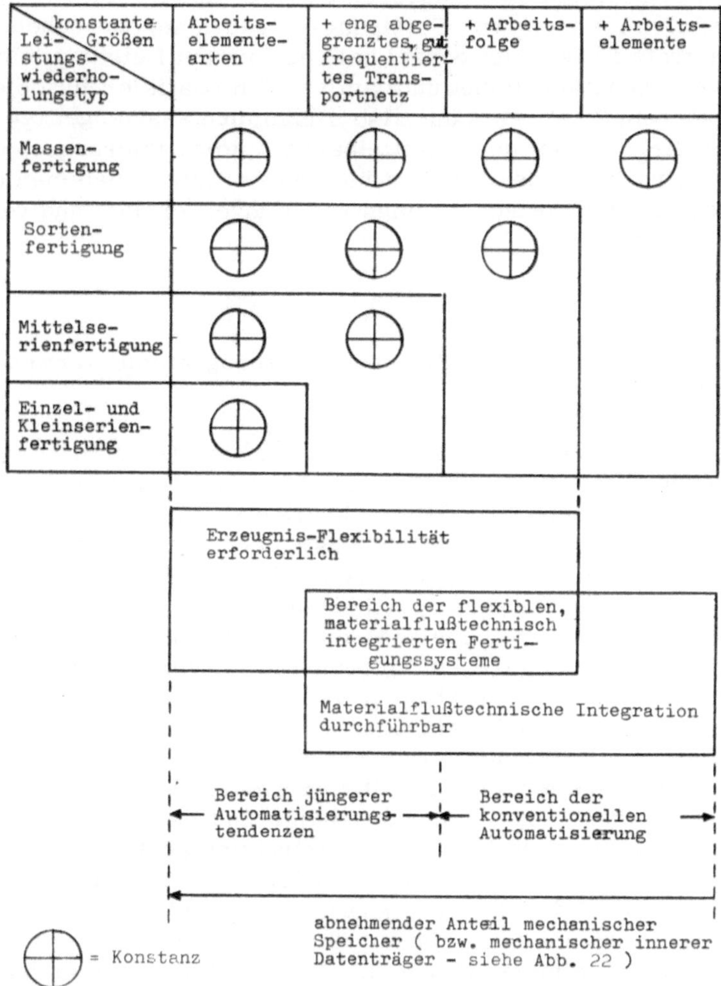

Abb. 34: Zur Konstanz erzeugnisbezogener Fertigungsaufgaben oder ihrer Elemente bei den verschiedenen Leistungswiederholungstypen

Mit den Arbeitsfolgen, Transportaktivitäten und Arbeitselementearten sind also Elemente von Fertigungsaufgaben angesprochen worden, die trotz Erzeugniswechsel bei bestimmten Leistungswiederholungstypen konstant bleiben und damit zu Automatisierungsobjekten
werden können (214); es kann also zusammenfassend gesagt werden, daß die Auswahl des unmittelbaren Automatisierungsobjektes
mit der Betrachtung der konstant bleibenden Aufgabenelemente des
jeweiligen Leistungswiederholungstyps sinnvoll erklärt und getroffen werden kann.

41 2133 Die Art der für die Steuerungsprogramme verwendeten
        Speicher

Die Auswahl der für die einzelnen Leistungswiederholungstypen zu
verwendenden Speicher muß naturgemäß unter dem Gesichtspunkt
erfolgen, in welchem Verhältnis die Kosten eines Wechsels des
Speicherinhaltes zu den laufenden Kosten der Speichernutzung stehen: Da - wie sich auch aus Abb. 34 ergibt - bei Massen- und Sortenfertigung ein Wechsel des Speicherinhaltes nicht bzw. nur selten
erforderlich ist, sind hier Speicher mit relativ hohen Wechsel- und
dafür aber umso niedrigeren Nutzungskosten vorteilhaft; diesem
Gesichtspunkt entsprechen in hohem Maße die mechanischen Speicher
(mechanischen inneren Datenträger - siehe Abb. 22), da sie zwar
bei ihrer Herstellung hohe Fertigungskosten und beim Auswechseln
große Stillstandszeiten (und damit Leerkosten) verursachen (215),
andererseits aber eine wenig aufwendige und damit die laufenden
Stückkosten entlastende Maschinenkonstruktion gestatten. Bei Mit-
telserien-, Kleinserien- und insbesondere Einzelfertigung hingegen ist ein Wechsel des Speicherinhaltes relativ häufig erforderlich,
so daß hier Lochstreifen, Magnetbänder usw. zum Einsatz kommen, die zwar minimale Wechselkosten, durch die aufwendige Maschinenkonstruktion (siehe insbesondere das Steuerwerk) aber hohe,
abschreibungsintensive Stückkosten mit sich bringen. Damit kann

---

214) Dieser Grundgedanke, auf Elemente von Fertigungsaufgaben
     zurückzugreifen, findet auch Erwähnung bei Riebel, P., Indu-
     strielle Erzeugungsverfahren in betriebswirtschaftlicher Sicht,
     a. a. O., S. 134; Ellinger, T., Industrielle Einzelfertigung und
     Vorbereitungsgrad, a. a. O., S. 488.
215) Vgl. Riebel, P., Industrielle Erzeugungsverfahren in betriebs -
     wirtschaftlicher Sicht, a. a. O., S. 153; Stute, G., Über die
     Steuerung von Fertigungseinrichtungen, a. a. O., S. 64;
     Glantschnig, F., Flexibilität bei zunehmender Automation in
     der Fertigung, in: IO 1972, S. 227 ff.

zusammenfassend eine von der Massen- zur Einzelfertigung hin kontinuierlich abnehmende Verwendbarkeit mechanischer Speicher in automatisierten Aggregaten konstatiert werden (siehe Abb. 34).

41 2134 Die Art der im Realisationsbereich eingesetzten Sachmittel

Aus der Zusammenfassung der Ausführung der beiden letzten Abschnitte können nun bereits weitgehend die Konturen der für die einzelnen Leistungswiederholungstypen zweckmäßigsten Sachmittel erkannt werden: Die Massenfertigung kann infolge der Konstanz aller relevanten Größen starr ausgelegte und starr verkettete Aggregate, wie sie sowohl vom Bereich der Stück- als auch von dem der Fließgutfertigung her bekannt sind, einsetzen. Die Sortenfertigung vollzieht sich auf starr verketteten Aggregaten, deren Anpassung an die jeweilige Variante bzw. Sorte durch Austausch bzw. Verstellung mechanischer Speicher (z. B. Nockenscheiben, Formwerkzeuge usw.) möglich wird (216); hier taucht al so bereits erstmalig der Gedanke bzw. das Erfordernis der Flexibilität von Fertigungssystemen (217) auf; als ihr Maß sollen in dieser Arbeit die für die Anpassung der Fertigungssysteme an neue Fertigungsaufgaben aufzuwendenden Kosten gelten. Wo diese Eigenschaft verstärkt zu fordern ist, hat bereits DIEBOLD 1954 klar zum Ausdruck gebracht: "Für mittlere und kurze Produktionsreihen ist Flexibilität alles" (218). Aber erst in unseren Tagen scheint der völli-

---

216) Gedacht ist hier - wie die Schilderung erkennen läßt - vor allem an die Fertigung einfacher Stückgüter (bzw. Stückgutsorten) wie Karosserie- und Gehäuseblechen, Wellen, Munition usw.; zu einem relativ raschen Austausch von Formwerkzeugen bei der Fertigung von Blechteilen siehe z. B. Uhlig, A., Stoff-, Energie- und Informationsfluß beim mechanisierten Umformen auf Pressen, in: wt 1972, S. 734 f.; Transferstrassen für die wechselnde Bearbeitung verwandter Erzeugnisse werden auch angesprochen bei Riebel, P., Industrielle Erzeugungsverfahren in betriebswirtschaftlicher Sicht, a. a. O., S. 162.

217) Als "Fertigungssystem" soll hier ein für fertigungswirtschaftliche Aufgaben im Realisationsbereich eingesetztes realtechnisches System bezeichnet werden; zum Begriff des "realtechnischen Systems" siehe S. 60, Fußnote 87), zur Charakterisierung verschiedener wichtiger Arten von Fertigungssystemen siehe Opitz, H. /Graalmann, H. /Michels, W., Entwicklungstendenzen auf dem Gebiet der Produktionstechnik, a. a. O., S. 474 f.

218) Diebold, J., Die automatische Fabrik, a. a. O., S. 86.

ge Durchbruch zu hoch automatisierten und dennoch flexiblen Fertigungssystemen für die Leistungswiederholungstypen von der Mittelserienfertigung abwärts zu gelingen; den Ausführungen der beiden vorhergehenden Abschnitte konnte bereits sinngemäß entnommen werden, daß NC-Systeme dabei die zentrale Rolle spielen. Im Falle der Mittelserienfertigung (219) können sie aus den angeführten Gründen materialflußtechnisch integriert werden - siehe Abb. 35; die meist 4-7, sich teils ersetzenden, teils ergänzenden Aggregate sind durch Rollenförderbahnen, Palettenlaufwagen oder Kettenförderer miteinander verbunden (220) und bedürfen im Extremfall des Menschen nur noch zur Instandhaltung und ggf. Aufspannen der Werkstücke auf die Paletten - ist der Speicher des Fertigungssystems hinreichend mit Paletten bzw. Werkstücken versorgt, so kann das System vor allem auch in der personell schwierig zu besetzenden 3. Schicht die Fertigung unabhängig vom Menschen weiterführen (221). Wie insbesondere ROPOHL sehr ausführlich dar-

---

219) Etwa der Bereich 50 - 5000 Erzeugnisse/Auflage; vgl. sehr ähnlich Dolezalek, C. M. /Ropohl, G. , Flexible Fertigungssysteme - die Zukunft der Fertigungstechnik, in: wt 1970, S. 446. Zur unteren Grenze siehe auch Tauschek, A. , Informationssysteme für eine flexible Produktion, in: Rationalisierung 1972, S. 173.

220) Wieweit dabei die Anordnung der Aggregate vom Fließprinzip bestimmt sein kann, hängt im wesentlichen von der fertigungswirtschaftlichen Verwandtschaft der Erzeugnisse und dem damit gegebenen Hervortreten bestimmter Teilefamilien ab (siehe zu diesem Aspekt die teilweise ähnlichen Überlegungen bei Dolezalek, C. M. /Ropohl, G. , Flexible Fertigungssysteme - die Zukunft der Fertigungstechnik, a. a. O. , S. 448 ff.).

221) Zu diesen "flexiblen Fertigungssystemen" (FFS) vgl. Hutchinson, G. K. /Wynne, B. E. , A flexible manufacturing system , in: IE (AIIE) Dec. 1973, S. 10 ff. ; Scharf, P. /Schulz, E. , Integrierte, flexible Fertigungssysteme, in: wt 1973, S. 130 ff., S. 199 ff. ; Spur, G. /Feldmann, K. /Mathes, H. , Entwicklungsstand integrierter Fertigungssysteme, in: ZwF 1973, S. 229 ff. ; Koschnick, G. , Prisma 2 - ein integriertes NC-Fertigungssystem, in: ZwF 1974, S. 442 ff. ; Stute, G. , Flexible Fertigungssysteme, in: wt 1974, S. 147 ff. ; Stute, G. /Bauer, E., Steuerungssystem für ein flexibles Fertigungssystem, in: wt 1974, S. 157 ff. ; Warnecke, H. J. /Giuliani, O. /Maier, U. / Nieß, P. S. , Fertigungssteuerung bei flexiblen Fertigungssystemen, in: wt 1974, S. 440 ff. ; Zastrow, F. , Systemkonfiguration zur Steuerung flexibel verketteter Fertigungseinrichtungen, in: ZwF 1974, S. 224 ff. ; Spur, G. /Pätzold, A. /Zastrow, F. , Entwicklung eines modularen, flexiblen Fertigungs-

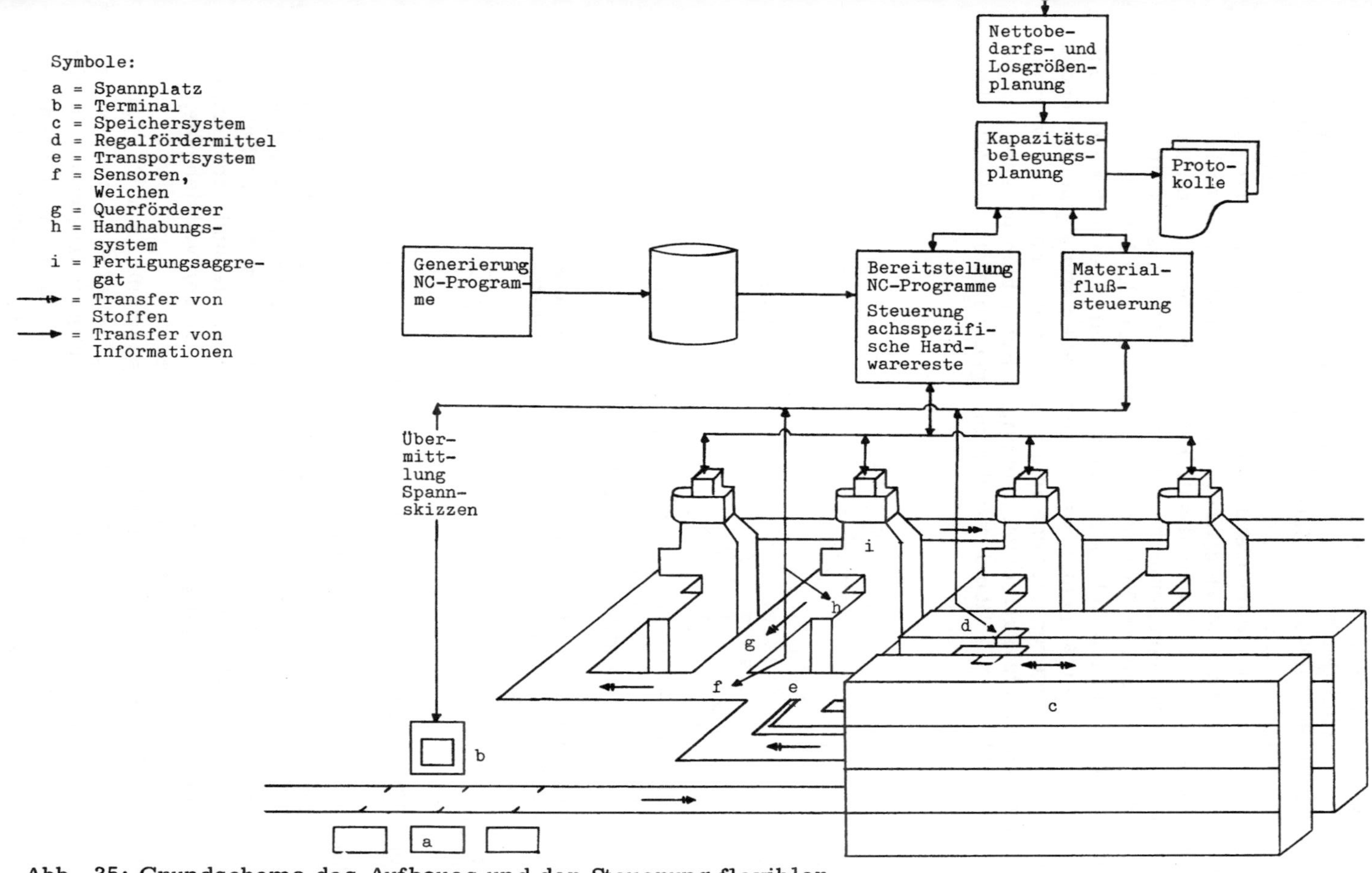

Abb. 35: Grundschema des Aufbaues und der Steuerung flexibler
Fertigungssysteme

gelegt hat, sollte auch hier das Baukastenprinzip als Grundlage für
die Konstruktion der Aggregate Berücksichtigung finden, um so "Flexibilität nach Maß" zu ermöglichen; damit ist gemeint, daß die Flexibilität über eine entsprechende Kombination der verschiedenen
Speicher- und Strukturänderungsarten immer möglichst genau auf
die Breite und die Änderungsfrequenz des fertigungswirtschaftlichen
Aufgabenspektrums im Realisationsbereich abgestimmt, also auch
niemals "überdimensioniert" sein sollte (222). Insgesamt muß die
Entwicklung flexibler Fertigungssysteme für die Mittelserienfertigung als ein erst am Anfang stehendes und daher an Erfahrung noch
relativ armes, an allgemeinem Interesse aber ständig zunehmendes
Gebiet der jüngeren Automatisierungstechnik angesehen werden;
sie hat nicht zuletzt auch einen neuartigen Betriebsmittelanordnungstyp - in Abb. 36 als "Randomfertigung" gekennzeichnet (223) - konstituiert.

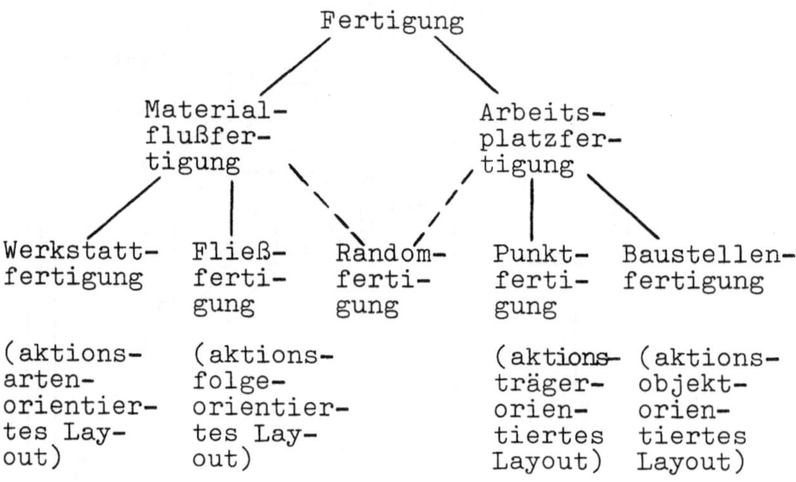

<u>Abb. 36</u>: Layoutorientierte Fertigungstypen

Fortsetzung von Fußnote 221)

    systems mit automatisierter Informationsverarbeitung, in:
Zwf 1975, S. 9 ff.; siehe z. T. auch die Quellenangaben der
Fußnote 224). Abb. 35 verkörpert kein bestimmtes Fabrikat,
sondern faßt nur die wichtigsten Elemente und Beziehungen
flexibler Fertigungssysteme, wie sie in der vorstehenden Literatur dargestellt werden, zusammen.

222) Vgl. Ropohl, G., Flexible Fertigungssysteme, a. a. O., S194 ff.

223) Die Kennzeichnung "Randomfertigung" leitet sich aus der Tatsache ab, daß innerhalb flexibler Fertigungssysteme - vor allem solcher mit sich ersetzenden Maschinen - weitgehend ein
wahlfreier Zugriff (random access) auf die einzelnen Werkstük-

Im Falle der Einzel- und Kleinserienfertigung entfällt die material-
flußtechnische Integration zwischen den einzelnen NC-Systemen weitestgehend (224); wieweit hier überhaupt eine Automatisierung in
Form von NC-Systemen wirtschaftliche Vorteile mit sich bringen
kann, bzw. wieweit der Einsatz konventioneller Universalmaschinen vorzuziehen ist, ist in hohem Maß eine Funktion sowohl der Auflagengröße und -häufigkeit als auch der Komplexität der herzustellenden Erzeugnisse. Die Wirtschaftlichkeit des Einsatzes verschiedener Maschinentypen in Abhängigkeit von Auflagengröße und -häu-
figkeit kann auf der Basis der nachfolgenden Gegebenheiten näher

---

Fortsetzung von Fußnote 223)

    ke realisierbar ist (vgl. Stute, G. , Flexible Fertigungssysteme,
a.a.O., S. 148 f.). Die Randomfertigung umfaßt in Gestalt der
Bearbeitungszentren Merkmale der Punktfertigung (bzw. Arbeitsplatzfertigung) ebenso wie in Gestalt der automatisierten
Transportsysteme Merkmale der Fließfertigung (bzw. Materialflußfertigung). Die in Abb. 36 als "Materialflußfertigung" und
"Arbeitsplatzfertigung" einander gegenübergestellten Obergrup-
pen unterscheiden sich - wie der Name bereits andeutet - im
übrigen dadurch, daß im einen Falle das Bestehen eines ausgeprägten M a t e r i a l f l u s s e s , im anderen Falle das
Bestehen einer ausgeprägten Orts- bzw. A r b e i t s p l a t z -
o r i e n t i e r t h e i t charakteristisch ist.
(Speziell zur Punktfertigung siehe Berr, U. , Fertigungssteuerung, in: Management-Enzyklopädie, Bd. 2, München 1970,
S. 874 ff. ; Dolezalek, C. M. /Ropohl, G. , Flexible Fertigungssysteme - die Zukunft der Fertigungstechnik, a.a.O., S. 447;
Ropohl, G. , Flexible Fertigungssysteme, a.a.O., S.73; Hahn,
R. , Produktionsplanung bei Linienfertigung, a.a.O., S. 14 ;
Jünemann, R. /Eggenstein, F. , Integration verschiedener La-
gersysteme in den Fertigungsprozeß, a.a.O., S. 132 f. ; siehe
in diesem Zusammenhang auch die Ausführungen bei Schäfer,
E. , Der Industriebetrieb, Bd. 1, a.a.O., S. 166 ff. , 171).

224) Dabei können jedoch nach wie vor mehrere NCA durch einen
Prozeßrechner gesteuert werden (= DNC; siehe hierzu die in
der Fußnote 221) angeführte Literatur, sowie Nann, R. , Rechnersteuerung von Fertigungseinrichtungen, Berlin/Heidelberg/
New York 1972; Spur, G. /Pätzold, A. /Zastrow, F. , Einsatz
und Ausbaumöglichkeiten eines DNC-Systems in derindustriel-
len Fertigung, in: ZwF 1973, S. 171 ff. ; Wentz, W. , Auslegung der Speicher einer Prozeßrechneranlage am Beispiel eines
DNC-Systems, in: ZwF 1973, S. 319 ff. ; Diehl, W. /Walker,
T. , Steuerung von NC-Maschinen mit einem IBM-System/7,
in: IBM-N 1974, S. 190 ff.).

beurteilt werden (225):

- Die konventionelle Universalmaschine ist durch vergleichsweise niedrige Fertigungsvorbereitungskosten K_V einerseits, hohe stückproportionale Kosten k_p (aufgrund sehr hoher Stückzeiten) andererseits gekennzeichnet; niedrig sind sowohl die e r z e u g n i s - bezogenen Vorbereitungskosten K_{V_e} (Aufwendungen für Zeichnung, Arbeitsplan usw.) als auch die a u f l a g e n bezogenen Vorbereitungskosten K_{V_a} (im wesentlichen Rüstkosten).
- Die NC-Maschine weist ebenfalls relativ niedrige K_{V_a}, aber deutlich höhere K_{V_e} (Lochstreifenerstellung) und dafür niedrigere (stückzeitbedingte) k_p auf; sie liegt damit insgesamt zwischen konventioneller Universalmaschine und konventionellem Automaten.
- Der konventionelle Automat weist fast genau die zur Universalmaschine konträre Kostenstruktur auf; sehr hohen (erzeugnis-wie auflagenbezogenen) Vorbereitungskosten K_V stehen sehr niedrige stückbezogene Kosten k_p gegenüber.

Überträgt man diese Kostenverläufe in ein Achsenkreuz mit logarithmisch verzerrter Abszisse und Ordinate, so kann man - wie in Abb. 37 geschehen (226) - damit zwei unterschiedliche, hypothetische Fälle kennzeichnen:

Fall 1:   B e t r a c h t u n g d e r K o s t e n s i t u a t i o n l e - d i g l i c h f ü r d i e 1. A u f l a g e

     Hierbei stellen die gesamten Fertigungsvorbereitungskosten eines jeden Maschinentyps auf der Ordinate den Ausgangspunkt für den maschinenbezogenen Gesamtkostenverlauf dar; unter dem Gesichtspunkt kostenminimaler Gesamt - kostenverläufe erhält man - quasi als "Einhüllende" - die obere Maschineneinsatzkurve.

---

225) Vgl. Bleuler, U., Neue Problemstellung beim Investitionsentscheid für NC-Maschinen, in: IO 1971, S. 277 ff.; Kaiser, E., Numerikmaschinen, a.a.O., S. 15 f.; Biederstedt, W., Wirtschaftliches Arbeiten mit streckengesteuerten Drehmaschinen in Klein- und Mittelbetrieben, in: wt 1972, S. 549 ff.; Glantschnig, F., Flexibilität bei zunehmender Automation in der Fertigung, a.a.O., S. 227 ff.; Stau, C.H., Die Wirtschaftlichkeit numerisch gesteuerter Drehmaschinen, in: VDI-Z 1974, S. 541 ff.

226) In Anlehnung vor allem an Kaiser, E., Numerikmaschinen, a.a.O., S. 15; siehe im einzelnen aber auch die Zahlenangaben und Ausführungen bei den anderen in Fußnote 225) aufgeführten Autoren. Es handelt sich um eine Darstellung der grundsätzlichen Zusammenhänge unter Vernachlässigung bestimmter Detailaspekte und Konsequenzen der logarithmischen Verzerrung.

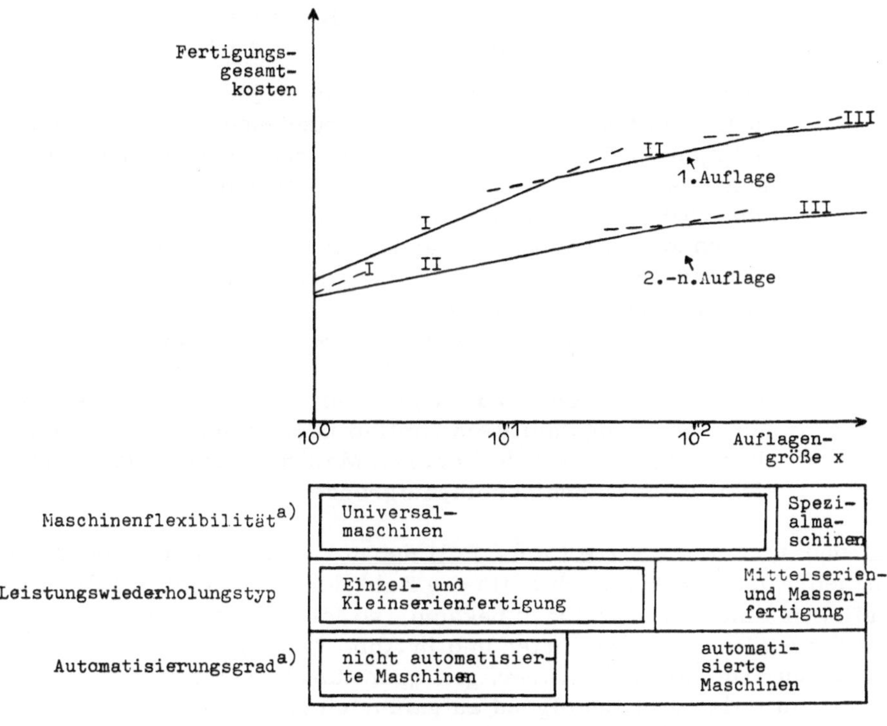

a) Darstellung der Grenzen für Auflagenzahl n=1; in Abhängigkeit von n>1
   Verschiebung nach links

I   = konventionelle Universalmaschine
II = numerisch gesteuerte Universalmaschine
III =.konventioneller Automat

Abb. 37: Die Wirtschaftlichkeit des Einsatzes verschiedener
Maschinentypen in Abhängigkeit von Auflagengröße
und -häufigkeit

<u>Fall 2:</u> B e t r a c h t u n g   d e r   K o s t e n s i t u a t i o n
j e w e i l s   v o r   d e r   2. - n.   A u f l a g e

Nunmehr finden nur noch die mit einem jeden weiteren, auf die Erstauflage folgenden Los verbundenen Kosten Berücksichtigung, d. h. die rein erzeugnisbezogenen Vorbereitungskosten K_{Ve} werden außer Betracht gelassen; dies führt zu der unteren Maschineneinsatzkurve, wobei auffällt, daß dann - also bei vorhandenem Lochstreifen bzw. vorhandenen Kurvenscheiben usw. - der NC-Maschine fast immer schon von den kleinsten Losgrößen an der Vorzug vor der Universalmaschine zu geben ist und auch der Einsatzbereich des konventionellen Automaten deutlich nach unten verschoben wird. Von einer erhöhten Auflagenzahl geht also zwangsläufig ein Einfluß in Richtung auf eine Herabsetzung der aus der oberen Maschineneinsatzkurve ersichtlichen Maschineneinsatzgrenzen aus.

Ist nun im   k o n k r e t e n   Fall neben x und den bisher besprochenen Kostengrößen auch n als die Zahl der insgesamt anfallenden Auflagen eines Erzeugnisses bekannt, so lassen sich alle Einflüsse aus den beiden eben skizzierten und in Abb. 37 dargestellten Kosten - situationen in ihren Auswirkungen quantitativ erfassen und aggregieren mittels der nachfolgend aufgeführten Berechnungsformel für die Gesamt-Stückkosten k_G (227):

$$k_G = \frac{K_{Ve}}{n \cdot x} + \frac{K_{Va}}{x} + k_p$$

k_G = Gesamt-Stückkosten

K_{Ve} = erzeugnisbezogene Vorbereitungskosten

K_{Va} = auflagenbezogene Vorbereitungskosten

---

227) Vgl. im folgenden ähnlich bei Bleuler, U. , Neue Problemstellung beim Investitionsentscheid für NC-Maschinen, a. a. O. , S. 278 ff. ; Freudhofer, F. , NC-Maschinen - wirtschaftlich eingesetzt, a. a. O. , S. 20; Corbach, K. /Hirner, M. , Wirtschaftlichkeitsvergleich am Beispiel von Nachform- und NC-Drehmaschinen, in: wt 1973, S. 327 ff. ; Stau, C. H. , Die Wirtschaftlichkeit numerisch gesteuerter Drehmaschinen, a. a. O. , S. 542 ff. ; zum Einfluß der jeweiligen Beschäftigungssituation auf derartige Betrachtungen siehe Ohse, H. , Wirtschaftliche Probleme industrieller Sortenfertigung, Bd. 2, Köln/Opladen 1963, S. 607 ff. , wobei zusätzlich auch noch das Phänomen der Größendegression angesprochen wird, sowie Kahl, H. P. , Beschäftigungs- und Auflagenumfang als Kriterien der Verfahrensauswahl, in: ZfB 1967, 1. Ergänzungsheft, S. 75 ff.

k_p = als stückproportional angenommene Kosten (z. B. Material-, Maschinen-, Lohnkosten)

n = Gesamtzahl der Auflagen

x = Auflagengröße (Losgröße)

Wie nun noch näher ausgeführt werden wird, kann die so ermittelte Höhe der Stückkosten allerdings nicht das einzige Maschineneinsatzkriterium darstellen (228); vorher sei in Zusammenhang mit Abb. 37 noch kurz auf zweierlei verwiesen: Zum einen ist mit der Einführung der NC-Maschinen - die man nicht nur zu den automatisierten Aggregaten, sondern wegen ihrer hohen Flexibilität gleichzeitig zu den Universalmaschinen rechnen kann (229) - deutlich geworden, daß mit zunehmender Automatisierung keineswegs eine abnehmende Maschinenflexibilität einhergehen muß (230), sondern vielmehr der Anwendungsbereich der Universalmaschinen bis in die Mittelserienfertigung und der der automatisierten Aggregate bis in die Einzel- und Kleinserienfertigung hinein ausgedehnt worden ist (siehe Darstellung Abb. 37); zum anderen wird eben dieser Anwendungsbereich der NC-Maschinen tendenziell noch weiter nach unten wie oben ausgedehnt, wenn es sich um kompliziertere Erzeugnisse mit vielen Arbeitselementen handelt (231) und/oder die Voraussetzungen für eine maschinelle Programmierung gegeben sind (232).

---

228) Maschineneinsatzkriterium kann letztlich ohnehin nur das Ergebnis einer die modernsten Investitionsrechnungsverfahren sowie alle relevanten Einflußfaktoren berücksichtigenden Nutzwertanalyse (siehe Fußnote 6) auf S. 19) sein; zu diesen Faktoren zählt auch die Fertigungsdauer, da für eine längere Fertigungsdauer ggf. die Opportunitätskosten dadurch nicht realisierbarer Alternativaufträge berechnet werden müssen (siehe außerdem die Ausführungen zur Durchlaufzeit auf S. 140).
229) Vgl. Ropohl, G., Flexible Fertigungssysteme, a. a. O., S. 87.
230) Vgl. Riebel, P., Industrielle Erzeugungsverfahren in betriebswirtschaftlicher Sicht, a. a. O., S. 152 f.
231) Zu diesem letzten Gesichtspunkt (Komplexität) vgl. Kaiser,E., Numerikmaschinen, a. a. O., S. 14; Stau, C. H., Die Wirtschaftlichkeit numerisch gesteuerter Drehmaschinen, a. a. O., S. 542 f., 545; Stute, G., Über die Steuerung von Fertigungseinrichtungen, a. a. O., S. 65; Freudhofer, F., NC-Maschinen - wirtschaftlich eingesetzt, a. a. O., S. 13; speziell im Hinblick auf den NCA-Einsatz in Gestalt flexibler Fertigungssysteme vgl. Tuffentsammer, K./Meerkamm, H., Spannvorrichtungssysteme für das Bearbeiten von Werkstücken in flexiblen Fertigungssystemen, in: wt 1975, S. 1.
232) Hierzu siehe insbesondere Kaiser, E., Numerikmaschinen, a. a. O., S. 15 f.; Freudhofer, F., NC-Maschinen - wirtschaftlich eingesetzt, a. a. O., S. 14 f.

Neben den formelmäßig oben dargestellten Stückkosten sind als weitere Determinanten für die Entscheidung über die Verwendung der verschiedenen Maschinentypen unbedingt auch weitere, in ihren Auswirkungen nicht immer leicht zu quantifizierende Faktoren wie die nachfolgenden zu sehen (233):

- Senkungen der Durchlaufzeiten, wie sie auf der Basis gleicher Stückkosten für NC-Maschinen gegenüber konventionellen Automaten ebenso wie gegenüber konventionellen Universalmaschinen häufig angenommen werden können (234) - im ersten Fall aufgrund verkürzter Vorbereitungszeiten, im zweiten Fall aufgrund verkürzter Bearbeitungszeiten; daraus resultierend geringere Kapitalbindung und höhere Lieferbereitschaft.
- Hebung der Vorhersehbarkeit der Fertigungsergebnisse bei automatisierter Produktion hinsichtlich tatsächlichem Zeit-, Material- und Pufferlagerbedarf durch weitgehende Ausschaltung menschlicher Unzulänglichkeiten, wie sie die manuelle Fertigung verstärkt mit sich bringt; daraus resultierend ebenfalls wieder geringere Kapitalbindung und erhöhte Lieferbereitschaft.
- Änderung der personellen Beschäftigungssituation durch die Automatisierung: geringere Abhängigkeit von Facharbeitern für die Werkzeugmaschinenbedienung, Erfordernis qualifizierter NC-Programmierer, i. d. R. Mehrschichtbetrieb für die automatisierten Aggregate zweckmäßig.

Nichtsdestoweniger wird den Stückkosten auch zukünftig immer besondere Aufmerksamkeit zuteil werden und ein großes Maß an Anstrengungen auf Maßnahmen zu ihrer Senkung verwandt werden; als grundsätzliche und besonders wichtige Maßnahme muß nach einfacher Auswertung von Abb. 37 die Vergrößerung der Auflagenzahlen gelten: Neben der reinen Auflagendegression führt auch jeder in Abb. 37 dargestellte Übergang vom Maschinentyp mit höheren stückproportionalen Kosten (steilerem Gesamtkostenanstieg) zum Maschinentyp mit geringeren k_p (flacherer Gesamtkostenanstieg) zur weiteren Stückkostensenkung (235), was zusammen also einen starken

---

233) Vgl. Peetz, G./Eckert, H., NC-Maschinen, in: Management-Enzyklopädie, Bd. 4, München 1971, S. 829 ff.; Bleuler, U., Neue Problemstellung beim Investitionsentscheid für NC-Maschinen, a.a.O., S. 280 ff.; Scharf, P./Schulz, E., Integrierte, flexible Fertigungssysteme, a.a.O., S. 131.
234) Vgl. auch Glantschnig, F., Flexibilität bei zunehmender Automation in der Fertigung, a.a.O., S. 227 ff.
235) Vgl. ähnlich Tully, H., Automatisierung im Betrieb, a.a.O., S. 765 f.; dieses mit wachsenden Stückzahlen der einzelnen Auflagen zu beobachtende Phänomen der Stückkostensenkung kann in gewissem Sinne als besondere Variante des zunächst

Anreiz darstellt zur möglichst weitgehenden Steigerung der Auflagengröße. Als eine spezielle Möglichkeit hierzu war ja bereits in Abschnitt 41 2126 die Verwirklichung des Prinzips der Teilefamilienfertigung herausgestellt worden.

41 2135 Die Breite des zur Fertigungssteuerung und -fortschritts-
         überwachung zu generierenden Informationsstromes

Maßnahmen der Fertigungssteuerung und -fortschrittsüberwachung (236) sind im wesentlichen fertigungsauftragsbezogen, d. h. fallen proportional zur Zahl der Fertigungsaufträge (nicht Kundenaufträge!) an; die Zahl der Fertigungsaufträge wiederum richtet sich weitgehendst nach der Zahl der in Fertigung gegebenen, verschiedenartigen Erzeugnisse, die - ceteris paribus - in der Einzelfertigung am größten ist (237). Eine Abweichung von dieser direkten Erzeugnisabhängigkeit tritt lediglich bei der Teilefamilienfertigung auf, bei der die Zusammenfassung von verschiedenen Erzeugnissen zu einer Scheinserie für eine mit der Zahl der Erzeugnisarten nur unterpro-

---

Fortsetzung von Fußnote 235)
    auf die Stückzahlen aller Auflagen zusammen (Gesamtstückzahlen) bezogenen Sachverhaltes verstanden werden, wie er 1910 von Bücher in seinem "Gesetz der Massenproduktion" beschrieben worden ist (siehe hierzu Lücke, W. , Das "Gesetz der Massenproduktion" in betriebswirtschaftlicher Sicht, in: Koch, H. / u. a. (Hrsg.), Zur Theorie der Unternehmung, Festschrift für E. Gutenberg, Wiesbaden 1962, S. 315 ff. ; Gutenberg, E., Grundlagen der Betriebswirtschaftslehre, Bd. 1, Die Produktion, 19. Aufl. , a. a. O. , S. 120 ff.). Es scheint grundsätzlich auch in der chemischen Industrie von Relevanz zu sein (vgl. Kölbel, H. /Schulze, J. , Fertigungsvorbereitung in der Chemischen Industrie, Wiesbaden 1967, S. 171); allerdings schiene es unter den in dieser Arbeit geschilderten heutigen Verhältnissen kaum noch zu rechtfertigen, von einer gleichsinnigen Skala der "Vollkommenheit" der Produktionsverfahren auszugehen - man denke nur an die Schwierigkeit einer solchen Stufung bei NC-Maschinen gegenüber konventionellen Automaten. Unter den Einflußfaktoren auf die Stückkostenhöhe verdient in diesem Zusammenhang besondere Erwähnung auch das Phänomen der Größendegression - vgl. insbesondere Ludwig, H. , Die Größendegression der technischen Produktionsmittel, Köln/ Opladen 1962.
236) Die folgenden Ausführungen treffen auch auf die Kostenüberwachung im Sinne der Nachkalkulation zu.
237) Vgl. Einleitung Abschnitt 41 2124.

portional wachsende Zahl der Fertigungsaufträge sorgt (238). Über
die Zahl der Fertigungsaufträge hinaus bedingt auch der bereits erwähnte Umstand, daß aus dem für die Einzelfertigung charakteristischen hohen Anteil erstmalig anfallender Aktionen und Prozeßabläufe ein vergleichsweise großes Maß an insystembedingten Störeinflüssen resultiert (Abschnitt 41 2125), die Notwendigkeit häufiger
Maßnahmen der Fertigungssteuerung und insbesondere -fortschritts-
überwachung (239) bei Einzelfertigung. Diese Maßnahmen schlagen
sich allesamt nieder in einem entsprechend breit beschaffenen In-
formationsstrom; als Informationsträger fungieren dabei sowohl
elektrische Impulse (siehe Einzelheiten Abschnitt 41 2432) als auch
die bekannten konventionellen - mechanisch, magnetisch oder optisch
speichernden - Datenträger (240):
- Werkzeugbereitstellungsmeldungen
- Betriebsmitteleinrichtungsbeschreibungen
- Repetierfaktorbereitstellungsmeldungen
- Repetierfaktorentnahmescheine
- Arbeitsfolgebeschreibungen
- Arbeitselementebeschreibungen
- Zeichnungen
- Lohndokumente
- Potentialbelegungspläne
- Belegungsänderungsmeldungen
- Arbeitselementefertigmeldungen
- Auftragsfertigmeldungen
- Auftragsablieferungsscheine
- Störungsgrundbeschreibungen
- Instandhaltungsscheine

---

238) Vgl. Opitz, H., Werkstücksystematik und Teilefamilienferti-
     gung, a. a. O., S. 1276.
239) Vgl. Bussmann, K. F., Die Fertigungssteuerung in Industrie -
     betrieben als Funktion der Fertigungstypen, a. a. O., S. 71 f.;
     Hartmann, B., Betriebswirtschaftliche Grundlagen der auto-
     matisierten Datenverarbeitung, a. a. O., S. 136.
240) Vgl. o. V. Produktions-Informations- und Steuerungssystem
     PICS, IBM-Form 80524-0, 1970, S. 20; Büchel, A., Termin-
     planung und Terminüberwachung, in: Produktionsplanung und
     -steuerung mit EDV, Bd. 1, Zürich 1971, S. 93 ff.; Kernler,
     H. K., Fertigungssteuerung mit EDV, a. a. O., S. 204; Mer -
     tens, P. Industrielle Datenverarbeitung, Bd. 1, Administra-
     tions- und Dispositionssysteme, a. a. O., S. 247 ff.; Roschmann,
     K., Automatisierte Datenerfassung für Fertigungssteuerung und
     Kostenrechnung, Mainz 1973, S. 86 ff.

Insgesamt ergibt sich aus der bei den niedrigeren Leistungswiederholungsgraden großen Breite des zur Fertigungssteuerung und -fort -
schrittsüberwachung zu generierenden Informationsstromes die be -
sondere Nützlichkeit einer Automatisierung dieser Informationsge-
nerierung und -übertragung bei Einzel- und Kleinserienfertigung
(241).

41 2136 Qualitätsüberwachung

Wenn es auch grundsätzlich zutrifft, daß Qualitätsüberwachung in
allen Leistungswiederholungstypen gleichermaßen erforderlich ist,
so lassen nichtsdestoweniger die spezifischen Gegebenheiten bei
Großserien - und Massenfertigung höhere Automatisierungsgrade
dieses Aufgabenkomplexes zu (242); die großen Stückzahlen gestatten den umfangreichen Einsatz aufwendiger Spezialautomaten und
-verfahren. Manuelle Transport-, Positionier-, Umrüst- und Be-
dienungsarbeiten an den Prüfeinrichtungen, wie sie für kleine Stückzahlen typisch sind, entfallen weitestgehend; soweit also die im
folgenden kurz angesprochenen Kontrollverfahren auch in der Klein -
serien- und Einzelfertigung Verwendung finden - was auf nicht we -
nige zutrifft - sind sie mit mehr Eingriffen durch den Menschen verbunden.

Sowohl der begrenzte Arbeitsbereich der menschlichen Effektoren
und Rezeptoren als auch die begrenzte Geschwindigkeit der bewußten
menschlichen Informationsverarbeitung (243) haben die Notwendigkeit eines verbreiteten Einsatzes maschineller, viele naturwissen -
schaftliche Phänomene ausnutzender Prüfsysteme begründet. Neben

---

241) Siehe ähnlich die Ausführungen bei Bendeich, E. , Anforderun-
     gen der verschiedenen Branchen der Fertigungsindustrie an
     die Betriebsdatenerfassung, in: adl-n 88/1974, S. 46, in Ver -
     bindung mit Bendeich, E. , Auswahl und Einsatz von Datener -
     fassungssystemen im Fertigungsbetrieb, in: IE (REFA) 1974,
     S. 381.
242) Dies gilt nicht zuletzt auch für die EDV-gestützte Anwendung
     statistischer Kontrollverfahren; zu letzterem siehe im einzel -
     nen Hackstein, R. /Bauer, A. , Der Einsatz von Prozeßrech -
     nern zur Qualitätskontrolle in der Fertigungstechnik, in: ZwF
     1972, S. 366 ff. , 419 ff. ; Bauer, A. /Meier, R. /Richter, H. /
     Sieper, H. -P. , Qualitätskontrolle in der Fertigungsindustrie
     mit Hilfe von EDV-Anlagen, Opladen 1973.
243) Vgl. Steinbuch, K. , Automat und Mensch, a. a. O. , S. 220 f. ;
     Link, J. , Zur Programmierung von Entscheidungen bei der
     Steuerung, Regelung und Anpassung organisierter Systeme,
     a. a. O. , S. 342 f. sowie die dort angegebene Literatur.

der automatisierten Kontrolle von Längen- und Breiten a b m e s -
s u n g e n - z. B. in pneumatisch-elektronisch arbeitenden Meß-
automaten - und Bahnen- oder Beschichtungsstärken - z. B. mit
Röntgenstrahlen - werden heute zahlreiche automatisierte Verfahren zur Überprüfung sowohl der i n n e r e n S t r u k t u r als
auch der O b e r f l ä c h e n beschaffenheit von Werkstücken ange-
wandt (244). Die innere Struktur eines Werkstückes oder einer Werk-
stückverb indung (Schweißstelle, Lötstelle) kann unter Gesichtspunkten wie der Rißfreiheit, der Homogenität und der Festigkeit zerstö-
rungsfrei mittels hochfrequenter Wellen (Ultraschall, Wärme-,
Röntgen-, Kernstrahlen) oder magnetischer Felder untersucht werden; für die Überprüfung der Oberflächenbeschaffenheit werden mechanische Abtastvorrichtungen ebenso wie berührungslose Meßver-
fahren auf der Basis konventioneller Reflexionslichtschranken oder
der Laserstrahlen eingesetzt. Automatisierungsbeispiele für die
Qualitätsüberwachung im Sinne obiger Abmessungs- und Oberflä-
chenprüfungen finden sich in besonderer Häufung z. B. in Walz-
(245) und in Papierbetrieben; Haupteinsatzbereich automatisierter
Strukturprüfungen ist die gesamte metallverarbeitende Industrie.

Als vierter Unterpunkt des Komplexes "Qualitätsüberwachung" seien
hier die automatisierten F u n k t i o n s prüfungen angesprochen,
wie sie - unter zunehmender Steuerung durch Prozeßrechner - im
Rahmen der Fertigung technologisch anspruchsvoller, komplexer
Baugruppen zur Anwendung kommen. Beispielhaft sollen hier die
Komponentenfertigung in der Elektronikindustrie (246) sowie die

244) Im folgenden vgl. Crawford, A. H. , Moderne automatische zer -
     störungsfreie Prüfverfahren, in: automatik 1971, S. 359 ff. ;
     Vogt, M. , Automatisierung zerstörungsfreier Prüfverfahren,
     in: messen + prüfen/automatik 1974, S. 743 ff. ; Blaser, R./
     Sell, D. , Anwendungsergebnisse fotoelektronischer Verfahren
     zur Abtastung von Oberflächen, Abmessungen und Kennungen
     bei Förderung und Fertigung, in: automatik 1971, S. 6 ff.
245) Siehe auch Abschnitt 41 427 dieser Arbeit (RASSELSTEIN AG).
246) Siehe im einzelnen Bieck, R. -D./Pesall, A./ Welzhofer, K. ,
     Rechnergesteuerte Funktionsprüfung von Baugruppen der Da-
     tenverarbeitung, in: CP 1973, S. 197 ff. ; Kammerer, W. , Der
     Einsatz von Rechnern bei der Automatisierung von Prüfaufga-
     ben - Das integrierte Prüfsystem 70, in: messen + prüfen 1972,
     S. 697 ff. ; Michael, U. , Rechnergestützte Prüfautomaten für
     elektrotechnische und elektronische Erzeugnisse, in: wt 1972,
     S. 468 ff. ; siehe außerdem Abschnitt 41 424 dieser Arbeit (IBM
     Deutschland GmbH).

Motoren- und Getriebefertigung (247) in der Automobilindustrie genannt werden.

41 22 Zum Fertigungsauslösetyp

41 221 Anmerkungen zu den grundlegenden Varianten der Fertigungsauslösung

Bekanntlich werden die Impulse zur Auslösung der fertigungswirtschaftlichen Leistungserstellung im Zuge der Fertigungsprogrammplanung generiert, weshalb auch die Programmplanung und die sie beeinflussenden Faktoren im folgenden besonders interessieren. So sollen Bestellfertigung und Vorratsfertigung - als die beiden extremen Fertigungsauslösetypen - dadurch als voneinander abgegrenzt gelten, daß sich die Fertigungsprogrammplanung im ersteren Falle an den v o r l i e g e n d e n , im letzteren Falle hingegen an den p r o g n o s t i z i e r t e n Auftragseingängen orientiert (248). Es liegt auf der Hand, daß sich die Programmplanung bei Bestellfertigung dabei umso komplexer und sprunghafter gestalten wird, je kürzer die Lieferfristen gegenüber der Auftragsabwicklungsdauer werden; nur dort, wo beispielsweise aufgrund beschränkter Wettbewerbsverhältnisse vom Kunden relativ lange Lieferfristen in Kauf genommen werden müssen, kann die Bestellfertigung ihre Planung auf eine ähnlich breite und solide zeitliche Basis wie die Vorratsfertigung stellen und damit manche von deren Zügen - speziell die Verstetigung und weitgehende Optimierung aller Abläufe - annehmen (249). Aus dieser über die Lieferfristen also im Regelfall gegebenen engen Kopplung der Fertigungsprogrammplanung an die aktuellen Auftragseingänge ergeben sich für die Bestellfertigung wichtige, noch im einzelnen näher darzustellenden Einflüsse auf die Automatisierung der Planung.

------

247) Zur rechnergestützten Überprüfung von Kfz-Motoren auf die Einhaltung vorgegebener Abgaswerte siehe im einzelnen Freber, D. Abgasanalyse mit digitalen Rechnern, in: IBM-N 1970, S. 212 ff. ; zur rechnergestützten Getriebeprüfung siehe Gebauer, W./Rabus, S., Eine Prozeßrechneranlage für die Serienprüfung automatischer Getriebe von Personenkraftwagen, in: CP 1972, S. 135 ff.
248) Vgl. analog Riebel, P., Typen der Markt- und Kundenproduktion in produktions- und absatzwirtschaftlicher Sicht, in: ZfbF 1965, S. 668.
249) Vgl. z. T. Riebel, P., Typen der Markt- und Kundenproduktion in produktions- und absatzwirtschaftlicher Sicht, a. a. O. , S. 669.

41 222 Einflüsse auf die Automatisierung der Planung

41 2221 Allgemeines

Im folgenden erweist es sich deutlich als Vorteil, daß die einzelnen
Merkmale getrennt voneinander behandelt werden und beispielsweise die nachstehend aufgeführten Charakteristika der Bestellfertigung nicht bereits im Zuge der Einzelfertigung mitbehandelt worden
sind: Zwar sind sie typischerweise besonders eng - wenn auch keineswegs zwangsläufig (250) - mit dieser verbunden und werden daher oft auch unter ihren Merkmalen genannt; andererseits aber gelten sie ebenso für viele Betriebe insbesondere mit Klein- und Mittelserienfertigung sowie zumindest partiell auch mit Großserien-
oder Sortenfertigung (siehe z. B. Automobilindustrie und Walzwerke).
Im einzelnen berührt der Fertigungsauslösetyp unter dem Gesichtspunkt der Automatisierung die Gebiete
- mittel- und kurzfristige Programmplanung,
- Repetierfaktorbereitstellungsplanung,
- Prozeßrealisierungsplanung.

41 2222 Mittel- und kurzfristige Programmplanung

Wenn man den in Abschnitt 41 221 bereits dargelegten Unterschied
zwischen Bestellfertigung und Vorratsfertigung einmal mit etwas
anderen Worten schildern sollte, so könnte man sagen, daß die Planungsgrundlage der mittel- und kurzfristigen Programmplanung (251)
bei Bestellfertigung der jeweilige Auftragsbestand, bei Vorratsfertigung die jeweilige Auftragseingangsprognose ist; von großer Bedeutung für die nachfolgenden Ausführungen ist nun, daß diese Planungsgrundlage bei den beiden Fertigungsauslösetypen von jeweils
unterschiedlicher Stabilität ist: Während bei Vorratsfertigung die
periodisch erstellten Prognoseaussagen mit zunehmender zeitlicher
Nähe des Prognose-Bezugszeitraumes lediglich einen genaueren

---

250) Einzelfertigung für den anonymen Markt findet sich z. B. teilweise im Wohnungsbau und vor allem außerhalb des industriellen Bereiches in der bildenden Kunst und im Kunsthandwerk
(vgl. Riebel, P., Typen der Markt- und Kundenproduktion in
produktions- und absatzwirtschaftlicher Sicht, a. a. O., S. 670).
251) Ähnliches gilt für die langfristige Programmplanung, soweit
sie bei Bestellfertigung überhaupt durch entsprechend hohe Auf-
tragsbestände möglich ist, und nicht durch Verwendung von
Prognosen Elemente der Vorratsfertigung übernimmt. (Siehe
hierzu auch Hartmann, B., Betriebswirtschaftliche Grundlagen der automatisierten Datenverarbeitung, a. a. O., S. 133).

und also tendenziell nur geringfügig veränderten Inhalt aufweisen,
kann sich der für die Bestellfertigung so entscheidende Auftragsbestand durch Neuzugänge sowie Änderungswünsche täglich mehrfach
erheblich verändern und stellt somit eine im Grundsatz sehr schwan-
kende Planungsgrundlage dar. Wieweit die Unternehmung diesen
Schwankungen nun Rechnung zu tragen hat durch Umdisposition der
gesamten bisherigen Planungen, hängt im wesentlichen - wie bereits bemerkt - von der zeitlichen Relation der Lieferfristen zu
der Auftragsabwicklungsdauer ab, wobei allerdings auch bei relativ großem zeitlichem Spielraum die Unternehmung im Einzelfall
einen erheblichen Nutzen darin sehen kann, die neueren Daten - so
sie z. B. die wirtschaftlich günstigere Gestaltung bereits eingeplan-
ter Losgrößen gestatten - in ihre Programmplanung einfließen zu
lassen (252). In jedem Fall wird bei bestellorientierten Unternehmungen aus dem nach Struktur und Höhe schwankenden Auftragsbestand tendenziell das Erfordernis und der Wunsch nach rascher
Anpassung der Programmplanung an die aktuellen Daten resultieren, was vor allem für anspruchsvollere Rechenverfahren die Be-
nutzung einer EDVA sinnvoll oder gar unerläßlich machen kann
(253): Eine große Änderungshäufigkeit von Planungsgrundlagen bzw.
eine daraus resultierende hohe Zahl von Planungsläufen (hohe Planungsfrequenz) ist grundsätzlich als ein die Automatisierung der
Planung begünstigender Faktor anzusehen (254), da unter solchen
Umständen die außerordentliche Geschwindigkeit der EDVA sowie
die vielfache Nutzung eines einmal erstellten EDV-Programmes
und EDV-Stammdatenbestandes besonders positiv ins Gewicht fallen. Diese Automatisierungstendenz wird dabei umso stärker, je
komplexer und damit manuell weniger operational das verwendete

---

252) Zum generellen Nutzen einer höheren Planungshäufigkeit bzw.
 -frequenz siehe auch Kunerth, W. , Systematisierte Auswahl
 und Bewertung der Elemente für ein rechnergestütztes Fertigungssteuerungs-System, in: wt 1974, S. 135 f.
253) Vgl. ähnlich Grupp, B. , Modularprogramme für die Fertigungsindustrie, a. a. O. , S. 144 f.
254) Vgl. Fryburg, H. , Die Bedeutung elektronischer Rechenanlagen für die betriebliche Planung, in: Ries, J. /v. Kortzfleisch,
 G. (Hrsg.), Betriebswirtschaftliche Planung in industriellen
 Unternehmungen, Festschrift für T. Beste, Berlin 1959, S.
 67 f. ; Fehr, E. , Produktionsplanung und -steuerung mit elektronischer Datenverarbeitung, a. a. O. , S. 58; Franke, W. ,
 Die Steuerung der Einzelfertigung mit einer elektronischen Datenverarbeitungsanlage, Berlin/Köln/Frankfurt 1969, S. 30;
 Schoppan, W. /Kaiser, H. /Martin, E. , Betriebswirtschaftliche
 Aspekte der EDV, Berlin (Ost) 1970, S. 33; Brankamp, K.,
 Terminplanungssystem, 2. Aufl. , Würzburg/Wien 1973, S. 147.

Planungsverfahren ist (255) (siehe Abb. 38). Während die in Abschnitt 41 2125 angesprochene Erhöhung der Planungsfrequenz und damit auch Automatisierungsneigung durch i n s y s t e m bedingte Einflüsse erklärt wurde, handelt es sich bei der hier besprochenen Erhöhung der Planungsfrequenz (bzw. Automatisierungsneigung) um ein durch die Kundenaufträge hervorgerufenes, also u m s y s t e m bedingtes Phänomen.

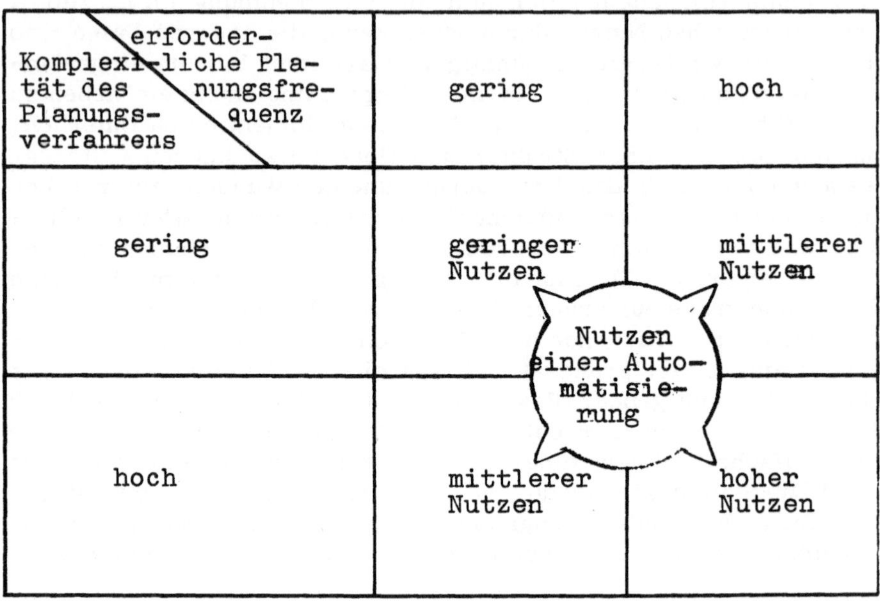

<u>Abb. 38</u>: Tendenzielle Beziehungen zwischen Planungsfrequenz, Planungskomplexität und Nutzen einer Automatisierung

41 2223 Repetierfaktorbereitstellungsplanung

Soweit sich die Repetierfaktorbereitstellungsplanung des Verfahrens der deterministischen Bedarfsauslösung bedient, muß sie zwangsläufig den Rhythmus der mittel- und kurzfristigen Programmplanung übernehmen. Damit gelten dann die im vorhergehenden Abschnitt hinsichtlich des Einflusses der Bestellfertigung auf Planungs-

---

255) Vgl. Fehr, E., Produktionsplanung und -steuerung mit elektronischer Datenverarbeitung, a. a. O., S. 57 f.; Fryburg, H., Die Bedeutung elektronischer Rechenanlagen für die betriebliche Planung, a. a. O., S. 68.

frequenz und -komplexität und damit auf die Automatisierung gemachten Ausführungen auch hier.

41 2224 Prozeßrealisierungsplanung

In jenen zahlreichen Fällen, in denen es aufgrund der Komplexität
der betrieblichen Ablaufstrukturen (insbesondere Werkstattfertigung!) nicht möglich ist, eine realisierbare und wirtschaftlich weitgehend optimale Potentialbelegung simultan mit der Programmplanung vorzunehmen, kann das tatsächliche Fertigungsprogramm abschließend erst nach Vollzug der Prozeßrealisierungsplanung festgestellt werden (256); in Verbindung mit den Ausführungen über die
Grundlagen der Programmplanung bei den Fertigungsauslösetypen
bedeutet dies, daß tendenziell die Prozeßrealisierungsplanung bei
Bestellfertigung in der gleichen Abhängigkeit von Änderungen des
Auftragsbestandes zu sehen ist, wie es bereits für die Fertigungsprogrammplanung selbst dargelegt wurde. Darüber hinaus ergibt
sich für die Bestellfertigung ein Einfluß in Richtung auf eine relativ
hohe Planungsfrequenz speziell der Potentialbelegungsplanung auch
daraus, daß als Grundlage für die Entscheidung über Annahme oder
Nicht-Annahme neuer Kundenaufträge sowie die Vereinbarung bestimmter Lieferfristen eine möglichst exakte Vorstellung über die
jeweilige aktuelle Kapazitätsbelegung unerläßlich ist, so daß insgesamt die bisher für die Bestellfertigung konstatierten spezifischen
Automatisierungsargumente als bekräftigt gelten können (257).

41 223 Einflüsse auf die Automatisierung der Realisation

41 2231 Allgemeines

Im Gegensatz zum Leistungswiederholungstyp hat der Fertigungsauslösetyp nur geringen Einfluß auf die Automatisierung der Realisation; berührt ist in gewissem Umfang lediglich
- die Fertigungsfortschrittsüberwachung sowie
- die Fertigungssteuerung.

256) Vgl. Hahn, D., Industrielle Fertigungswirtschaft in entschei-
     dungs- und systemtheoretischer Sicht, 2. Teil, in: ZfürO 1972,
     S. 376 f.
257) Zu Überlegungen hinsichtlich eines "optimalen Laufintervalles"
     der Reihenfolgeplanung siehe Mertens, P., Industrielle Da-
     tenverarbeitung, Bd. 1, Administrations- und Dispositions-
     systeme, a.a.O., S. 245 ff.

41 2232 Fertigungsfortschrittsüberwachung

Da es erfahrungsgemäß in einer Bestellfertigung oft in besonderem
Maße als Problem anzusehen ist, vereinbarte Lieferfristen einzu-
halten, müssen hier durch entsprechend leistungsfähige Istwert-
Erfassungsverfahren die Voraussetzungen für eine mit minimalem
time lag arbeitende Überwachung des Fertigungsfortschritts der
einzelnen Aufträge geschaffen werden (258); fundierte Kenntnisse
über den aktuellen Stand der Auftragsabwicklung sowie über die jeweilige Ist-Auslastung der Kapazitäten sind auch unerläßlich für die
laufenden Entscheidungen hinsichtlich der Annahme neuer Aufträge
- insbesondere Eilaufträge - bzw. der Vereinbarung neuer Lieferfristen und der damit u. U. verbundenen Umdisposition in derKapa-
zitätsbelegungsplanung (259). Insgesamt können derartige hohe Anforderungen hinsichtlich Geschwindigkeit und Zuverlässigkeit der
Istwert-Erfassung tendenziell als Automatisierungsargumente angesehen werden, so daß in der Bestellfertigung einstufige Datenein-
gabestationen oder Datendirekterfassungsgeräte weitgehend an die
Stelle konventioneller Datenerfassungs- und -übermittlungsmethoden
treten sollten (Näheres zu den automatisierten Verfahren siehe Abschnitt 41 2432).

41 2233 Fertigungssteuerung

Eine hohe Planungsfrequenz der gesamten Material- und Zeitwirtschaft, wie sie in Abschnitt 41 222 im einzelnen abgeleitet und aufgezeigt worden ist, zieht tendenziell auch ein erhöhtes Aktivitätsniveau der Fertigungssteuerung nach sich; mit den Planungen müssen naturgemäß immer auch alle bereits eingeleiteten Aktionen der
Tätigkeitskomplexe "Formularbereitstellung" sowie "Fertigungs -
instruktionsübermittlung" einer Revision unterworfen werden. Dieses erhöhte Aktivitätsniveau sowie das Erfordernis einer ausreichend
raschen Reaktion des gesamten Steuerungssystems auf die ggf.
äußerst kurzfristigen Änderungen im Planungsbereich stellen ge -
wichtige Automatisierungsargumente dar.

Speziell für die Automobilindustrie sei in diesem Zusammenhang
auch angemerkt, daß die ausgeprägte Bestellorientierung an den
Endmontagebändern besondere Anforderungen hinsichtlich Flexi -

---

258) Vgl. ähnlich Grupp, B. Modularprogramme für die Ferti-
     gungsindustrie, a. a. O. , S. 144 f.
259) Vgl. ähnlich Bussmann, K. F. Die Fertigungssteuerung in
     Industriebetrieben als Funktion der Fertigungstypen, a. a. O. ,
     S. 67.

bilität und Genauigkeit der Fertigungssteuerung mit sich bringt,
die befriedigend nur durch umfassende Datenerfassungs-, -über-
tragungs- und -ausgabesysteme mit relativ hohem Automatisierungsgrad erfüllt werden können (260).

41 23 Zum Leistungskonsistenztyp

41 231 Ausprägungen des Merkmals "Leistungskonsistenz" in Indu -
       striebetrieben

Seit der bereits frühzeitig erfolgten Unterscheidung in die von der
Technologie her mechanisch und chemisch gearteten Industriebe -
triebe hat der Gesichtspunkt einer angemessenen Berücksichtigung
und Systematisierung der aufgrund unterschiedlicher Konsistenz
der Sachleistungen voneinander abzugrenzenden Fertigungswirtschaf-
ten in der Literatur immer wieder seinen Niederschlag gefunden
(261). Unter dem Gesichtspunkt der Konsistenz der Sachleistungen
ist insbesondere zwischen Realobjekten mit fester, dreidimensional abgegrenzter Erscheinungsform ("Stückgütern") und allen übrigen, nur in zwei oder weniger Dimensionen eindeutig festgelegten
Realobjekten ("Fließgütern") zu unterscheiden; Abb. 39 gibt einen
Überblick zur Charakterisierung und Systematisierung von Fließ -
gütern und Stückgütern unter Nennung wichtiger Beispiele (262).
Es wird nicht nur deutlich, daß auf der Basis des Merkmals "Leistungskonsistenz" die Unterscheidung "Fließgüterindustrien" -
"Stückgüterindustrien" getroffen werden kann, sondern auch, daß

---

260) Siehe im einzelnen Steinmetz, K., Fertigungssteuerung mit
     dem Datenerfassungssystem IBM 357, in: IBM-N 1963, S.
     2056 ff.; Hartmann, B./unter Mitarbeit von Hellfors, S., Or-
     ganisationssysteme der betriebswirtschaftlichen Elektronischen
     Datenverarbeitung, Freiburg i. Br. 1971, S. 130.
261) Siehe Dolezalek, C. M., Grundlagen und Grenzen der Automa -
     tisierung, in: VDI-Z 1956, S. 564; Riebel, P., Industrielle
     Erzeugungsverfahren in betriebswirtschaftlicher Sicht, a. a. O.,
     S. 48 ff.; Schäfer, E., Der Industriebetrieb, Bd. 1, a. a. O.,
     S. 46 ff. sowie die bei diesen Quellen angeführte weitere Li-
     teratur.
262) Zu der hier dargelegten Abgrenzung und Systematisierung von
     Fließ- und Stückgütern vgl. Dolezalek, C. M., Grundlagen und
     Grenzen der Automatisierung, a. a. O., S. 564; Tully, H.,
     Automatisierung im Betrieb, a. a. O., S. 752; zu Abb. 39 vgl.
     ähnlich Riebel, P., Industrielle Erzeugungsverfahren in be -
     triebswirtschaftlicher Sicht, a. a. O., S. 49.

zur Fließgüterfertigung gleichfalls die Elektrizitätswerke und Heiz-
kraftwerke sowie die (informationsverarbeitenden) Planungsbereiche aller Unternehmungen gezählt werden müssen; soweit   nicht
ausdrücklich angesprochen, bleiben jedoch aus methodischen Gründen die Planungsbereiche im folgenden aus dem Begriff "Fließgüter -
fertigung" ausgeklammert.

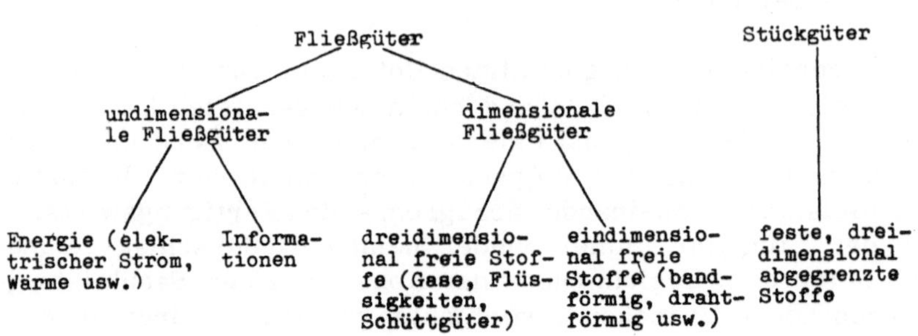

Abb. 39: Zur Charakterisierung und Systematisierung von Fließ -
und Stückgütern

41 232 Einflüsse auf die Automatisierung der Planung

41 2321 Allgemeines

Auf den ersten Blick erscheint es wenig einleuchtend, daß ein so
"vordergründiges" bzw. "triviales" Phänomen wie die Leistungs -
konsistenz Einflüsse auf die Automatisierung der Planungsprozes -
se ausüben sollte, und doch lassen sich drei spezifische Gegebenheiten nennen, die Inhalt, Erscheinungsform und/oder Ausmaß der
Automatisierung mit beeinflussen; hierzu zählen
- die Notwendigkeit einer Echtzeit-Arbeitselementeplanung
- das Erfordernis einer Verschnittplanung sowie
- der allgemeine Entwicklungsstand hinsichtlich einer systematischen Fertigungsplanung.

41 2322 Die Notwendigkeit einer Echtzeit-Arbeitselementeplanung

Die Notwendigkeit einer Echtzeit-Arbeitselementeplanung ist immer
dann gegeben, wenn ohne laufende Eingriffe in den Fertigungsprozeß
die Prozeßbedingungen und damit auch die Fertigungsqualität unzulässigen Schwankungen ausgesetzt wären. Derartige Schwankungen
drohen insbesondere in solchen Fertigungsprozessen, in denen eine
Vielzahl von Variablen - Drücken, Temperaturen, Geschwindigkeiten, Feuchtigkeitsgraden, Stromspannungen - einerseits längs einer
nur partiell abschirmbaren Regelstrecke zusammen- und aufeinander einwirkt, andererseits aber nichtsdestoweniger auf Sekunden-
bruchteile genau in bestimmten Konstellationen und Toleranzen verfügbar sein muß. Sehr häufig ist nun ein dabei als Regler eingesetzter
Mensch überfordert, denn seine sensorischen und perzeptiven Fähigkeiten zur Reaktion auf Schwankungen multivariabl er Prozeßbedingungen sind - im Vergleich zu einem Prozeßrechner, der Hunderte
von Meßwerten quasi simultan zu überwachen vermag - recht begrenzt (263). Daher eignen sich Prozeßrechner in besonderem Mas-
se dazu, im Realtime-Verfahren die von den Sensoren aufgenomme-
nen Meßdaten auszuwerten, auf ihrer Basis die erforderlichen Aktionen festzulegen und entsprechende Anweisungen an die Stellglieder zur Ausführung vorzugeben.

Da Variablen der oben angeführten Art regelmäßig eine besondere
Bedeutung in Prozessen zur Verarbeitung dimensionaler Fließgüter
- Zement, Glas und Prozellanmasse, Papier, Stahlschmelze und
-bleche, Kunststoffe, Raffinerieprodukte usw. - zukommt, sind die
entsprechenden Industrien durch einen relativ hohen Einsatz von
Prozeßrechnern gekennzeichnet.

41 2323 Das Erfordernis einer Verschnittplanung

Soweit in Unternehmungen Zwischenprodukte flächenhaften Charakter haben und durch alternativ durchführbare Zerlegungen in stück-
gutartige, durch Kundenaufträge spezifizierte Endprodukte umzuwandeln sind, stellt sich das Problem einer Verschnittminimierung;
unter den Industriebetrieben mit eindimensional freien Fließgütern
trifft dies zu vor allem auf Papier-, Textil-, Kunststoff-, Linoleum-,

---

263) Näheres zum Prozeßrechnereinsatz siehe Abschnitt 33 24; siehe
     auch die Ausführungen zur Problemerkennung durch Mensch
     und Computer bei Link, J., Zur Programmierung von Entschei-
     dungen bei der Steuerung, Regelung und Anpassung organisier-
     ter Systeme, a.a.O., S. 343.

Glas-, Leichtmetall- und Walzwerksbetriebe (264). Als Lösungsverfahren kommen zur Anwendung ebenso LP-Ansätze (265) wie z. T. auch simulative Verfahren (266).

41 2324 Der allgemeine Entwicklungsstand hinsichtlich einer systematischen Fertigungsplanung

Wie KÖLBEL/SCHULZE ausführlich dargelegt haben, ist der Entwicklungsstand hinsichtlich einer systematischen Fertigungsplanung in der chemischen Industrie- als dem bedeutendsten Industriezweig in der Fließgüterindustrie - bislang allgemein relativ gering (267); eine gewisse Ausnahme bilden chemische Betriebe zur Herstellung einer breiten Palette organischer Produkte in jeweils kleinen und kleinsten Quantitäten, wie insbesondere die Farben- und Lackindustrie sowie die pharmazeutische Industrie (268). Es liegt auf der Hand, daß ein solcher vergleichsweise niedriger Entwicklungsstand im Ausbau und der Systematik der Fertigungsplanung eine schlechte Grundlage für eine Automatisierung im Planungsbereich darstellt;

---

264) Vgl. Mertens, P. , Industrielle Datenverarbeitung, Bd. 1, Administrations- und Dispositionssysteme, a. a. O. , S. 202; Hartmann, W. , Schneidplanung im Dialog mit dem Rechner, in: data report 1/1972, S. 36 ff. ; Herrmann, N. , Elektronische Datenverarbeitung in der Bekleidungsindustrie, Berlin 1970, S. 24 ff. ; Behrens, C. , Computer in der Stahlindustrie - die wichtigsten Anwendungen im technischen Bereich, in: CP 1972, S. 230; Coales, J. F. , Automation und Computer in der Industrie, in: Arbeitsgemeinschaft für Forschung des Landes Nordrhein-Westfalen, Heft 170, Köln/Opladen 1967, S. 15 f.
265) Vgl. Faltlhauser, R. , Verschnittoptimierung, in: Bussmann, K. F. /Mertens, P. (Hrsg.), Operations Research und Datenverarbeitung bei der Produktionsplanung, Stuttgart 1968, S. 187 ff. ; Mertens, P. , Industrielle Datenverarbeitung, Bd. 1, Administrations- und Dispositionssysteme, a. a. O. , S. 203 f.
266) Vgl. Herrmann, N. , Elektronische Datenverarbeitung in der Bekleidungsindustrie, a. a. O. , S. 100.
267) Vgl. Kölbel, H. /Schulze, J. , Fertigungsvorbereitung in der Chemischen Industrie, a. a. O. , S. 59 ff. , 135.
268) Vgl. Kölbel, H. /Schulze, J. , Fertigungsvorbereitung in der Chemischen Industrie, a. a. O. , S. 55 f. 60, 135; zur Einteilung der chemischen Produktion in die Herstellung anorganischer und die Herstellung organischer Stoffe und deren allgemeine Kennzeichnung siehe Henzel, F. , Führungsprobleme der industriellen Unternehmung, Bd. 1, Die Produktion in technologisch-wirtschaftlicher Betrachtung, Berlin 1973, S. 332 f

zu den wenigen fertigungswirtschaftlichen Planungsaufgaben in der chemischen Industrie mit schon frühzeitig in Erscheinung getretenen, ausgeprägten Automatisierungstendenzen gehört die hauptsächlich auf LP-Verfahren zurückgreifende Programmplanung speziell in petrochemischen Betrieben und ähnlich gearteten Fertigungstypen der Großchemie (269).

41 233 Einflüsse auf die Automatisierung der Realisation

41 2331 Allgemeines

Nicht nur von dem Umstand, ob es sich um Fließ- oder um Stückgüterfertigung handelt, sondern auch innerhalb der Fließ- und der Stückgüterfertigung läßt sich eine Fülle von Einflüssen auf die Automatisierung von Realisationsprozessen ableiten; dies gilt ebenso für die Frage der Implementierung und Gestaltung automatisierter Transformations- als auch automatisierter Bereitstellungs systeme (270). Allerdings wäre es angesichts der außerordentlichen Vielzahl und Vielfalt von Fließ- und Stückgütern sowie der von ihnen ausgehenden Einflüsse unmöglich, die Automatisierung der Transformationsprozesse in die Betrachtungen mit einzubeziehen, ohne in erheblichem Umfang über das in Abschnitt 33 24 (insbesondere mit Abb. 24 und 25) erreichte Ausmaß der Betrachtung und Erörterung maschinentechnischer Details hinauszugehen (271). Angesichts des in Abschnitt 32 232 charakterisierten

---

269) Vgl. Kölbel, H./Schulze, J., Fertigungsvorbereitung in der Chemischen Industrie, a.a.O., S. 40 f.; Männel, W., Die Wahl zwischen Eigenfertigung und Fremdbezug, Herne/Berlin 1968, S. 105 ff.; Jacob, H., Der Einsatz von EDV-Anlagen im Planungs- und Entscheidungsprozeß der Unternehmung, in: Jacob, H. (Hrsg.), Grundlagen der elektronischen Datenverarbeitung, Wiesbaden 1970, S. 110 ff.; Wiggert, H., Ermittlung der technologischen Matrix bei Anwendung der linearen Planungsrechnung in Betrieben mit mechanischer Fertigung, in: BFuP 1971, S. 158; Heß-Kinzer, D./Doering, K., Grobtermin- und Kapazitätsplanung bei Einzel-, Serien- und Massenfertigung in: IE (REFA) 1974, S. 26 f.

270) Zu Transformations- und Bereitstellungssystemen siehe Abb. 13.

271) Wenn auf Abschnitt 33 24 bzw. insbesondere die Abb. 24 und 25 verwiesen wird, so geschieht dies aufgrund der Überlegung, daß für die Art der Arbeitselementeausführung auf der Effektorenebene im Fließgüterbereich die Prozeßrechner und im Stück-

ö k o n o m i s c h e n   Untersuchungsansatzes dieser Arbeit muß
und kann darauf verzichtet werden, so daß im folgenden die B e -
r e i t s t e l l u n g s s y s t e m e   bzw.   - p r o z e s s e   Gegenstand der Analyse sein werden; es handelt sich unter den in Abb. 27
mit den Ziffern 1-7 bezeichneten Aufgabenkomplexen um die
- Arbeitsplatzvorbereitung,
- Transportdurchführung und die
- Zwischenlagerhaltung.
(Zu den übrigen drei, noch nicht angesprochenen Bereichen sei kurz
folgendes angemerkt: Die Automatisierung der "Arbeitsplatzräu-
mung" ist aus Gründen, auf die hier nicht im einzelnen eingegangen
werden braucht (272), unabhängig vom Leistungskonsistenztyp als
grundsätzlich verhältnismäßig wenig problematisch anzusehen, wo-
hingegen   andererseits   die "Betriebsmittelinstandhaltung"   sich -

---

Fortsetzung von Fußnote 271)

     güterbereich die NC-Maschinen als die jeweils weitestentwik-
     kelten, repräsentativsten Automatisierungsformen der L e i -
     stungskonsistenztypen angesehen werden können. Daß innerhalb
     des Komplexes "Arbeitselementeausführung" der Begriff, die
     Aufgabe und die Automatisierung der "Werkzeugführung" von
     den Stückgütern zu den dreidimensional freien Fließgütern hin
     zwangsläufig an Bedeutung, Inhalt und Komplexität verlieren
     muß, könnte wohl auch ohne Abb. 24 und 25 als unmittelbar
     einsichtig angesehen werden; hier sei lediglich noch auf einen
     "Kunstgriff" verwiesen, mit dem es in manchen Fällen - z. B.
     bei Lackier- und Lötarbeiten - möglich ist, die besondere, mit
     der Stückgüterkonsistenz verbundene Problematik der Werk-
     zeugführung zu umgehen: Anstatt sich der Mühe zu unterziehen,
     beim Aufbringen der Lacke bzw. der Lötflüssigkeit exakt den
     oft wechselnden und verwinkelten Konturen der Stückgüter und
     der an ihnen befestigten Elemente bzw. Kontakte zu folgen,
     werden die zu bearbeitenden Flächen bzw. Kontakte einfach in
     entsprechende Flüssigkeitsbäder bzw. eine Zinnwelle getaucht
     (hierzu siehe im einzelnen Stiltz, H. , Moderne Lackierverfah-
     ren, Teil 2, in: VDI-Z 1974, S. 151 ff. ; Langheck, W. , Auto -
     matisierung in der Lackiertechnik, in: Pentzlin, K. /Kienzle,
     O. (Hrsg.), Fertigungstechnische Automatisierung, Berlin /
     Heidelberg/New York 1969, S. 91 ff. ; Malle, K. , Zusammen-
     bau von Farbfernsehempfängern, in: wt 1972, S. 90 f. ; zum zu-
     grundeliegenden Prinzip siehe Ellinger, T. , Industrielle Ein-
     zelfertigung und Vorbereitungsgrad, a. a. O. , S. 494).
272) Siehe Müller H. , Die Automatisierung der Werkstückhandha-
     bung, in: Pentzlin, K. /Kienzle, O. (Hrsg.), Fertigungstech-
     nische Automatisierung, Berlin/Heidelberg/New York 1969,
     S. 59.

ebenfalls unabhängig vom Leistungskonsistenztyp - einer Automatisierung aus leicht einsichtigen Gründen als so gut wie nicht zugänglich erweist. Hinsichtlich der "Fertigungssteuerung" und "-fortschrittsüberwachung" schließlich ergeben sich zwangsläufige Konsequenzen (für die chemische Fließgüterfertigung) aus der in Abschnitt 41 2324 einleitend getroffenen Feststellung).

41 2332 Arbeitsplatzvorbereitung

Nach Abb. 12 bzw. 27 gliedert sich die Arbeitsplatzvorbereitung in die "Werkzeugausstattung" einerseits und die "Repetierfaktorpositionierung" andererseits. Die Automatisierung der Werkzeugausstattung hat im Bereich der Stückgüterfertigung - wo Werkzeugen die vergleichsweise größte Bedeutung zukommt - durch die NC-Maschinen einen erheblichen Aufschwung genommen; insbesondere NC-Bearbeitungszentren weisen umfangreiche Werkzeugmagazine mit bis zu 100 Werkzeugen und bis zu 2 sec Wechselzeit auf (273). Welche wirtschaftliche Bedeutung der damit verbundenen Zeitersparnis zukommt, zeigt folgende Überschlagsrechnung (274):
- durchschnittliche Werkzeugwechsel-Frequenz bei der in Klein- und Mittelserienfertigung üblichen Werkstückbearbeitung auf Bohr- und Fräserwerken $\geq$ 20 pro Stunde ($\geq$ 1 pro 180 sec);
- Beispiel einer möglichen Wechselzeit-Ersparnis bei automatischem gegenüber manuellem Werkzeugwechsel: 35 sec;
- daraus ableitbare Zeitersparnis (35 sec auf $\leq$ 180 sec) $\approx$ 20% der Arbeitszeit.

Die Automatisierung der Repetierfaktorpositionierung wirft natürlich dort kaum Probleme auf, wo - wie in der Fließgüterfertigung -

---

273) Vgl. Kaiser, E., Numerikmaschinen, a.a.O., S. 17 ff.; Mitthof, F., NC-Maschinen, in: Steuerungstechnik 1971, S. 72 ff.; Herholz, H., Datenverarbeitung, a.a.O., S. 114 ff.; o.V., Numerisch gesteuertes Bearbeitungszentrum mit 60 oder 100 Werkzeugen, in: wt 1972, S. 388; Opitz, H./Graalmann, H./ Michels, W., Entwicklungstendenzen auf dem Gebiet der Produktionstechnik, a.a.O., S. 474; o.V., Numerisch gesteuertes Bearbeitungszentrum, in: wt 1973, S. 269; Schurr, R./ Fränkle, H., Konstruktive Merkmale an Bearbeitungszentren zum Bohren und Fräsen, in: wt 1973, S. 789 ff.; o.V., Bearbeitungszentrum für Kleinteile, in: wt 1974, S. 337; Meyer, B.E./Grabher, E., Automatischer Werkzeugwechsel für vertikale Bearbeitungszentren, in: Werkstatt und Betrieb 1974, S. 21 ff.
274) Vgl. Meyer, B.E./Grabher, E., Automatischer Werkzeugwechsel für vertikale Bearbeitungszentren, a.a.O., S. 21, 24.

der Repetierfaktor aufgrund seiner Konsistenz oder dimensionalen Eigenart durch Zuhilfenahme verschiedener Arten einfacher mechanischer "Führungen" (Rohre, Bahnen usw.) den Transformationsprozessen, bei denen es überdies in den seltensten Fällen auf eine punktuell exakte Positionierung im Raum ankommt, zugeleitet werden kann. Ganz anders liegen dagegen die Verhältnisse in der Stückgüterfertigung, wo es in den weitaus meisten Fällen entscheidend auf die Genauigkeit der räumlichen Zuordnung Werkzeug-Werkstück (von der ja die Genauigkeit der sich anschließenden Relativbewegung Werkzeug-Werkstück wesentlich mit abhängig ist) ankommt. Vom Gesichtspunkt der Repetierfaktorpositionierung aus gesehen wird man also den Zeitpunkt einer etwa erforderlichen Stückelung eines eindimensional freien Fließgutes in isolierte Stückgüter fertigungsstufenmäßig so weit wie möglich hinausschieben - u. U. auch über die Beibehaltung von Materialstegen (275).

Bei der Bewältigung von Aufgaben der Repetierfaktorpositionierung vor allem auch im Bereich der bisher besonders problematischen (276) klein- und mittelserienorientierten Stückgüterfertigung ist nun in den letzten Jahren eine spezielle Gattung von Handhabungssystemen (277) ("Industrieroboter") zunehmend in den Vordergrund des Interesses gerückt, die durch freie Programmierbarkeit in mehreren Bewegungsachsen sowie die Ausrüstung mit zweckentsprechenden Effektoren (Greifersysteme, Werkzeuge usw.) gekennzeich-

275) Vgl. Dolezalek, C. M., Grundsatzprobleme der Werkstückhandhabung bei Fertigung und Montage, a. a. O., S. 106 ff.; Müller, H., Die Automatisierung der Werkstückhandhabung, a. a. O., S. 57.

276) Siehe Warnecke, H. J./Kirmse, W./Herrmann, G., Voraussetzungen für die Anwendung von Industrie-Robotern, in: wt 1973, S. 148.

277) Einen allgemeinen Überblick über Handhabungssysteme gibt Spur, G./Auer, B. H., Die Steuerung von Industrierobotern, in: ZwF 1973, S. 381; zur konventionellen Werkstückhandhabung siehe Einzelheiten bei Riebel, P., Industrielle Erzeugungsverfahren in betriebswirtschaftlicher Sicht, a. a. O., S. 146 f.; Krusch, G., Praktische Erfahrungen mit Zubringereinrichtungen, in: Automatisierung in der Fertigungstechnik, VDI-Berichte Nr. 89, Düsseldorf 1965, S. 109 ff.; Haasis, G., Erfahrungen mit automatischen Montagemaschinen, in: Automatisierung in der Fertigungstechnik, VDI-Berichte Nr. 89, Düsseldorf 1965, S. 123 ff.; Biegert, B., Werkstückhandhabung in der automatischen Fertigung, in: automatik 1971, S. 158 ff.

net ist (278). Als Einsatzbereiche werden in erster Linie die Be -
dienung von Pressen, Schmiedehämmern und Gießereiaggregaten
des Kunststoff- und Aluminiumbereiches, aber z. B. auch Schweiß-
und Lackierarbeiten genannt (279). Daß die Umformtechnik im Mittelpunkt steht, ist nicht ohne Grund (280) so:

Es handelt sich um
- kurze Taktzeiten (siehe insbesondere Pressen), so daß im Interesse einer optimalen Kapazitätsauslastung auch eine hohe Handha-
  bungsgeschwindigkeit erforderlich ist (281),
- gefährliche und monotone Arbeiten (282) sowie
- stückzahlenmäßig günstige Voraussetzungen.

---

278) Vgl. Warnecke, H. J. /Kirmse, W. /Herrmann, G. , Vorausse -
     tzungen für die Anwendung von Industrie-Robotern, a. a. O. ,
     S. 148; Spur, G. /Auer, B. H. , Die Steuerung von Industriero -
     botern, a. a. O. , S. 381; Spur, G. /Auer, B. H. , Die automa -
     tische Handhabung bei flexiblen Fertigungszellen, in: wt 1975,
     S. 117 ff.
279) Vgl. Friedrichs, G. , Soziale und wirtschaftliche Aspekte bei
     Verwendung von Industrierobotern, in: Rationalisierung 1973,
     S. 247; o. V. , Marktbild: Industrieroboter, in: Produktion 1973 ,
     S. 113 ff. ; Warnecke, H. J. /Kirmse, W. /Herrmann, G. , Vor -
     aussetzungen für die Anwendung von Industrie-Robotern, a. a. O. ,
     S. 151 f. ; o. V. , Industrie-Roboter bedienen stationäre Punkt-
     schweißmaschinen, in: wt 1972, S. 668; Stiltz, H. , Moderne
     Lackierverfahren, Teil 2, a. a. O. , S. 155.
280) Vgl. im folgenden insbesondere Müller, H. , Die Automatisie-
     rung der Werkstückhandhabung, a. a. O. , S. 59.
281) Hierzu siehe auch Bright, J. R. , New Potentials of Materials
     Handling, in: HBR Jul. -Aug. 1954, S. 91; Dolezalek, C. M. ,
     Grundsatzprobleme der Werkstückhandhabung bei Fertigung
     und Montage, a. a. O. , S. 103; Warnecke, H. J. /Kirmse, W. /
     Herrmann, G.   Voraussetzungen für die Anwendung von Indu-
     strie-Robotern, a. a. O. , S. 151; Uhlig, A. , Stoff-, Energie-
     und Informationsfluß beim mechanisierten Umformen auf Pres-
     sen, a. a. O. , S. 732.
282) Zu diesem Gesichtspunkt siehe insbesondere Friedrichs, G. ,
     Soziale und wirtschaftliche Aspekte bei Verwendung von Indu-
     strierobotern, a. a. O. , S. 248 f. , wo u. a. darauf verwiesen
     wird, daß über 40 % aller Arbeitsunfälle an Händen und Armen
     entstehen, sowie Dolezalek, C. M. , Grundsatzprobleme der
     Werkstückhandhabung bei Fertigung und Montage, a. a. O. , S.
     103; Spur, G. /Auer, B. H. , Die Steuerung von Industrierobo -
     tern, a. a. O. , S. 381, und die in Abschnitt 42 223 angegebene
     zusätzliche spezielle Literatur.

Abschließend noch einige Bemerkungen zur weiteren technischen Entwicklung auf dem Gebiet der Handhabungssysteme: Zweifellos können und sollten auch hier die Grundgedanken sowohl des Baukastensystems als auch der Teilefamilienorientierung fruchtbar wirken (283), um so die Wirtschaftlichkeit der Anwendung zu verbessern; auf Wirtschaftlichkeitsgesichtspunkte ist es im übrigen überwiegend zurückzuführen, wenn es heute noch keine industriell einsetzbaren Handhabungssysteme gibt, die aufgrund eigener Rezeptoren in der Lage wären, Form und Lage von Werkstücken zu erkennen und darauf aufbauend z. B. wechselnde Montagearbeiten durchzuführen - aber obwohl hier der Mensch von Natur aus mit einem hochleistungsfähigen Wahrnehmungs-Handhabungssystem ausgerüstet ist, wird er dennoch auf längere Sicht auch hier von der Konkurrenz durch die Maschinen nicht verschont bleiben (284). Eine weitere Entwicklung, die sich abzeichnet, ist die informationstechnische Integration von NC-Maschinen und Handhabungssystemen (285).

41 2333 Transportdurchführung

Wie in Abschnitt 31 ausgeführt, kann die Automatisierung der Transportdurchführung als einer der Ausgangspunkte der industriellen Automatisierung angesehen werden; sie ist - siehe auch Abb. 31 - sicherlich generell als eine der unproblematischeren Automatisierungsaufgaben in der Unternehmung anzusehen. Dies gilt insbesondere für den Transport von Fließgütern und dort wiederum für die dreidimensional freien Stoffe (Gase, Flüssigkeiten, Schüttgüter);

---

283) Vgl. Warnecke, H. J. /Löhr, H. -G. /Schraft, R. D. , Stand der Automatisierung in der Montage, in: wt 1972, S. 125.
284) Zu diesem Themenkreis siehe Auer, B. H. , Internationale Forschung und Entwicklung im Bereich der Industrierobotertechnologie, in: ZwF 1975, S. 110 ff. ; Spur, G. /Auer, B. H. , Industrieroboter zum Beschicken von numerisch gesteuerten Werkzeugmaschinen, in: ZwF 1974, S. 4; Spur, G. /Auer, B. H. , Die Steuerung von Industrierobotern, a. a. O. , S. 387; Dilling, H. -J. /Theimert, P. -H. , Automatisierung des industriellen Arbeitsplatzes, in: Werkstatt und Betrieb 1972, S. 755; Simon, H. A. , Perspektiven der Automation für Entscheider , a. a. O. , S. 54 ff. ; Link, J. , Zur Programmierung von Entscheidungen bei der Steuerung, Regelung und Anpassung organisierter Systeme, a. a. O. , S. 342 ff.
285) Vgl. Spur, G. /Auer, B. H. , Industrieroboter zum Beschicken von numerisch gesteuerten Werkzeugmaschinen, a. a. O. , S. 3 ff. ; Spur, G. /Auer, B. H. , Die automatische Handhabung bei flexiblen Fertigungszellen, a. a. O. , S. 117.

letztere lassen sich in Rohren, Schläuchen usw. auf relativ einfache Weise und auf beinahe beliebigen Wegen von einer Fertigungsstufe maschinell zur nächsten weiterleiten. Demgegenüber erfordern Stückgüter, soweit sie sich nicht - der Schwerkraft folgend - auf Rutschen u. ä. vorwärtsbewegen, im allgemeinen einen höheren technischen Aufwand, für den die Transporteinrichtungen der Automobilfertigung stellvertretend als Beispiel genannt sein sollen. Zieht man die undimensionalen Fließgüter (und hier speziell die Energie) mit in die Betrachtung ein, so läßt sich sagen, daß die Güter in Abb. 39 - von links nach rechts gelesen - zunehmend höhere Anforderungen an eine Automatisierung der Transportdurchführung stellen (286).

41 2334 Zwischenlagerhaltung

Wie die Automatisierung der Repetierfaktorpositionierung und der Transportdurchführung, so ist auch die Automatisierung der Lagerhaltung bei dreidimensional freien Gütern besonders unproblematisch (287); vom Beschicken eines Silos über das Messen des Füllungsgrades und den Entnahmevorgang an sich bis hin zur waagengesteuerten Mengenzuteilung tauchen keine größeren Schwierigkeiten bei der Automatisierung auf (288). In der Stückgüterfertigung hingegen stellt sich z. B. von vorneherein sowohl das Problem der physischen Lagerguthandhabung als auch des freien Zugriffes zu allen Lagereinheiten. Das erste Problem wird i. d. R. dadurch gelöst, daß das Lagergut - und zwar möglichst ebenfalls schon automatisch - auf Paletten gesetzt wird, das zweite Problem durch unbemannte Regalförderzeuge, die in den Schluchten von Hochregallagern ("Palettensilos") mit relativ hoher Geschwindigkeit und auf günstigstem Wege jedes Lagerfach anzusteuern vermögen (289).

286) Vgl. ähnlich auch Preuß, H. -U. , Die Automation in betriebswirtschaftlicher Sicht, a. a. O. , S. 122.
287) Vgl. Krippendorff, H. , Automatisierung im Lager, in: Management-Enzyklopädie, Bd. 1, München 1969, S. 774.
288) Siehe die Ausführungen bei Krippendorff, H. , Automatisierung im Lager, a. a. O. , S. 788 ff. ; Freudemann, H. /Pacholak, L. , Steuerung eines Gemengehauses mit einem Prozeßrechner AEG 60-10, in: CP 1972, S. 263 ff. ; o. V. , Prozeßrechner in der Porzellan-Industrie, in: CP 1970, S. 29.
289) Hierzu und zum folgenden vgl. Weiler, P. , Automatisierte Lagerhaussteuerung mit einem IBM-System/7, in: IBM-N 1974, S. 66 ff. ; Wickert, L. , Der Computer im Hochregallager, in: CP 1974, S. 252 ff. ; Chorafas, D. , Lagertechnik und -organisation in Industrie und Handel, Düsseldorf 1973; Wilkie, G. S. ,

Über die Wegoptimierung hinaus findet häufig auch eine Optimierung der Entnahmereihenfolge (nach dem FIFO-Prinzip) sowie in allen Fällen eine laufende automatische Bewegungsdatenerfassung, -verarbeitung und -protokollierung statt.

41 24 Zum Betriebsmittelanordnungstyp

41 241 Möglichkeiten und Determinanten der Betriebsmittelanordnung

Mit Abb. 36 ist bereits in Abschnitt 41 2134 ein Überblick über die verschiedenen Möglichkeiten der Betriebsmittelanordnung gegeben worden; nachdem dort bereits speziell die Random- und Punktfertigung angesprochen wurden, stehen im folgenden die beiden Ausprägungen der Materialflußfertigung (siehe Abb. 36 in Verbindung mit Fußnote 223), Seite 134) im Mittelpunkt der Betrachtungen: Je nachdem, ob die Betriebsmittelanordnung nach gleichen Aktionsfolgen oder aber gleichen Aktionsarten vorgenommen wird, können die Fließ- und die Werkstattfertigung unterschieden werden; innerhalb der Fließfertigung wiederum lassen sich die vier in Abb. 40 benannten Ausprägungen voneinander abgrenzen (290). Darüber hinaus sollen hier aber auch die zwei wichtigsten Mischformen im Bereich

------

Fortsetzung von Fußnote 289)
    Hands-off warehousing system, in: IE (AIIE) May/1973, S. 12 ff.; Haustein, H., Materialfluß-Regelung in Fertigungsprozessen, in: Steuerungstechnik 1972, S. 23 ff.; Söldenwagner, F., Steuerung und Bestandsführung eines Hochraumlagers, in: IBM-N 1972, S. 237 ff.; Mangold, B., Automatisches Lagerhaus, in: IO 1971, S. 57 ff.; Scheuchzer, R., Computergesteuertes Lager, in: IO 1969, S. 371; Krippendorff, H., Automatisierung im Lager, a.a.O., S. 772; speziell zur Integration des Lagers in die Fertigung vgl. Krippendorff, H./Auer, B.H. Die Bedeutung des Lagers für die Produktions- und Materialbesteuerung, in: ZwF 1974, S. 101 ff.

290) Gemäß Abb. 40 beinhaltet also beispielsweise die Taktfertigung i.e.S. keine räumliche Kopplung, während sie i.w.S. den Oberbegriff für Fließbandfertigung und Taktfertigung i.e.S. darstellt; die Darstellung in Abb. 40 erscheint dem Verfasser unter Würdigung insbesondere der Ausführungen bei Schäfer, E., Der Industriebetrieb, Bd. 1, a.a.O., S. 188 ff., sowie Hahn, R., Produktionsplanung bei Linienfertigung, a.a.O., S. 18 ff. als die zweckmäßigste Möglichkeit der Systematisierung der verschiedenen Ausprägungen der Fließfertigung.

zwischen Werkstatt- und Fließfertigung erwähnt werden, nämlich
die "Werkstattfließfertigung" und die "Fließinselfertigung" (291):
Bei ersterer sind die Werkstätten in der für eine Produktgruppe
erforderlichen Verrichtungsfolge angeordnet, bei letzterer treten
sowohl Werkstatt- als auch Fließfertigung jeweils in unterschiedlichen Bereichen ein und desselben Industriebetriebes, d.h. neben-
einander auf. Entscheidend dafür, welche Betriebsmittelanordnung
nun im Einzelfall bei Materialflußfertigung ausgewählt wird, hängt
im wesentlichen von der Heterogenität der Arbeitsfolgen der herzustellenden Erzeugnisse ab (292); letzteres beinhaltet auch die Hetero -

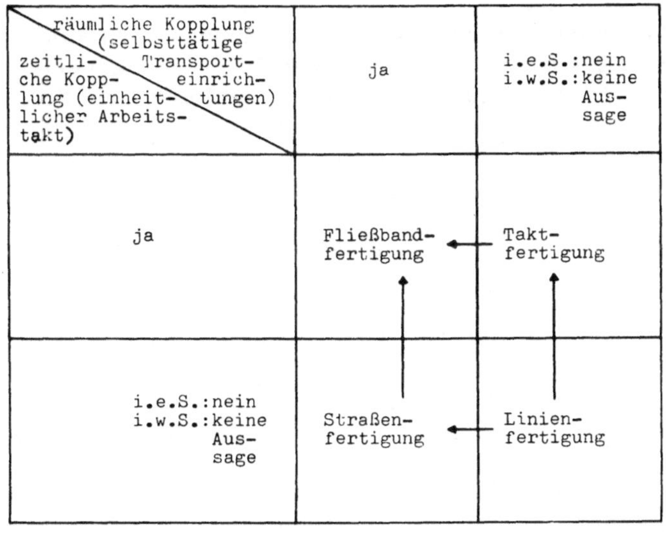

<u>Abb. 40</u>: Ausprägungen der Fließfertigung

genität der in der Zukunft herzustellenden Erzeugnisse bzw. die Un -
sicherheit hinsichtlich der Beibehaltung und/oder Homogenität des
Fertigungsprogrammes in der Zukunft.

291) Vgl. Große-Oetringhaus, W., Typologie der Fertigung   unter
dem Gesichtspunkt der Fertigungsablaufplanung, a.a.O., S.
353 ff.
292) Vgl. v. Kortzfleisch, G., Systematik der Produktionsmethoden,
a.a.O., S. 196; Opitz, H./Groebler, J., Werkstattfertigung,
in: Grochla, E. (Hrsg.), HWO, Stuttgart 1969, Sp. 1777; Hahn,
R., Produktionsplanung bei Linienfertigung, a.a.O., S. 15 f.

41 242 Einflüsse auf die Automatisierung der Planung

41 2421 Allgemeines

Es liegt nahe, von einer unterschiedlichen Betriebsmittelanordnung,
wie sie bei der Fließ- und Werkstattfertigung gegeben ist, Auswirkungen in erster Linie hinsichtlich der Planung der Potential-
s t r u k t u r i e r u n g (=Zuordnungsplanung) ebenso wie hin -
sichtlich der Planung der Potential b e l e g u n g zu erwarten.
Allerdings zeigt sich bei genauerer Betrachtung, daß der Automatisierung der Zuordnungsplanung bei der Fließ- und bei der Werkstattfertigung ein etwa gleich großes Ausmaß und Gewicht zuzumessen ist, da für beide Betriebsmittelanordnungstypen eine Fülle von
nur mit EDVA sinnvoll realisierbaren OR-Planungsverfahren exi-
stiert (293). Demgegenüber muß die Reihenfolge- und die Terminplanung bei Werkstattfertigung gegenüber der bei Fließfertigung
ceteris paribus als wesentlich komplexer und daher hinsichtlich
ihrer Automatisierung anspruchsvoller angesehen werden; Einflüsse seitens der Betriebsmittelanordnung erwachsen also vor allem
hinsichtlich der Automatisierung der Potentialbelegungsplanung.

41 2422 Die Komplexität der Potentialbelegungsplanung

Im Rahmen der Potentialbelegungsplanung stellt sich die Aufgabe,
die Produktionsfaktoren (Repetier- und Potentialfaktoren) so mit-

---

293) Bezüglich der in der Fließfertigung im Mittelpunkt der Zuord-
     nungsplanung stehenden Strukturierung und Abstimmung von
     Fließstraßen siehe z. B. Kern, W. , Optimierungsverfahren in
     der Ablauforganisation, Essen 1967, S. 147 ff.; Bussmann ,
     K. F. /Beissel, H. -S. /Brachvogel, U. /Hänisch, J. /Koxholt ,
     R. /Kraus, P. /Mertens, P. , Ein Vergleich von Fließbandab-
     stimmungsverfahren, in: Bussmann, K. F. /Mertens, P.
     (Hrsg.), Operations Research und Datenverarbeitung bei der
     Produktionsplanung, Stuttgart 1968, S. 313 ff.; Adam, D. ,
     Produktionsdurchführungsplanung, a. a. O. , S. 423 ff.; sowie
     Hahn, R. , Produktionsplanung bei Linienfertigung, a. a. O. ,
     S. 28 ff. , 52 ff. und die auf S. 157 ff. angegebene weitere Litera-
     tur. Bezüglich der Zuordnungsplanung bei Werkstattfertigung
     siehe insbesondere Lüder, K. /unter Mitarbeit von Budäus, D. ,
     Standortwahl, in: Jacob, H. (Hrsg.), Industriebetriebslehre,
     Bd. 1, Grundlagen, Wiesbaden 1972, S. 85 ff.; Hardeck, W. /
     Nestler, H. , Aus der Praxis der Layoutplanung mit EDV, in:
     wt 1974, S. 95 ff. , 222 ff. , sowie die bei diesen Quellen ange-
     gebene umfangreiche weitere Literatur.

einander zu kombinieren, daß etwaige, durch Wartezeiten (der Repetierfaktoren auf Potentialfaktoren oder umgekehrt) anfallende Kosten ihrer Nichtnutzung minimiert werden. Darüber, welche Relevanz hierbei dem von GUTENBERG für die Werkstattfertigung postulierten "Dilemma der Ablaufplanung" zuzumessen ist, sind in der Literatur verschiedene Betrachtungen angestellt worden (294), tendenziell kann in der Werkstattfertigung von der Zielstruktur und Alternativenvielzahl der Reihenfolgeplanung eine besondere Komplexität der Potentialbelegungsplanung abgeleitet werden, bei deren Bewältigung unabhängig von den verschiedenartigen Problemlösungsverfahren (295) grundsätzlich der EDV eine herausgehobene Bedeutung zukommt (296). Für die Praxis als besonders geeignet erscheinen innerhalb der Problemlösungsverfahren der Reihenfolgeplanung die mit Gewichtungsfaktoren ausgerüsteten kombinierten Prioritätsregeln, wie sie z. B. im IBM-CLASS-System zur Anwendung kommen (297); dabei können sich auf einer IBM System/360 Modell 20 allein für den diesbezüglichen Programmteil (der Kapazitätstermi-

294) Vgl. Gutenberg, E. , Grundlagen der Betriebswirtschaftslehre, Bd. 1, Die Produktion, 19. Aufl. , a. a. O. , S. 215 ff. ; Günther, H. , Das Dilemma der Arbeitsablaufplanung, Berlin 1971, S. 105; Riedesser, A. , Der Diagonalalgorithmus zur Ablaufplanung , in: ZfbF 1971, S. 667; Mensch, G. , Das Trilemma der Ablaufplanung, in: ZfB 1972, S. 79 ff. ; Günther, H. , Trilemma oder Dilemma der Ablaufplanung, in: ZfB 1972, S. 297 ff. ; Adam, D. , Produktionsdurchführungsplanung, a. a. O. , S. 394 f.

295) Zu den verschiedenen Problemlösungsverfahren siehe u. a. Ellinger, T. , Ablaufplanung, Stuttgart 1959; Hoss, K. , Fertigungsablaufplanung mittels operationsanalytischer Methoden , Würzburg/Wien 1965; Kern, W. , Optimierungsverfahren in der Ablauforganisation, a. a. O. ; Mensch, G. , Ablaufplanung, Köln/ Opladen 1968; Niedereichholz, J. , Grundlagen der optimalen organisatorischen Reihenfolgeplanung in der Arbeitsvorbereitung, in: ZfürO 1970, S. 267 f. ; Adam, D. , Produktionsdurchführungsplanung, a. a. O. , S. 403 ff. ; Dörken, W. , Simulationsmodelle und ihre Anwendung bei der Analyse von Prioritätsregeln zur Maschinenbelegungsplanung (I), in: Die Arbeitsvorbereitung 1973, S. 90.

296) Vgl. ähnlich bei Kinzer, D. , Fertigungssteuerung mit Modularprogrammen, a. a. O. , S. 141; Fehr, E. , Produktionsplanung und -steuerung mit elektronischer Datenverarbeitung, a. a. O. , S. 62; Hartmann, B. , Betriebswirtschaftliche Grundlagen der automatisierten Datenverarbeitung, a. a. O. , S. 176 f.

297) Siehe im einzelnen Mertens, P. , Industrielle Datenverarbeitung, Bd. 1, Administrations- und Dispositionssysteme, a. a. O. , S. 233 f.

nierung) Laufzeiten in der Größenordnung von ca. 13 Stunden ergeben (298), was sicherlich als gewisses Indiz ebenso für die Komplexität wie für die unbedingte Automatisierungsnotwendigkeit dieses
Aufgabenbereiches gelten darf.

Demgegenüber bringt die Realisierung des Fließprinzips in seiner
reinsten Form, d. h. der räumlich und zeitlich gebundenen Fließfertigung mit selbsttätig arbeitendem Transportsystem (Fließbandfertigung - siehe Abb. 40), eine erhebliche Reduzierung der Komplexität der Potentialbelegungsplanung mit sich: Insbesondere ermöglicht es die Determiniertheit des Prozeßablaufes (siehe z. B. die
Röhrensysteme der petrochemischen Großindustrie sowie die Transferstraßen der Automobilindustrie), ganze Folgen von Einzelaggregaten bei der Potentialbelegung quasi als ein einziges Aggregat auf-
zufassen (299), was die Zahl der Belegungsalternativen außerordentlich einschränkt; im übrigen verlagert sich die Reihenfolgepro-
blematik tendenziell zum Sortenwechselproblem hin, welches in
manchen Industrien (z. B. in der Farben-, pharmazeutischen, Nah-
rungsmittelindustrie oder beim Tauchlackieren) durch die Anwendung einfacher heuristischer Regeln (300) leicht lösbar ist, in anderen Industrien wegen der minimalen Rüstzeiten- bzw. -kosten-
unterschiede nur geringe praktische Relevanz besitzt (301). Eine
relativ große Bedeutung und Komplexität ist ihm hingegen z. B. in
Walzwerksbetrieben zuzumessen (siehe Abschnitt 41 427). Je nachdem, welcher der in Abschnitt 41 241 geschilderten Betriebsmittelanordnungstypen im Einzelfall gegeben ist, liegen also die Verhältnisse und insbesondere die Komplexität und Automatisierungsanfor-
derungen des Aufgabenbereiches "Potentialbelegungsplanung" unterschiedlich.

41 243 Einflüsse auf die Automatisierung der Realisation

41 2431 Allgemeines

Der Grad der Komplexität und Überschaubarkeit der Potentialbelegung hat nicht nur Konsequenzen für den Planungs-, sondern auch

---

298) Vgl. Zahn, D./Scholter, W., Das Fertigungsterminierungs-
     programm CLASS-20, in: IBM-N 1971, S. 729.
299) Vgl. ähnlich Berr, U., Fertigungssteuerung, a. a. O., S. 874;
     Henzel, F., Führungsprobleme der industriellen Unterneh-
     mung, Bd. 1, Die Produktion in technologisch-wirtschaftlicher
     Betrachtung, a. a. O., S. 109.
300) Siehe z. B. Kölbel, H./Schulze, J., Fertigungsvorbereitung
     in der chemischen Industrie, a. a. O., S. 185.
301) Zu Lösungsverfahren des Sortenwechselproblems siehe Hahn,
     R., Produktionsplanung bei Linienfertigung, a. a. O., S. 110 ff.
     sowie die dort angegebene Literatur.

für den Realisationsbereich bzw. die Art der Automatisierung spezifischer Realisationsaufgaben; mit dieser Komplexität und Überschaubarkeit eng verbunden ist insbesondere die Breite und Art der im Rahmen bestimmter Kontrollaufgaben notwendig werdenden Informationsströme: Einflüsse auf die Automatisierung der Realisation induziert der Betriebsmittelanordnungstyp innerhalb der Aufgabenkomplexe
- Fertigungsfortschritts- und Kostenüberwachung, außerdem aber auch innerhalb der
- Transportdurchführung.

41 2432 Fertigungsfortschritts- und Kostenüberwachung

Auch hier ist zur besseren Veranschaulichung zunächst von den Extremaltypen "räumlich und zeitlich gebundene Fließfertigung" sowie "Werkstattfertigung" auszugehen (302); bei ersterer macht es die Determiniertheit des Prozeßablaufes auch hier weitgehend überflüssig, den Blick auf einzelne Aggregate zu richten, sondern es ist möglich, den Fertigungsfortschritt einzig am Ende des gesamten Fertigungsprozesses zu erfassen, wenn auch unter dem Gesichtspunkt einer zufriedenstellenden Kostenüberwachung z. B. insbesondere die Maschinenleerzeitdauer und -ursache besonders teurer Aggregate laufend erfaßt werden sollte. Bei Werkstattfertigung hingegen muß aus zweierlei Gründen das Geschehen am Einzelaggregat von vorneherein verstärkt im Mittelpunkt der Datenerfassungsbemühungen stehen: Zum einen kann ein hinreichender Überblick über den jeweiligen Auftragsfortschritt nur dann gewonnen werden, wenn für jede Fertigungsstufe aller Einzelaufträge - und damit bei allen Aggregaten - die abgeschlossenen Arbeitsgänge, erreichten Stückzahlen, jeweiligen Bearbeitungsorte und voraussichtlichen Fertigstellungstermine jederzeit und ohne größere Umstände abgerufen werden können; zum anderen kann aber auch die aktuelle Kapazitätsbelegung bzw. -auslastung, deren Kenntnis für beinahe alle Neu- und/oder Umdispositionen innerhalb der Fertigungsplanung von Bedeutung ist, nur auf eben diese Weise für die planenden Stellen überschaubar gemacht werden.

Obwohl damit für die Werkstattfertigung ein gegenüber der Fließfertigung wesentlich stärkerer und vom Ort des ursprünglichen Datenanfalles her dezentralisierterer Datenfluß zu konstatieren ist, so impliziert dies keineswegs bereits eine Entscheidung für eine

---

302) Die nachstehenden Ausführungen erfolgen in enger Anlehnung an Roschmann, K., Automatisierte Datenerfassung für Fertigungssteuerung und Kostenrechnung, a.a.O., S. 26 ff.

ganz bestimmte Datenerfassungstechnik und -apparatur. Hier kann
man vor allem zwischen der Primär-Datenerfassung, als der erst-
maligen Aufnahme bestimmter Informationen auf einen beliebigen
Datenträger, und der Sekundär-Datenerfassung, als der verarbei-
tungsgerechten Aufbereitung bereits erfaßter Daten, unterscheiden (3o3); wird - wo das möglich ist - eine Sekundär-Datenerfassung dadurch umgangen, daß die Primär-Datenerfassung sofort auf
einen maschinell lesbaren Datenträger erfolgt, so wird vorgeschla-
gen, von einer "einmaligen" - gegenüber einer "wiederholten" -
Datenerfassung zu sprechen. Bei der einmaligen Datenerfassung
kann die Übertragung der Informationen auf den Datenträger entweder durch den Menschen ("manuell") oder durch mit der Maschine
verbundene Geber ("automatisiert") erfolgen; wie Abb. 41 zeigt,
kann damit zusammenfassend je nach dem Grad der Beteiligung des
Menschen bei der Datenerfassung zwischen d i r e k t e r ,   e i n -
s t u f i g e r   und   z w e i (oder mehr-) s t u f i g e r   Datenerfassung unterschieden werden.

einmalige DE		wiederholte DE
direkte DE	einstufige DE	zweistufige DE
automatisierte DE	manuelle DE	

Abb. 41: Arten der Datenerfassung (DE)

Im Fertigungsbereich findet sich heute eine Vielzahl von Beispielen
für jede dieser drei Datenerfassungsarten: Immer noch werden in
vielen Betrieben die auftragsabhängigen Bewegungsdaten (3o4) zunächst manuell in die entsprechenden Arbeitsbegleitpapiere (siehe
Abschnitt 412135) eingetragen, um sodann an zentraler Stelle (z. B.
Lochersaal) in einem zweiten manuellen Arbeitsgang verarbeitungs-
gerecht transformiert zu werden; vor allem dieser   z w e i s t u -

---

303) Zu diesen beiden Begriffen bzw. ihrer Definition vgl. ähnlich
Roschmann, K., Automatisierte Datenerfassung für Fertigungssteuerung und Kostenrechnung, a. a. O., S. 17; siehe aber die
Unterschiede im folgenden.
304) Ein Überblick über diese Daten und ihre Verarbeitungszwecke
wird gegeben bei Eidenmüller, B., Betriebsdatenerfassung in
der Fertigung, in: ZwF 1974, S. 36.

168

f i g e n Datenerfassungsmethode ist es zuzurechnen, wenn die Datenerfassung in der Literatur immer noch als Aufgabenkomplex mit dem größten Personalaufwand und dem ungünstigsten Leistungsniveau, insbesondere der höchsten Fehleranfälligkeit angesehen wird (3o5). Daher setzt sich zunehmend die einstufige und die direkte Datenerfassung in der Fertigung durch (3o6): Bei der e i n s t u f i g e n Methode ist vor allem die Eingabe über Tastaturen in Verbindung mit Lochkarten- und Ausweislesern hervorzuheben (307); hier steht man vor der Frage, für welche Bereichskategorien (Abteilungen, Meisterbereiche, Maschinengruppen, Einzelaggregate) jeweils eine eigene Eingabestation installiert werden sollte: Gerätekosten und -leistung einerseits sind mit Wege- und Wartezeiten der Arbeiter andererseits zur Abstimmung zu bringen. Bei der d i r e k t e n Datenerfassung wird ein großer Teil der im vorhergehenden Fall noch über Tastatur eingegebenen Daten von Gebern generiert; naturgemäß sind Geber noch keineswegs für sämtliche Arten von Fertigungsaggregaten und Abfragezwecken verfügbar.

Ob bei der einstufigen und/oder bei der direkten Datenerfassung on-line oder off-line gearbeitet wird, hängt vor allem von dem von der Datenverarbeitung auf die Datenerfassung ausgehenden Aktualitätsdruck ab (308); soll - als Beispiel besonders hoher Anforderungen - ein Terminal gar durch ein entsprechendes Informationsangebot an den Benutzer dessen Informationsnachfrage vitalisieren, um dadurch den Problemlösungsprozeß zu aktivieren und zu unter-

---

305) Vgl. Schramm, H. F. W., "Intelligente" Datenerfassungssysteme mit magnetischer Aufzeichnung, in: Online 1973, S. 134; Hammel, R./Weber, H., "Intelligente" Datenerfassung nach dem Prinzip der "distributed intelligence", in: AI 1974, S. 166.
306) Vgl. im folgenden vor allem Roschmann, K., Automatisierte Datenerfassung für Fertigungssteuerung und Kostenrechnung, a. a. O., S. 19 f., 64 ff., 85; Roschmann, K., Elektronische Fertigungsüberwachung, a. a. O., S. 33 ff., 107.
307) So werden z. B. viele der Rücklaufdatenträger unter den in Abschnitt 41 2135 aufgeführten Arbeitsbegleitdokumenten in Form von Lochkarten ausgeführt und nach Durchführung der entsprechenden Aktionen einfach in die Eingabestation des betreffenden Bereiches eingegeben; anschließend werden über die Tastatur die variablen Daten (siehe Fußnote 304) auf S. 168) sowie durch Einführen des Identifikationsausweises die arbeiterbezogenen Daten ergänzt.
308) Vgl. Niedereichholz, C., Organisationsformen der Betriebsdatenerfassung, in: ZfürO 1973, S. 456 f.

stützen (309), so wird man z. B. ein Sichtgerät on-line mit einer
EDVA verbinden. In jedem Falle - das sei abschließend ergänzt -
wird man die im Fertigungsbereich einmal erfaßten Daten natürlich
nicht nur unter den Aspekten der Fertigungsfortschrittsüberwachung,
sondern bei Bedarf auch unter jenen der Kostenüberwachung weiter-
zuleiten und auszuwerten trachten, d. h. eine Doppelerfassung vermeiden.

41 2433 Transportdurchführung

Wenn in der Literatur wiederholt auf einen Zusammenhang zwischen
Automatisierung und Fließfertigung hingewiesen wird (310), so steht
dabei die Automatisierung der Transportdurchführung im Mittelpunkt der Überlegungen; sie war - siehe Abschnitt 41 2132, vor
allem Abb. 34 - unter den Bedingungen der konventionellen Automatisierung an die Verwirklichung des Fließprinzips und damit gleichzeitig an die weitgehende Konstanz der Arbeitsfolgen (rechte Hälfte
von Abb. 34) gebunden. Wie speziell die Ausführungen zu den flexiblen Fertigungssystemen der Mittelserienfertigung bereits gezeigt
haben, besteht diese Bindung heute nur noch in abgeschwächter Form;
dennoch ist es zweifellos nach wie vor wesentlich unproblematischer,
eine Automatisierung der Transportdurchführung bei Fließfertigung
zu realisieren als bei Werkstattfertigung. Auch wirft in jedem Falle die Steuerung der Transportdurchführung bei Werkstattfertigung
erheblich größere Probleme auf als bei Fließfertigung (311), so daß
dann der Integration dieser speziellen Steuerungsaufgabe in ein um-
fassenderes automatisiertes Planungs- und Steuerungssystem die
entsprechende Aufmerksamkeit zu schenken ist.

An dieser Stelle sei abschließend auch noch einmal auf Abb. 40 verwiesen, aus der gut ersehen werden kann, wie durch das Hinzufügen

---

309) Vgl. Witte, E./unter Mitarbeit von Weigand, K. H., Das Terminal als Nahtstelle zwischen menschlichem und maschinellem
Informationssystem, in: Kresse, W. (Hrsg.), Aktuelle Probleme der Datenverarbeitung und Bilanzierung, Stuttgart 1971,
S. 48.

310) Siehe z. B. Grochla, E., Automation und Organisation, a. a. O.,
S. 52 f.; Bosch, H.-J., Fließarbeit - Vorläufer der Automati-
sierung, in: Pentzlin, K./Kienzle, O. (Hrsg.), Fertigungs-
technische Automatisierung, Festschrift für C. M. Dolezalek,
Berlin/Heidelberg/New York 1969, S. 2 ff.; Schäfer, E., Der
Industriebetrieb, Bd. 1, a. a. O., S. 199 ff.

311) Zur Steuerung der Transportdurchführung bei Werkstattfertigung siehe Roschmann, K., Automatisierte Datenerfassung
für Fertigungssteuerung und Kostenrechnung, a. a. O., S. 30.

einer selbsttätigen Transporteinrichtung zur Linien- bzw. zur Taktfertigung (jeweils i. e. S.) die Straßen- bzw. Fließbandfertigung
entsteht.

41 3 DIE SYNTHESE VON DREI FERTIGUNGS-KOMBINATIONS-
     TYPEN ZUR ZUSAMMENFASSENDEN SICHT DER AUTOMA-
     TISIERUNGSASPEKTE

Hinsichtlich der Korrelation zwischen den verschiedenen Elementartypen liegt bekanntlich bereits eine Fülle von Betrachtungen in
der Literatur vor (312); für die hier verfolgten Zwecke sollen im
weiteren Verlauf der Arbeit drei charakteristische Kombinationen
von Elementartypen näher betrachtet werden, von denen angenommen werden darf, daß ihnen besondere Relevanz in der industriellen Praxis zukommt (313):

1. Die I n d i v i d u a l fertigung; bei ihr handelt es sich um die
   bestellorientierte Einzel- (und z. T. Kleinserien-)fertigung von
   Stückgütern in Werkstattfertigung (314) mit einer weitgehend an
   individuellen Kundenwünschen orientierten Erzeugniskonstruk-
   tion, wie dies insbesondere für den Bau von Großaggregaten (z.
   B. Elektro-Großmotoren, Generatoren, Turbinen, Großtrans-

---

312) Hierzu siehe vor allem Schäfer, E. , Der Industriebetrieb, Bd.
     2, a. a. O. , S. 308 ff. ; Große-Oetringhaus, W. , Typologie der
     Fertigung unter dem Gesichtspunkt der Fertigungsablaufpla-
     nung, a. a. O. , S. 392 ff. ; Hahn, D. , Industrielle Fertigungs-
     wirtschaft in entscheidungs- und systemtheoretischer Sicht,
     1. Teil, a. a. O. , S. 277; Berr, U. , Fertigungssteuerung, a.
     a. O. , S. 868; Arnold, H. /Borchert, H. /Lange, A. /Schmidt,
     J. , Der Produktionsprozeß im Industriebetrieb, 2. Aufl. , Ber-
     lin (Ost) 1968, S. 87 f.
313) Vgl. hierzu die Ausführungen bei Schäfer, E. , Der Industrie-
     betrieb, Bd. 2, a. a. O. , S. 314 ff. ; Große-Oetringhaus, W. ,
     Typologie der Fertigung unter dem Gesichtspunkt der Ferti-
     gungsablaufplanung, a. a. O. , S. 399 ff. ; siehe auch die Aus-
     wahl der Kombinationstypen bei Woodward, J. , Industrial Or-
     ganization: Theory and Practice, London 1970; Hahn, D. , In-
     dustrielle Fertigungswirtschaft in entscheidungs- und system-
     theoretischer Sicht, 1. Teil, a. a. O. , S. 277.
314) Auch wo z. B. Großaggregate bei der Montage in innerer (und
     z. T. auch äußerer) Baustellenfertigung hergestellt werden,
     entstehen die Teile oder Teilaggregate jedoch i. d. R. in Werk-
     stattfertigung (vgl. Schäfer, E. , Der Industriebetrieb, Bd. 1,
     a. a. O. , S. 168).

formatoren, Großpumpen, Aufzügen, Laufkranen, Papiermaschinen, Industrieöfen, Brauereianlagen, Walzstraßen usw.) zutreffend ist (315).

2. Die   T y p e n fertigung; sie ist gekennzeichnet durch eine vorratsorientierte (Mittel- und Groß-)Serienfertigung von Stückgütern in Fließ- (oder Fließinsel-)fertigung mit einem durch genau spezifizierte Erzeugnistypen festgelegten Fertigungsrepertoire - Verhältnisse, wie sie vor allem bei der Herstellung von Massen-Gebrauchsgütern (z. B. Fahr- und Motorrädern, Fotoapparaten, Uhren, Schreibmaschinen, Nähmaschinen, Fernseh- und Rundfunkgeräten, Elektroherden, Kühlschränken und anderen Arten elektrischer Haushaltsgeräte) sowie abgeschwächt auch bei der Herstellung industriell häufig benötigter Güter (Werkzeugmaschinen, Schraubstöcken, Flaschenzügen, Kleinmotoren, Akkumulatoren, Pumpen, Manometern usw.) vorliegen (316).

3. Die   E i n p r o z e ß fertigung; bei ihr handelt es sich um die vorratsorientierte Massen- (und Sorten-)fertigung im Fließgüterbereich, wobei "die Fertigung entweder im Kern nur aus e i n e m Prozeß besteht, oder aber von einem Kernprozeß her in ihrer Anordnung und in ihrem Ablauf weitgehend bestimmt wird" (317). Kennzeichnend ist also, daß der betreffende Kernprozeß durch die Determiniertheit des zeitlichen und räumlichen Ablaufes als ein geschlossenes Ganzes hervortritt und die Betriebsmittelanordnung in Form einer Fließfertigung ermöglicht bzw. gar erzwingt. Derartige Gegebenheiten finden sich speziell in der Grundstoff- und Produktionsgüterindustrie (z. B. chemische Grundstoffindustrie, Petrochemie, Kaliindustrie, Papierherstellung, Masseaufbereitung in der feinkeramischen und Glas-

---

315) Vgl. inhaltlich vor allem Schäfer, E., Der Industriebetrieb, Bd. 2, a.a.O., S. 314 ff.; der Begriff "Individualfertigung" findet - in analoger Bedeutung - Verwendung auch bei Henzel, F., Führungsprobleme der industriellen Unternehmung, Bd. 1, Die Produktion in technologisch-wirtschaftlicher Betrachtung, a.a.O., S. 335.

316) Vgl. inhaltlich insbesondere Schäfer, E., Der Industriebetrieb, Bd. 2, a.a.O., S. 317, 365; zum Begriff "Fertigungsrepertoire" vgl. Schäfer, E., Der Industriebetrieb, Bd. 2, a.a.O., S. 207. Der Begriff "Typenfertigung" wird in einer etwas anderen Bedeutung auch gebraucht bei Große-Oetringhaus, W., Typologie der Fertigung unter dem Gesichtspunkt der Fertigungsablaufplanung, a.a.O., S. 172.

317) Schäfer, E., Der Industriebetrieb, Bd. 2, a.a.O., S. 319.

industrie (318))(319). In Abb. 42 (320) werden diese drei Kombinationstypen noch einmal zusammenfassend dargestellt und charakterisiert.

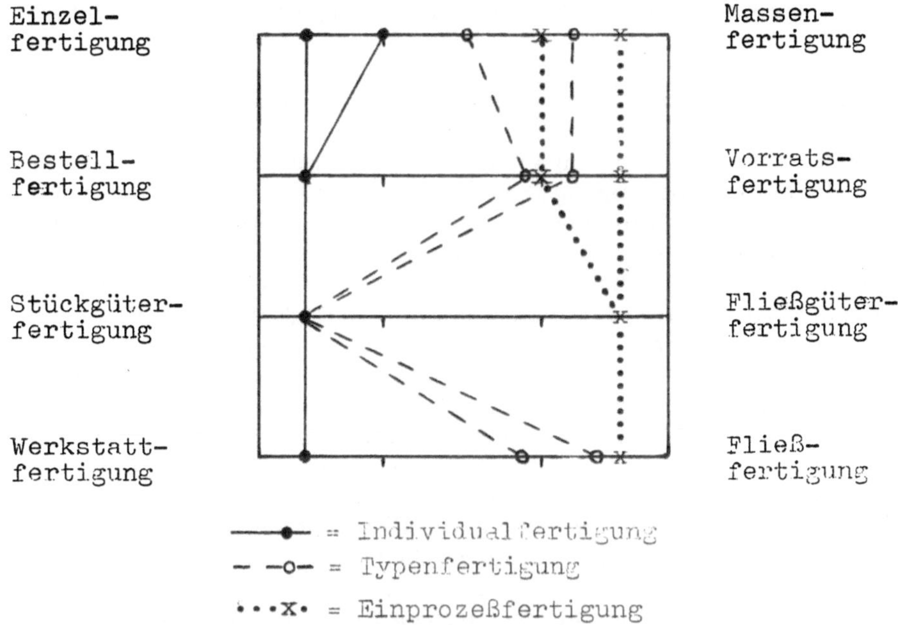

<u>Abb. 42</u>: Profildarstellung dreier besonders relevanter Kombinationstypen der industriellen Praxis

---

318) Dieser Teil beider Verbrauchsgüterindustrien kann und soll hier inhaltlich der Grundstoff- und Produktionsgüterindustrie zugerechnet werden.

319) Sowohl zum Begriff als auch zur inhaltlichen Kennzeichnung der "Einprozeßfertigung" vgl. sehr ähnlich Schäfer, E., Der Industriebetrieb, Bd. 2, a.a.O., S. 319 f.; Hartmann, B./ unter Mitarbeit von Hellfors, S., Organisationssysteme der betriebswirtschaftlichen Elektronischen Datenverarbeitung, a.a.O., S. 134, Variante 1.

320) Vgl. ähnlich Hahn, D., Industrielle Fertigungswirtschaft in entscheidungs- und systemtheoretischer Sicht, 1. Teil, a.a.O., S. 277.

41 4 DIE AUTOMATISIERUNG DER FERTIGUNGSAUFTRAGSAB-WICKLUNG IN DEN EINZELNEN KOMBINATIONSTYPEN

41 41 Aggregation der bisherigen Ausführungen zu einem Gesamtbild

41 411 Der Kombinationstyp "Individualfertigung"

Faßt man nun alle bisherigen Ausführungen hinsichtlich der einzelnen, die Individualfertigung konstituierenden Elementartypen zusammen, so ergibt sich folgendes, recht deutlich konturiertes Bild dieses spezifischen Kombinationstyps: Die Individualfertigung ist gekennzeichnet durch die sowohl von in- als auch von umsystembedingten Einflüssen (321) induzierte Notwendigkeit hoher Planungsfrequenzen innerhalb der Material- und Zeitwirtschaft (322) (Abschnitte 41 2125 und insbesondere 41 2222-4); vor allem in Verbindung mit der besonderen Komplexität der Potentialbelegungsplanung (Abschnitt 41 2422) ist damit latent ein starkes Automatisierungsargument in diesem Planungsbereich vorhanden (323), das allerdings aus zwei im folgenden angesprochenen Gründen in der Praxis oft nicht zum Tragen kommt. Der erste Grund enthüllt gewissermaßen eine Dichotomie der Aufgabenbereichen innewohnenden Problemlösungskomplexität, indem mit zunehmender Problemlösungskomplexität einerseits häufig die Skepsis gegenüber der Durchführbarkeit und den Erfolgsaussichten einer maschinellen Aufgabenabwicklung wächst und diese verhindert, andererseits aber in Wirklichkeit der Nutzen einer Automatisierung steigt (324).

---

321) Dazu, daß in diesem spezifischen Sinne auch die Umsystemeinflüsse i. S. v. Kundenaufträgen als "Störungsgrößen" angesehen werden können, vgl. Heilmann, W., Fertigungsregelung, elektronische, a. a. O., S. 842; Brankamp, K., Terminplanungssystem, a. a. O., S. 31 f.

322) Zur Material- und Zeitwirtschaft siehe Abb. 30 in Verbindung mit Abb. 27.

323) Siehe die beiden letzten Fußnoten von Abschnitt 41 2222 sowie Abb. 38.

324) Zusätzlich zu den auf S. 148 in Fußnote 255) angegebenen Quellen vgl. zu letzterem Halbsatz auch Bussmann, K. F., Die Fertigungssteuerung in Industriebetrieben als Funktion der Fertigungstypen, a. a. O., S. 78; Woitschach, M., Datenspeicherung, in: Grochla, E. (Hrsg.), HWO, Stuttgart 1969, Sp. 370; Fäßler, K./Reichwald, R., Fertigungswirtschaft, a. a. O., S. 295; zum gesamten Satz siehe auch Grochla, E., Grundfragen der Wirtschaftlichkeit automatisierter Datenverarbeitung, a. a. O., S. 331; Eine ähnliche Dichotomie wird in bezug auf die Planung

Der zweite Grund hängt mit der Bedeutung der Transformationsplanung als einer zentralen Planungsgrundlage für die übrigen, nachgelagerten Teile der Prozeßrealisierungsplanung zusammen: Da in
der konventionellen Unternehmungspraxis die bei Individualfertigung tendenziell nur einmal gegebene Nutzungsmöglichkeit der erzeugnisbezogenen Planungsergebnisse (Arbeitspläne, Stücklisten)
regelmäßig ein niedrigeres Anforderungsniveau hinsichtlich der
Vollständigkeit, Exaktheit und dem Detaillierungsgrad bei der Erarbeitung und Dokumentation dieser Planungsergebnisse nach sich
zieht (325) und eine maschinell lesbare Form der Speicherung dieser Ergebnisse auf den ersten Blick wenig sinnvoll erscheinen läßt,
fehlt dann allen übrigen, nachgelagerten Teilen der Fertigungsplanung (Vorkalkulation, Potentialbelegungs-, Erzeugniskombinations-,
Logistikplanung) gewissermaßen ein sehr wichtiger Teil der "Ein-
gangsseite" für potentielle Modular- oder sonstige Anwendungsprogramme; der gleiche Effekt tritt ein, wenn durch die zeitraubende
manuelle Erstellung die erzeugnisbezogenen Planungsunterlagen
zu spät vorliegen, um noch für Anschlußprogramme verwertbar zu
sein.

Beide Gründe sind, wie die bisherigen Ausführungen aufgezeigt haben, nicht haltbar; speziell zu der zuletzt dargestellten Argumen-
tationsführung sei bemerkt, daß sie zwar einen weit verbreiteten
Mißstand zutreffend schildert, daß aber die Ausführungen des Abschnittes 41 2122 verdeutlicht haben, wie gerade bei Einzelfertigung - und damit auch bei Individualfertigung - generell sehr günstige Voraussetzungen für die Implementierung von Programmen
zur automatischen Arbeitsplangenerierung (326) vorliegen. Dies

---

Fortsetzung von Fußnote 324)
    konstatiert bei Szyperski, N., Forschungs- und Entwicklungs-
    probleme der Unternehmungsplanung, in: Grochla, E./Szy-
    perski, N. (Hrsg.), Modell- und computergestützte Unterneh-
    mungsplanung, Wiesbaden 1973, S. 25 f.
325) Vgl. Opitz, H./Olbrich, W./Steinmetz, G., Automatische Ar-
    beitsplanerstellung, a.a.O., S. 6; VDI-Gesellschaft Produk-
    tionstechnik (ADB) (Hrsg.), Elektronische Datenverarbeitung
    bei der Produktionsplanung und -steuerung V, a.a.O., S. 9;
    Hammer, H., Integrierte Produktionssteuerung mit Modular-
    programmen, a.a.O., S. 24; Vollberg, J./Stubenrecht, A.,
    Fertigungsorganisation, ihre Grundlagen, Konzeption und An-
    wendung, in: Stubenrecht, A./Vollberg, J./Roschmann, K./
    Herold, H. H., Methoden und Mittel für die Organisation der
    Fertigung, Düsseldorf 1965, S. 55.
326) Die bereits angesprochenen Möglichkeiten der Kopplung mit der
    automatischen Stücklisten- und Zeichnungsgenerierung werden
    hier und im folgenden nicht erneut explizit erwähnt, stehen aber
    natürlich in engem Zusammenhang mit dem Inhalt der Ausfüh-
    rungen.

gilt um so mehr, wenn auch die erhebliche Zeitersparnis bei der
Arbeitsplangenerierung durch derartige Programme in die Betrachtung mit einbezogen wird: Diese Zeitersparnis kann zum einen dazu
verwendet werden, durch Lieferfristenverkürzung die Konkurrenzfähigkeit des Unternehmens zu erhöhen; sie kann aber stattdessen
auch dazu dienen, die Auftragsabwicklungs-Pufferzeit (Differenz
zwischen zugesagter Lieferfrist und effektiver Auftragsabwicklungszeit) zu erhöhen und somit den für eine Optimierung innerhalb der
Potentialbelegungs- und Erzeugniskombinationsplanung erforderlichen Entscheidungsspielraum zu schaffen. Schließlich und endlich
ergeben sich ökonomische Vorteile in Zusammenhang mit der automatischen Arbeitsplangenerierung auch daraus, daß im Rahmen des
Aufgabenkomplexes "Kundenanfrage- und Angebotsbearbeitung" die
Angebotspreise (siehe hierzu auch Abschnitt 41 2123) ebenso wie
die Lieferfristen wesentlich rascher und genauer als bei manueller
Vorgehensweise ermittelt werden können (327).

Ebenso, wie die Individualfertigung also grundsätzlich einen vergleichsweise hohen Automatisierungsgrad innerhalb weiter und zentraler Bereiche der Fertigungs p l a n u n g   zweckmäßig erscheinen läßt, erfordern die Gegebenheiten dieses Kombinationstyps
auch eine äußerst leistungsfähige, weitgehend automatisierte Fertigungs s t e u e r u n g   und   - f o r t s c h r i t t s ü b e r w a -
c h u n g :   Die große Zahl sowohl der Fertigungsaufträge als auch
der in systembedingten Störeinflüsse (Abschnitt 41 2135), das Erfordernis einer auf der permanenten Verfolgung der betrieblichen Istwerte basierenden Lieferfristenzusage und -einhaltung (Abschnitt
41 2232), sowie drittens nicht zuletzt die in den hohen Planungsfrequenzen resultierenden häufigen Umplanungen (Abschnitte 41 2135
und 41 2233) lassen in nicht automatisierten Systemen der Fertigungssteuerung und -fortschrittsüberwachung die betrieblichen Instanzen leicht in Bergen von Formularen, die z. T. ohnehin dann
noch in maschinell lesbare Form überführt werden müßten und z. T.

---

327) Bezüglich der Angebotspreise siehe auch Feuerbaum, E., Elek-
     tronische Materialdisposition und Fertigungssteuerung einer
     Maschinenfabrik, in: v. Kortzfleisch, G. (Hrsg.), Die Betriebs-
     wirtschaftslehre in der zweiten industriellen Evolution, Fest-
     schrift für T. Beste, Berlin 1969, S. 112; Gramp, E., Ent-
     scheidungstabellentechnik für die Gestaltung optimaler Auf-
     tragsabwicklungssysteme, in: IE (REFA) 1974, S. 226, 237;
     zur Angebotsterminierung siehe in diesem Zusammenhang auch
     VDI-Fachgruppe Betriebstechnik (ADB) (Hrsg.), Elektronische
     Datenverarbeitung bei der Produktionsplanung und -steuerung I,
     Produktionsterminplanung und -steuerung, Düsseldorf 1969,
     S. 16.

verspätet, ungenau oder fehlerhaft vorliegen, ertrinken. Die geringe
Determiniertheit des Prozeßablaufes macht es erforderlich, daß
die Datenerfassung tendenziell bei den Einzelaggregaten ansetzt;
der Forderung nach Automatisierung der Fertigungsfortschrittsüberwachung kann dabei durch die Verwendung von Eingabestationen
- z. B. jeweils für ganze Maschinengruppen oder für Einzelaggregate - oder gar automatischer Gebeeinrichtungen entsprochen werden (Abschnitt 41 2432). Im Bereich der Fertigungs d u r c h f ü h -
r u n g ist es in hohem Maße eine Funktion sowohl der Auflagengröße und -häufigkeit als auch der Komplexität der herzustellenden
Erzeugnisse, ob eine Automatisierung in Gestalt von NC-Maschinen
zweckmäßig ist; über die reine Stückkostenbetrachtung hinaus ist
insbesondere auch die Senkung der Durchlaufzeit mit ihren Folge-
wirkungen zu berücksichtigen (Abschnitt 41 2134).

Eine Erhöhung des Automatisierungsgrades (siehe Abschnitt 33 3)
der Individualfertigung kann also - über den Gesichtspunkt der Realisierung einfacher Kosteneinsparungseffekte hinaus - vor allem unter
folgenden Aspekten geboten erscheinen:

- Schaffung der für die Prozeßrealisierungsplanung erforderlichen
  vollständigen, exakten und detaillierten erzeugnisbezogenen
  P l a n u n g s g r u n d l a g e n in maschinell verwertbarer
  Form und in der erforderlichen Frist,

- Ermöglichung der aufgrund in- und umsystembedingter Einflüsse
  erforderlichen hohen P l a n u n g s f r e q u e n z e n und damit P l a n u n g s f l e x i b i l i t ä t (s. u.),

- gleichzeitig Ermöglichung komplexer P l a n u n g s v e r f a h -
  r e n und damit verbesserter Planungsergebnisse,

- Verbesserung der S t e u e r u n g s f l e x i b i l i t ä t sowie
  der Kontroll- und P r o g n o s e m ö g l i c h k e i t (328) im
  Hinblick auf die zeitliche Auftragsabwicklung,

- Senkung der Auftragsabwicklungszeiten; damit entweder über die
  Lieferfristen Verbesserung der K o n k u r r e n z f ä h i g k e i t
  oder über die Auftragsabwicklungspufferzeit Erhöhung der O p -
  t i m i e r u n g s m ö g l i c h k e i t e n .

---

328) Infolge der durch die Implementierung entsprechender Daten-
     erfassungssysteme verbesserten Übersicht über den jeweiligen
     Stand der Auftragsabwicklung und Kapazitätsauslastung sind ge-
     nauere Vorhersagen (Prognosen) der zeitlichen Auftragsabwick-
     lung sowohl der bereits in Arbeit befindlichen als auch der im
     folgenden zu erledigenden Fertigungsaufträge möglich.

Zu diesem letzten Punkt sei resümierend auf Abb. 43 verwiesen:
Eine Senkung der Auftragsabwicklungszeit war bereits angesprochen worden in bezug auf die Bereiche "Transformationsplanung"
(und "Konstruktion" - siehe oben), "Werkzeugwechsel" (Abschnitt
41 2332) sowie "Arbeitselementeausführung" (siehe Abschnitt
41 2134); sie kann aber grundsätzlich auch angenommen werden in
den Bereichen "Material- und Zeitwirtschaft" und "Fertigungssteuerung und -kontrolle" sowie im Bereich "Zwischenlagerhaltung" - ersteres wegen der Geschwindigkeit der informationellen Abläufe mit
EDVA, letzteres wegen des qualitativ verbesserten Planungsoutputs
der Material- und Zeitwirtschaft (Verkürzung der Liegezeiten der
Repetierfaktoren).

Hinsichtlich des zweiten Punktes - Ermöglichung einer hohen Planungsflexibilität - sollte noch einmal darauf verwiesen werden, daß
darin die zentrale Rolle der Automatisierung für die Anpassungsprozesse bzw. A n p a s s u n g s f ä h i g k e i t   d e r   U n -
t e r n e h m u n g an die einem ständigen Wandel unterworfenen
Anforderungen und Bedürfnisse ihrer In- und Umsysteme zum Ausdruck kommt (329): Erst die außerordentlich hohen Verarbeitungs-

---

329) Zu diesem Aspekt siehe im einzelnen auch die Ausführungen bei
     Fryburg, H., Die Bedeutung elektronischer Rechenanlagen für
     die betriebliche Planung, a. a. O., S. 73 f.; Grochla, E., Das
     Problem der optimalen Unternehmungsplanung, in: Bellinger,
     B. (Hrsg.), Gegenwartsfragen der Unternehmung, Festschrift
     für F. Henzel, Wiesbaden 1961, S. 74; Hartmann, B., Betriebswirtschaftliche Grundlagen der automatisierten Datenverarbeitung, a. a. O., S. 198 f.; Mattessich, R., Systemsimulation und neue Aufgaben des betrieblichen Rechnungswesens, in: Busse von Colbe, W. / Mattessich, R. (Hrsg.), Der
     Computer im Dienste der Unternehmungsführung, Bielefeld
     1968, S. 177 f.; Albach, H., Beiträge zur Unternehmensplanung, Wiesbaden 1969, S. 59; Bendix, H., Der Dualismus in
     der Zielsetzung des Industrieunternehmens, in: Jacob, H.
     (Hrsg.), Zielprogramm und Entscheidungsprozeß in der Unternehmung, Wiesbaden 1970, S. 51; Heilmann, W., Fertigungsregelung, elektronische, a. a. O., S. 853 f.; Grochla, E., Auswirkungen der automatisierten Datenverarbeitung auf die Unternehmungsplanung, in: ZfbF 1971, S. 724 in Verbindung mit
     S. 727; Grochla, E., Das Büro als Zentrum der Informationsverarbeitung im strukturellen Wandel, in: Grochla, E. (Hrsg.),
     Das Büro als Zentrum der Informationsverarbeitung, Wiesbaden 1971, S. 18; Hellfors, S., Management - Datenverarbeitung - Operations Research, 2. Aufl., München/Wien 1971,
     S. 90; Kalscheuer, H. D. /Gsell, P. J., Integrierte Datenverarbeitungssysteme für die Unternehmensführung, 3. Aufl.,
     Berlin/New York 1972, S. 96.

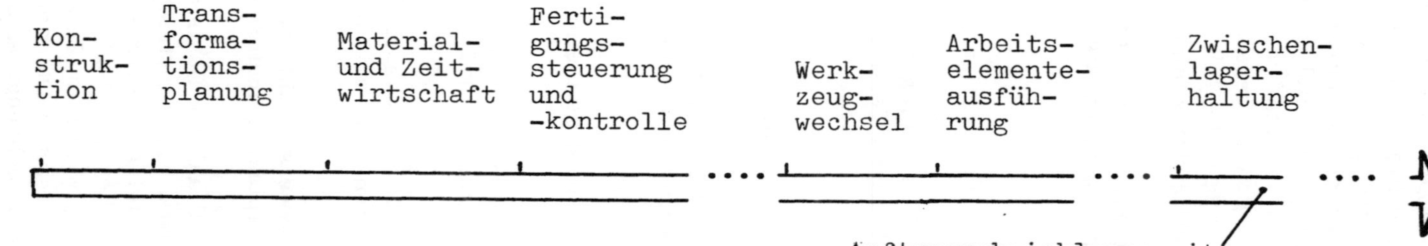

<u>Abb. 43:</u> Aufgabenkomplexe mit potentiellen Beiträgen zu einer
Senkung der Auftragsabwicklungszeit durch Automatisierung

geschwindigkeiten moderner EDVA ermöglichen es, durch kurze
Verarbeitungszyklen bzw. hohe Planungsfrequenzen auf Anforderungen der Märkte ebenso wie der Unternehmungselemente so rasch
und präzis zu reagieren, daß sich die Unternehmung - kybernetisch
ausgedrückt - quasi zu jedem Augenblick weitestmöglich einem
"Fließgleichgewicht" mit ihren In- und Umsystemen annähern kann.
Wie die bisherigen Ausführungen verdeutlicht haben, hat eine derartige Steigerung der Anpassungsfähigkeit herausgehobene Bedeutung insbesondere für den Fertigungstyp der Individualfertigung.

Wie man sich die Prozeßstruktur der Auftragsabwicklung bei Individualfertigung in den Grundzügen vorstellen kann, zeigt Abb. 44
(330).

41 412 Der Kombinationstyp "Typenfertigung"

Die Automatisierung von   P l a n u n g s prozessen in der Typenfertigung wird von zwei gegenläufigen Tendenzen bestimmt: Die automatisierungs f ö r d e r n d e   Tendenz ist darin zu sehen, daß

- die einzelnen erzeugnisbezogenen Stammdaten bei gleicher Planungsfrequenz häufiger als bei Individualfertigung angesprochen
  werden (Abschnitt 41 2124), und

- speziell bei weitgehend bestellorientierter Fertigung u. U. laufend
  Sortenschaltungs- und Steuerungsprobleme (Abschnitte 41 2422 und
  41 2233) zu lösen sind.

Hingegen ergeben sich automatisierungs h e m m e n d e   Tendenzen
daraus, daß

- generell die Planungsfrequenzen im Vergleich zur Individualfertigung als relativ niedrig anzusehen sind (Abschnitte 41 2125 und
  41 2222-4)

- speziell im Bereich der Transformationsplanung (und Konstruktion)
  Automatisierungsmöglichkeiten nur in relativ geringem Umfang
  bestehen,

- mit Vorliegen von beispielsweise Takt- oder gar Fließbandfertigung der Potentialbelegungsplanung häufig nur eine geringe, ma-

---

330) Abb. 44 entstand zum Teil auf der Basis der Ausführungen und
     Darstellungen von Mertens, P., Industrielle Datenverarbeitung,
     Bd. 1, Administrations- und Dispositionssysteme, a. a. O., zum
     Teil auf der Basis der bisherigen Ausführungen der Arbeit; die
     Symbolik der Darstellung wurde in Teilen angelehnt auch an
     Roschmann, K., Automatisierte Datenerfassung für Ferti-
     gungssteuerung und Kostenrechnung, a. a. O., S. 132.

180

nuell unschwer zu bewältigende Komplexität innewohnt (Abschnitt
41 2422),

- mit zunehmender, insbesondere für die Massenfertigung charak-
  teristischer Verstetigung der Fertigungsstruktur auch die Repetierfaktorbereitstellungsplanung immer weniger den Einsatz von
  EDVA erforderlich und wirtschaftlich sinnvoll erscheinen läßt
  (331).

Wenn im Einzelfall auch bei einem Überwiegen der automatisierungs-
hemmenden Tendenzen noch ein relativ hoher Automatisierungsgrad
innerhalb der Fertigungsplanung resultiert, so kann dies z. B. zum
einen auf technologisch besonders schwierig zu beherrschende und
daher stör- bzw. ausschußanfällige Fertigungsverfahren zurückzuführen sein, die damit eine hohe Planungsfrequenz zur permanenten
Planrevision erforderlich machen (ähnlich der chip-Fertigung bei
der IBM Deutschland - siehe Abschnitt 41 424); ebenso kann natürlich auch eine durch die Art (Komplexität) des Fertigerzeugnisses
bedingte, mit "manueller" Planung kaum noch zu bewältigende Menge von Repetierfaktorarten gegeben sein (332). Insbesondere aber
wird der aus einer datentechnischen Integration möglichst
vieler - in Folge- oder gar Wechselbeziehungen zueinander stehenden - Aufgabenkomplexe resultierende Nutzen zu einer verstärkten
Automatisierung der Planungsprozesse bei Serien- (ebenso wie bei
Einzel- oder Prozeß-)Fertigung beitragen (333). Dabei soll unter
"datentechnischer Integration" die ex-ante-Abstimmung (334) aller
Datenverarbeitungszyklen insbesondere dahingehend verstanden
werden, daß Daten

a) jeweils nur einmal zum Zwecke der Verarbeitung mit EDVA erfaßt und in eine maschinell verarbeitungsfähige Form transformiert werden müssen,

---

331) Vgl. Hartmann, B./unter Mitarbeit von Hellfors, S., Organi-
     sationssysteme der betriebswirtschaftlichen Elektronischen
     Datenverarbeitung, a. a. O., S. 127.
332) Siehe z. B. Hartmann, B., Betriebswirtschaftliche Grundlagen
     der automatisierten Datenverarbeitung, a. a. O., S. 125.
333) Vgl. ähnlich Hartmann, B./unter Mitarbeit von Hellfors, S.,
     Organisationssysteme der betriebswirtschaftlichen Elektroni-
     schen Datenverarbeitung, a. a. O., S. 127.
334) Vgl. hierzu analog Bleicher, K./unter Mitarbeit von Meyer,
     E./Wiek, D., Systemanalyse internationaler Unternehmungen,
     in: Wild, J. (Hrsg.), Unternehmungsführung, Festschrift für
     E. Kosiol, Berlin 1974, S. 261; vgl. ähnlich auch Hartmann,
     B., Integrierte Datenverarbeitung, in: Grochla, E. (Hrsg.),
     HWO, Stuttgart 1969, Sp. 775 f.

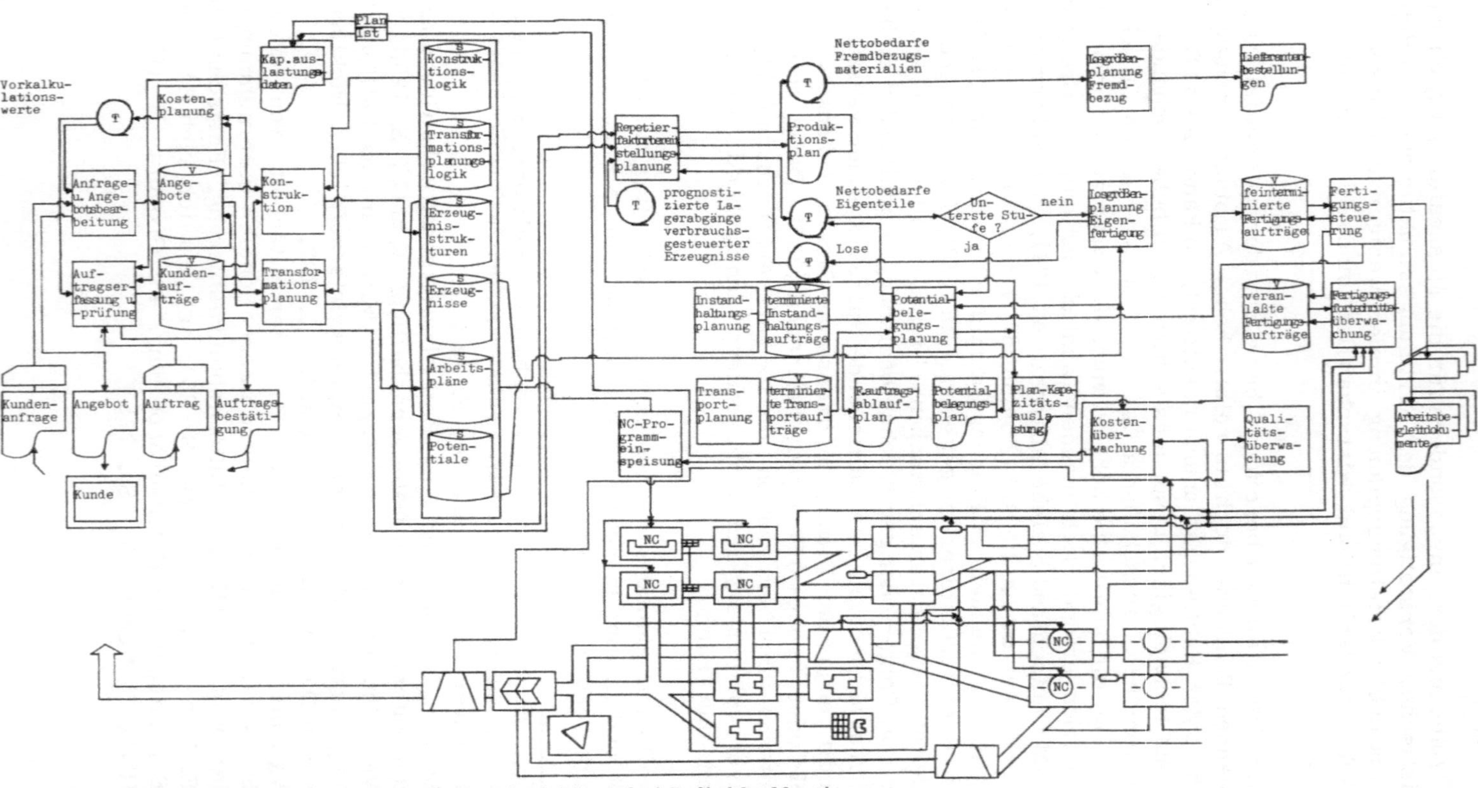

Abb. 44: Grundzüge der Auftragsabwicklung bei Individualfertigung

Symbolerklärung

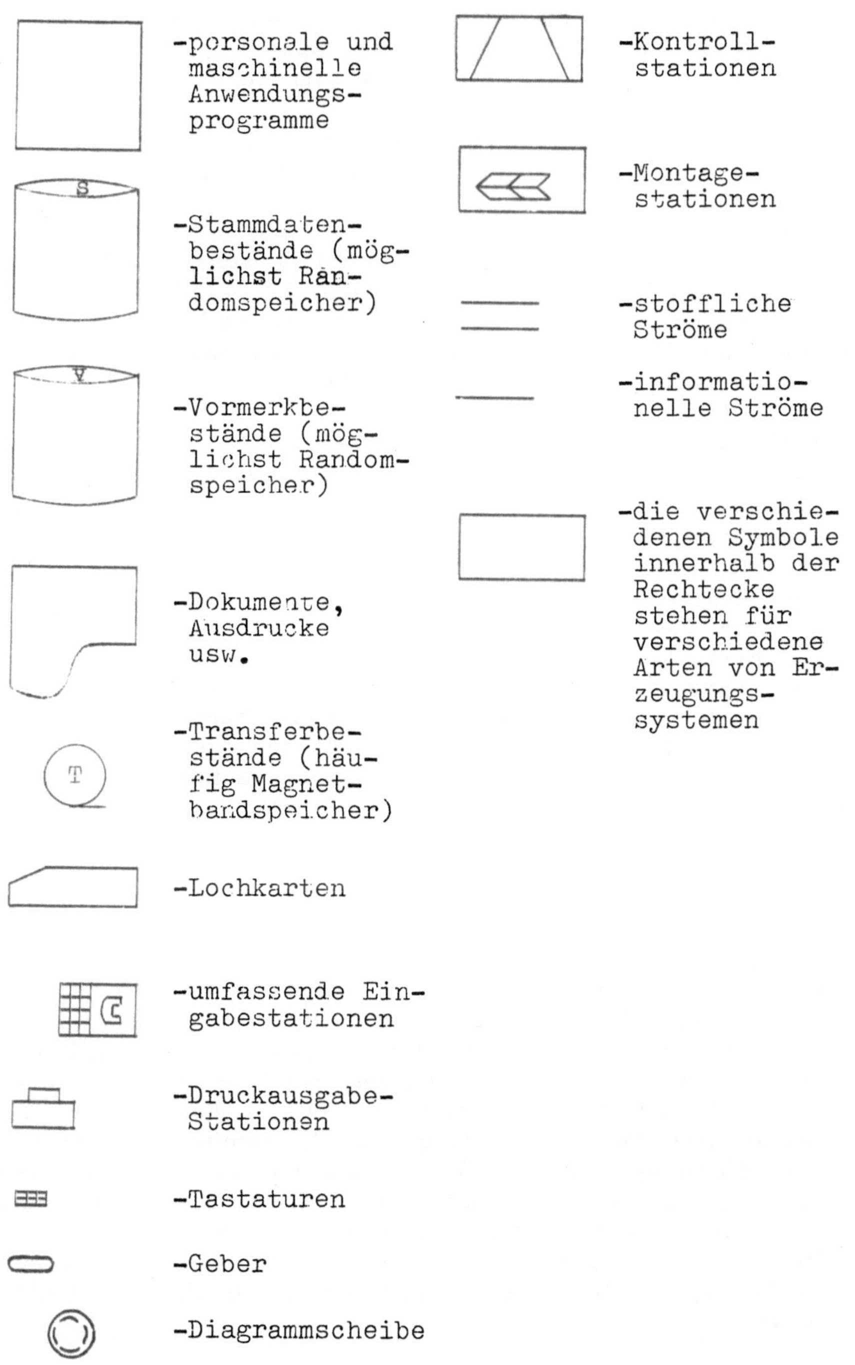

b) sodann jeweils nur an einer einzigen Stelle der unternehmungs-
eigenen Datenbank gespeichert werden,

c) zu verschiedenen Zeitpunkten möglichst nicht wiederholt genau
den gleichen oder aber verschiedenen ähnlichen, standardisier-
baren Verarbeitungsprozessen unterworfen werden,

d) unter Ausschaltung vermeidbarer manueller Verarbeitungsinseln
möglichst von Programm zu Programm weitergegeben werden
können (335).

Abschließend sei noch einmal explizit darauf verwiesen, daß die Relevanz vorstehender Ausführungen für den Einzelfall fundamental
davon abhängig ist, inwieweit tatsächlich eine eindeutige Vorrats-
statt einer Bestellorientierung und ein der Großserienfertigung entsprechender Leistungswiederholungsgrad gegeben sind.

Hinsichtlich der Automatisierung von R e a l i s a t i o n s prozessen in der Typenfertigung kann folgendes resümiert werden: Je nachdem, wieweit eine Unternehmung mehr zur Mittelserien- oder aber
zur Massenfertigung tendiert, wird sie stärker auf flexible, materialflußtechnisch integrierte Fertigungssysteme oder aber stärker
auf starr ausgelegte und starr verkettete Aggregate zurückgreifen
(Abschnitte 41 2132 - 41 2134). Dabei zeichnet sich in Gestalt der
flexiblen Fertigungssysteme für die Mittelserienfertigung eine ganz
neue, interessante Automatisierungsvariante im Realisationsbereich
ab. Ebenso steht zu erwarten, daß die zwar bis hinunter zur Kleinserienfertigung geeigneten, derzeit aber überwiegend noch in der
Großserienfertigung und Massenfertigung eingesetzten (336) Industrieroboter (Abschnitt 41 2332) in den nächsten Jahren Eingang in
die Mittelserienfertigung finden werden.

---

335) Zu diesen aufgeführten Merkmalen integrierter Datenverarbeitung vgl. z. B. Hartmann, B., "Total Business Systems", in:
Engeleiter, H.-J./u. a. (Hrsg.), Gegenwartsfragen der Unternehmensführung, Festschrift für W. Hasenack, Herne/Berlin
1966, S. 180 f.; Hammer, H., Integrierte Produktionssteuerung mit Modularprogrammen, a. a. O., S. 65; Mertens, P.,
Industrielle Datenverarbeitung, Bd. 1, Administrations- und
Dispositionssysteme, a. a. O., S. 23; Büttner, R., Ein integriertes EDV-Modell - Möglichkeiten und Grenzen in einem
industriellen Unternehmen, in: Online 1973, S. 533.
336) Vgl. Rühl, G./Gramp, E., Industrieroboter - eine aktuelle
Technologie zur Humanisierung der Arbeit, in: IE (REFA) 1974,
S. 441.

Hinsichtlich der Qualitätsüberwachung ist festzustellen, daß die Prüfsysteme der Typenfertigung einen vergleichsweise hohen Automatisierungsgrad aufweisen (Abschnitt 41 2136).

Abb. 45 (337) zeigt die Grundzüge der Auftragsabwicklung bei Typenfertigung; die graphische Darstellung läßt deutlich sowohl die charakteristische 2-Kreis-Struktur dieses Kombinationstyps als auch die einfachere Planungsstruktur speziell des Kreises "Kundenauftragsabwicklung" erkennen. Über die Pufferfunktion des Fertigwarenlagers sind beide Kreise quasi voneinander abgekoppelt und können jeweils die für sie optimale Verarbeitungsfrequenz realisieren (die für den 1. gegenüber dem 2. Kreis natürlich wesentlich höher liegt).

41 413 Der Kombinationstyp "Einprozeßfertigung"

Her vorstechendstes Charakteristikum der Einprozeß- gegenüber der Typenfertigung ist das Erfordernis einer Echtzeit-Arbeitselementeplanung mit Prozeßrechnern (Abschnitt 41 2322), womit keinesfalls ausgesagt werden soll, daß in der Typenfertigung Prozeßrechner nicht eingesetzt werden, sondern vielmehr, daß der für die Einprozeßfertigung charakteristische Fließgutcharakter der Repetierfaktoren besondere Möglichkeiten ebenso wie besondere Erfordernisse des Prozeßrechnereinsatzes begründet. Der Fließgutcharakter bietet herausragende Ansatzpunkte für die Automatisierung nicht nur von Realisations- (siehe Abschnitte 41 2332-4), sondern auch den oben erwähnten spezifischen Planungsprozessen und rechtfertigt damit die Herausstellung eines gesonderten Kombinationstyps "Einprozeßfertigung" in dieser Arbeit. Dies bleibt auch dann aufrechterhalten, wenn gleichzeitig anzumerken ist, daß a n s o n - s t e n für die Einprozeßfertigung generell die zur Fertigungsplanung bei Typenfertigung gemachten Ausführungen Gültigkeit haben, also diesbezüglich hinsichtlich der Automatisierung keine weiteren grundsätzlichen Unterschiede bestehen. Die gesonderte Darstellung einer spezifischen Auftragsabwicklungsstruktur (analog Abb. 44 und 45) erübrigt sich daher auch (338), zumal bereits auf Abb. 32 verwiesen werden kann. Ihre einfache und zwingende Erklärung findet

---

337) Siehe Fußnote 330) auf S. 180; zu der in Abb. 45 angedeuteten Steuerung von Haupt- und Nebenbändern über Schreibstationen vgl. ausführlicher die in Abschnitt 41 2233 angegebene Literatur.

338) Vgl. auch Hahn, D., Industrielle Fertigungswirtschaft in entscheidungs- und systemtheoretischer Sicht, 3. Teil, in: ZfürO 1972, S. 428 f.

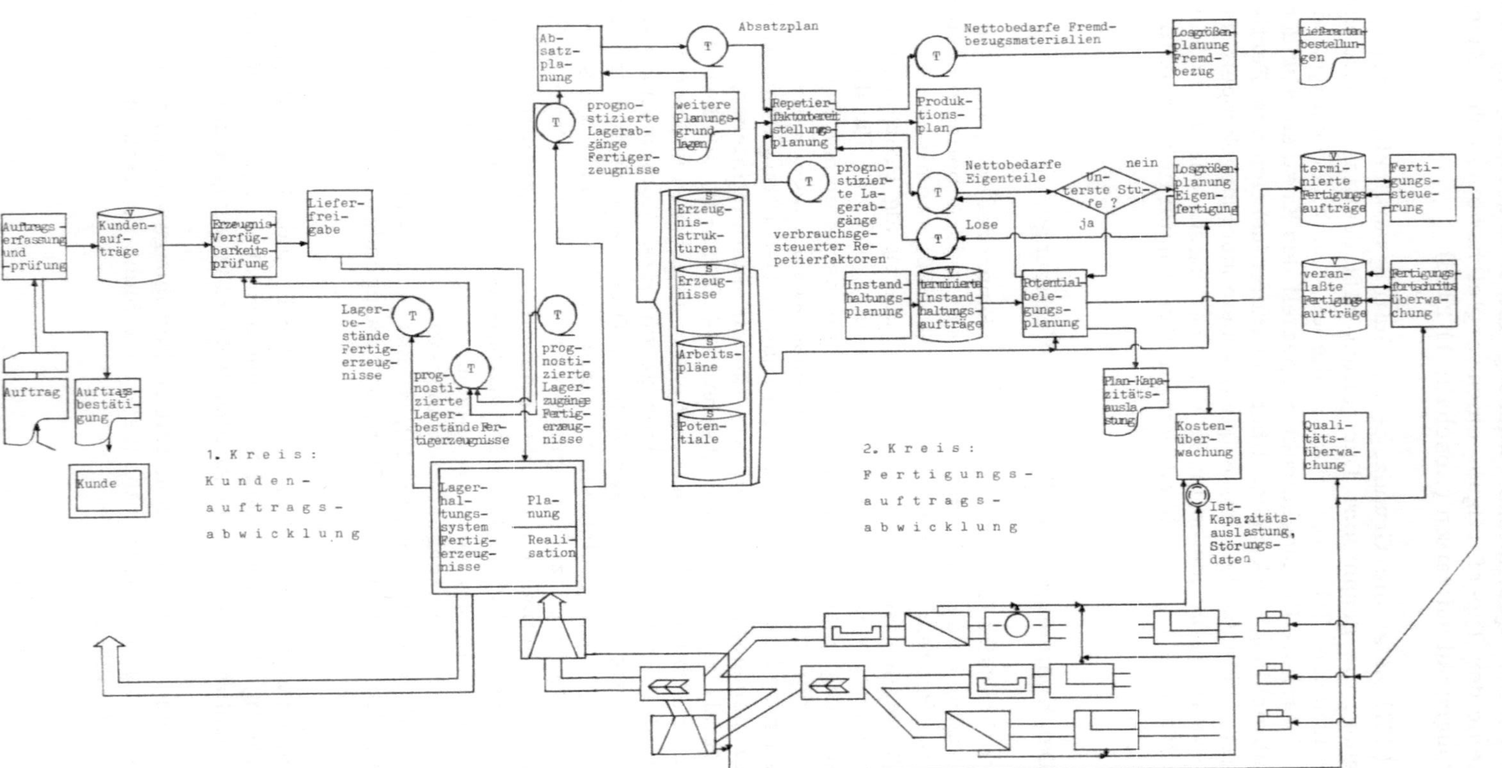

Abb. 45: Grundzüge der Auftragsabwicklung bei Typenfertigung

diese zwischen Typen- und Einprozeßfertigung bestehende Ähnlichkeit der Untersuchungsergebnisse darin, daß für beide Kombinationstypen - wie sowohl die eigene als auch andere typologische Profildarstellungen verdeutlichen (339) - die Ausprägungen der für die Automatisierung als fundamentale Bestimmungsgrößen angesehenen Merkmale relativ dicht beieinanderliegen (vom Merkmal "Leistungskonsistenz" natürlich abgesehen).

Zwei Gruppen innerhalb des mit dem Begriff "Einprozeßfertigung" angesprochenen Spektrums von Industrieunternehmungen sollen im folgenden noch kurz gesondert angesprochen werden: Die eine Gruppe von Betrieben, für die vor allem die Walzwerksbetriebe charakteristisch sind, fällt insofern aus dem normalen Spektrum der Einprozeßfertigung heraus, als ihre Auftragsabwicklungsstruktur stark bestellorientiert statt vorratsorientiert ausgerichtet ist; bei den Massen-Gebrauchsgütern der Typenfertigung gibt es in Gestalt der Automobilfertigung ein Pendant für eine ähnlich atypische Bestellorientierung. Eine andere Gruppe von Betrieben (siehe Abschnitt 41 2323) zeichnet sich dadurch aus, daß in ihrer Fertigungsplanung der Aufgabenkomplex der "Verschnittplanung" zusätzlich Berücksichtigung finden muß.

41 42 Ausgestaltungsbeispiele aus der Unternehmungspraxis

41 421 Allgemeines

Die nachfolgend dargestellten praktischen Beispiele sollen in Ausschnitten einen gewissen Eindruck davon geben, welche Automatisierungslösungen heute in verschiedenen Fertigungstypen der Unternehmungspraxis realisiert sind. Dabei weisen mehrere der ausgewählten Fälle branchen- oder technologiespezifische Besonderheiten auf, die jeweils eine individuelle Synthese der in den Abschnitten 41 21 bis 41 24 gemachten Ausführungen zu spezifischen Kombinationstypen erforderlich machen. Hier offenbart sich erneut der Nutzen einer zunächst bei den einzelnen E l e m e n t a r typen ansetzenden Analyse: Nur auf der Basis einer derartigen ceteris paribus-Betrachtung ist es möglich, über die in Abschnitt 41 3 getroffene idealtypische Dreiteilung hinaus der Vielfalt der in der Unter-

---

339) Vgl. S. 166, Abb. 42 dieser Arbeit; ferner Große-Oetringhaus,
    W., Typologie der Fertigung unter dem Gesichtspunkt der Fertigungsablaufplanung, a. a. O., S. 400, 4o2; Hahn, D., Industrielle Fertigungswirtschaft in entscheidungs- und systemtheoretischer Sicht, 1. Teil, a. a. O., S. 277.

nehmungspraxis vorkommenden Kombinationstypen Rechnung zu tragen. So weicht z. B. die in Abschnitt 41 424 dargestellte Halbleiterfertigung hinsichtlich der störungs- (bzw. ausbeute-)bedingten Planungsfrequenz und die in Abschnitt 41 427 besprochene Weißblechfertigung hinsichtlich der bestellfertigungsbedingten Planungsfrequenz von der Typen- bzw. von der Einprozeßfertigung in Richtung auf die Individualfertigung ab; ebenso ist bei dem in Abschnitt 41 428 enthaltenen Beispiel der Fertigung von Kunststoff-Rohstoffen die deutliche Bestellorientierung als Besonderheit gegenüber den typischen Einprozeßfertigungs-Betrieben der chemischen Grundstoffindustrie zu beachten.

Eingeleitet wird die Reihe der praktischen Beispiele durch zwei Fertigungsbereiche, die eine recht klare und eindeutige Affinität zum Kombinationstyp "Individualfertigung" haben; beschlossen wird sie durch zwei Unternehmungen, die - mit den angedeuteten Einschränkungen - dem Kombinationstyp "Einprozeßfertigung" nahestehen. Dazwischen liegen die drei Unternehmungen, die insgesamt am ehesten der "Typenfertigung" entsprechen dürften.

41 422 SCHLOEMANN-STEMAG AG / Werk Hilchenbach

Die Schloemann-Siemag AG ist mit ca. 4000 Mitarbeitern und 600 Mill. DM Umsatz einer der größten Walzwerkshersteller der Welt; das Programm des Hauptwerkes in Hilchenbach/Siegerland umfaßt seit vielen Jahren auch kunststoffverarbeitende Maschinen großer Bauart, die im Vergleich zu den Walzwerksaufträgen eine etwas stärkere Typisierung im Angebot zulassen. Seit 1971 sind in diesem Werk vor allem die folgenden Teilaufgaben der Fertigungswirtschaft auf EDV übernommen worden:

a. Generierung von Arbeitsplänen für Kurzdrehteile,
b. Generierung von Steuerlochstreifen für NC-Bohr- und Fräsmaschinen,
c. Regenerierung von Arbeitsplänen für Wiederholteile,
d. Vorkalkulation hinsichtlich aller Regenerierungsteile,
e. (Grob-)Terminplanung und Fertigungsfortschrittsüberwachung.

Zu a.: Monatlich sind für die Teilefamilie "Kurzdrehteile" 150-200 Arbeitspläne neu zu erstellen; als Eingabe für das automatische Generierungsprogramm, das auf einer IBM/370-125 läuft, dient im wesentlichen eine genaue geometrische Beschreibung des Drehteiles (einschließlich Angaben über Aussen- und Innengewinde und etwa erforderlicher Bohrlöcher) sowie der geforderten Material- und Oberflächenqualität. Die Ausgabe geschieht in Form kompletter Arbeitspläne,

d. h. teilespezifischer Ausdrucke mit allen textlichen und
numerischen Angaben über die erforderlichen Arbeitsgänge (340), deren Reihenfolge auf den jeweils kostengünstig-
sten Fertigungsgruppen sowie die (auch von den aktuellen
Lagerbeständen her gesehen) zweckmäßigsten Ausgangskon-
turen des in die Drehmaschinen einzuspannenden Rohmate-
rials. Ergänzend werden auch die entsprechenden Arbeits-
gangkarten vom Programm bereitgestellt.

Zu b. : Im Werk Hilchenbach sind derzeit insgesamt 10 NCA (4 Dreh-
und 5 Bohrmaschinen sowie 1 Bearbeitungszentrum) eingesetzt; für 4 dieser Maschinen (3 Bohr-NCA sowie das Bearbeitungszentrum) wird unter Verwendung einer selbstentwik-
kelten Programmiersprache eine halbautomatische Steuer-
lochstreifengenerierung durchgeführt. Eingabeseitig erfolgt
dabei - mit relativ geringem Aufwand - eine Geometriebe-
schreibung sowie eine vollständige Werkzeug- und Techno-
logie-Auswahl; die Bearbeitung von etwa 100 geeigneten Tei-
len/Monat wird auf diese Weise in Lochstreifenform gespeichert.

Zu c. : Ca. 1500 Arbeitspläne im Monat können dadurch (wieder-)
gewonnen (regeneriert) werden, daß über die Eingabe spezifischer Identifikationsziffern auf bereits vorhandene, abge-
speicherte Arbeitspläne zurückgegriffen wird; insgesamt
7000 verschiedene Arbeitspläne von Wiederholteilen stehen
derzeit auf Magnetplatten für diesen Zwec zur Verfügung.
Wie bereits bei der Generierung werden na ürlich auch bei
der Regenerierung die Arbeitspläne durcl. Einfügung der
kundenauftragsgebundenen Daten komplettiert.

Zu d. : Auf der Basis der für die Regenerierung auf den Platten-
speichern bereitgehaltenen Arbeitsplandaten, der in einer
Materialdatei abrufbaren Materialkosten sowie der in einer
Betriebsmitteldatei enthaltenen Maschinenstundensätze können jederzeit die aktuellen Herstellkosten für alternative
Losgrößen ermittelt werden. Dies hat insbesondere Bedeutung für die Preiskalkulation sowie für die Bewertung der
maschinell geführten Halbfabrikate-Bestände.

Zu e. : Ausgehend von dem mit dem Kunden vereinbarten Liefertermin sowie Erfahrungswerten hinsichtlich der Auftragsabwicklungszeit größerer Teilaggregate eines Kundenauftrages sind

---

340) Incl. Schnittwertdaten und aller im Zuge einer rechnerinternen
Simulation exakt ermittelten Fertigungszeiten.

für die Montage, die beiden Werkstattbereiche "Mechanische" und "Schweiß-"Werkstatt, die Arbeitsvorbereitung (wiederum getrennt nach den beiden Werkstattbereichen) und die Konstruktion entsprechende Auftragsabwicklungstermine festgelegt worden; parallel sind beim Ausschreiben der Arbeitspläne über mehrere mit Kartenlochern verbundene Schreibmaschinen alle Arbeitsgänge in Lochkartenform erfaßt worden, so daß eine erste grobe, weder termin- noch kapazitätsorientierte Belegung aller Betriebsmittelgruppen durch die Fertigungsaufträge über EDV ausgedruckt werden kann. Die oben erwähnten Auftragsabwicklungstermine dienen nun im folgenden dazu, diesen (14tägig erstellten) "unterminierten Arbeitsvorrat/Betriebsmittelgruppe" über eine entsprechende Ergänzung und anschließende Neu-Verarbeitung der Arbeitsgang-Lochkarten in einen "terminierten Arbeitsvorrat/Betriebsmittelgruppe" umzuwandeln; die endgültige Reihenfolge-Feinplanung innerhalb des Planungszeitraumes, d. h. die Zuweisung einzelner Arbeitsgänge zu bestimmten Einzelaggregaten in einem ganz bestimmten Zeitpunkt, liegt in der Hand der Arbeitsverteiler bzw. Meister.

Mit Hilfe der im Rahmen des Regenerierungssystems gespeicherten Arbeitsplandaten wird im Bereich der Kunststoffverarbeitungsmaschinen-Fertigung bereits eine maschinelle Durchlaufzeitermittlung durchgeführt.

Nach Abarbeitung der Arbeitsgänge werden die zugehörigen Arbeitsgang-Lochkarten in die Kartenleseeinrichtung entsprechender Datenerfassungsstationen des Werkstattbereiches eingeführt; ihr Inhalt wird von dort aus auf einem Lochstreifen gesammelt und dieser dann zur laufenden Aktualisierung des terminierten Arbeitsbestandes verwendet.

41 423 SIEMENS-DYNAMOWERK / Berlin

Das SIEMENS-DYNAMOWERK in Berlin hat ca. 2600 Mitarbeiter und stellt in Einzel- und Kleinserienfertigung Elektroaggregate grosser und mittlerer Bauart her, wie z. B.
- Generatoren verschiedenster Art (z. B. Wasserkraftgeneratoren größter Leistung),
- Gleichstrommotoren (z. B. für Walzwerksantriebe),
- Wechsel- und Drehstrommotoren für Industrie und Verkehr.

Dargestellt werden soll im folgenden die Automatisierung hinsichtlich der beiden Aufgabenkomplexe "Terminplanung" und "CNC-Arbeitselemente-Realisierung".

Z u r   T e r m i n p l a n u n g :
Aus obigem Fertigungsprogramm des Dynamowerkes wurden ca.
200 typische Erzeugnisse - wie z. B. die Erzeugnisart "Wasser-
kraftgenerator" - mit jeweils spezifischer Auftragsabwicklungsstruktur ausgewählt; jede dieser 200 Auftragsabwicklungsstrukturen
wurde sodann in einer EDVA abgespeichert, indem
- einerseits in Gestalt der genauen Bezeichnung von Art und Ferti-
  gungsweg aller benötigten Halbfertigfabrikate die spezifische
  A u s s t a t t u n g der betreffenden Erzeugnisart fixiert wurde
  (analog einem erzeugnisbezogenen Netzplan),
- andererseits aber durch die Möglichkeit der Eingabe unterschiedlich hoher Gesamtfertigstellungszeiten ein Spielraum für beliebig
  viele Variationen hinsichtlich der G r ö ß e des jeweiligen Aggregates erhalten blieb.

Auf diese Weise wird über die unterschiedlichen Aggregategrößen
innerhalb einer jeden Erzeugnisart die Zahl der mit EDV verarbei-
tungsfähigen Auftragsabwicklungsstrukturen auf ein Vielfaches von
200 gesteigert; neben der Eingabe der größenbezogenen Gesamtfer-
tigstellungszeit braucht lediglich noch der Liefertermin des Aggregates eingegeben zu werden, um anschließend von der EDVA einen
netzplanähnlichen Terminplan für die gesamte Fertigungsauftrags-
abwicklung hinsichtlich des Aggregates ausgedruckt zu bekommen.
In der Horizontalen enthält dieser Terminplan die Zeitachse in Gestalt von kalenderbezogenen Dekaden, in der Vertikalen die verschiedenen Halbfertigfabrikate; letztere werden hinsichtlich ihrer
Verweildauern in den einzelnen, durch Zahlen bezeichneten Abteilungen in Form von Strichen parallel zur Zeitachse dargestellt (siehe
Abb. 46).

Der gleiche Terminplan dient dann später auch zur Fertigungsfortschrittsüberwachung; aufgrund der gespeicherten Daten aller Ter-
minpläne wird in regelmäßigen Abständen die Belegung der einzelnen Abteilungen über EDV ausgedruckt. Durch die Sortierung nach
Lieferterminen für jede Abteilung entsteht die Reihenfolge, in der
zu liefern ist.

Z u r   C N C - A r b e i t s e l e m e n t e - R e a l i s i e r u n g :
Neben mehreren NC-Drehmaschinen und einem Bearbeitungszentrum verfügt das Dynamowerk über eine CNC-gesteuerte Brennschneidemaschine; anstelle des für eine normale NCA typischen,
festverdrahteten Steuerwerks transformiert und übermittelt ein
Prozeßrechner die vom Lochstreifen abgelesenen Steuerdaten. Wie
bei jeder anderen EDVA werden dem Prozeßrechner hierzu vor den
Anwendungs- die Systemprogramme eingelesen (und zwar ebenfalls
über einen Lochstreifenleser). Die über die Möglichkeit der Modifizierung der Systemprogramme vorhandene große Flexibilität der

```
OF1420       | WERK-NR  1100 149    |ST. 1  |TYP      1DH 7252-3WE 11  |LEISTUNG      160000  KVA  |BZ-EING.  00.11.71   |BL.      2
             | KENNWORT GORDON      |LOS    |B-FORM                    |SPANNG-STUFE               |LIEF-TERM 30.09.74   |27.11.74

                                     |74 FEB   |74 MAERZ |74 APRIL |74 MAI   |74 JUNI  |74 JULI  |74 AUG   |74 SEPT  |
PLAN-NR.114        |Z   A   S   V   M|05 14 25 |05 14 26 |04 17 25 |07 15 27 |06 14 25 |04 16 25 |06 15 26 |05 16 25 |04 15 |
                   |                 |A  M  E  |A  M  E  |A  M  E  |A  M  E  |A  M  E  |A  M  E  |A  M  E  |A  M  E  |A  M  |

         2990  | V  -99*        -31|                                                                                   | 2670
ST-STAB/SPULE BZ K|                 |*--------|---------|---------|---------|--------|-20-83   |         |         |     |   25
         2690  | V   00*           |                                                                                   | 2670
STAENDERWICKL,FZ  |                 |         |         |         |         |         |         |*---|--------|----25   |   13
         2670  | V   00*           |                                                                                   |
TRAGKOPF BZ       |                 |                                                                                   |    5
         1279  | V                 |                                                                                   | 1270
TRAGKOPFNABE BZ   |                 |                                                                                   |    5
         1278  | V                 |                                                                                   | 1270
SPURRING BZ       |                 |                                                                                   |    5
         1277  |                   |                                                                                   | 1270
TRAGKOPF/SPURR.FZK|                 |         |         |      *-|---05-10|-28---05|---10---|-05------|-10-05-10|       |   13
         1270  | V   00*         00|                                                                                   |
TRAGSTERN BZ      |                 |*--------|---------|-01      |         |         |         |         |         |     |    5
         3299  | V   00*           |                                                                                   | 3290
TRAGSTERN FZ    K |                 |         |         | *----05|--------|--------|-10      |         |         |     |   10
         3290  | V   00*           |                                                                                   | 3230
KUEHLEINRICHTUNG K|XX  01/ 15       |         |         |         |         |  *--01|-------10|-01----10|-XX      |     |   13
         3230  | V   00*         00|                                                                                   |
AXIALLAG-SEGM BZ  |                 |      *-|-01      |         |         |         |         |         |         |     |   10
         3289  | V                 |                                                                                   | 3285
AXIALLAG-SEGM,FZ K|                 |         |         |*--10---|-05----10|----05-10|-05----10|        |         |     |   13
         3285  | V   00*           |                                                                                   |
LAGERSCHALE FZ   K|                 |         |         |*--05-10|-01----05|----10---|----05-10|-05----10|        |     |   13
         3255  | V   00*           |                                                                                   |
FALSCHE BGR       |                 |                                                                                   |    5
         3387  |                   |                                                                                   | 3380
LAGERSCHALE AS FZK|                 |*--05-10|-05-10-05|-10-05---|-10---05|-10      |         |         |         |     |   13
         3380  | V   00*           |                                                                                   |
FUEHR-STERN AS BZ |                 |*--------|---------|-01      |         |         |         |         |         |     |    5
         3399  | V   00*           |                                                                                   | 3380
FUEHR-STERN AS FZK|                 |         |         |*--05-10|-05------|-10      |         |         |         |     |   13
         3390  | V  .00*           |                                                                                   |
LUEFTERFLUEGEL BZ |                 |                                                                                   |    5
         1357  | V                 |                                                                                   | 3390
LUEFTERFLUEGEL FZK|                 |         |         |         |         |*----05|-10      |         |         |     |   13
         1356  |                   |                                                                                   |
INNENLUEFTER KPL  |                 |         |         |         |         |*-|--------|-01-05---|-10    |         |     |    5
         1352  | V   00*         =M|                                                                                   | 1356
LATERNE F,HILFSM. |                 |         |         |*-|--------|-01-05---|----10  |         |         |         |     |    5
         5488  | V   00*         00|                                                                                   | 1352
SCHLPL.F,GEHAEUSEK|                 |         |         |         |*----|--------|-01-05---|-10    |         |         |     |   13
         5989  | V   00*           |                                                                                   |
SCHLPL,LAG-STERN K|                 |         |         |         |*----|--------|-01-05---|-10    |         |         |     |   13
         5986  |                   |                                                                                   |
BREMSE          K |                 |*-|-01-06-05|----01---|-05-10-06|-------10|-15      |         |         |         |     |   13
         5599  | V   00*         00|                                                                                   |

                   | ARB.TAGE / DEK  | 6  8  6 | 6  8  7 | 8  5  7 | 7  6  8 | 5  8  6 | 8  7  8 | 7  7  8 | 7  8  6 | 8  6 |
```

Abb. 46: EDV-generierter Terminplan (Auszug)

NCA sowie die vielfältigen Möglichkeiten zu einer anspruchsvolleren Verarbeitung der NC-Daten können als wesentliche Vorteile der
CNC angesehen werden: So kann der in die Steuerung integrierte
Prozeßrechner z. B. mehrere Werkzeugmaschinen simultan steuern
bzw. im hier vorliegenden Falle parallel zur Steuerung der Brennschneidemaschine einen anderen, zweiten Lochstreifen mit Hilfe
des Plotters austesten; er kann überdies - was ansonsten nicht unproblematisch ist - den momentan die Brennschneidemaschine mit
Daten versorgenden Lochstreifen wieder rückwärts lesen. Dieses
Rückwärtslesen ist beim Brennschneiden notwendig, um bei einem
abgerissenen Brennschnitt die Maschine von jedem beliebigen Punkt
innerhalb der auszubrennenden Kontur neu anfahren zu können.

41 424 IBM Deutschland GmbH / Werk Sindelfingen

Im Werk Sindelfingen der IBM Deutschland GmbH werden Halbleiterspeicher, Leiterplatten (Schalt- und Grundkarten), Magnetplatten und Kabel hergestellt; die Belegschaft umfaßt etwas mehr als
3500 Mitarbeiter. Im folgenden interessieren nur noch die Halbleiter- und Leiterplattenfertigung, die beide besondere Anforderungen nicht nur an die Fertigung selbst (Prozeßrealisierung), sondern
auch an deren Planung (Fertigungsplanung) stellen.

Z u r   H a l b l e i t e r f e r t i g u n g :

a) Prozeßrealisierung

In der Halbleiterfertigung geht es darum, auf kleinstem Raum (Siliziumplättchen von 3 x 3 mm Kantenlänge = 1 chip) bis zu 2048
Speicherschaltkreise zu integrieren. Da dies natürlicherweise nicht
mehr auf mechanischem Wege, sondern nur noch mit Hilfe von
photolithographischen und Diffusionsprozessen möglich ist, haften
dem Fertigungsbereich in weiten Teilen fast schon Züge eines Chemiebetriebes an. Dieses Erscheinungsbild findet seine Ergänzung
in den auch in der chemischen Fertigung häufig anzutreffenden besonderen Reinlichkeitsvorschriften und -stufen. Trotz der diesbezüglichen vorsorglichen Maßnahmen und des Einsatzes fortgeschrittenster technologischer Konstruktions- und Fertigungsprinzipien
läßt es sich aufgrund der dieser Fertigungsaufgaben innewohnenden
außerordentlichen Komplexität nicht vermeiden, daß permanent die
nachfolgend geschilderte "Ausbeute-Problematik" bewältigt werden
muß:

Wird ein - im Durchschnitt aus 20.000 chips bestehender - Fertigungsauftrag zur Erledigung in den betrieblichen Bereich gegeben,

so muß von vorneherein damit gerechnet werden, daß der Prozeß-
output eine Palette von chips heterogener Qualität (vor allem Schalt-
geschwindigkeit) bzw. ein Qualitätsspektrum einer nur teilweise
voraussagbaren Ausprägung aufweisen wird. Innerhalb dieses Qua-
litätsspektrums wird i. d. R. die ursprünglich geforderte Qualität
besonders häufig auftreten und nur ein relativ kleiner Teil der chips
völlig unbrauchbar sein; der Rest besteht aus chips, denen aufgrund
ihrer spezifischen Eigenschaften bestimmte Teilenummern aus dem
insgesamt ca. 400 Teilenummern umfassenden Fertigungsrepertoire
zugeordnet werden können und die somit für entsprechende Verwen-
dungszwecke geeignet sind.

Um nun jederzeit die Gewähr dafür zu haben, daß unbrauchbare
chips nicht durch ihr Verbleiben im Fertigungsprozeß eine weitere,
aber völlig unsinnige Wertsteigerung erfahren, und um außerdem
möglichst frühzeitig zu erkennen, welches Ausbeutespektrum zu erwarten ist, findet nach jeder kritischen Fertigungsstufe ein 100 %iger
Qualitätstest statt. Zusammen mit den Qualitätsmerkmalen (z. B.
Schicht- und Oberflächenbeschaffenheit, Kapazitäts-/Spannungsver-
halten, Schaltgeschwindigkeiten, Lebensdauer) einer Fertigungsstufe werden auch deren zugehörige fertigungstechnische Prozeßdaten (Temperaturen, Drücke usw.) erfaßt und gespeichert; auf diese Weise - und mit Hilfe entsprechender Programme und Dialog-
hilfen - ist es den Test-Ingenieuren möglich, die Qualitätsdaten sofort oder aber zu einem späteren Zeitpunkt auf Korrelationen mit
bestimmten Prozeßparametern zu überprüfen bzw. andere mathe-
matisch/statistische Auswertungen vorzunehmen, und daraus die
entsprechenden Verbesserungsvorschläge hinsichtlich des Fertigungsprozesses abzuleiten. Der Zugriff der Test-Ingenieure auf
die Qualitäts- und Prozeßdaten ebenso wie die im Rahmen der Fertigungsfortschrittsüberwachung erforderlichen Meldungen der nach
den Fertigungsstufen vorhandenen Mengen/Qualitätsausprägung erfolgt über Bildschirmterminals. Die Qualitätskontrolle selbst wird
von rechnergesteuerten Prüfautomaten vorgenommen; Abb. 47 zeigt
(u. a.) den prinzipiellen Aufbau der zur Halbleiter-Qualitätsüberwa-
chung aufgebauten Rechnerhierarchie des Werkes Sindelfingen.

b) Fertigungsplanung

Obwohl die Halbleiterfertigung nicht bestell-, sondern vorratsorientiert erfolgt, ist bei der gesamten zugehörigen Material- und Zeitwirtschaft dennoch von dem Erfordernis einer hohen Planungsflexibilität bzw. der Ermöglichung hoher Planungsfrequenzen auszugehen.
Dies resultiert unmittelbar aus dem Zwang, schnellstmöglich auf
die aktuellen, den effektiven Fertigungsfortschritt widerspiegelnden
Ausbeuteziffern zu reagieren, um nicht Fehlmengen einerseits und

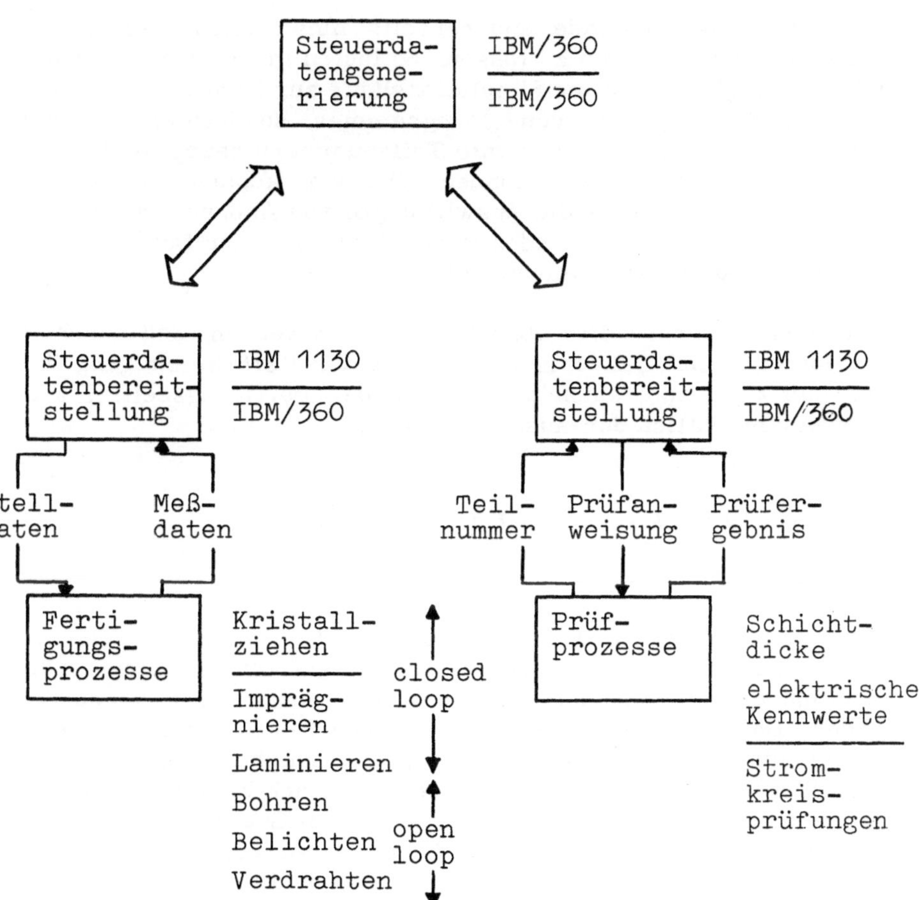

Abb. 47: Stark vereinfachtes Grundschema der Prozeßsteuerung
im Werk Sindelfingen

(Die Angaben über dem Strich beziehen sich jeweils auf
die Halbleiterfertigung, die Angaben unter dem Strich
auf die Leiterplattenfertigung)

ungewollte Lagerbestände andererseits hinsichtlich bestimmter Teilenummern entstehen zu lassen. So laufen im Werk Sindelfingen nicht nur täglich mehrere Simulationsläufe zur Ermittlung des neu zu startenden Tages(fertigungs)programmes, sondern es sind auch jederzeit gezielte, auf bestimmte Teilenummern bezogene Sonderrechnungen möglich; diese Sonderrechnungen können z. B. für bestimmte Teilenummern die Auswirkungen von Änderungen des Bedarfs sowie der zu erwartenden Ausbeuteziffern oder Durchlaufzeiten auf die Lagerbestände ermitteln.

Besonders erwähnt sollte abschließend noch werden, daß innerhalb der Material- und Zeitwirtschaft Lernkurven Berücksichtigung finden, und zwar zum einen hinsichtlich der Fertigungszeiten, zum anderen hinsichtlich der Ausbeuteziffern.

Z u r   L e i t e r p l a t t e n f e r t i g u n g :

a) Prozeßrealisierung

Leiterplatten sind gepreßte oxydharzgetränkte Glasfasergewebe mit leitungsführenden Ober- und Unterseiten und ggf. Zwischenlagen, die durch innenwandig verkupferte Bohrlöcher miteinander verbunden werden. Das jeweilige Schaltbild wird durch Belichtungsautomaten auf die mit Photolack überzogenen Kupferschichten projeziert und durch Wegätzen der mit unbelichtetem Photolack bedeckten Kupferschichten physisch herausgeprägt. Bei den Grundkarten, auf die später verschiedene Speicher- und Schaltkarten aufgesteckt werden, folgt als Abschluß noch die Verdrahtung und Stromkreisprüfung (Prüfung der Strukturadäquanz der Schaltungswege), bei den Schaltkarten hingegen das Zersägen der normalerweise mehrere Exemplare beinhaltenden Leiterplatte.

Die Fertigung selbst weist durch den Einsatz von 4 verschiedenen Bohr-, 3 Belichtungs-, 3 Verdrahtungs- und 10 Prüfautomaten einen außerordentlichen Automatisierungsgrad auf. Dieser findet, wie bereits Abb. 47 andeutet, sein Pendant im Planungs- und Steuerungsbereich.

b) Fertigungsplanung

Im Gegensatz zur Halbleiterfertigung ist hier eine ausgeprägte Bestellorientierung (immerhin umfaßt die Schaltkartenfertigung ca. 10.000 Teilenummern!) und hohe technische Änderungsfrequenz der Erzeugnisse gegeben; wenn dennoch die Planungsfrequenz mit einer nur wöchentlichen (gegenüber einer täglichen) Fertigungsprogramm-

planung niedriger ist als bei der Halbleiterfertigung, so liegt dies
vor allem an dem wesentlich schwächer ausgeprägten Ausbeutepro-
blem. Während die Losgrößen- und Kapazitätsbelegungsplanung
aufgrund der fest vorgegebenen Fertigungsverhältnisse (vor allem
Behältergrößen) entfällt bzw. auf einfachste Weise bereits bei der
Fertigungsprogrammplanung antizipiert werden kann, ist z. B. hinsichtlich der Arbeitsgang-(Verfahrens-)Wahl beim Belichten die
Stückzahl eines Auftrages zu beachten: Nur bei hinreichend großen
Stückzahlen lohnt sich der "Umweg" über Glasschablonen; ansonsten
werden die Leiterplatten direkt belichtet.

41 425 Volkswagenwerk AG / Wolfsburg

a) E D V - g e s t ü t z t e   K o s t e n b u d g e t i e r u n g

In den Werken der Volkswagenwerk AG wird seit vielen Jahren eine
sehr weitgehend EDV-gestützte, kostenstellenorientierte Budgetie-
rung aller Gemeinkosten durchgeführt. Damit die Budgetwerte jeweils am Anfang eines neuen Kalenderjahres verbindlich vorgegeben werden können, wird mit den Planungsarbeiten bereits Mitte
Oktober begonnen; Grundlage der Planung sind die stellenbezogenen
laufenden Istkosten der vorangegangenen 12 Monate zum einen sowie
das Fertigungsprogramm des kommenden Jahres zum anderen. Auf
der Grundlage des Plan-Produktionsprogramms und mit Hilfe spezifischer EDV-Abläufe werden die wesentlichen Bestandteile des
Gemeinkostenbudgets über jährlich neu aufzustellende Plan-Mengen-
gerüste bewertet. Die Neuplanung über Mengengerüste umfaßt die
Kostenartenblöcke: Personalkosten (Gehälter und Zeitlöhne), innerbetriebliche Transportkosten, Energiekosten, Raumkosten, kalku-
latorische Abschreibungen und Zinsen.

Die Ermittlung der nicht über Mengengerüste planbaren Gemeinkosten (z. B. für Instandhaltung, Nacharbeit und Ausschuß, Rei-
sen, Repräsentation etc.) erfolgt über EDV auf rechnerischem Wege und stützt sich auf die tatsächlichen Kosten des Vorjahres.

In einem Rechengang wird eine Auflösung der Erfahrungskosten in
veränderliche und nicht veränderliche Anteile sowie die Anpassung
der veränderlichen Kosten an die vom neuen Fertigungsprogramm
abzuleitende voraussichtliche Beschäftigungssituation vorgenommen.

Dieser Plankostenumfang, das sogenannte RECHNERISCHE BUDGET,
wird etwa im Oktober den einzelnen Kostenstellen als Budgetvor-
schlag zur Prüfung vorgelegt. In anschließenden Gesprächen zwischen Kostenplanern und Kostenstellen können letztere eventuelle
kostenwirksame Besonderheiten, wie z. B. Verfahrensänderungen,
Anlaufkosten u. dgl., geltend machen; die überarbeiteten Planungs-

unterlagen dienen sodann als Basis eines erneuten EDV-Laufes, in
dessen Verlauf die nunmehr verbindlichen Budgetwerte des kommenden Jahres generiert werden. Diese Vorgabewerte werden dann im
Laufe des Jahres - und zwar ex post, d. h. nach Abschluß des jeweiligen Kontrollmonats - auf der Basis der realisierten Beschäf-
tigungsgrade aktualisiert, ehe sie schließlich den Istwerten zur
Kontrolle gegenübergestellt werden.

b) E D V - g e s t ü t z t e   I n v e s t i t i o n s r e c h n u n g

Wenn - wie dies bereits über einen langen Zeitraum für die Technische Betriebswirtschaft im Werk Wolfsburg gilt - in jeder Woche
mehrere Dutzend Vorhaben auf die kapazitätsmäßigen und wirtschaftlichen Aspekte hin untersucht werden, so sind damit grundsätzlich
gute Chancen für eine EDV-Unterstützung zu vermuten. Tatsächlich werden in z. Zt. noch relativ begrenztem, aber ständig zunehmendem Umfang im Wolfsburger Werk Investitionsrechnungen auf
der Basis der Internen Zinsfußmethode mittels entsprechenden EDV-
Programmen durchgeführt. Insbesondere bei Vorhaben mit einem
Planhorizont von 8 bis 10 Jahren und/oder einem hohen Rechenaufwand, speziell im Hinblick auf Sensitivitätsanalysen und Simulationen zur Absicherung der Ergebnisse, ist die maschinelle Abwick-
lich der Wirtschaftlichkeitsüberprüfung mit einem hohen Nutzeffekt
verbunden; für die nächsten Jahre erwartet man einen Anteil von
ca. 15 % EDV-gestützter Investitionsrechnungen.

41 426 SEL AG / Werk Rastatt

Im Werk Rastatt der Standard Elektrik Lorenz AG werden Rundfunk-
und Phonogeräte verschiedener Ausführungen montiert; die Belegschaft umfaßt etwa 1. 400 Mitarbeiter. Bekanntlich ist es außerordentlich schwierig, Montagearbeiten der hier vorliegenden Art mit
ökonomischem Erfolg zu automatisieren; daß auf Teilgebieten dennoch Rationalisierungserfolge erzielbar sind, zeigt folgendes Beispiel aus dem Rastatter Werk: Bei Rundfunk- und Phonogeräten finden in beträchtlichem Maße gedruckte Schaltungen in Form von
Leiterplatten Verwendung; auf diese Leiterplatten müssen an den
hierfür vorgesehenen Stellen diskrete elektronische Bauelemente
(Transistoren, Kondensatoren, Widerstände usw.) so aufgesteckt
werden, daß sie später mühelos bzw. vollautomatisch von einer
Zinnwelle mit der Schaltung leitend verbunden werden können. Damit der Vorgang dieses Aufsteckens vollautomatisch ausgeführt
werden kann, ist es erforderlich, daß sowohl die Leiterplatten als
insbesondere auch die einzelnen, relativ kleinen Bauelemente selbst
ohne zu großen Aufwand maschinell handhabbar sind; letzteres wird
erreicht, indem die Bauelemente gegurtet werden und dadurch in

mancher Hinsicht quasi einen fließgutähnlichen Charakter annehmen.
Für das weitere Vorgehen gibt es nun zwei Alternativen, die beide
im Werk Rastatt zum Einsatz kommen:

Die ältere Bestückungsanlage ist in Form einer kleinen, 26 Stationen umfassenden Transferstraße ausgebildet, indem die Leiterplatten automatisch hintereinander von Station zu Station weitertrans-
portiert werden und an den einzelnen Stationen jeweils immer nur
mit genau den gleichen Bauelementen maschinell bestückt werden.
Das Umrüsten einer derartig ausgebildeten Straße auf andere Lei-
terplattentypen setzt natürlich wegen der Umrüstkosten immer gewisse minimale Losgrößen voraus; daher entschloß man sich vor
einiger Zeit, im Interesse einer größeren Flexibilität einen numerisch gesteuerten Bestückungsautomaten hinzuzukaufen, der bei etwa der gleichen Arbeitsgeschwindigkeit wie die Transferstraße
jede Platte einzeln und komplett mit insgesamt 84 Bauelementen bestückt, ehe er die nächste Platte in Bearbeitung nimmt. Da die Gur-
tung der Bauelemente ebenfalls numerisch gesteuert vollzogen wird,
kann hier von wesentlich geringeren optimalen Losgrößen und wesentlich geringeren Umstellungszeiten ausgegangen werden.

41 427 RASSELSTEIN AG/ Werk Andernach

Für die Leistungserstellung des Werkes Andernach der RASSEL-
STEIN AG sind insgesamt etwa 2.000 gewerbliche und kaufmänni-
sche Mitarbeiter tätig; das Fertigungsspektrum umfaßt kaltgewalz-
tes Stahlblech und -band sowohl mit blanker Oberfläche als vor allem auch verschiedenen Arten von Oberflächenveredelung (in der
Hauptsache Verzinnung, aber auch Verchromung oder Lackierung).
RASSELSTEIN hat bei den hauptsächlich in die Verpackungsindu-
strie gehenden Weißblechen einen Inlands-Marktanteil von über 60 %.

Zusammenfassend soll im folgenden ein kurzer Überblick über den
Stand der Automatisierung innerhalb von vier ausgewählten fertigungswirtschaftlichen Aufgabenkomplexen des Werkes Andernach,
nämlich der Reihenfolgeplanung, der Realtime-Arbeitselemente -
planung (Prozeßführung) sowie der Qualitäts- und der Kostenüberwachung gegeben werden.

Zur Reihenfolgeplanung:

Die Auftragsabwicklungsstruktur innerhalb der Weißblechherstellung wird entscheidend dadurch geprägt, daß schon ohne Berücksichtigung der individuell von Kunde zu Kunde verschiedenen Er-
zeugnisabmessungen etwa 500 verschiedene Sorten (Kombinationen
unterschiedlicher Zinnauflagen und Glüharten) zu fertigen sind. Un-

ter Einbeziehung auch der Abmessungen vervielfacht sich diese Zahl und läßt es unmöglich erscheinen, eine Programmplanung nach dem Prinzip der Vorratsfertigung durchzuführen. Daher vollzieht sich die gesamte Auftragsabwicklung von der Rohmaterialbeschaffung über das Walzen und Glühen bis zum Verzinnen rein bestellorientiert: Sobald das für einen speziellen Kundenauftrag 4 Wochen zuvor bestellte Warmband eingetroffen ist, kann der betreffende Kundenauftrag in die kurzfristige, mit 2 Tagen Vorlauf vor der Fertigung arbeitende simultane Programm- und Potentialbelegungsplanung einbezogen werden. Das für diesen Planungskomplex implementierte Programm belegt den vorhandenen Betriebsrechner (341) (IBM/370-125) alle 1-2 Tage etwa für 90 Minuten. Die Hauptproblematik liegt dabei in der Lösung des Reihenfolge- bzw. Sortenschaltungsproblems: Eine erste, wesentliche Größe für die Reihenfolgebestimmung ist natürlich der dem Kunden zugesagte Liefertermin. Als zweite Determinante sind bestimmte technologische Gegebenheiten im Zusammenhang mit den Walzstraßen zu beachten, wie z. B. das Erfordernis, zur Vermeidung unerwünschter Oberflächenausprägungen die Abnutzung der Arbeitswalzen durch Auftragsfolgen mit sukzessiv kleiner werdender Bandbreite zu erreichen. Zum dritten kann sich hinsichtlich der Verzinnungsanlagen die Zusammenfassung bzw. Hintereinanderschaltung verschiedener Aufträge mit gleicher Oberflächenveredelung empfehlen. Bedenkt man nun, daß diese Bestimmungsgrößen sehr häufig in konkurrierender Beziehung zueinander stehen können, und daß bei allen Reihenfolge-entscheidungen zusätzlich immer eine angemessene Auslastung aller Aggregate (342) erreicht werden muß (was insbesondere auch auf die je nach der gewählten Verfahrensalternative einsetzbaren Glühaggregate zutrifft), so wird die ganze Komplexität dieser Planungsaufgabe bei der Weißblechherstellung deutlich. Während das EDV-Programm bisher lediglich die aus dem Blickwinkel der Walzstraße relevanten Reihenfolgekriterien berücksichtigen konnte, und die übrigen Gesichtspunkte erst durch manuelle Eingriffe zur Geltung kommen konnten, wird z. Zt. an einer Programmversion gearbeitet, die eine umfassende maschinelle Optimierung der gesamten Sortenschaltungsproblematik ermöglichen soll.

Zur Realtime-Arbeitselementeplanung (Prozeßführung):

Im Werk Andernach wurde 1972 die erste sechsgerüstige Tandem-Kaltwalzstraße Europas in Betrieb genommen; sie walzt Warmband

---

341) Für die Aufgaben des Rechnungswesens ist eine gesonderte EDVA (IBM/370-135) vorhanden.
342) Die Pufferlager vor den einzelnen Fertigungsstufen decken i. d. R. einen $\geq$ 2-Tages-Bedarf ab.

von einigen Millimetern Dicke herunter auf Werte ≤ 1 mm und wird gesteuert von einem Prozeßrechner SIEMENS 305. Dieser Rechner versorgt je Gerüst etwa ein halbes Dutzend konventionelle Regelkreise mit Sollwerten, die er aufgrund eines mathematischen, zur Adaption befähigten Modelles ständig neu errechnet. Bei den untergeordneten Regelkreisen handelt es sich teils um feed-back-,teils um feed-forward-Control von Werten wie der Banddicke, dem Bandzug, der Walzkraft, dem Drehmoment usw.; da die Gerüste über das Stahlband quasi starr miteinander verbunden sind, wirken sich Änderungen beliebiger Werte an beliebigen Gerüsten im Grundsatz immer auch auf alle übrigen Regelkreise mit aus. Von daher kann der Nutzen des übergeordneten Prozeßrechners zum einen darin gesehen werden, daß über das mathematische Prozeßmodell alle Interdependenzen zwischen den Regelkreisen in die Stichplanberechnungen mit einbezogen werden; zum anderen liegt der Nutzen des Prozeßrechners aber auch darin, daß er über die Modelladaption eine ständige Annäherung der zahlreichen Programmparameter an die tatsächlich gegebenen Walzstraßen- und Walzguteigenschaften bzw. -einflüsse vorzunehmen vermag.

Sollte der Rechner einmal während des laufenden Betriebes plötzlich ausfallen, so ist gewährleistet, daß die untergeordneten Regelkreise ihre Aufgabe weiter erfüllen; die Vorgabe der Sollwerte hat dann allerdings manuell durch die Bedienungsmannschaft der Walzstraße zu erfolgen.

Z u r   Q u a l i t ä t s ü b e r w a c h u n g :

Die Qualitätsüberwachung muß zur Vermeidung von zu hohen Ausschußkosten bereits im laufenden Produktionsprozeß wirksam werden; sie hat also im Grundsatz immer eine Istwert-Erfassung an den sich in Bewegung befindlichen Stahlbändern (Beizanlage: 15 km/h; Walzstraßen: ≤ 144 km/h; Entfettungsanlage: 42 km/h; Durchlauf-Glühanlagen: ≤ 7 km/h; Verzinnungsanlagen: ≤ 36 km/h; Zerteilanlage: ≤ 18 km/h) vorzunehmen. Diese Istwerte sind insbesondere

a. die Banddicke (automatische Meßpunkte: Walzstraße, Verzinnungslinien, Zerteilanlage)

b. die Zinnschichtdicke (automatische Meßpunkte: Verzinnungslinien)

c. Vorhandensein von Löchern im Band (automatische Meßpunkte, die auch bei schrägem Verlauf sowie bis zu 5 μ wirksam sind: Verzinnungslinien, Zerteilanlage)

d. Oberflächenqualität (visuelle personale Kontrolle: Verzinnungslinien, Bandlackiererei, Zerteilanlage).

Die im open-loop-Verfahren erfaßten Meßwerte werden ständig in
Form von Qualitätsberichten ausgewertet (343), wobei eventuelle
Fehlerstellen auch im nachhinein jederzeit auf einem Stahlband lo-
kalisiert werden können.

Z u r   K o s t e n ü b e r w a c h u n g :

Zum Zwecke der Wirtschaftlichkeits-, insbesondere der Kostenüberwachung werden ständig und für alle Fertigungsstufen Schicht-
berichte, Leistungsberichte sowie Stör- und Qualitätsberichte ange-
fertigt. Dabei geht es insbesondere um eine ausreichende, optimale Nutzung der sehr teuren Produktionsanlagen, d. h. um eine Minimierung der Leerkosten. Die diesbezüglich relevanten Nutzungs-
zeiten und -kennziffern, Unterbrechungszeiten und -ursachen sowie die Lohnkosten und Verbrauchszahlen an wichtigen Roh-, Hilfs-
und Betriebsstoffen finden sich in komprimierter Form in den Lei-
stungsberichten; die ausführlicheren Schicht-, Stör- und Qualitätsberichte geben die Möglichkeit, Einzelfragen und -problemen bei
Bedarf vertieft nachzugehen.

Zur Sicherstellung und Vereinfachung des umfangreichen, zur Kostenüberwachung erforderlichen Datenstroms aus der Fertigung
werden an den Schwerpunkt-Anlagen Auftragsbegleit-Lochkarten
als Rücklaufdatenträger eingesetzt: Diese Lochkarten werden nach
Ausführung der Arbeitsverrichtungen auf der jeweiligen Fertigungsstufe in eine dort befindliche Lesestation eingebracht; die auf diese
Weise automatisch gelesenen Daten (Auftrags-Nr., Arbeitsverrich-
tung, Erzeugnisdaten) werden von den Arbeitskräften über Tastaturen um die variablen Daten (Uhrzeit, Schicht-Nr., Fertigungszeiten, Störungszeiten, Lohnarten usw.) ergänzt und bilden so die
Basis für obige Auswertungen (344).

41 428 BASF AG/Ludwigshafen

Im folgenden wird für die Produktgruppen "Farbstoffe" und "Kunststoff-Rohstoffe" ein kurzer Überblick über einige interessante Punkte
der jeweiligen Auftragsabwicklungsstruktur gegeben.

---

343) Die Datenerfassung und -auflistung in den automatischen Meß-
   punkten wird von speziellen Rechnern durchgeführt.
344) Darüber hinaus gibt es spezielle Störkarten und für die Qualitätskontrolle bestimmte Verbund-Lochkarten, die aber im einzelnen nicht weiter besprochen werden sollen.

Zur Produktgruppe "Farbstoffe":

Bei der Farbstoffproduktion handelt es sich um eine vorratsorientierte Chargenfertigung; etwa 95 % aller Kundenbestellungen können direkt über die Fertigwarenlagerbestände bedient werden. Das wird dadurch möglich, daß bei der Fertigungsplanung folgendes procedere zur Anwendung kommt:Die mittelfristige Fertigungsprogrammplanung muß, da einerseits in der Farbstoffherstellung von einer Durchlaufzeit zwischen 3 und 12 Monaten auszugehen ist (wozu noch die Beschaffungszeit für Fremdbezugsmaterialien hinzukommt), andererseits aber eine Lieferfrist von etwa 14 Tagen nicht überschritten werden soll, grundsätzlich und ausschließlich auf der Basis von Auftragseingangsprognosen vollzogen werden. Ausgehend von diesen Planungsgrundlagen werden nun laufend die entsprechenden Zwischenerzeugnisbestände aufgebaut, wobei gleichzeitig mit der im Zeitablauf zwangsläufig zunehmenden Spezifizierung der Zwischenerzeugnisse auch die Planungsgrundlagen in Gestalt der Auftragseingangserwartungen immer sicherer - da näher bezüglich des Prognosehorizonts - werden. Dieses grundsätzlich allgemein anwendbare System kann nun im vorliegenden Falle deshalb mit ganz besonderer Effektivität arbeiten, weil - im Unterschied zu vielen anderen Arten von Industrieunternehmungen - bei der Farbherstellung die Festlegung auf ganz spezifische Endprodukte erst relativ spät zu erfolgen braucht, und überdies die Zahl der Endprodukte insgesamt 600 Produktnummern nicht übersteigt.

Sowohl die eben skizzierte rollende Fertigungsprogrammplanung als auch die daran jeweils anschließende Stücklistenauflösung und Kapazitätsbelegungsplanung werden seit 1969 bei der BASF-Farbenherstellung vollmaschinell durchgeführt. Das Programm be - rücksichtigt sowohl bei knappen Zwischenprodukten den unterschiedlichen Beitrag alternativer Endprodukte zum Betriebsergebnis als auch bei knappen Produktionskapazitäten (bzw. konkurrierenden Fertigungsaufträgen) Prioritätsregeln im Sinne der Schlupfzeit- sowie der KOZ-Regel.

Zur Produktgruppe "Kunststoff-Rohstoffe":

Kunststoff-Rohstoffe sind Ausgangsprodukte für die kunststoffverarbeitende Industrie, u. a. für die Verarbeitung nach dem Spritzguß- oder Extrusionsverfahren. Da es hierbei hinsichtlich des Endproduktes in hohem Maße auf die Einhaltung bzw. Erreichung ganz bestimmter Kundenspezifikationen ankommt (Farbtönungen, Härte - und Festigkeitsgrade, Brennresistenz), muß gemäß den Prinzipien der Bestellfertigung geplant und gefertigt werden - lediglich 20 %

der Produktion gehen auf Lager. Die benötigten Fertigungsaggrega-
te (z. B. Extruder) lassen sich nur mit relativ hohem Aufwand von
einer Sorte auf eine andere umrüsten, so daß im Mittelpunkt der
alle 2 Tage maschinell durchgeführten und etwa 180 K beanspruchen-
den Kapazitätsbelegungsplanung die Lösung des Sortenschaltungsproblems bei gleichzeitiger Einhaltung wichtiger Liefertermine
steht. Hierzu wurde eine spezifische Rüstkostenmatrix abgespeichert; für die 20 % Vorratsfertigung ist zusätzlich die Losgrößen-
problematik zu berücksichtigen. Von Mitte 1975 an soll auch die
gesamte zugehörige Rezeptur- bzw. Stücklistenauflösung maschinell durchgeführt werden.

42 Humane Aspekte als Bestimmungsfaktoren der Automatisierung

42 1 DIE SOZIALZIELE IM ZIELSYSTEM DER UNTERNEHMUNG

Wie bereits in Abb. 9 verdeutlicht, bilden neben den Nominal- und
Realzielen die Sozialziele einen wesentlichen Bestandteil des Zielsystems der Unternehmung; dies wurde in den letzten Jahren auch
seitens des Gesetzgebers noch einmal deutlich unterstrichen durch
zahlreiche neue Bestimmungen des Betriebsverfassungsgesetzes ,
die es den Arbeitnehmern erlauben, erforderlichenfalls die Sozialziele mit dem nötigen Gewicht gegenüber den ökonomischen Zielen
im Rahmen der betrieblichen Entscheidungsfindung zur Geltung zu
bringen. Mit gleicher Zwecksetzung haben 1973 die Gewerkschaften
in den Lohnrahmentarifvertrag II für die gewerblichen Arbeitnehmer der Metallindustrie Nordwürttemberg/Nordbaden Bestimmungen zur Fließarbeit mit eingebracht, in denen u. a. auch bereits
konkrete Maßnahmen in bezug auf die Erreichung einer besonderen
Gruppe von Sozialzielen - nämlich Entfaltungszielen - angesprochen
werden. Unter Entfaltungszielen werden Sozialziele
verstanden, die die Befriedigung von Entfaltungsbedürfnissen - also
die "Verwirklichung und Erprobung der eigenen inneren Anlagen
und Fähigkeiten" (345) - zum Gegenstand haben, während Erhal-
tungsziele auf die Befriedigung von Erhaltungsbedürfnissen
und damit primär auf die "Abwehr negativer äußerer Einwirkungen
sowie die Existenzsicherung ganz allgemein" (346) abstellen. Den
Entfaltungszielen wendet man - d. h. vor allem die Arbeitswissen-

---

345) Hahn, D. /Link, J. , Motivationsfördernde Arbeitsfeldstrukturie-
    rung in der Industrie, a. a. O. , S. 66.
346) Hahn, D. /Link, J. , Motivationsfördernde Arbeitsfeldstruktu-
    rierung in der Industrie, a. a. O. , S. 66.

schaften (347) und die Betriebswirtschaftliche Organisationslehre -
in den letzten Jahren deshalb verstärkte Aufmerksamkeit zu, weil
man erkannt hat, daß unter den Verhältnissen (insbesondere Erwar-
tungshorizonten) einer modernen Industriegesellschaft die Freiheit
von Gefährdung (und damit die Befriedigung der Erhaltungsbedürf-
nisse) eine zwar notwendige, nicht aber hinreichende Bedingung
(348) für die Begründung von Arbeitszufriedenheit ist (349); empiri-
sche Untersuchungen - vor allem von HERZBERG und in Deutschland von RÜHL (350) - haben deutlich gemacht, daß nachhaltige Zufriedenheit am Arbeitsplatz nur über die Befriedigung (auch) der
Entfaltungsbedürfnisse des Menschen erreichbar ist.

Wenn im folgenden kurz auch die wichtige Frage der innerhalb des
Zielsystems bestehenden Beziehungen zwischen den Sozialzielen
und den ökonomischen Zielen angesprochen wird, so kann wohl mit
einiger Berechtigung davon ausgegangen werden, daß die Arbeitszufriedenheit der Mitarbeiter als ein zentrales betriebliches Sozial-
ziel und das Leistungsniveau sowie die Abwesenheits- und Kündi-
gungsraten als wesentliche ökonomische Unterziele im Zielsystem
der Unternehmung anzusehen sind. Es scheint nun eine weitgehende
Übereinstimmung in der Literatur darüber zu herrschen, daß U n -
z u f r i e d e n h e i t als negative Motivation in Erscheinung tre-

---

347) Als Formalobjekt der Arbeitswissenschaft soll hier die (aufbau-
und ablauforganisatorische) A r b e i t s s t r u k t u r i e -
r u n g   i m   H i n b l i c k   a u f   S o z i a l -   u n d   ö k o -
n o m i s c h e   Z i e l e verstanden werden; zur Frage der
Abgrenzung der Arbeitswissenschaften siehe z. B. Böhrs, H.,
Die menschliche Arbeitsleistung und die Möglichkeiten ihrer
Messung, in: ZfB 1961, S. 648 ff.; Laske, S./Reichwald, R.,
Emanzipation des arbeitenden Menschen im Betrieb - Schlag-
wort oder Programm einer neuen Arbeitswissenschaft?, in:
AuL 1974, S. 9 ff.; Schulte, B./Dörken, W./Krankenhagen,
H. J., Ergonomie - ein Hilfsmittel für humane und wirtschaft-
liche Fertigung, in: ZwF 1974, S. 472 ff.; Treier, P., Zur
Problemorientierung der Arbeitswissenschaft, in: AuL 1974,
S. 17 ff.
348) Vgl. ähnlich Rühl, G., Untersuchungen zur Arbeitsstrukturie-
rung, in: IE (REFA) 1973, S. 159.
349) Vgl. hierzu und z. T. auch im folgenden Hahn, D./Link, J.,
Motivationsfördernde Arbeitsfeldstrukturierung in der Industrie, a. a. O., S. 65 ff., sowie die dort angegebene Literatur.
350) Siehe vor allem Herzberg, F./Mausner, B./Snydermann, B.,
The Motivation to Work, New York/London/Sydney 1959; Rühl,
G., Untersuchungen zur Arbeitsstrukturierung, a. a. O., S.
147 ff.

ten (351) und nicht selten mit ökonomisch nachteiligen Phänomenen
- von (bewußten oder unbewußten) Leistungsverminderungen (352)
bis hin zu erhöhten Krankenstands-, Absentismus- und Fluktuations-
ziffern (353) einhergehen kann; dies darf zweifellos als ein Argu-
ment für eine partielle Zielharmonie zwischen zentralen Sozial- und
ökonomischen Zielen zumindest im negativen Bereich der Zufrie-
denheitsskala gedeutet werden. Auch zahlreiche Erfahrungsberichte
über Humanisierungsprogramme in der Arbeitswelt sprechen dafür,
nicht durchgängig von einer Zielantinomie zwischen Sozial- und ökonomischen Zielen auszugehen (354). Wenn daher im folgenden von

---

351) Vgl. Rühl, G. , Untersuchungen zur Arbeitsstrukturierung, a.
a. O. , S. 159.

352) Nach GUBSER sind Monotoniezustände sowohl durch Unlustgefühle als auch durch Leistungsverminderungen gekennzeichnet
(vgl. Gubser, A. , Monotonie im Industriebetrieb, Bern/Stutt-
gart 1968, S. 79); siehe hierzu auch Friedmann, G. , Grenzen
der Arbeitsteilung, Frankfurt a. M. 1959, S. 72 ff. Bekanntlich
ist die schon langandauernde Diskussion, ob etwa eine k a u -
s a l e Beziehung zwischen Arbeitszufriedenheit und Arbeitsleistung besteht, welche Richtung bei diesem Zusammenhang
anzunehmen wäre, oder aber ob vielleicht beide Größen gleichermaßen und gleichsinnig in einer Abhängigkeit von dritten
Größen stehen, noch als keineswegs abgeschlossen zu betrachten - siehe hierzu Wächter, H. , Die Problematik von Unter -
suchungen zur Arbeitsmotivation, in: BFuP 1969, S. 369;
Greene, C. N. , The Satisfaction Performance Controversy, in :
Business Horizons Oct. 1972, S. 31 ff. ; Nieder, P. , Der Zusammenhang zwischen Produktivität und Zufriedenheit, in:
AuL 1974, S. 227; v. Rosenstiel, L. , Leistung und Zufriedenheit - Zur Frage der Korrelation und Kausalität aus organisationspsychologischer Sicht, Vortrag vom 11. 3. 1975 auf dem
21. Arbeitswissenschaftlichen Kongress der GfA (Gesellschaft
für Arbeitswissenschaft e. V.) in Karlsruhe - Generalthema:
Arbeitsorganisation und Motivation.

353) Vgl. Affeld, D. , Fehlanpassungen im Betrieb - Unfallwesen,
Fluktuation, Krankenstand und Absentismus, in: Bornemann,
E. , Betriebspsychologie, Wiesbaden 1967, S. 135 ff. ; Wächter, H. , Die Problematik von Untersuchungen zur Arbeitsmotivation, a. a. O. , S. 369; Nieder, P. , Der Zusammenhang zwischen Produktivität und Zufriedenheit, a. a. O. , S. 227.

354) Vgl. z. B. die bei Bihl, G. , Von der Mitbestimmung zur Selbst-
bestimmung, München 1973, S. 23 ff. , 32 ff. ; Lauterburg, C.,
Motivation durch Aufgabenstrukturierung, in: IO 1973, S. 557
ff. ; Warnecke, H. J. /Lentes, H. -P. , Arbeitsbereicherung,
in: wt 1973, S. 699 dargestellten Fälle; zu dieser Frage der

der Einbeziehung humaner Aspekte in Überlegungen zur Planung oder Verbesserung von Automatisierungsprojekten die Rede ist, so ist dies keineswegs von vornherein gleichbedeutend mit der Inkaufnahme niedrigerer Zielerreichungsgrade bezüglich der ökonomischen Ziele; endgültigen diesbezüglichen Aufschluß werden immer nur die ex ante und ex post für den Einzelfall vorzunehmenden detaillierten Gegenüberstellungen der von Humanisierungs- und Automatisierungsprojekten verursachten Änderungen erfolgswirksamer Größen (Kosten, Arbeitsproduktivität usw.) geben.

Hinsichtlich der vier Sozialziele (Zielkomplexe), die im Zusammenhang mit der Automatisierung besondere Aufmerksamkeit verdienen und im folgenden besprochen werden - Sicherheit des A r - b e i t s p l a t z e s , Sicherung des bisherigen beruflichen S t a - t u s des Mitarbeiters, Ermöglichung eines bestimmten Z u - f r i e d e n h e i t s niveaus am Arbeitsplatz, Schutz der G e - su n d h e i t der Mitarbeiter - sei noch zweierlei hervorgehoben: Der dritte und abgeschwächt auch der zweite Zielkomplex heben sich dadurch von den anderen beiden Sozialzielen ab, daß sie neben bestimmten Erhaltungs- auch Entfaltungsziele beinhalten; für alle vier Sozialziele gilt, daß im Hinblick auf ihre Realisierung die Automatisierung sowohl eine positive, fördernde als auch eine negative, hemmende Rolle zu spielen vermag. Diese Doppelrolle ist nun unter dem Oberbegriff "Ambivalenz der Automatisierung" näher auszuführen.

42 2 DIE AMBIVALENZ DER AUTOMATISIERUNG IM HINBLICK AUF DIE ERREICHUNG DER SOZIALZIELE

42 21 Grundsätzliche Möglichkeiten negativer Automatisierungseffekte hinsichtlich der Erreichung der Sozialziele

42 211 Begründung eines gesonderten Arbeitsplatzrisikos

Prozesse der Automatisierung - in Abschnitt 32 22 als Substitution personaler durch maschinelle Problemlösungsprogramme gekenn-

---

Fortsetzung von Fußnote 354)
    Zielbeziehungen siehe auch die Argumentation bei Ellinger, T. , Betriebswirtschaftlich-technologische Aspekte zur Fließbanddiskussion, in: Rationalisierung 1974, S. 22 f. , sowie bei Blei - cher, K. , Perspektiven für Organisation und Führung von Unternehmungen, a. a. O. , S. 53 ff. ; Kilger, W. , Der Faktor Arbeit im System der Produktionsfaktoren, in: ZfB 1961, S. 610 f. sowie die jeweils angegebene Literatur.

zeichnet - bedeuten, so die betreffenden Stellen (Stellenmehrheiten)
überhaupt weiterbestehen, grundsätzlich immer eine Umstrukturierung dieser organisatorischen Einheiten und damit i. d. R. auch ihrer
Anforderungsprofile; selten wird die zu Lasten eines personalen
Arbeitsfeldes (355) vorgenommene Übereignung bestimmter Arbeitselemente an ein maschinelles Arbeitsfeld sowie die damit häufig
verbundene Veränderung von Anzahl, Art und/oder Verkettung der
im personalen Arbeitsfeld verbliebenen Arbeiten das Anforderungsprofil der betreffenden Stelle (Stellenmehrheit) per saldo unverändert lassen. Damit kann die Automatisierung für die betroffenen
Mitarbeiter aus drei Gründen zum Verlust ihres Arbeitsplatzes führen: Zum einen, weil die bisher innegehabte Stelle ganz aufgelöst
wird, zum anderen, weil das Anforderungsprofil der bisherigen
Stelle stark verändert wird und nun eine zu geringe Kongruenz mit
dem Fähigkeitsprofil des Mitarbeiters aufweist, und zum dritten,
weil der Mitarbeiter - obwohl er das neue Arbeitsfeld gut bewälti-
gen könnte - erhebliche Beeinträchtigungen seines beruflichen Status, seiner Arbeitszufriedenheit und/oder seiner Gesundheit hinneh-
men müßte. Spezielle betriebliche Maßnahmen, die einen Verbleib
des Mitarbeiters im Unternehmen ermöglichen würden (z. B. Ver-
setzung auf eine andere Stelle im Unternehmungsbereich; Umschu-
lung; finanzielle Ausgleichszahlungen an der bisherigen, sonst ent-
lohnungsmäßig nachteiligen Stelle) seien im Augenblick einmal ausgeschlossen - sie werden größtenteils in nachfolgenden Abschnitten
angesprochen.

Es hat in den beiden letzten Jahrzehnten einige Versuche gegeben,
zu generellen Aussagen darüber zu kommen, in welcher Weise sich
denn das Anforderungsprofil von Stellen unter dem Einfluß von Automatisierungsprozessen zu verändern pflege (356). Wollte man wirk-

---

355) Das Arbeitsfeld einer Stelle (Stellenmehrheit) ist gekennzeich-
     net durch die Anzahl, Art sowie inhaltliche und zeitliche Ver-
     kettung der Arbeitselemente (vgl. analog Hahn, D./Link, J.,
     Motivationsfördernde Arbeitsfeldstrukturierung in der Industrie,
     a. a. O., S. 65 f.); Arbeitsfelder kann man sich grundsätzlich
     unterteilt denken in jeweils einen personal und einen maschi-
     nell abzuwickelnden Teil.
356) Siehe z. B. Bright, J. R., Does Automation Raise Skill Require-
     ments? in: HBR Jul. -Aug. 1958, S. 85 ff.; Ifo-Institut für Wirt-
     schaftsforschung, Soziale Auswirkungen des technischen Fort-
     schritts, Berlin/München 1962; Bright, J. R., Lohnfindung an
     modernen Arbeitsplätzen in den USA, a. a. O., S. 133 ff.; Bright,
     J. R., Erhöht die Automatisierung die Anforderungen an das
     Können? a. a. O. S. 31 ff. (s. o. englischen Originaltext von
     1958); Fuhrmann, J., Automation und Angestellte, Frankfurt a.
     M. 1971, sowie die bei Kirchner, J. -H., Arbeitswissenschaft-
     licher Beitrag zur Automatisierung - Analyse und Synthese von
     Arbeitssystemen, a. a. O., S. 36 ff. aufgeführte weitere Literatur.

lich einen Anspruch auf Allgemeingültigkeit derartiger Aussagen begründen, so müßte folgendes procedere Anwendung finden:

1. Die als Grundlage der Aussagen dienenden Erhebungen in der Industrie (357) müßten eine hinreichend große und in ihrer qualitativen Zusammensetzung als repräsentativ anzusehende Anzahl von Fällen (Betrieben (358)) umfassen.

2. Für jeden untersuchten Fall müßte eine in sich konsistente, lückenlose und zu allen anderen Fällen möglichst exakt korrespondierende Skala der Automatisierungsstufen vorliegen.

3. Für alle Stellen und Automatisierungsgrade eines jeden untersuchten betrieblichen Bereiches müßte die Anforderungshöhe bezüglich einer jeden Anforderungsart festgehalten werden, so daß stellenbezogene Verläufe der Anforderungshöhen über den Automatisierungsgraden dokumentierbar würden.

4. Die Kenntnis derartiger Kurvenverläufe sowie der individuellen betrieblichen Bedingungen, unter denen sie entstanden, ließe für Stellen gleichen oder ähnlichen Aufgabeninhalts die Ableitung konditionaler Aussagen des folgenden Typs zu: Wenn die betrieblichen Bedingungen x, y und z vorliegen, dann verändert sich mit dem Übergehen vom Automatisierungsgrad IV auf den Automatisierungsgrad VII das Anforderungsprofil des Stellentyps B wie folgt:...

Gemäß den ersten beiden Punkten muß also bei derartigen Untersuchungen bereits die Verwendung einer Skala einheitlich beschriebener Automatisierungsstufen für Betriebe und Betriebsbereiche unterschiedlichen Fertigungstyps als unzulässig - weil die Untersuchungsergebnisse verfälschend - angesehen werden (siehe hierzu Abschnitt 33 3222); bei den beiden letzten Punkten geht es um die Ermöglichung ausreichend differenzierender Aussagen über die situationsbeschreibenden und -verändernden Größen: Es ist das Verdienst von BRIGHT, die Notwendigkeit einer differenzierenden Betrachtung der Veränderungen sowohl von Automatisierungsgrad zu Automatisierungsgrad als auch im Hinblick auf jede einzelne Anforderungsart verdeutlicht zu haben (359); KIRCHNER hat darüber hin-

---

357) Im Rahmen des Themas dieser Arbeit würden nur Industriebetriebe und dort wiederum nur der Fertigungsbereich interessieren.
358) I. S. v. Bereichen eines weitgehend homogenen Fertigungstyps - siehe Abschnitt 33 3222.
359) Vgl. Bright, J. R. , Lohnfindung an modernen Arbeitsplätzen in den USA, a. a. O. , S. 140 ff.

aus darauf hingewiesen, daß jede Arbeitssituation durch eine
V i e l z a h l von Bestimmungsfaktoren geprägt wird, und daß es
daher erforderlich ist, neben den Gegebenheiten oder Veränderungen
des jeweiligen Automatisierungsgrades auch die Gegebenheiten oder
Veränderungen anderer Bestimmungsgrößen der Arbeitssituation
(Art, Größe, Komplexität des Arbeitsobjektes; Grad der Arbeitsteilung; Störanfälligkeit der technischen Anlagen; Berücksichtigung
ergonomischer Erkenntnisse usw.) in die Betrachtungen und Aussagen mit einzubeziehen (360). Da diese ebenso wie manche andere
in den Punkten 1-4 angesprochenen Vorgehensweisen die bisher erfolgten Untersuchungen und Aussagen zur Veränderung der Anforderungshöhe als Funktion des Automatisierungsgrades nur partiell
bestimmt haben, ist es zu teilweise sehr widersprüchlichen Aus-
sagensystemen gekommen (361) und können auch fast alle noch in
Abschnitt 42 nachfolgenden diesbezüglichen Aussagen aus der Literatur unabhängig von ihrer sonstigen Plausibilität nicht ganz ohne
entsprechende Vorbehalte übernommen werden.

Als zentrale und in den weiteren Ausführungen des Abschnittes 42
noch wiederholt hinterfragte These BRIGHTs kann die Aussage angesehen werden, daß bis weit in den Bereich der (noch nicht feed-
back-gesteuerten) Halbautomaten hinein mit steigendem Automatisierungsgrad zunächst eine dauernde Zunahme, dann Abnahme der
Anforderungshöhe bezüglich der Anforderungsarten K e n n t n i s -
s e , V e r a n t w o r t u n g und g e i s t i g - n e r v l i c h e
B e l a s t u n g verbunden ist; alle übrigen Anforderungsarten -
also die G e s c h i c k l i c h k e i t , die k ö r p e r l i c h e
B e l a s t u n g und die U m g e b u n g s e i n f l ü s s e - fallen, nachdem sie (362) vorher einen gewissen Anstieg zu verzeich-
nen haben - bereits vom Beginn des Halbautomaten-Bereiches per-

---

360) Vgl. Kirchner, J. -H. , Arbeitswissenschaftlicher Beitrag zur
Automatisierung - Analyse und Synthese von Arbeitssystemen,
a. a. O. ; Kirchner, J. -H. , Arbeitswissenschaftlicher Beitrag
zur Automatisierung, in: IE (REFA) 1972, S. 287 ff. ; Kirchner,
J. -H. , Auswirkungen der technischen Entwicklung und der Organisation auf einige Bedingungen der menschlichen Arbeit, in:
IE (REFA) 1973, S. 249 ff. Auch bei Bright finden sich gewisse
Hinweise auf die gleichzeitige Abhängigkeit der Anforderungshöhe von anderen Gegebenheiten, insbesondere Maschinenart
und -zuverlässigkeit (vgl. Bright, J. R. , Lohnfindung an mo -
dernen Arbeitsplätzen in den USA, a. a. O. , S. 144 ff. , 186 f.).
361) Siehe z. B. die Literatur-Gegenüberstellung bei Kirchner, J.
-H. , Arbeitswissenschaftlicher Beitrag zur Automatisierung -
Analyse und Synthese von Arbeitssystemen, a. a. O. , S. 36 ff.
362) Mit der möglichen Ausnahme der körperlichen Belastung.

manent hinsichtlich ihrer Anforderungshöhe ab und erreichen u. U.
schon vor dem Bereich der Rückkoppelungs-Automaten ein absolutes Minimum (363).
Im Zusammenhang mit dem Problem der Begründung eines gesonderten Arbeitsplatzrisikos interessiert an dieser Stelle primär die
Frage, ob es gerechtfertigt ist, im Bereich der untersten Mechanisierungsstufen eine ansteigende Anforderungshöhe hinsichtlich der
Anforderungsart Können (Kenntnisse und Geschicklichkeit) anzunehmen. Eine derartige These erscheint in dieser Allgemeinheit recht
problematisch; wollte man überhaupt auf der Basis des vorliegenden begrenzten Untersuchungsmaterials und unter Verzicht auf eine
absolute Differenzierung im Sinne KIRCHNERs entsprechende Tendenz-Aussagen wagen, so sollten zumindest
- sowohl der jeweils vorliegende Grad der Arbeitsteilung (364) in
  bezug auf
  - Anlagenbedienung,
  - Anlageneinstellung bzw. -einrichtung und
  - Anlagenwartung bzw. -instandsetzung
- als indirekt auch der Grad der unterstellten (und hier primär als
  Funktion technologischer Übergangsschwierigkeiten   gesehenen
  (365)) Anlagenzuverlässigkeit
als zusätzliche Determinanten der Anforderungshöhe neben dem
Automatisierungsgrad mit einbezogen werden: Es macht einen erheblichen Unterschied, ob - wie es die Automatisierung mit sich
bringen kann - eine Bedienungsarbeit an einem größeren Komplex
integrierter Erzeugungssysteme (366) oder ob sie an einer einzigen

---

363) Die aus **BRIGHT**s Darlegungen (vgl. Bright, J. R. , Lohnfindung
    an modernen Arbeitsplätzen in den USA, a. a. O. , S. 151 ff. ,
    insbesondere S. 158) entnehmbare These eines erreichbaren
    Minimums von 0 würde bestimmte Annahmen über mögliche andere, vom Automatisierungsgrad unabhängige Anforderungsfaktoren im Sinne KIRCHNERs implizieren; zur Auswahl und Systematik der im Text den Darlegungen BRIGHTs jeweils sinngemäß zugeordneten Anforderungsarten vgl. analog Hahn, D. ,
    Industrielle Fertigungswirtschaft in entscheidungs- und systemtheoretischer Sicht, 1. Teil, a. a. O. , S. 274 f. einschließlich der dort angegebenen Literatur.
364) Hier ist primär die horizontale Arbeitsteilung angesprochen -
    zur Frage der Arbeitsteilung siehe Näheres im übernächsten
    Abschnitt.
365) Siehe hierzu insbesondere die bei Bright, J. R. , Lohnfindung
    an modernen Arbeitsplätzen in den USA, a. a. O. , S. 186 f. ,
    wiedergegebene Argumentation.
366) Vgl. z. B. Kirchner, J. -H. , Arbeitswissenschaftlicher Beitrag
    zur Automatisierung, a. a. O. , S. 289.

Arbeitsstation einer stark arbeitsteiligen, aber gleich hoch automatisierten Fließbandfertigung (367) verrichtet wird; ebenso hat es erhebliche Auswirkungen, ob eine Arbeitskraft neben den Bedienungs- auch Einrichte- und Instandhaltungs- bzw. Reparaturarbeiten durchzuführen beauftragt ist oder ob hierfür spezielles Personal bereitsteht (368). Sowohl die eigenständige Steuerung und Überwachung eines größeren Erzeugungsabschnittes als auch die zusätzliche Betrauung mit Einrichte- und Instandhaltungsarbeiten an komplexen Fertigungsaggregaten kann zweifellos höhere Anforderungen an das Können mit sich bringen (369); von diesen Fällen einmal abgesehen aber und in jeweils etwas l ä n g e r f r i s t i g e r Sicht - in Akzentuierung also des relativ kurzfristigen Charakters ggf. auftretender technologischer Schwierigkeiten und damit verbundener besonderer Anforderungen beim Übergang auf eine neue Automatisierungsstufe - dürfte die handwerkliche Fertigung irgendwelcher Halb- oder Fertigerzeugnisse i. d. R. deutlich mehr Kenntnisse und Geschicklichkeit in bezug auf die Handhabung der jeweiligen Werkstoffe und den Vollzug der diversen Arbeitsschritte erfordern als die Fertigung der gleichen Halb- oder Fertigerzeugnisse in Halbautomaten und/oder stark arbeitsteiliger Fließbandfertigung (370).

---

367) Fließbandsysteme könnten im BRIGHTschen Stufenschema z. B. dadurch berücksichtigt werden, daß man zunächst den Automatisierungsgrad der Arbeitsstationen heraussucht und hierzu dann für die Transportautomatisierung einige wenige Stufen hinzuzählt.

368) Siehe hierzu die Ausführungen bei Bright, J. R. , Lohnfindung an modernen Arbeitsplätzen in den USA, a. a. O. , S. 161 ff. ; Wunn, C. P. , Einfluß der Automation auf den Lohn in betriebs - wirtschaftlicher Sicht, Bern 1969, S. 108; Kirchner, J. -H. , Arbeitswissenschaftlicher Beitrag zur Automatisierung - Analyse und Synthese von Arbeitssystemen, a. a. O. , S. 143 ff., 163; Schultz-Wild, R. /Weltz, F. , Technischer Wandel und Industriebetrieb, Frankfurt a. M. 1973, S. 17, 87 f. , 96 ff., 110, 133 ff.

369) Außer der vorhergehenden Fußnote siehe hierzu auch die nachfolgenden Ausführungen zur Entwicklung der Anforderungshöhe bei den Wartungs- und Instandhaltungsarbeiten.

370) Der Vergleich bezieht sich vor allem auf die Stufen 1 und 2 des BRIGHTschen Schemas einerseits und 5 und 6 andererseits (zu diesen Stufen siehe Bright, J. R. , How to Evaluate Automation , a. a. O. , S. 103 ff.); zur Aussage vgl. ähnlich die bei Kirchner, J. -H. , Arbeitswissenschaftlicher Beitrag zur Automatisierung - Analyse und Synthese von Arbeitssystemen, a. a. O. , S. 37 wiedergegebene Argumentation BLAUNERs; siehe auch Ifo-Institut für Wirtschaftsforschung, Soziale Auswirkungen des tech-

Hierfür spricht nicht zuletzt der zu beobachtende Prozeß der Substitution von Facharbeitern durch Angelernte: "Da die technische Entwicklung dahin geht, eine derart einfache Handhabung der Maschinen zu erreichen, daß auch Nicht-Facharbeiter eingesetzt werden können" (371) und auch auf dem NC-Sektor "die Qualifikationsanforderungen an das Bedienungspersonal mit dem wachsenden Automatisierungsgrad und der fortschreitenden technischen Perfektionierung der NC-Maschinen eher abnehmen als steigen werden" (372), werden immer mehr Facharbeiter klassischer Ausprägung durch Angelernte ersetzt, die zwar i. d. R. eine im Vergleich zum Angelernten früherer Jahre höhere Spezialisierung und Qualifikation aufweisen, aber im Durchschnitt nicht mit dem Facharbeiter gleichzusetzen sind (373). In Betrieben, die bereits einen breiten Einsatz von NCA realisiert haben (10 und mehr Maschinen), übersteigen unter den NC-Maschinenbedienern schon heute die Angelernten zahlenmäßig die Facharbeiter (374).

Derartige gravierende Veränderungen der Beschäftigtenstruktur sind jedoch keineswegs auf den Werkstattbereich beschränkt: Vom Vorliegen eines automatisierungsbedingten Ausdünnungsprozesses - allerdings sowohl durch höher als auch durch niedriger werdende

---

Fortsetzung von Fußnote 370)
 nischen Fortschritts, a. a. O. , S. 57 f. ; Weng, H. K. , Lohn -
findung an modernen Arbeitsplätzen in Deutschland, in: Industriegewerkschaft Metall (Hrsg.), Automation und technischer Fortschritt in Deutschland und den USA, Frankfurt a. M. 1963, S. 198; Rehhahn, H. , Arbeitsorganisation und technischer Fortschritt, in: Industriegewerkschaft Metall (Hrsg), Automation - Risiko und Chance, Bd. 2, Frankfurt a. M. 1965, S. 900 f. ; Trabalski, K. , Automation - neue Aufgaben für Betriebsräte und Gewerkschaften, Köln 1967, S. 12; Kern, H. /Schumann, M. , Industriearbeit und Arbeiterbewußtsein, Teil II, Frankfurt a. M. 1970, S. 88 ff.
371) Ifo-Institut für Wirtschaftsforschung, Soziale Auswirkungen des technischen Fortschritts, a. a. O. , S. 50.
372) Schultz-Wild, R. /Weltz, F. , Technischer Wandel und Industriebetrieb, a. a. O. , S. 15.
373) Zur Darstellung und Begründung einer derartigen, zu Lasten des klassischen Facharbeiters gehenden Entwicklung siehe z. B. im einzelnen Ifo-Institut für Wirtschaftsforschung, Soziale Auswirkungen des technischen Fortschritts, a. a. O. , S. 49 ff. , 57 f. ; siehe auch die Ausführungen bei Fuhrmann, J. , Automation und Angestellte, a. a. O. , S. 20.
374) Vgl. Schultz-Wild, R. /Weltz, F. , Technischer Wandel und Industriebetrieb, a. a. O. , S. 136 f.

Anforderungen an das berufliche Können - muß ebenfalls hinsichtlich der großen Gruppe der mittleren Angestellten (zum Teil unter ausdrücklicher Einbeziehung der qualifizierten Sachbearbeiter) des Verwaltungsbereiches ausgegangen werden (375).

Eine gesonderte Betrachtung erfordern alle diejenigen (unternehmungsinternen (376)) Tätigkeiten bzw. Stellen bzw. Berufe, die mit dem Generieren oder Regenerieren hardware- oder software-gebundener Problemlösungsprogramme - also insbesondere mit der Anlageninstandsetzung, Wartung und Pflege von Hard- oder Softwaresystemen sowie der Analyse und Synthese von Anwendungsprogrammen i. w. S. (377) - befaßt sind; sie stellen mit zunehmender Automatisierung zweifellos insgesamt immer höhere Anforderungen. sowohl in quantitativer als auch qualitativer Hinsicht. Dies zeigt sich nicht zuletzt in der in den letzten Jahrzehnten permanent erfolgten Anhebung sowohl der Zahl als auch der Qualifikation der ausgebildeten bzw. von der Industrie nachgefragten Wartungsspezialisten (z. B. des Pneumatik-, Hydraulik-, Elektronik- oder Fluidiksektors), Softwarespezialisten sowie Systemanalytiker (378).

---

375) Siehe im einzelnen Ifo-Institut für Wirtschaftsforschung, Soziale Auswirkungen des technischen Fortschritts, a. a. O. , S. 53 f. ; Kassalow, E. M. , Technischer Fortschritt und Angestellte in den USA, in: Industriegewerkschaft Metall (Hrsg.), Automation und technischer Fortschritt in Deutschland und den USA, Frankfurt a. M. 1963, S. 286; Grochla, E. , Die Bedeutung der automatisierten Datenverarbeitung für die Unternehmungsführung, in: IBM-N 1968, S. 87 f. ; Bylinsky, G. , Der Facharbeiter in Industriebetrieb und industrieller Gesellschaft, Diss. , Erlangen-Nürnberg 1969, S. 129; Lutz, B. /Schmidt, G., Automation - gesellschaftliche Auswirkungen, in: Management Enzyklopädie, Bd. 1, München 1969, S. 738; Fuhrmann, J. , Automation und Angestellte, a. a. O. , S. 13 ff.
376) Volkswirtschaftlich interessieren natürlich (speziell unter dem Gesichtspunkt der Wirkungen auf die Arbeitslosenquote) auch die von der Automatisierung beeinflußten oder gar induzierten u n t e r n e h m u n g s e x t e r n e n Tätigkeiten z. B. bei den Herstellern bzw. Anbietern von Hardware-, Software- und Anwendungssystemen; Gegenstand der vorliegenden betriebswirtschaftlichen Untersuchung kann dies jedoch nicht sein.
377) Siehe Systematisierung in Abb. 14.
378) Zu den Wartungs- bzw. Instandhaltungstätigkeiten siehe im einzelnen Ifo-Institut für Wirtschaftsforschung, Soziale Auswirkungen des technischen Fortschritts, a. a. O. , S. 52 f. , 58; siehe im übrigen auch die Ausführungen bei Schönefeld, H. , Beitrag zu Grundsatzfragen der Leistungsentlohnung vorzugsweise bei mechanisierter und teilweise automatisierter Fertigung, Köln/Opladen 1965, S. 30 ff. sowie bei Schultz-Wild, R. / Weltz, F. , Technischer Wandel und Industriebetrieb, a. a. O. , S. 155f.

Gerade in bezug auf die letzteren beiden Gruppen hat ja diese Arbeit am Beispiel der Fertigungswirtschaft die immer anspruchsvolleren Software- und Anwendungssysteme verdeutlicht; die Abschnitte 43 22 und 43 23 werden die Tendenz ständig steigender diesbezüglicher Anforderungen noch verstärkt sichtbar machen.

Abschließend sei noch einmal resümiert, daß mit allen diesen bei zunehmendem Automatisierungsgrad fallenden oder steigenden Anforderungen an die berufliche Qualifikation für den einzelnen Mitarbeiter ein gesondertes Arbeitsplatzrisiko verbunden sein kann, das sich dann konkret entweder in der drohenden Auflösung der bisher innegehabten Stelle, als zweite Möglichkeit in einer unzureichenden Kongruenz von Fähigkeits- und Anforderungsprofil, oder als drittes auch in der Konfrontation mit nicht akzeptablen Lohneinbußen manifestieren würde. Diese dritte Möglichkeit wird aus noch zu verdeutlichendem Grunde Gegenstand des nachfolgenden Abschnittes sein; der zweite Fall - unzureichende Kongruenz von Fähigkeits- und Anforderungsprofil - kann sich auch im Hinblick auf andere Anforderungsarten als das berufliche Können ergeben und daher indirekt noch einmal mit als Gegenstand der Abschnitte 42 213 und 42 214 angesehen werden.

42 212 Begründung eines gesonderten Statusrisikos

Wenn im folgenden von "Status" die Rede ist, so schließt dieser Begriff die Ausprägungen all jener Merkmale ein, die - wie die formale Einordnung einer bestimmten Stellenaufgabe innerhalb der betrieblichen Verteilungsstruktur (379), die auf spezifischem betrieblichen Wissen und Können gründende und weit in den informalen Bereich hinein wirksame de facto erworbene Machtposition sowie die mit einer Tätigkeit verbundene (Durchschnitts-)Höhe und Steigerungsmöglichkeit des individuellen Arbeitsverdienstes - in der Perzeption vieler Beteiligter Stellung und Erfolg einer Person im Berufsleben zu kennzeichnen geeignet sind (380); subtilere Merkmale wie Zufriedenheits- und Gesundheitsaspekte sollen in diesem Zusammenhang ebenso wie das bereits behandelte Arbeitsplatzrisiko bewußt ausgeklammert (und der Behandlung in speziellen Abschnitten vorbehalten) bleiben.

---

379) Zu dem Begriff "Verteilungsstruktur" siehe S. 26 , Fußnote 16).
380) Zu einem ähnlichen Statusbegriff siehe Wunn, C. P. , Einfluß der Automation auf den Lohn in betriebswirtschaftlicher Sicht, a. a. O. , S. 202 ff.

Als erstes und mit bezug auf die Ausführungen des vorhergehenden
Abschnittes kann festgestellt werden, daß mit den sich wandelnden
Anforderungsprofilen der von einer Automatisierung berührten Stellen natürlich immer von vorneherein ein gewisses Statusrisiko in
jenem Sinne verbunden ist, daß es zu einer im Vergleich "niedrigeren" formalen Einordnung von Stellenaufgaben innerhalb der Verteilungsstruktur kommt. Weiterhin müssen vor allem diejenigen
Mitarbeiter, die bisher in relativer Autonomie bestimmte echte
Planungsfunktionen - z. B. im Rahmen der Potenti albelegungsplanung - wahrgenommen haben, mit Übernahme dieser Aufgabenkomplexe auf EDVA eine vollständige Offenlegung ihres bisherigen procedere und Wissenspotentials vornehmen und dadurch u. U. mit einer
erheblichen Beeinträchtigung ihres formal/informal anerkannten
Status eines unersetzlichen Spezialisten rechnen (381); dieser Verlust des Spezialistenstatus kann im übrigen auch analog bestimmte
Arbeitskräfte des Realisationsbereiches treffen, wie ja bereits die
Ausführungen zur Rolle des Facharbeiters grundsätzlich erkennen
ließen (382). Ein noch größerer Kreis von Arbeitskräften des Planungs- wie des Realisationsbereiches ist davon betroffen, daß die
(durch die Steuerungsprogramme bedingte) inhaltl iche, zeitliche
und/oder räumliche Determiniertheit der maschinellen Abläufe häufig auf die residualen sowie benachbarten personalen Aktivitäten
ausstrahlt und damit die Freiheitsgrade der Betreffenden einschränkt
(383); alles zusammen - die Tatsache, daß durch automatisierungsbedingt gesunkene oder veränderte personale Anforderungen langbewährtes Wissen und Können mancher Mitarbeiter auf einmal nicht
mehr so gefragt ist, die dadurch gegebene leichtere Auswechselbarkeit dieser Mitarbeiter sowie schließlich die starke Eigenge-

---

381) Vgl. Riehm, H. -O. , Menschliche Probleme in der Arbeitsvorbereitung bei Einführung der elektronischen Datenverarbeitung
in: Bussmann, K. F. /Mertens, P. (Hrsg.), Operations Re -
search und Datenverarbeitung bei der Produktionsplanung,
Stuttgart 1968, S. 415; Wahl, M. P. , Betriebswirtschaftliche
Probleme bei der Einführung der EDV in der Unternehmung,
in: Jacob, H. (Hrsg.), EDV als Instrument der Unternehmensführung, Wiesbaden 1970, S. 11; siehe auch die sehr anschau -
lichen Ausführungen bei Wiedemann, H. , Das Unternehmen in
der Evolution, Neuwied/Berlin 1971, S. 95 ff.

382) Als konkretes Beispiel siehe Chadwick-Jones, J. K. , Automa -
tion und Behaviour London/New York/Sydney/Toronto 1969 ,
S. 94.

383) Vgl. ähnlich Riehm, H. -O. , Menschliche Probleme in der Arbeitsvorbereitung bei Einführung der elektronischen Datenverarbeitung, a. a. O. , S. 416; Gaitanides, M. , Produktionstechnik und Produktionsorganisation, in: ZfürO 1974, S. 379.

setzlichkeit bzw. Determiniertheit automatisierter Prozesse - ist in erheblichem Ausmaß geeignet, die bisherige Rolle und Position eines Teils der Arbeitskräfte zu reduzieren (384).

Eine Statusbeeinträchtigung droht aber schließlich auch noch im Hinblick auf die Arbeitsverdienste, und zwar in Gestalt der Reduzierung

a. der (Durchschnitts-)Höhe und/oder
b. der Steigerungsmöglichkeit der Bezüge von Arbeitskräften vor allem des Realisationsbereiches.

Zu a. : Soweit sich Arbeitskräfte auf ihren Stellen automatisierungsbedingt gesunkenen Anforderungen vor allem in bezug auf das berufliche Können gegenübersehen, und diese Anforderungsart im Bewertungsschema der Arbeitsbewertung stark dominiert, wären sinkende Arbeitswerte und damit (Durchschnitts-)Verdienste möglicherweise trotz gestiegener andersartiger Anforderungen (siehe nachfolgende beide Abschnitte) unvermeidbar. Erste Voraussetzung für eine Bewahrung des individuellen sozialen Besitzstandes im spezifischen Sinne des Verdienstniveaus (385) ist also offensichtlich, daß nicht nur alle auf automatisierten Arbeitsplätzen relevanten Anforderungsarten überhaupt im Bewertungsschema Berücksichtigung finden, sondern daß die besonders automatisierungsrelevanten unter ihnen (also vor allem auch die nachfolgend noch näher angesprochenen Varianten geistig-nervlicher und körperlicher Belastung) auch mit einem entsprechenden Gewicht in die Arbeitswertermittlung eingehen (386). Die Praxis hat allerdings gezeigt, daß in

---

384) Siehe auch Abschnitt 43 23 dieser Arbeit.
385) Zum Begriff des "Besitzstandes" in diesem spezifischen (sowie zum Teil in einem allgemeineren)Sinne vgl. z.B. Pornschlegel, H. , Sicherung des sozialen Besitzstandes bei technischem Fortschritt in Deutschland, in: Industriegewerkschaft Metall (Hrsg.), Automation und technischer Fortschritt in Deutschland und den USA, Frankfurt a. M. 1963, S. 239 f. ; Maul, H. , Methodische Arbeitsstudien als Grundlage für die Wahl geeigneter Entlohnungsverfahren in der hochmechanisierten und automatisierten Fertigung, in: Verband für Arbeitsstudien - REFA - e. V. (Hrsg.), Leistungslohn heute und morgen, Berlin/Köln/Frankfurt a. M. 1965, S. 45; Wunn, C. F. , Einfluß der Automation auf den Lohn in betriebswirtschaftlicher Sicht, a. a. O. , S. 191 ff.
386) Vgl. hierzu z. B. Bright, J. R. , Lohnfindung an modernen Arbeitsplätzen in den USA, a. a. O. , S. 184 f. ; Weng, H. K. , Lohnfindung an modernen Arbeitsplätzen in Deutschland, a. a.

vielen Fällen auch dann, wenn es zu sinkenden Arbeitswerten (oder technologisch bedingten Versetzungen an niedriger bewertete Arbeitsplätze) kommt - oder eigentlich kommen müßte -, kein Minderverdienst die Folge sein muß; insbesondere im Hinblick auf die Fälle langer Zugehörigkeit zum Betrieb und/oder einer bestimmten Lohngruppe sind bereits verschiedentlich entsprechende betriebliche und tarifliche Vereinbarungen in der Bundesrepublik abgeschlossen worden (387).

Zu b. : Die bereits oben erwähnte Determiniertheit automatisierter Prozesse kann es mit sich bringen, daß der Mitarbeiter überhaupt nicht mehr oder nur noch in geringerem Maße als zuvor über Art und Ausmaß des bisherigen u n m i t t e l b a - r e n persönlichen Einflusses auf das quantitative und qualitative Leistungsergebnis verfügt; damit droht insbesondere Akkordarbeitern ein möglicherweise erheblicher Verlust bisheriger leistungslohnspezifischer Verdienstmöglichkeiten. Als zweite notwendige Voraussetzung für eine erfolgreiche finanzielle Besitzstandswahrung werden es die bisher im Leistungslohn bezahlten Arbeitskräfte daher ansehen, daß entweder neue Entlohnungsmöglichkeiten gefunden werden , die ihnen - nicht zuletzt durch Berücksichtigung anderer , mehr m i t t e l b a r e r Leistungsbeiträge des Arbeitnehmers - eine Chance zur Steigerung ihrer Arbeitsverdien-

---

Fortsetzung von Fußnote 386)
O. , S. 200 f. ; Braun, W. , Grenzen traditioneller und Bedingungen moderner Leistungsentlohnung, in :ZfB 1966, S. 207 ; Wunn, C. P. , Einfluß der Automation auf den Lohn in betriebswirtschaftlicher Sicht, a. a. O. , S. 133 ff.

387) Zu dieser Problematik der (Nicht-)Konsequenzen sinkender Arbeitswerte bzw. zu entsprechenden Vereinbarungen siehe z. B. Ifo-Institut für Wirtschaftsforschung, Soziale Auswirkungen des technischen Fortschritts, a. a. O. , S. 67 ff. ; Pornschlegel, H. , Sicherung des sozialen Besitzstandes bei technischem Fortschritt in Deutschland, a. a. O. , S. 251 f. ; Reisch, K. , Lohnfindung bei automatisierten Arbeitsprozessen, Wiesbaden 1972, S. 172 f. ; Schultz-Wild, R. /Weltz, F. , Technischer Wandel und Industriebetrieb, a. a. O. , S. 19; im Hinblick auf den Bereich der Angestellten siehe auch Ziff. IV Rationalisierungsschutzabkommen zum Manteltarifvertrag für Angestellte in der chemischen Industrie vom 15. Mai 1968, eingefügt als § 15 a - Rationalisierungsschutz - und gültig mit Wirkung ab 1. Januar 1969, abgedruckt in Fuhrmann, J. , Automation und Angestellte, a. a. O. , S. 117.

ste im bisherigen Rahmen einräumen, oder aber, daß - als
finanzielles Äquivalent für ein partielles oder totales Ver-
zichtenmüssen auf diese Chance - einfach gewisse betriebliche Ausgleichszahlungen erfolgen. Erstere Alternative könnte insbesondere den Übergang zu Mehrstellenarbeit (388)
oder-z. B. bei Vorliegen von Vollautomatisierung - die Gewährung von Prämien, vor allem für die Aufrechterhaltung
einer größtmöglichen Betriebsbereitschaft von Anlagen (389),
beinhalten; von dieser Beteiligung e i n z e l n e r an den
bei der Minimierung von Leerkosten angefallenen Erspar-
nissen über die Gewährung g r u p p e n bezogener Prämien
für einen effektiven Anlageneinsatz ist es dann kein allzu
großer gedanklicher Schritt mehr zum vollständigen Übergang auf die finale Lohnfindung (insbesondere Gewinnbeteili-
gung), die im Gegensatz zur kausalen Methode nicht an der
menschlichen Arbeitsleistung, sondern am wirtschaftlichen
Betriebsergebnis orientiert ist und so das Bewußtsein des
einzelnen Mitarbeiters von der Individualleistung mehr auf
die betriebliche Gesamtleistung lenkt (390).

Da außer der ersten auch die zweite Alternative - Gewährung
von Ausgleichszahlungen - in der Praxis nicht selten zum
Tragen kommt (391), läßt sich zusammenfassend also sagen:

---

338) Vgl. z. B. Wedekind, E., Mehrstellenarbeit und -entlohnung,
in: Der Arbeitgeber 1961, S. 446 ff.; zur Mehrstellenarbeit
siehe auch Böhrs, H., Leistungslohn, Wiesbaden 1959, S. 134,
166 ff.
389) Vgl. Bright, J. R., Lohnfindung an modernen Arbeitsplätzen
in den USA, a. a. O., S. 189 f.; Reisch, K., Lohnfindung bei
automatisierten Arbeitsprozessen, a. a. O., S. 109 f.; zu anderen Möglichkeiten bzw. Grundlagen der Prämiengewährung
speziell im Hinblick auf das Vorliegen hoher Automatisierungsgrade siehe Schönefeld, H., Beitrag zu Grundsatzfragen der
Leistungsentlohnung vorzugsweise bei mechanisierter und teilweise automatisierter Fertigung, a. a. O., S. 135 ff.
390) Zu diesen Ausführungen vgl. auch Bright, J. R., Lohnfindung
an modernen Arbeitsplätzen in den USA, a. a. O., S. 190; Reisch,
K., Lohnfindung bei automatisierten Arbeitsprozessen, a. a. O.,
S. 111 ff., 138 ff., 172 sowie die dort angegebene Literatur.
391) Siehe Pfannmüller, J., Der Einfluß der Mechanisierung und
Automatisierung auf die Anwendungsfähigkeit der gebräuchlichen Entlohnungsverfahren, Diss. Berlin 1969, S. 127 f.; zu
Verfahren der Berechnung derartiger Ausgleichszahlungen siehe
insbesondere Schönefeld, H., Beitrag zu Grundsatzfragen der
Leistungsentlohnung vorzugsweise bei mechanisierter und teil-

Obwohl mit zunehmendem Automatisierungsgrad Art und
Ausmaß des bisherigen persönlichen Beitrages von Mitarbeitern eine Veränderung - häufig im Sinne einer Einschränkung - erfahren, und Prämien- und zeitbezogene Lohnformen
(speziell auch die Entlohnung durch Gehalt (392)) die Akkord-
entlohnung wohl zwangsläufig und trotz eines gewissen Be-
harrungsvermögens der Praxis (393) immer weiter zurück-
drängen werden (394), braucht es - wie bereits im Falle der
niedrigeren Arbeitswerte - auch im Falle automatisierungsbedingt veränderter Entlohnungsgrundlagen nicht unbedingt zu einer Verschlechterung der bisherigen Ein-
kommenssituation betroffener Mitarbeiter zukommen; grundsätzlich und zusammenfassend aber kann auch in finanzieller
Hinsicht ein automatisierungsbedingtes, gesondertes Statusrisiko von Arbeitskräften nicht geleugnet werden.

Fortsetzung von Fußnote 391)
    weise automatisierter Fertigung, a. a. O., S. 101 ff., sowie
die dort angegebene Literatur; zur Problematik des Verdienst-
ausgleichszuschlags siehe Reisch, K., Lohnfindung bei automatisierten Arbeitsprozessen, a. a. O., S. 99 ff., sowie die
dort angegebene Literatur.

392) Vgl. Wunn, C. P., Einfluß der Automation auf den Lohn in
betriebswirtschaftlicher Sicht, a. a. O., S. 82.

393) Vgl. Ifo-Institut für Wirtschaftsforschung, Soziale Auswirkun-
gen des technischen Fortschritts, a. a. O., S. 69; Wunn, C. P.
Einfluß der Automation auf den Lohn in betriebswirtschaftlicher
Sicht, a. a. O., S. 60; Reisch, K., Lohnfindung bei automati-
sierten Arbeitsprozessen, a. a. O., S. 101; Kampschulte, F.,
Erfolgsbeteiligung im Zeichen der Mechanisierung und der
Automation, in: ZfB 1962, S. 302 f.; Schultz-Wild, R. / Weltz,
F., Technischer Wandel und Industriebetrieb, a. a. O., S. 19 f.,
163 ff.

394) Siehe hierzu Maul, H., Methodische Arbeitsstudien als Grundlage für die Wahl geeigneter Entlohnungsverfahren in der hochmechanisierten und automatisierten Fertigung, in: REFA-N
1963, S. 147 (die graphische Darstellung wurde später von
MAUL etwas modifiziert - siehe Maul, H., Methodische Arbeitsstudien als Grundlage für die Wahl geeigneter Entlohnungsverfahren in der hochmechanisierten und automatisierten Fertigung, 1965, a. a. O., S. 50); Wunn, C. P., Einfluß der Automation auf den Lohn in betriebswirtschaftlicher Sicht, a. a. O.,
S. 59 ff., 82; Reisch, K., Lohnfindung bei automatisierten
Arbeitsprozessen, a. a. O., S. 90 ff., 101 sowie die dort angegebene weitere Literatur.

Unter den von der Automatisierung beeinflußten Faktoren, die für das Zufriedenheitsniveau von Mitarbeitern von Bedeutung sind, verdient der Entfaltungsfaktor "Art der übertragenen A u f g a b e , K o m p e t e n z und V e r a n t w o r t u n g " (395) besondere Beachtung. Aufgaben, Kompetenz und Verantwortung spiegeln sich in hervorragender Weise in den stellenspezifischen Problemlösungsprogrammen wider (siehe Abschnitt 32 3 in Verbindung mit Abschnitt 22 2), so daß als Ausgangspunkt der weiteren Betrachtungen unmittelbar an eine zentrale vorhergegangene Aussage der Arbeit angeknüpft werden kann: Da das Wesen des Automatisierungsprozesses als die Substitution personaler durch maschinelle Problemlösungsprogramme gekennzeichnet worden ist (396), sind die personalen Programme hinsichtlich ihres jeweiligen (aufgaben- bzw. arbeitselementebezogenen) Umfanges und/oder Kompetenz- wie auch verantwortungsverkörpernden Freiheitsgrades mit zunehmender Automatisierung notwendigerweise einem Schrumpfungsprozeß ausgesetzt. Von den bisherigen Gestaltungskompetenzen und -verantwortlichkeiten eines personalen Aufgabenträgers wird - wenn man vom Beispiel eines Überganges von der Hand- zur Maschinenarbeit oder von der konventionellen Universalmaschine zum (Halb-)Automaten ausgeht - der eine Teil auf bestimmte Personen(gruppen) übertragen (siehe Abschnitt 32 3), ein anderer Teil wird von der spezifischen Kompetenz und Verantwortung des A u f g a b e n t r ä g e r s in die andersartige Kompetenz und Verantwortung des M a s c h i n e n - b e d i e n e r s oder gar Maschinen ü b e r w a c h e r s überführt, und ein dritter residualer Teil verbleibt dem Aufgabenträger möglicherweise in der bisherigen Form. Es ist nun, wie bereits die Ausführungen im Zusammenhang mit der Veränderung der Anforderungshöhe in bezug auf das berufliche Können gezeigt haben, sehr von den jeweiligen Gegebenheiten abhängig, ob Kompetenz und Verantwortung des Maschinenbedieners oder -überwachers im Endergebnis als größer oder kleiner im Vergleich zum Ausgangszustand anzusehen sind; zusätzlich zu den bereits erwähnten Einflußgrößen (verschiedene Formen und Grade der Arbeitsteilung, Grad der Anlagenzuverlässigkeit) muß hier noch eine weitere in Gestalt der materiellen Folgekosten etwaiger Bedienungs- bzw. Handlungsfehler des personalen Aufgabenträgers in die Überlegungen mit einbezogen werden: In Abhängigkeit vor allem von dem Wert der Anlagen und Repetierfaktoren sowie der Geschwindigkeit, Determiniertheit und dem Integrationsgrad der Prozesse können Fehler in

---

395) Hahn, D./Link, J., Motivationsfördernde Arbeitsfeldstrukturierung in der Industrie, a. a. O., S. 67.
396) Vgl. Abschnitt 32 22.

kürzester Zeit beträchtliche Kosten verursachen - nicht nur durch Beschädigung oder Totalverlust von Anlagen oder Repetierfaktoren, sondern auch bereits durch vorübergehenden Stillstand teurer Erzeugungssysteme (397) wie z. B. Transferstraßen. In solchen Fällen können Verantwortung und die damit verbundenen besonderen Anforderungen an Nerven und Sinne deutlich ansteigen (398) und die Arbeitszufriedenheit - wenn überhaupt - nur durch ihr eventuelles Übermaß beeinträchtigen.

Über derartigen, notwendigen Differenzierungen ebenso wie über dem Umstand, daß grundsätzlich auch eine ü b e r m ä ß i g e Verantwortung im Sinne andauernder geistig-nervlicher Ü b e r forderung der Arbeitszufriedenheit im Wege stehen kann, soll und kann natürlich keineswegs darüber hinweggesehen werden, daß die Automatisierung auf sehr vielen Arbeitsstellen eine zu g e r i n g e Verantwortung und so einen quasi durch U n t e r forderung hervorgerufenen Mangel an Arbeitsfreude bewirkt hat. Im Mittelpunkt der allgemeinen Diskussion stehen naturgemäß jene Arbeitsfelder im Rahmen der F l i e ß b a n d f e r t i g u n g , die nicht nur keinen oder nur einen minimalen Raum für individuelle Entscheidung und Verantwortung lassen, sondern auch lediglich einige wenige Arbeitselemente geringer Anforderungshöhe (einfache Bewegungen und Handgriffe) beinhalten - also sowohl q u a l i t a t i v wie q u a n t i t a t i v inhaltsarm sind (399). Sind derartige Arbeitsfelder zusätzlich noch durch eine gewisse Reizarmut des Umfeldes (des Umsystems) gekennzeichnet, so liegen damit alle o b j e k t i v e n Voraussetzungen für das Entstehen von Monotoniezuständen vor; in Abhängigkeit von der Ausprägung der s u b j e k t i v e n Faktoren (Dispositionen des Individuums) können mehr oder weniger starke monotoniebedingte Unlustgefühle und Leistungsverminderungen resultieren (400). Allerdings treten derartige in-

---

397) Zu diesem speziellen Aspekt (Leerzeiten) siehe auch Bright, J. R., Lohnfindung an modernen Arbeitsplätzen in den USA, a. a. O., S. 171; Rehhahn, H., Arbeitsorganisation und technischer Fortschritt, a. a. O., S. 902, 905 f.; Wunn, C. P., Einfluß der Automation auf den Lohn in betriebswirtschaftlicher Sicht, a. a. O., S. 96 f.
398) Vgl. weitgehend Ifo-Institut für Wirtschaftsforschung, Soziale Auswirkungen des technischen Fortschritts, a. a. O., S. 61 f.
399) Zu dieser Charakterisierungsmöglichkeit von Arbeitsfeldern siehe im einzelnen Hahn, D./Link, J., Motivationsfördernde Arbeitsfeldstrukturierung in der Industrie, a. a. O., S. 65 f.
400) Siehe hierzu im einzelnen Gubser, A., Monotonie im Industriebetrieb, a. a. O.; Rühl, G., Untersuchungen zur Arbeitsstrukturierung, a. a. O., S. 180 f.; Scharmann, T., Gruppendynamik und Monotonieproblem in der mechanisierten Produktion, Bern 1973, S. 21; Hahn, D./Link, J., Motivationsfördernde Arbeitsfeldstrukturierung in der Industrie, a. a. O., S. 70.

haltsarme Arbeitsfelder weder zwangsläufig noch ausschließlich im
Rahmen automatisierter Fertigungsformen wie der Fließbandfertigung auf: Wie z. B. bereits 1935 von KUHNERT ausgeführt wurde,
ist die Monotonie nicht als spezifische Folge der Automatisierung,
sondern als Folge bestimmter Ausprägungen der Arbeitsteilung auf-
zufassen (401) - beispielsweise bleiben stark arbeitsteilige (und
ggf. auch vom Umfeld her reizarme) Endmontagetätigkeiten im
Rahmen einer Fließbandfertigung auch dann noch monotonieträch-
tig, wenn die Fließbandfertigung über eine Substitution ihres maschinellen Transportsystems durch Transportpersonal in eine nicht
mehr automatisierte T a k t f e r t i g u n g (402) überführt wird.
Monotonie (und Entfremdung von der Arbeit (403)) tritt in (teil-)
automatisierten (404) Systemen also nur insoweit (vermehrt) auf,
wie die Automatisierung eine zu hohe Arbeitsteilung und dadurch
zu inhaltsarme Arbeitsfelder mit sich bringt (4o5). Dies droht insbesondere immer dann einzutreten, wenn der Mensch lediglich als
"Lückenbüßer" (4o6) in maschinellen Abläufen angesehen wird, wenn
also die quantitative und qualitative Struktur der als manuelle Verarbeitungsinseln r e s i d u a l e n personalen Arbeitsfelder mehr
oder weniger dem Zufall bzw. reinen (und in gewissem Sinne auch
oberflächlichen (4o7)) Wirtschaftlichkeitsüberlegungen überlassen
bleibt. Beispiele für automatisierungsbedingt monotone Tätigkeiten
finden sich - außer in der Fließbandfertigung - auch an fast allen
anderen Arten automatisierter Anlagen des Werkstatt- sowie des

---

401) Vgl. Kuhnert, H., Der Prozeß der Automatisierung und Mechanisierung, a. a. O., S. 37 f., 48.
402) Siehe hierzu Abschnitt 41 241, insbesondere Abb. 40.
403) Zur Entfremdung von der Arbeit siehe auch Hill, W./Fehlbaum,
R./Ulrich, P., Organisationslehre 1, a. a. O., S. 311 f.
404) V o l l automatisierung (im strengen Sinne) schließt die Exi-
stenz personaler Arbeitsfelder ja ex definitione aus - sie kann
daher auch nicht Gegenstand derartiger Überlegungen sein.
405) Zum Zusammenhang zwischen Grad der Arbeitsteilung und In-
haltsreichtum der Arbeitsfelder siehe Hahn, D./Link, J.,
Motivationsfördernde Arbeitsfeldstrukturierung in der Industrie, a. a. O., S. 67 f.
406) Friedmann, G., Grenzen der Arbeitsteilung, a. a. O., S. 115;
Buckup, H., Technische Entwicklung und Gesundheit, in: Industriegewerkschaft Metall (Hrsg.), Automation - Risiko und
Chance, Bd. 1, Frankfurt a. M. 1965, S. 466; Marx, A., Das
Zusammenwirken menschlicher und sachlicher Leistungsgrundlagen, in: Marx, A. (Hrsg.), Personalführung, Bd. 2, Personalwirtschaft im Zeichen des technischen Fortschritts und der
betrieblichen Mitbestimmung, Wiesbaden 1970, S. 23.
407) Siehe die Ausführungen in Abschnitt 42 1, S. 2o5 ff.

Verwaltungsbereiches (408); die in den letzten Jahren verstärkt zu beobachtende theoretische und praktische Beschäftigung mit Möglichkeiten der Arbeitsfeldvergrößerung (409) könnte längerfristig allerdings eine gewisse Bewußtwerdung hinsichtlich dieser Probleme andeuten und auch bewirken.

Die (Teil-)Automatisierung kann ein gesondertes Zufriedenheitsrisiko noch auf eine weitere Weise begründen: Automatisierten Prozessen wohnt - wie bereits einmal angesprochen - grundsätzlich eine bestimmte inhaltliche, zeitliche und/oder räumliche Determiniertheit inne, die auch auf die Ablaufstruktur der an der Prozeßdurchführung beteiligten Personen ausstrahlt (410); von ihnen wird erwartet, daß etwaige individuelle Bedürfnisse nach Variation von Aufmerksamkeit oder Arbeitsgeschwindigkeit sowie nach sozialen Kontakten gegenüber dem Postulat eines reibungslosen Prozeßablaufes zurückgestellt werden. Das hat - vor allem im Bereich der sogenannten "Halbautomaten" - zur Folge, daß

- der Mitarbeiter gezwungen ist, seine natürliche 24-Stunden-Periodik der physiologischen und psychophysiologischen Funktionen (411) in Anpassung an das häufig konstante Leistungsniveau der Sachmittel zu überspielen (412),

- der Mitarbeiter unter dem Eindruck, durch ein bestimmtes Arbeitstempo des realtechnischen Systems zu ununterbrochener Aktion (Informationsaufnahme, -verarbeitung und/oder -abgabe; Stoffbeschickung, -verarbeitung und/oder -abnahme) angetrieben

---

408) Vgl. z. B. Kassalow, E. M., Technischer Fortschritt und Angestellte in den USA, a. a. O., S. 287 f.

409) Siehe im einzelnen Hahn, D./Link, J., Motivationsfördernde Arbeitsfeldstrukturierung in der Industrie, a. a. O., sowie die dort angegebene Literatur.

410) Hierzu und im folgenden vgl. in der Grundaussage sowie speziell im Hinblick auf die sozialen Interaktionen Gaitanides, M., Produktionstechnik und Produktionsorganisation, a. a. O., S. 379 ff.

411) Siehe im einzelnen z. B. Schmidtke, H., Psychophysische Beanspruchung, in: Schmidtke, H. (Hrsg.), Ergonomie 1, München 1973, S. 220; Hackstein, R./Hildebrandt, W., Quantitative Analyse inter- und intraindividueller Unterschiede in der menschlichen Tagesrhythmik, in: IE (REFA) 1974, S. 43 ff.

412) Zu diesem Problem und Möglichkeiten seiner Lösung in der Fließbandfertigung siehe auch Marx, A., Das Zusammenwirken menschlicher und sachlicher Leistungsgrundlagen, a. a. O., S. 28.

zu werden, Streß und psychische Sättigung empfindet (413),

- mit dieser Tendenz zu verstärkter Interaktion mit dem S a c h -
m i t t e l gleichzeitig eine Reduzierung der Möglichkeit und
Notwendigkeit von Kontakten zu anderen P e r s o n e n einhergeht (414).

Im Bereich höherer Automatisierungsgrade hingegen, wo die Be-
dienungs- in eine Überwachungstätigkeit übergeht, wird die Arbeitszufriedenheit ggf. nicht mehr durch sachmittelbedingte ü b e r -
s t e i g e r t e Handlungsn o t w e n d i g k e i t, sondern umgekehrt durch m a n g e l n d e Handlungs m ö g l i c h k e i t be-
einträchtigt; an die Stelle des Gefühls des "Angetrieben-Seins" tritt
das Gefühl des "Nichts-Tun-Müssens und -Könnens" bei gleichzeitiger Aufrechterhaltung einer ständigen Reaktionsbereitschaft (415).

---

413) Siehe hierzu Scharmann, T., Gruppendynamik und Monotonie-
problem in der mechanisierten Produktion, a. a. O., S. 22;
Schmidtke, H., Mentale Beanspruchung, in: Schmidtke, H.
(Hrsg.), Ergonomie 1, München 1973, S. 258; zur (partiellen)
Dominierung des Menschen durch die Maschine vgl. bereits
Kuhnert, H., Der Prozeß der Automatisierung und Mechanisierung, a. a. O., S. 16, sowie Weis, O., Die Automatisierung
der industriellen Fertigung, Diss., Nürnberg 1961, S. 112;
Ifo-Institut für Wirtschaftsforschung, Soziale Auswirkungen
des technischen Fortschritts, a. a. O., S. 62; Rehhahn, H.,
Arbeitsorganisation und technischer Fortschritt, a. a. O., S.
902, 905 f.; Kirchner, J.-H., Arbeitswissenschaftlicher Beitrag zur Automatisierung - Analyse und Synthese von Arbeitssystemen, a. a. O., S. 164.
414) Zum Automatisierungseffekt eingeschränkter sozialer Kontakte
siehe auch Kassalow, E. M., Technischer Fortschritt und Angestellte in den USA, a. a. O., S. 287; Chadwick-Jones, J. K.,
Automation and Behaviour, a. a. O., S. 94; Wunn, C. P., Einfluß der Automation auf den Lohn in betriebswirtschaftlicher
Sicht, a. a. O., S. 98 ff., 233; Marx, A., Das Zusammenwirken menschlicher und sachlicher Leistungsgrundlagen, a. a. O.,
S. 25.
415) Zu dieser Möglichkeit der "Überforderung durch Unterforde-
rung" vgl. Buckup, H., Technische Entwicklung und Gesundheit, a. a. O., S. 466 f.; Schmidtke, H., Mentale Beanspruchung, a. a. O., S. 258 f.; zur Schwierigkeit der Aufrechterhaltung einer hohen Reaktionsbereitschaft in derartigen Arbeits-
situationen vgl. auch Schmidtke, H., Ergonomie und Automatisierung, in: Pentzlin, K./Kienzle, O. (Hrsg.), Fertigungstechnische Automatisierung, Berlin/Heidelberg/New York 1969,
S. 108 f.

Dies alles - das (im Einzelfall mögliche und z. T. nur a l t e r -
n a t i v denkbare) Vorliegen erhöhter Verantwortung, erhöhter
Monotonie, eingeschränkter Individualperiodik sowie Sozialkontakte
und übersteigerter bzw. mangelnder Handlungserfordernisse bei
hoher Reaktionsbereitschaft - bedeutet eine erhöhte Belastung für
Nerven und Sinne und häufig eine Einschränkung der Arbeitszufriedenheit.

42 214 Begründung eines gesonderten Gesundheitsrisikos

Berücksichtigt man den heutigen Erkenntnisstand über die Zusammenhänge zwischen psychisch-nervlichen Belastungen und möglichen
physischen und anderen gesundheitlichen Folgeschäden, so ist als
erstes festzustellen, daß bei hinreichend hoher Intensität und Ein-
wirkungsdauer auch alle in den vorhergehenden Abschnitten erwähnten Belastungsfaktoren ein Gesundheitsrisiko für den Mitarbeiter
darstellen können (416). Darüberhinaus sollen hier aber im folgenden drei gesundheitliche Risikofaktoren besonders angesprochen
werden:

1. Die Automatisierung führt häufig zu einer starken E i n s e i -
   t i g k e i t der Belastung des Menschen. Diese Einseitigkeit
   kann einmal darin bestehen, daß so gut wie keine körperliche
   Anstrengung bzw. Ausarbeitung mit der Arbeit verbunden ist:
   die Folge können - insbesondere in Verbindung mit den zuvor
   erwähnten psychisch-nervlichen Belastungen - längerfristig sowohl Stoffwechselstörungen als auch Herz- und Kreislauferkran-
   kungen sein (417). Eine Einseitigkeit der Belastung liegt aber
   auch dann vor, wenn sich eine körperliche Tätigkeit - z. B. am
   Fließband - in ständiger Wiederholung der immer gleichen Bewegung eines Muskels oder einer Muskelgruppe erschöpft; derartige lokale (Über-)Beanspruchungen und die häufig damit ein-
   hergehenden Zwangshaltungen der Arbeitnehmer stellen gleichfalls ein Gesundheitsrisiko dar (418).

---

416) Siehe hierzu z. B. auch Buckup, H., Technische Entwicklung
     und Gesundheit, a. a. O., S. 486.
417) Vgl. Buckup, H., Technische Entwicklung und Gesundheit, a.
     a. O., S. 465, 479 f., 484 ff.
418) Vgl. Buckup, H., Technische Entwicklung und Gesundheit, a.
     a. O., S. 460 ff.; vgl. zu dieser Art der Einseitigkeit auch
     Kirchner, J.-H., Arbeitswissenschaftlicher Beitrag zur Auto-
     matisierung - Analyse und Synthese von Arbeitssystemen, a.
     a. O., S. 164.

2. Wenn auch zu pauschale und zu definitive Aussagen über Zusammenhänge zwischen Automatisierung und Zunahme der Schichtarbeit vermieden werden sollten, so muß dennoch festgestellt werden, daß automatisierte Anlagen durch ihren hohen Wert die Einführung von Schichtarbeit im Einzelfall begünstigen können (419); über die Unzufriedenheit mit bestimmten Folgen der Abweichung vom normalen Lebensrhythmus der Gesellschaft und Familie hinaus (420) kann Schichtarbeit in besonderem Maße gesundheitliche Störungen und Schäden nach sich ziehen: Allgemeine Abgeschlagenheit, Schlafstörungen, Erschöpfungszustände sowie Magen- und Darmkrankheiten können die Folge davon sein, daß bei der Schichtarbeit immer wieder gravierende Eingriffe in den normalen Schlaf-Wach-Rhythmus, die normalen biologischen Funktionsabläufe sowie die bereits besprochenen natürlichen Schwankungen der Leistungsbereitschaft vorgenommen werden (421).

   Ergänzend sei darauf hingewiesen, daß mit dem Einsatz großer EDVA Schichtarbeit auch als Problem des Verwaltungsbereiches in Erscheinung treten kann (422).

3. Ein erhöhtes Gesundheitsrisiko muß nicht zuletzt auch darin gesehen werden, daß die im vorhergehenden Abschnitt verdeutlichte Tendenz zu einer größeren - und im Einzelfall möglicherweise übersteigerten - Belastung von Nerven und Sinnen sowie auch schon

---

419) Siehe im einzelnen das Zahlenmaterial bei Kirchner, J.-H., Arbeitswissenschaftlicher Beitrag zur Automatisierung - Analyse und Synthese von Arbeitssystemen, a.a.O., S. 76 ff.; wenn berichtet wird, daß in der BRD die Hälfte der NCA in 2 Schichten eingesetzt und längerfristig sogar noch eine Ausweitung der Schichtarbeit im NC-Bereich angestrebt wird (vgl. Schultz-Wild, R./Weltz, F., Technischer Wandel und Industriebetrieb, a.a.O., S. 43 f.), so dürfte dies mit Sicherheit über dem Verbreitungsgrad der Schichtarbeit bei konventionellen Universalmaschinen liegen und also für eine gewisse Förderung der Ausbreitung von Schichtarbeit durch die Automatisierung sprechen.

420) Vgl. Rehhahn, H., Probleme der Schichtarbeit aus der Sicht der betrieblichen Praxis, in: AuL 1972, S. 151.

421) Vgl. im einzelnen Eich, J., Einfluß der Schichtarbeit auf den Menschen, in: wt 1972, S. 34 ff.; siehe auch Buckup, H., Technische Entwicklung und Gesundheit, a.a.O., S. 493 ff.

422) Vgl. Kassalow, E.M., Technischer Fortschritt und Angestellte in den USA, a.a.O., S. 287; Rehhahn, H., Probleme der Schichtarbeit aus der Sicht der betrieblichen Praxis, a.a.O., S. 151.

allein die Tatsache des Überganges zu neuen, nicht geübten und
gewohnten Arbeitsverfahren vermehrte Unfallgefahren mit sich
bringen kann (423).

42 22 Grundsätzliche Möglichkeiten positiver Automatisierungseffekte hinsichtlich der Erreichung der Sozialziele

42 221 Positive Beeinflussung der Arbeitsplatzsicherheit

Wenn auch, wie in Abschnitt 42 211 ausgeführt, immer wieder
e i n z e l n e Mitarbeiter bzw. T e i l e der Belegschaft durch
Automatisierung ihren Arbeitsplatz verlieren können, so vermag
andererseits die Automatisierung einen wesentlichen Beitrag dazu
zu leisten, mit der Konkurrenzfähigkeit des Unternehmens gleichzeitig auch die Beschäftigungsgrundlage der B e l e g s c h a f t
a l s G a n z e s längerfristig sicherzustellen. Hier zeigt sich
erneut eine spezifische Zielharmonie zwischen ökonomischen und
sozialen Zielen, die man wie folgt zum Ausdruck bringen kann: Nur
wenn es der Unternehmung auch auf lange Sicht gelingt, durch Automatisierung (und andere Rationalisierungsmaßnahmen) ihre Kosten,
Preise, Gewinne und sonstigen Parameter auf einem Niveau zu
halten, das den Ansprüchen der Umsysteme (Märkte, Anteilseigner
usw.) und dem Leistungsniveau der Konkurrenten gerecht wird,
können auch die Arbeitsplätze als gesichert angesehen werden (424).
Der Einsicht in diesen grundsätzlichen Zusammenhang zwischen
Leistungsfähigkeit der Unternehmungen und Sicherheit der Arbeitsplätze werden sich - nach aller bisherigen Erfahrung - auch die
Arbeitnehmervertreter in den seltensten Fällen verschließen (425),
so daß bei wirtschaftlich erforderlichen Automatisierungsobjekten
zwischen Unternehmungsleitung und Arbeitnehmervertretung weniger
das "Ob", sondern vielmehr das "Wie" des Automatisierungsprozesses (insbesondere unter dem Gesichtspunkt der Vermeidung sozialer Härten) Gegenstand der Verhandlungen sein wird.

---

423) Vgl. ähnlich Buckup, H., Technische Entwicklung und Gesundheit, a. a. O., S. 471.
424) Vgl. ähnlich Trabalski, K., Automation - neue Aufgaben für
Betriebsräte und Gewerkschaften, a. a. O., S. 18.
425) Siehe hierzu Sachverständigenkommission zur Auswertung der
bisherigen Erfahrungen bei der Mitbestimmung, Mitbestimmung im Unternehmen, übersandt als Drucksache VI/334 an
den Deutschen Bundestag, Bonn 1970, S. 42.

Es wurde bereits darauf hingewiesen, daß die Automatisierung für alle mit dem Generieren oder Regenerieren hardware- oder softwaregebundener Problemlösungsprogramme Befaßten insgesamt steigende Anforderungen an das berufliche Können mit sich bringt; zahlreiche Wartungs-, Software- und EDV-Anwendungsspezialisten übernehmen damit den "Unentbehrlichkeits"-Status, den viele erfahrene Disponenten und Sachbearbeiter der vorherigen konventionellen Abwicklungsphase durch die Automatisierung einbüßten (426) (siehe Abschnitt 42 212). Insbesondere diejenigen Führungskräfte, die selbst relativ geringe Kenntnisse über Möglichkeiten und Grenzen der Automatisierung haben, sehen sich häufig vor die Notwendigkeit gestellt, dieser (objektiven oder lediglich subjektiven) Unentbehrlichkeit in ihrem Verhalten gegenüber den betreffenden Spezialisten Rechnung zu tragen (427).

Noch eine weitere Gruppe innerhalb der Unternehmungen wird nach einer häufig geäußerten Meinung durch bestimmte Automatisierungseffekte in ihrer Stellung gestärkt: Mit dem Einsatz von EDVA im Rahmen umfassender CPS (428) wird die informationelle Regelungskapazität der oberen Führungskräfte erheblich ausgeweitet; es ergibt sich die Möglichkeit, Entscheidungen zunehmend auf die oberen Unternehmungsebenen zu verlagern und sie dort mit beinahe beliebigem Detaillierungsgrad und hoher Durchführungsgeschwindigkeit informationell zu fundieren, durchzuspielen und zu fällen (429).

---

426) Siehe ähnlich Kassalow, E. M., Technischer Fortschritt und Angestellte in den USA, a. a. O., S. 289.
427) Siehe ähnlich Lutz, B. / Schmidt, G., Automation - gesellschaftliche Auswirkungen, a. a. O., S. 740.
428) Zum Begriff "CPS" siehe Abschnitt 43 23.
429) Siehe die Ausführungen jeweils am Ende der Abschnitte 43 22 und 43 23; zu den Aussagen hinsichtlich der Möglichkeit einer Entscheidungs(re)zentralisation durch einen entsprechenden Einsatz von EDVA vgl. im einzelnen Grochla, E., Die Bedeutung der automatisierten Datenverarbeitung für die Unternehmungsführung, a. a. O., S. 88; Mirow, H. M., Kybernetik, a. a. O., S. 138; Wahl, M. P., Grundlagen eines Management-Informationssystems, Neuwied/Berlin 1969, S. 41 f.; Lipp, W., Innovationsprozesse im industriellen Großbetrieb - Technologischer Wandel und sozialer Konflikt, in: DU 1971, S. 319, 321.

Schon sehr frühzeitig - nämlich z. B. von KUHNERT bereits in den
30er Jahren, von DIEBOLD, DOLEZALEK und FRIEDMANN in den
50er Jahren - ist seitens namhafter Wissenschaftler darauf hingewiesen worden, daß die Automatisierung den Menschen von der
Durchführung streng repetitiver (430) und monotoner Tätigkeiten
befreien kann (431). So zutreffend es einerseits ist, daß - wie auch
in dieser Arbeit (Abschnitt 42 213) bereits festgestellt - Automatisierung die Entstehung monotoner Tätigkeiten zur Folge haben kann,
so wahr ist es auf der anderen Seite, daß viele dieser (und anderer,
nicht automatisierungsbedingt monotoner) Arbeiten im Zuge der
weiteren technisch-organisatorischen Entwicklung dann durch Automatisierung wieder dem Menschen abgenommen werden. Als sehr
gutes Beispiel sei hier auf die in Abschnitt 41 2332 besprochenen
Handhabungssysteme verwiesen (432); man könnte aber ebenso die
Ausschaltung monotoner Lochertätigkeiten durch moderne Methoden
der einmaligen Datenerfassung beispielhaft anführen (433).

Es kann also resümiert werden, daß die Automatisierung durch Be-
seitigung streng repetitiver und monotoner personaler Verarbeitungsinseln grundsätzlich auch einen p o s i t i v e n Beitrag zur
Arbeitszufriedenheit zu leisten vermag.

42 224 Positive Beeinflussung der gesundheitlichen Arbeitsbedin-
        gungen

Durch die Automatisierung wird der Arbeitnehmer häufig sowohl
von schwerer als auch unfallgefährdeter und gesundheitsschädlicher

---

430) Hierunter seien auch diejenigen Fälle subsumiert, in denen -
     wie geschildert - der Mensch sich einem bestimmten Maschi-
     nenrhythmus unterworfen sieht.
431) Vgl. Kuhnert, H., Der Prozeß der Automatisierung und Me-
     chanisierung, a. a. O., S. 17 f., 50 f.; Diebold, J., Die auto-
     matische Fabrik, a. a. O., S. 226; Dolezalek, C. M., Auto-
     matisierung - Automation, a. a. O., S. 564; Friedmann, G.,
     Grenzen der Arbeitsteilung, a. a. O., S. 115.
432) Siehe die dortigen, diesbezüglichen Anmerkungen mit der an-
     gegebenen Literatur, sowie speziell auch Rühl, G. /Gramp, E.,
     Industrieroboter - eine aktuelle Technologie zur Humanisie-
     rung der Arbeit, a. a. O.; Brodbeck, B. /Herrmann, G. /Weiß,
     K., Industrieroboter, ein Mittel zur Humanisierung der Ar-
     beitswelt, in: FB/IE 1975, S. 83 ff.
433) Siehe Abschnitt 41 24 32.

körperlicher Arbeit befreit;KUHNERT stellt dies sehr anschaulich am
Beispiel insbesondere der Walz- und Stahlwerke dar (434).Gerade das
von ihm vor nunmehr 40 Jahren gewählte Beispiel des Walzwerkes ist
außerordentlich überzeugend, da - wie auch die Ausführungen des
Abschnittes 41 427 haben erkennen lassen - der Walzwerksarbeiter
unserer Tage durch immer neue Automatisierungserfolge in einem
beeindruckenden Maße vom direkten Umgang mit dem schweren,
schnell dahinschießenden und ggf. auch heißen (435) Stahl befreit
worden ist.

Während die Arbeitsbedingungen hinsichtlich Temperatur, Feuchtigkeit, Staub, Schmutz und Unfallgefahr (436) durch die Automatisierung im allgemeinen verbessert werden, kann eine eindeutige
Aussage über die Veränderung der Einflußgröße "Lärmpegel" nicht
gemacht werden (437).

42 3 SCHLUSSFOLGERUNGEN FÜR DEN AUTOMATISIERUNGS-
      PROZESS

Die folgerichtige Konsequenz aus der hier soeben dargestellten
grundsätzlichen Ambivalenz der Automatisierung kann unter sozialen wie z. T. auch unter ökonomischen Zielsetzungen (438) nur sein,

- jedes Automatisierungsprojekt daraufhin zu überprüfen, ob alle
  Auswirkungen auf den arbeitenden Menschen hinreichend überdacht
  und berücksichtigt worden sind und es ggf. durch Maßnahmen zur
  Humanisierung der Arbeit zu modifizieren (siehe Abschnitt 42 21),

---

434) Siehe im einzelnen Kuhnert, H. , Der Prozeß der Automatisie-
     rung und Mechanisierung, a. a. O. , S.31 ff.
435) Hierbei wird insbesondere an die Warmwalzwerke gedacht.
436) Hinsichtlich des Unfallrisikos siehe die Einschränkung in Ab-
     schnitt 42 214.
437) Zu dieser Entwicklung der Arbeitsbedingungen bei zunehmen-
     der Automatisierung vgl. Ifo-Institut für Wirtschaftsforschung,
     Soziale Auswirkungen des technischen Fortschritts, a. a. O. ,
     S. 63 f. ; Bolinder, E. , Technischer Fortschritt und Gesund-
     heitspolitik, in: Industriegewerkschaft Metall (Hrsg.), Auto-
     mation - Risiko und Chance, Bd. 1, Frankfurt a. M. 1965, S.
     444 ff. ; Buckup, H. , Technische Entwicklung und Gesundheit,
     a. a. O. , S. 471 sowie mit einer gewissen Einschränkung (Auto-
     matisierungsstufen 1-4) auch Bright, J. R. , Lohnfindung an
     modernen Arbeitsplätzen in den USA, a. a. O. , S. 158.
438) Siehe die Ausführungen zu den Zielbeziehungen zwischen So-
     zialzielen und ökonomischen Zielen in Abschnitt 42 1.

- Automatisierungsprojekte grundsätzlich auch als eigenständige Möglichkeit zur (besseren) Befriedigung menschlicher Erhaltungs- und Entfaltungsbedürfnisse, d. h. als echte A l t e r n a t i v e zu anderen Maßnahmen der Humanisierung in die Überlegungen mit einzubeziehen (siehe Abschnitt 42 22),

- bei jedem Automatisierungsprojekt die Belegschaft frühzeitig über alle Auswirkungen im Humanbereich aufzuklären und den gesamten Prozeß der Projektplanung und -realisierung jeweils so rechtzeitig einzuleiten und transparent zu gestalten, daß sowohl die legitimen und teilweise gesetzlich abgesicherten Partizipations- und Schutzbedürfnisse der Mitarbeiter (439) zum Tragen kommen können als auch die umstellungsbedingten Friktionsverluste der Unternehmung auf ein Minimum reduziert werden.

Zu diesem letzten Punkt seien einige Ergänzungen hinzugefügt: Will man den Menschen nicht als " 'Einsatzgut' auf der Ebene der Betriebsmittel" (440) behandeln, dann muß ihm frühzeitig die Gelegenheit gegeben werden, sich mit der neuen Situation vertraut zu machen und seine eigenen Interessen zu wahren. Voraussetzung hierzu ist eine entsprechende Informationspolitik der Unternehmungsführung. § 90 des Betriebsverfassungsgesetzes macht sinngemäß die rechtzeitige Unterrichtung des Betriebsrates auch bei der Planung von Automatisierungsprojekten zur Pflicht; darüber hinaus definieren die §§ 90 und 91 bestimmte Mitwirkungs- und Mitbestimmungsrechte des Betriebsrates (441). Eine nachlässige Informationspolitik würde sich aber nicht nur über bestimmte legitime und legale Ansprüche der Arbeitnehmer hinwegsetzen, sondern auch zu Lasten der Unternehmung gehen: LIPP weist darauf hin, daß technisch-organisatorische Umstellungen ohnehin fast unvermeidlich mit sozialen Kosten i. S. v. Friktionsverlusten verbunden sind, die sich "als Schwächungen in der Bereitschaft zur Mitarbeit, zur organisatorischen Disziplin, als Beeinträchtigungen der Entscheidungsfreude ..., als Minderung der funktionellen Initiative ..., als Gefährdung von Teamgeist und Betriebsklima" (442) manifestieren; es

---

439) Siehe hierzu u. a. die entsprechenden Bestimmungen des Betriebsverfassungsgesetzes, Kündigungsschutzgesetzes, der Rationalisierungsschutzabkommen usw.

440) Kupsch, P. U./Marr, R., Personalwirtschaft, in: Heinen, E. (Hrsg.), Industriebetriebslehre, 2. Aufl., Wiesbaden 1972, S. 449.

441) Vgl. o. V., Betriebsverfassungsgesetz (vom 15. Januar 1972), §§ 90 und 91. Eine gewisse Informations- (und Anhörungs-)pflicht besteht gemäß § 81 (und § 82) BetrVerfG auch gegenüber dem einzelnen betroffenen Arbeitnehmer.

442) Lipp, W., Innovationsprozesse im industriellen Großbetrieb - Technologischer Wandel und sozialer Konflikt, a. a. O., S. 313 f.

kann daher auch nur im eigenen Interesse der Unternehmung liegen, diese Friktionsverluste durch ein faires und psychologisch einfühlsames informations- und sozialpolitisches procedere zu minimieren, wozu nicht zuletzt eine längerfristige, den Automatisierungsprozeß vom ersten Augenblick an flankierende Personal- und Ausbildungsplanung gehört (443).

43 Die weiteren Automatisierungsmöglichkeiten als Funktion verbesserter Konzepte der Problemlösungsprogrammierung

43 1 ZUM KREIS DER AN VERBESSERUNGEN DER PROBLEMLÖSUNGSPROGRAMMIERUNG BETEILIGTEN FACHDISZIPLINEN

Bereits in Abschnitt 22 2 wurde hinsichtlich des Begriffes der Problemlösungsprogramme ausgeführt, daß sie als "Gesamtheit der die Problemlösungsstruktur bestimmter Aufgabenträger auf Dauer definierenden Instruktionen" anzusehen sind; Abb. 48 gibt nun einen groben Überblick über die an Verbesserungen von Problemlösungsstrukturen bzw. -programmen beteiligten Fachdisziplinen, deren Beiträge im einzelnen auf den Gebieten der Erforschung, Operationalisierung, integrativen Gestaltung, Formalisierung und/oder Aktivierung von Problemlösungsstrukturen gesehen werden können (444). Infolge des engen Zusammenhanges zwischen Informationsverarbeitungs- und Problemlösungsprozessen (445) sind diese Disziplinen die gleichen, die auch die Entwicklung der Informatik bestimmt haben und weiter bestimmen; was speziell die Verbesserungen von physischen Problemlösungsstrukturen bzw. von Realisa-

---

443) Zum gesamten Komplex der hier angesprochenen Probleme und Möglichkeiten siehe konkret auch Riehm, H.-O., Menschliche Probleme in der Arbeitsvorbereitung bei Einführung der elektronischen Datenverarbeitung, a. a. O., S. 409 ff. ; Wahl, M. P., Betriebswirtschaftliche Probleme bei der Einführung der EDV in der Unternehmung, a. a. O., S. 11; Wiedemann, H., Das Unternehmen in der Evolution, a. a. O., S. 95 ff. ; Fuhrmann, J., Automation und Angestellte, a. a. O., S. 36; Kern, H. /Schumann, M., Der soziale Prozeß bei technischen Umstellungen, Frankfurt a. M. 1972, S. 41 ff.
444) Zur Gliederung der Fachdisziplinen vgl. ähnlich Vogler, G., Die Betriebswirtschaftslehre in ihrem Verhältnis zu anderen wissenschaftlichen Disziplinen, in: ZfB 1969, S. 825 f.
445) Siehe Fußnote 34 auf S. 41.

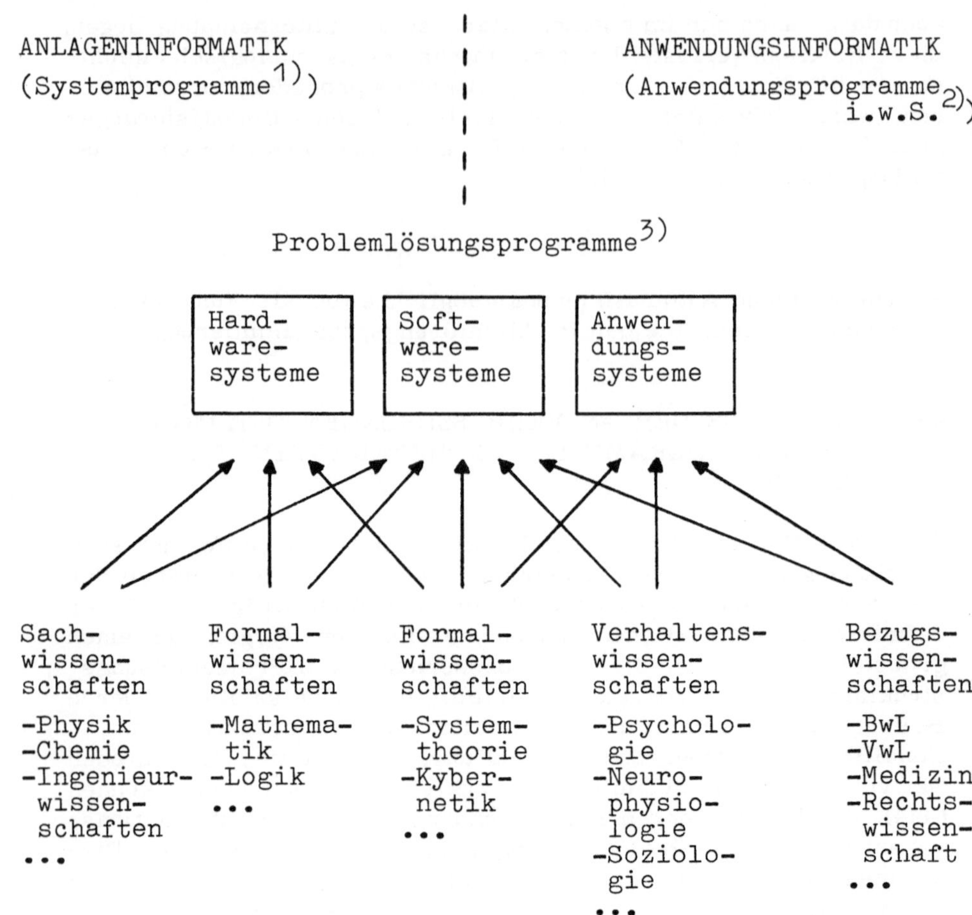

Abb. 48: Zum Kreis der an Verbesserungen der Problemlösungsprogrammierung beteiligten Fachdisziplinen

1)
2) } siehe Systematisierung Abb. 14
3)

234

tionsprogrammen betrifft, so beeinflussen die Sach- und Formal-
wissenschaften natürlich auch die Hardwaresysteme des Maschinen-
baues.

43 2 EXEMPLIFIKATION BEDEUTENDER AUTOMATISIERUNGS-
      PRÄGENDER UND -FÖRDERNDER ENTWICKLUNGSLINIEN

43 21 Hardwaresysteme

Die zur Automatisierung von P l a n u n g s prozessen eingesetzten
Hardwaresysteme der Zukunft werden sich dadurch auszeichnen,
daß sie bei gleicher oder erhöhter Leistungsfähigkeit kostengünsti-
ger, kompakter und im Betrieb noch zuverlässiger sind (446). Die
erhöhte Leistungsfähigkeit wird sich z. B. darin offenbaren, daß
die Zugriffszeiten der Arbeits- und Schnellspeicher und die Opera-
tionszeiten der Zentraleinheiten, die heute bereits auf weniger als
1/1000 der Werte von 1950 abgesunken sind, weiter abnehmen werden; mehr Leistung wird aber auch in Gestalt größerer Speicher-
Kapazitäten angeboten werden können - auch diesbezüglich weisen
z. B. die Arbeitsspeicher seit 1950 eine Verbesserung um den Faktor 1000 auf (447). Es ist unmittelbar einsichtig, daß mit einer noch
leistungsfähigeren Hardware die Möglichkeit verbunden ist, auch
äußerst komplexe Probleme bzw. aufwendige Lösungsverfahren, die
bisher aufgrund technologischer Restriktionen (Arbeitsgeschwindig-
keiten der Zentraleinheiten, Speicherkapazitäten usw.) zurückgestellt werden mußten, über die Strukturierung und Implementierung
maschineller Problemlösungsprogramme in Angriff zu nehmen. Das
gilt um so mehr, als sowohl die bisherige Entwicklung als auch die
Art der heute zur Verfügung stehenden Technologien für die nächste
Zukunft eine weitere Senkung des Preis-/Leistungsverhältnisses
bei wichtigen Komponenten der Hardware erwarten lassen (448). Die-

---

446) Vgl. Köhler, R., Computer der Zukunft, Situation und Entwick-
     lungstrends, a. a. O., S. 343 f.
447) Vgl. Kaufmann, H., Allgemeines über Informations-Speiche-
     rung, in: Kaufmann, H. (Hrsg.), Daten-Speicher, München/
     Wien 1973, S. 14 ff. ; Köhler, R., Computer der Zukunft, Si-
     tuation und Entwicklungstrends, a. a. O., S. 343 ff. ; Schmid,
     D., Entwicklungsprognosen, a. a. O., S. 39 ff.
448) Vgl. Lanzendörfer, R., Neuere Aspekte bei EDV-Anwendungen
     im Produktionsbereich, in: IE (REFA) 1974, S. 185 f. ; Köhler,
     R., Computer der Zukunft, Situation und Entwicklungstrends,
     a. a. O., S. 343; Ganzhorn, K., Mikroelektronik in Computern
     (2), in: IBM-N 1974, S. 344; Leue, G., Entwicklungstendenzen
     der Informationsverarbeitung, in: adl-n 78/1973, S. 13.

se relative Kostensenkung muß zweifellos als wichtiger Grund auch
dafür angesehen werden, daß auf längere Sicht nach allgemeiner
Überzeugung mit einer partiellen Überführung von Softwareteilen
in Hardwareform zu rechnen ist (449).

Was die Rechnerperipherie anbelangt, so kann die Richtung der Entwicklung dort eindeutig in der auf die menschliche Peripherie (Sinne)
ausgerichteten Verbesserung der Dialogfähigkeit der Maschine gesehen werden; danach ist ein zunehmender Einsatz insbesondere von
Bildschirmterminals, Mikrofilmsystemen und Klarschriftlesern zu
erwarten (450).

Innerhalb des zur Automatisierung von R e a l i s a t i o n s prozessen eingesetzten Spektrums verschiedener Hardwaresysteme
sollen folgende Entwicklungslinien besonders hervorgehoben werden:
Bei den Erzeugungssystemen (451) ist vor allem das weitere Vordringen der NC-Maschinen, der material- und informationsflußtech-
nisch integrierten Fertigungssysteme, der Echtzeit-Prozeßbedin-
gungs- und Qualitätsüberwachung sowie der Echtzeit-Regelung,
-Adaption und -Optimierung bei spanenden und nicht-spanenden Be-
arbeitungsprozessen zu erwähnen; mit vielen dieser Entwicklungstendenzen ist zwangsläufig ein verstärkter Einsatz von Prozeßrechnern im Fertigungsbereich verbunden (452). Insbesondere die zuneh-
mende Beschäftigung mit den Möglichkeiten einer material- und/

---

449) Vgl. z. B. Köhler, R., Computer der Zukunft, Situation und
     Entwicklungstrends, a. a. O., S. 343; Leue, G., Entwicklungs-
     tendenzen der Informationsverarbeitung, a. a. O., S. 13; Schmid,
     D., Entwicklungsprognosen, a. a. O., S. 44.
450) Vgl. Wahl, M. P., Grundlagen eines Management-Informa-
     tionssystems, a. a. O., S. 56; Schmid, D., Entwicklungsprog-
     nosen, a. a. O., S. 43; Leue, G., Entwicklungstendenzen der
     Informationsverarbeitung, a. a. O., S. 14.
451) Gemäß der in Abschnitt 23 3, insbesondere Abb. 13, vorge-
     stellten Systematik und Sprachregelung werden die Aufgaben
     der Arbeitselementeausführung den Erzeugungssystemen, die
     Aufgaben der Arbeitsplatzvorbereitung und -räumung den Hand-
     habungssystemen, die Aufgaben der Transportdurchführung
     und Zwischenlagerhaltung den Förder- bzw. Lagersystemen
     zugeordnet.
452) Zu Einzelheiten dieser auf die Anwendung der Delphi-Methode
     innerhalb der CIRP-Gemeinschaft (Internationale Forschungs-
     gemeinschaft für mechanische Produktionstechnik) zurückge-
     henden Prognosen vgl. Kaebernick, H., Voraussage der zu-
     künftigen Entwicklung der Fertigungstechnik mit Hilfe der Del-
     phi-Methode, a. a. O., S. 92 ff.

oder informationsflußtechnischen Integration der Erzeugungs- und
Bereitstellungssysteme auch bei niedrigeren Leistungswiederho-
lungsgraden (siehe FFS) ist eine erneute Bestätigung der von SCHÄ-
FER aufgestellten These einer "Tendenz zum Prozessualen" (453).

Die Entwicklungslinien hinsichtlich der Handhabungs-, Förder- und
Lagersysteme können den entsprechenden Unterabschnitten von
41 233 entnommen werden.

43 22 Softwaresysteme

Charakteristisch für die Kostenstruktur beim Einsatz von EDVA
der 3. Generation ist der hohe Softwareanteil von ca. 70 % (454).
Nicht zuletzt unter dem Aspekt einer Abmilderung dieses software-
seitigen Kostendrucks beschäftigen sich EDV-Hersteller und -An-
wender zunehmend mit dem Einsatz der sogenannten "Modularprogramme", d. h. weitgehend standardisierter, aber gleichzeitig an-
passungsfähiger und z. T. nach dem Baukastensystem konzipierter
Anwendungssoftware; sowohl über die Spezifizierung von Programm-
parametern (insbesondere Planungsparameter, Datenformate) als
auch über die Auswahl, Änderung oder Erstellung von Programm-
routinen kann eine Anpassung an die individuellen Gegebenheiten
des Anwenders vorgenommen werden (455). Generell läßt sich sagen, daß ein Einsatz von Modular- statt Eigenprogrammen um so
zwingender erscheint, je kleiner das jeweilige Unternehmen und je
komplexer das auf EDV zu übernehmende Aufgabengebiet ist (456);
aber auch für größere Unternehmen können

- der verminderte Programmieraufwand hinsichtlich der Kosten
  wie auch hinsichtlich der Zeit,

453) Schäfer, E., Der Industriebetrieb, Bd. 2, a. a. O., S. 321.
454) Vgl. Fient, H. G., Der Beschaffungsprozeß für Software-Pro-
     dukte, in: Online 1974, S. 463 f.; Frank, J., Wann empfiehlt
     sich der Kauf von Standard-Software? a. a. O., S. 823.
455) Vgl. Grupp, B., Modularprogramme für die Fertigungsindu-
     strie, a. a. O., insbes. S. 11 ff., 45; Kinzer, D., Fertigungssteuerung
     mit Modularprogrammen, a. a. O., insbesondere S. 130 ff.
456) Vgl. Grochla, E., Anwendungssystem für die automatisierte
     Datenverarbeitung, a. a. O., S. 243; Hammer, H., Integrierte
     Produktionssteuerung mit Modularprogrammen, a. a. O., S. 17,
     33; Kinzer, D., Fertigungssteuerung mit Modularprogrammen,
     a. a. O., S. 122; Grupp, B., Modularprogramme für die Ferti-
     gungsindustrie, a. a. O., S. 119, 187 ff.

- die bei erprobten Programmen unterstellbare größere Gewißheit
des späteren erfolgreichen Programmbetriebes sowie

- der bei renommierten Herstellern aufgrund ihrer Erfahrung und
ihres Personals zu erwartende hohe Standard der gesamten inhaltlichen und formalen Programmstruktur (von der Auswahl der OR-
Modelle bis hin zur Dokumentation)

als gewichtige Argumente für den Einsatz von Modularprogrammen
und anderer qualifizierter Standard-Software angesehen werden
(457). In den kommenden Jahren ist mit einer weiteren erheblichen
Ausweitung des Marktes für standardisierte Software zu rechnen
(458).

Eine besonders wichtige Rolle bei der Weiterentwicklung der Modu-
lar-und anderer Softwaresysteme spielen die Verfahren des Operations Research, dessen Gegenstand bekanntlich die Entwicklung ma-
thematischer Entscheidungsmodelle (sowie bestimmter Erklärungs-
modelle (459)) ist (460). Einerseits können in rechnerischer Hinsicht
derartige Modelle vielfach überhaupt nicht ohne EDV bewältigt werden, weshalb der EDV ein positiver Einfluß auf Modellentwicklung
und -anwendung zukommt (461); andererseits führt gerade die Anwendung komplexer Entscheidungsmodelle im Rahmen maschineller

---

457) Vgl. ähnlich Frank, J., Wann empfiehlt sich der Kauf von
Standard-Software? a. a. O., S. 826 ff.
458) Vgl. Grupp, B., Modularprogramme für die Fertigungsindustrie, a. a. O., S. 19 f.; Fient, H. G., Der Beschaffungsprozeß für Software-Produkte, a. a. O., S. 463 f.
459) Insbesondere Prognosemodelle, wie sie z. B. bei Müller-Merbach, H., Operations Research, 2. Aufl., München 1971, S.
437 ff. behandelt werden, fallen in diese Kategorie (vgl. Grochla, E., Die Gestaltung allgemeingültiger Anwendungsmodelle
für die automatische Informationsverarbeitung in Wirtschaft
und Verwaltung, in: elektronische datenverarbeitung 1970, S.
51; Hax, H., Entscheidungsmodelle in der Unternehmung, Reinbek bei Hamburg 1974, S. 13, sowie sinngemäß auch Heinen,
E., Einführung in die Betriebswirtschaftslehre, a. a. O., S.
159 ff.; Schweitzer, M., Einführung in die Industriebetriebslehre, Berlin/New York 1973, S. 20).
460) Vgl. Kosiol, E., Die Unternehmung als wirtschaftliches Aktionszentrum, a. a. O., S. 209; Heinen, E., Einführung in die
Betriebswirtschaftslehre, a. a. O., S. 226; Hax, H., Entscheidungsmodelle in der Unternehmung, a. a. O., S. 9, 16 f.
461) Vgl. Grochla, E., Modelle als Instrumente der Unternehmungsführung, a. a. O., S. 382; Hax, H., Entscheidungsmodelle in
der Unternehmung, a. a. O., S. 17.

Anwendungsprogramme zu einer wesentlichen Steigerung des Nutz -
effektes des gesamten jeweiligen EDV-Einsatzes (siehe Abb. 38).
Der Forschungsrichtung Operations Research fällt also eine für die
Weiterentwicklung der Softwaresysteme bedeutungsvolle, weil effi-
zienzsteigernde Rolle - quasi eine "Dienstleistungsfunktion" - zu,
wobei das OR seinerseits wiederum nicht unerheblich auf Fortschrit-
te in dritten Wissenschaftsbereichen zurückgreift: Die Entscheidungsmodelle können nur in jenem Ausmaß und jener Qualität mit
Problemlösungsverfahren ausgestattet werden, als z. B. die Mathe-
matik Algorithmen und die Verhaltenswissenschaften Heuristiken zu
operationalisieren in der Lage sind (462). Im übrigen lassen - speziell auch in Fällen des Fehlens entsprechender Algorithmen - die
zunehmenden, im vorhergehenden Abschnitt 43 21 bereits angesprochenen Operationsgeschwindigkeiten moderner EDVA den verstärkten
Einsatz von Simulations- anstelle von reinen Optimierungsmodellen
in künftigen Softwaresystemen erwarten (463).

---

462) Zu diesem Themenkomplex siehe insbesondere Heinen, E. , In-
    dustriebetriebslehre als Entscheidungslehre, in: Heinen, E.
    (Hrsg.), Industriebetriebslehre, 2. Aufl. , Wiesbaden 1972, S.
    54 ff. ; Wahl, M. P. , Grundlagen eines Management-Informa-
    tionssystems, a. a. O. , S. 43 ff. ; Heinen, E. , Einführung in
    die Betriebswirtschaftslehre, a. a. O. , S. 227 f. ; zum Begriff
    "Heuristik" siehe Müller-Merbach, H. , Heuristische Verfah-
    ren, in: Management-Enzyklopädie, Ergänzungsband, München
    1973, S. 346 ff. ; Slagle, J. R. , Einführung in die heuristische
    Programmierung, München 1972, S. 13; Frese, E. , Heuristi-
    sche Entscheidungsstrategien der Unternehmungsführung, a. a.
    O. , S. 285 f. ; zu relevanten Richtungen innerhalb der Verhal-
    tenswissenschaften - Behaviorismus, Kognitivismus, Informa-
    tionsverarbeitungstheorie, Neurophysiologie - siehe Kirsch, W.,
    Entscheidungsprozesse, Bd. 2, Informationsverarbeitungstheo-
    rie des Entscheidungsverhaltens, a. a. O. ;Klein, H. K. , Heuri-
    stische Entscheidungsmodelle, Wiesbaden 1971, S. 69 ff. ; Kah-
    le, E. , Betriebswirtschaftliches Problemlösungsverhalten, a.
    a. O. , S. 29 ff.
463) Vgl. Blohm, H. , Zur Frage des Operations Research als Hilfs-
    mittel für Management-Entscheidungen, in: Koller, H./Kiche-
    rer, H. P. (Hrsg.), Probleme der Unternehmensführung, Fest-
    schrift für E. Sieber, München 1971, S. 184 ff. ; Mertens, P.,
    Ansätze zu Unternehmens-Gesamtmodellen, in: Rühle von Li-
    lienstern, H. (Hrsg.), Die informierte Unternehmung, Berlin
    1972, S. 293 ff. ; Grochla, E. , Unternehmungsorganisation, a.
    a. O. , S. 31 f. ; Boos, H./Michael, R./Trommer, W. , Aufbau
    eines betriebsspezifischen Simulationsmodells, in: ZwF 1975,
    S. 188; siehe hierzu auch Mertens, P. , Der Einfluß der elek-
    tronischen Datenverarbeitung auf Entscheidungsfindung und Ent-
    scheidungsprozeß, in: Jacob, H. (Hrsg.), Zielprogramm und

"Anwendungssysteme" umfassen - wie in Abschnitt 32 232 dargelegt - alle (aufbau- und ablauf)organisatorischen Instruktionen, die das Zusammenwirken personaler und maschineller Problemlösungsprogramme in bestimmten Mensch/Maschine-Systemen regeln. Von der Qualität dieser organisatorischen Instruktionen hängt es in nicht geringem Maße ab, wieweit die eingesetzten Software-/Hardwaresysteme zur Erreichung der unternehmungsspezifischen Nominal-, Real- und Sozialziele beitragen werden. Besondere Ansprüche an das Niveau der Anwendungssysteme stellt der Einsatz von EDVA im Rahmen umfassender computergestützter Planungssysteme (CPS) (464). Derartige Systeme sollen auf dem Fundament redundanzar-

---

Fortsetzung von Fußnote 463)

Entscheidungsprozeß in der Unternehmung, Wiesbaden 1970, S. 97 ff. ; Streim, H. , Die Bedeutung der Simulation für die Investitionsplanung - ein systemtheoretischer Ansatz, Diss. München 1971, S. 87.

464) Der Begriff "CPS" wird als Bezeichnung für die generell als "MIS" bekannt gewordene Gesamtkonzeption aus 3 Gründen vorgezogen: Zum einen dient ein derartiges System keineswegs lediglich der Unterstützung oder Abwicklung von M a n a g e - m e n t (= Führungs)funktionen, sondern grundsätzlich auch von Planungs (= Entscheidungs) aufgaben der S a c h b e a r - b e i t e r aller in den Abb. 44 und 45 enthaltenen Aufgabenkomplexe; zum zweiten leisten solche Systeme nicht nur die Bereitstellung von I n f o r m a t i o n e n im Rahmen der Entscheidungsvorbereitung, sondern in weiten Bereichen auch eine automatisierte P l a n u n g unter Einschluß der Entscheidungsfällung (Entscheidungsvorbereitung = Planaufstellung ➝ Planung i. e. S. ; Einschluß der Entscheidungsfällung = Planverabschiedung ➝ Planung i. w. S. ; vgl. Hahn, D. , Führung des Systems Unternehmung, a. a. O. , S. 163; der Planungsbegriff deckt also Entscheidungsvorbereitung ebenso wie Entscheidungsfällung ab); drittens schließlich wird durch das Attribut " c o m p u t e r g e s t ü t z t " eine Abgrenzung gegenüber all jenen konventionellen Systemen entsprechender Funktion vorgenommen, wie es sie auch bereits vor der Erfindung von EDVA immer schon in Wirtschaft und Verwaltung gegeben hat. (Insbesondere zu letzterem Punkt siehe Dahms, H. J. /Haberlandt, K. , Erfahrungen und Grundsätze beim Aufbau eines automatisierten MIS, in: IO 1970, S. 449; Dahms, H. J. /Haberlandt, K. , Begriff und Elemente automatisierter Management-Informationssysteme, in: IO 1970, S. 455 f. ; Schmitz, P. , Voraussetzungen für die Gestaltung computergestützter Entschei-

mer Daten-, Methoden- und Modellbanken der Abwicklung (465) oder
Unterstützung vor allem von Planungs-, aber auch Steuerungs- und
Kontrollaufgaben (466) in grundsätzlich allen Unternehmungsbereichen dienen, wobei die bereitgestellten bzw. abrufbaren Daten, Methoden und Modelle den spezifischen Erfordernissen der jeweiligen
Aufgabenträger weitestmöglich zu entsprechen haben (467). Damit
wird deutlich, daß alle im Rahmen dieser Arbeit dargestellten Automatisierungsmöglichkeiten fertigungswirtschaftlicher Planungs-,
Steuerungs- und Kontrollprozesse als Elemente eines auf der Be-
reichs- oder ggf. Unternehmungsebene zu implementierenden CPS
Verwendung finden können, und daß ein CPS als automatisierte Ausprägung (im Rahmen) des allgemeinen Planungssystemes der Unternehmung anzusehen ist.

Fortsetzung von Fußnote 464)

    dungssysteme, in: elektronische datenverarbeitung 1970, S.
401 ff. ; Bleicher, K. , Perspektiven für Organisation und Führung von Unternehmungen, a. a. O. , S. 115 f. ; Lindemann, P. ,
Auswirkung der modernen Informationstechnik auf die Unternehmensführung, in: Koller, H. /Kicherer, H. -P. (Hrsg.),
Probleme der Unternehmensführung, Festschrift für E. H.
Sieber, München 1971, S. 96; Dworatschek, S. /Donike, H. ,
Wirtschaftlichkeitsanalyse von Informationssystemen, a. a. O. ,
S. 28 ff. ; Herholz, H. , Management - Informations - System,
in: DB 1972, S. 447; Müller, W. /Pressmar, D. B. , Betriebswirtschaftliche Informationsverarbeitung und EDV, a. a. O. ,
S. 337 f. ; Grochla, E. , Das Engagement der Unternehmensführung bei der Entwicklung computergestützter Informations-
systeme, in: Fortschrittliche Betriebsführung 1973, S. 65;
Lutz, T. , Sprachen im Informationssystem, in: CP 1973, S.
340).

465) Das System arbeitet in diesem Fall gemäß dem Prinzip "Management by Exception" - vgl. z. B. Hartmann, B. , "Total
Business Systems", a. a. O. , S. 181.

466) Darauf, daß die vollzogene Automatisierung von Abrechnungs-
(und damit Kontroll)aufgaben Ausgangspunkt vieler CPS-Be-
mühungen darstellte, wird u. a. hingewiesen bei Schmitz, P. ,
Computergestützte Management - Informationssysteme, in:
Wild, J. (Hrsg.), Unternehmungsführung, Festschrift für E.
Kosiol, Berlin 1974, S. 479 f.

467) Außer der in Fußnote 464), S. 240 aufgeführten Literatur siehe
z. B. auch Mertens, P. /Griese, J. , Industrielle Datenverarbeitung, Bd. 2, Informations- und Planungssysteme, Wiesbaden 1972; Szyperski, N. , Gegenwärtiger Stand und Tendenzen
der Entwicklung betrieblicher Informationssysteme, in: IBM-N
1973, S. 473 ff. ; Hahn, D. , Planungs- und Kontrollrechnung -
PuK, a. a. O. , S. 570 ff.

Was nun die inhaltliche Gestaltung von CPS- (und z. T. auch anderen) Anwendungssystemen betrifft, so läßt sich feststellen, daß nach einer langen, einseitig technologisch orientierten Phase der Forschung und Diskussion die vom Menschen ausgehenden Gestaltungsbedingungen verstärkte Beachtung gefunden haben; dabei stehen 3 Aspekte im Vordergrund (468):

- Erstens geht es um die Berücksichtigung des aus der Sicht eines betroffenen Aufgabenträgers als folgenschwerer Eingriff zu kennzeichnenden Charakters einer CPS-Implementierung - bislang in= formale oder für Dritte nicht transparente Prozesse geraten unter die Kontrolle des Managements, der Entscheidungsspielraum wird subjektiv und/oder objektiv nicht selten erheblich einge- schränkt (469), und möglicherweise muß der Aufgabenträger sogar seinen bisherigen Arbeitsbereich ganz aufgeben. Hinzu tritt häufig noch eine allgemeine mangelnde Innovations- und Kooperationsbereitschaft (470). Das Einfließen verhaltenswissenschaftlicher Erkenntnisse in die Konzipierungs- und Implementierungsphasen computergestützter Planungssysteme kann unter diesen Umständen manche Einführungsschwierigkeiten vermeiden helfen (471).

- Es ist eine Erfahrungstatsache, daß viele CPS-Benutzer - gerade auch die Führungskräfte - wegen mangelnder Beherrschung der erforderlichen Abfragesprachen nicht in der Lage sind, vorhandene Daten-, Methoden- und Modellbänke in Anspruch zu nehmen; zur Lösung dieses Problems kann im Anwendungssystem die Kommunikation dieser Aufgabenträger mit Hilfe von ent weder beigeordneten oder aber zwischengeschalteter Teams von OR- und EDV-Spezialisten vorgesehen werden (472).

---

468) Hierzu und im folgenden vgl. weitgehend Kirsch, W./Kieser, H.-P. Perspektiven der Benutzeradäquanz von Management-Informations-Systemen, in: ZfB 1974, S. 383 ff., 527 ff.
469) Vgl. Kirsch, W., Auf dem Weg zu einem neuen Taylorismus? in: IBM-N 1973, S. 563 f.
470) Am Beispiel der Einführung von OR-Modellen angesprochen u. a. bei Grayson, C. J., Jr., Management science and business practice, in: HBR Jul.-Aug./1973, S. 44.
471) Vgl. hierzu auch die Abschnitte 42 212 und 42 3 dieser Arbeit.
472) Vgl. Lindemann, P., Auswirkung der modernen Informationstechnik auf die Unternehmensführung, a.a.O., S. 99 ff.; Kirsch, W./Kieser, H.-P., Perspektiven der Benutzeradäquanz von Management-Informations-Systemen, a.a.O. S. 385.

- Immer deutlicher zeichnen sich Tendenzen ab, das CPS auch für
strategische (473) und andere komplexe Planungsprobleme nutzbar zu machen (474); besondere Bedeutung kommt dabei den am
Ende des vorhergehenden Abschnittes bereits angesprochenen ge-
samtunternehmens- oder bereichsbezogenen Simulationsmodellen
zu. In Verbindung vor allem mit Bildschirmterminals gestatten
sie die Durchführung außerordentlich zügiger, multipersonal und
iterativ strukturierter Problemlösungsprozesse, in deren Verlauf mit Hilfe der EDVA wesentlich mehr Informationen verarbei-
tet und Probleme analysiert werden können als bei konventionellem procedere (475). Eine besonders positive Beeinflussung des
Entscheidungsverhaltens der CPS-Benutzer kann dann erwartet
werden, wenn das System über seine Terminals selbst aktiv zu
werden vermag, indem es selbsttätig auf Entwicklungen aufmerksam macht, Lösungsvorschläge unterbreitet, generell also von
sich aus Kommunikationsprozesse mit dem Benutzer initiiert und
diesen damit hinsichtlich seiner Problemlösungsbemühungen aktiviert (476).

---

473) Zur Abgrenzung strategische-operative Planung siehe Hahn ,
D. , Planungs- und Kontrollrechnung - PuK, a. a. O. , S. 64 ff. ,
sowie die dort angegebene Literatur.

474) Hierzu siehe z. B. Günther, R. /Rölle, H. , Entwicklungstendenzen in der Gestaltung von Management-Informations-Systemen in den USA, BIFOA-Arbeitsbericht 69/10, S. 1 f. ; Morton,
M. S. S. , Management Decision Systems, a. a. O, ; Szyperski ,
N. , Gegenwärtiger Stand und Tendenzen der Entwicklung betrieblicher Informationssysteme, a. a. O. , S. 474; Kirsch, W. /
Kieser, H. -P. , Perspektiven der Benutzeradäquanz von Management-Informations-Systemen, a. a. O. , S. 384; Schimmelbusch, H. , EDV-Hilfe für die Strategische Unternehmensplanung, in: IBM-N 1975, S. 96 ff.

475) Siehe Morton, M. S. S. , Management Decison Systems, a. a. O. ;
Hedberg, B. , On Man-Computer Interaction in Organizational
Decision-Making, Göteborg 1970.

476) Hierzu siehe Grochla, E. , Analyse gegenwärtiger und zukünftiger Entwicklungstendenzen bei der Planung, Entwicklung und
Implementierung computer-gestützter Entscheidungssysteme ,
in: Grochla, E. (Hrsg.), Computer-gestützte Entscheidungen
in Unternehmungen, Wiesbaden 1971, S. 223; Morton, M. S. S. ,
Management Decision Systems, a. a. O. , S. 147 ff. ; Witte, E./
unter Mitarbeit von Weigand, K. H. , Das Terminal als Nahtstelle zwischen menschlichem und maschinellem Informationssystem, a. a. O. , S. 48; Kirsch, W. /Kieser, H. -P. , Perspektiven der Benutzeradäquanz von Management - Informations-
Systemen, a. a. O. , S. 392.

43 3 AUTOMATISIERUNG IM LEISTUNGSVERBUND ELEMENTARER FUNKTIONALSYSTEME

Wie z. T. bereits in Abschnitt 23 3 angeklungen ist, kann die Unternehmung ebenso wie jedes ihrer produktiven (477) Subsysteme als Leistungsverbund elementarer Funktionalsysteme verstanden werden; am Beispiel der drei in Abb. 49 berücksichtigten Aktionseinheiten bzw. -zentren (478) wird u. a. noch einmal deutlich, daß - unabhängig davon, ob irgendwelche Subsysteme nun auf Planungs- oder aber auf Realisationsprozesse spezialisiert sind - Transformations- und Bereitstellungssysteme die elementaren Bausteine jeder produktiven, Leistungen generierenden Aktionseinheit sind. Bei den bereitgestellten Leistungen kann zum einen nach Sach- und Dienstleistungen (479), zum anderen nach personal und maschinell erstellten Leistungen differenziert werden: Die sogenannte "Arbeitsvorbereitung" erscheint dann als ein dienstleistungsori entiertes personales Aktionszentrum, das seinen Output (Planungsergebnisse) dem Realisationsbereich ("Teilefertigung") als innerbetriebliche Leistung zur Verfügung stellt (480). Andererseits ist die (automatisierte) AV selbst Empfänger innerbetrieblicher Leistungen, indem sie nämlich bei Bedarf auf Dienste des Rechenzentrums zurückgreift - sei es im Zusammenhang mit Arbeiten aus dem Bereich der Systemanalyse, sei es im Zusammenhang mit der Abwicklung maschineller Programme. Auf die damit verbundene spezielle Verrechnungsproblematik derartiger EDV-Dienste sei hier nicht näher eingegangen

---

477) "produktiven" i. S. v. "Leistungen hervorbringenden" Subsysteme (vgl. Ulrich, H. , Die Unternehmung als produktives soziales System, 2. Aufl. , a. a. O. , S. 134).

478) Siehe Kosiol, E. , Die Unternehmung als wirtschaftliches Aktionszentrum, a. a. O. , vor allem S. 15 f. ; die Begriffe "Aktionseinheit" und "Aktionszentrum" erscheinen besonders geeignet, das dynamische und/oder produktive Element beliebiger Kategorien von Systemen zum Ausdruck zu bringen.

479) Zu diesen Leistungskategorien siehe beispielsweise Gutenberg, E. , Grundlagen der Betriebswirtschaftslehre, Bd. 1, Die Produktion, 19. Aufl. , a. a. O. , S. 1 f.

480) Hierzu und im folgenden vgl. insbesondere Kunerth, W. , Die Wirtschaftlichkeit dispositiver Anwendungssysteme - diskutiert am Beispiel der Fertigungssteuerung mit elektronischen Datenverarbeitungsanlagen, in: CP 1972, S. 260 ff.

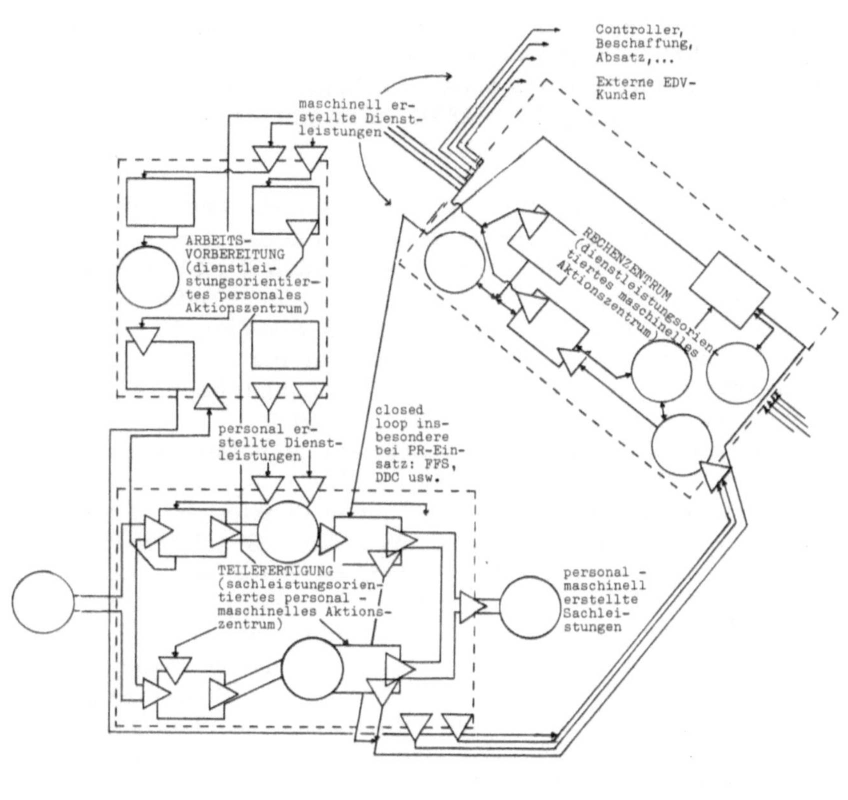

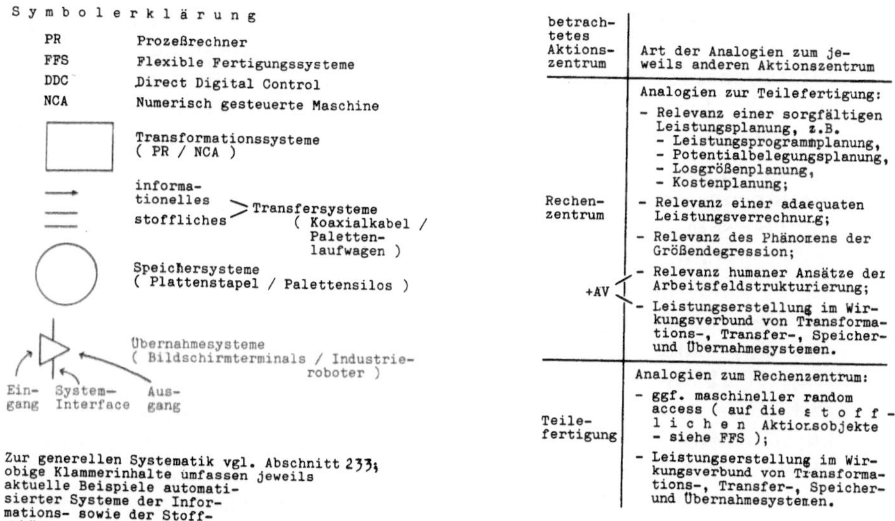

Symbolerklärung

PR	Prozeßrechner
FFS	Flexible Fertigungssysteme
DDC	Direct Digital Control
NCA	Numerisch gesteuerte Maschine

[□] Transformationssysteme (PR / NCA)

[→ informationelles / = stoffliches] Transfersysteme (Koaxialkabel / Palettenlaufwagen)

[○] Speichersysteme (Plattenstapel / Palettensilos)

[▷] Übernahmesysteme (Bildschirmterminals / Industrieroboter)

Eingang — System-Interface — Ausgang

Zur generellen Systematik vgl. Abschnitt 233; obige Klammerinhalte umfassen jeweils aktuelle Beispiele automatisierter Systeme der Informations- sowie der Stoffsphäre.

betrachtetes Aktionszentrum	Art der Analogien zum jeweils anderen Aktionszentrum

Rechenzentrum
 	
+AV
	Analogien zur Teilefertigung:
	- Relevanz einer sorgfältigen Leistungsplanung, z.B.
	  - Leistungsprogrammplanung,
	  - Potentialbelegungsplanung,
	  - Losgrößenplanung,
	  - Kostenplanung;
	- Relevanz einer adaequaten Leistungsverrechnung;
	- Relevanz des Phänomens der Größendegression;
	- Relevanz humaner Ansätze der Arbeitsfeldstrukturierung;
	- Leistungserstellung im Wirkungsverbund von Transformations-, Transfer-, Speicher- und Übernahmesystemen.

Teilefertigung	Analogien zum Rechenzentrum: - ggf. maschineller random access (auf die stofflichen Aktionsobjekte - siehe FFS); - Leistungserstellung im Wirkungsverbund von Transformations-, Transfer-, Speicher- und Übernahmesystemen.

Abb. 49: Prinzipielle Verflechtungen und Analogien im Leistungsverbund elementarer Funktionalsysteme

(481); in Verbindung mit den übrigen in Abb. 49 (Tabelle rechts aussen) aufgeführten Punkten unterstreicht diese Verrechnungsproblematik jedoch den Charakter des Rechenzentrums als quasi einem "Betrieb im Betrieb" (482) (483). Zusammenfassend kann also ge-

---

481) Hierzu siehe vor allem Arbeitskreis Pietzsch der Schmalenbach-Gesellschaft, Zur Kostenrechnung der elektronischen Datenverarbeitung, in: ZfbF 1969, S. 568 ff.; Chmielewicz, K., Kostenrechnungssystem und automatisierte Datenverarbeitung, a.a.O., S. 172 ff.; Dworatschek, S./Donike, H., Wirtschaftlichkeitsanalyse von Informationssystemen, a.a.O., S. 99 ff.; Mertens, P., Systematisches Rechnungswesen für die Datenverarbeitung, in: adl-n 86/1974, S. 34 ff.

482) Hellfors, S., Management betrieblicher Datenverarbeitungszentren, München/Wien 1971, S. 25.

483) Zu den in der Tabelle angesprochenen Punkten vgl. im einzelnen Arbeitskreis Pietzsch der Schmalenbach-Gesellschaft, Zur Kostenrechnung der elektronischen Datenverarbeitung, a.a.O., S. 568 ff.; Mertens, P., Untersuchungen zum Gesetz der Kostendegression in der ADV, in: Grochla, E. (Hrsg.), Die Wirtschaftlichkeit automatisierter Datenverarbeitungssysteme, Wiesbaden 1970, S. 199 ff.; Schulz, A., Strukturanalyse der maschinellen betrieblichen Informationsbearbeitung, a.a.O., S. 214 ff.; Grochla, E., Das Büro als Zentrum der Informationsverarbeitung im strukturellen Wandel, a.a.O., S. 19; Hellfors, S., Management betrieblicher Datenverarbeitungszentren, a.a.O., S. 52 f.; Kunze, V., Kapazitätsauslastung und Kapazitätsbedarfsplanung von ADV-Anlagen mit Hilfe der Netzplantechnik, in: ZfürO 1971, S. 69 ff.; Dworatschek, S./Donike, H., Wirtschaftlichkeitsanalyse von Informationssystemen, a.a.O., S. 32, 99, 119 ff.; Grochla, E., Grundproblematik der Steuerung von Arbeitsprozessen im Datenverarbeitungszentrum, in: Grochla, E./Szyperski, N. (Hrsg.), Management der Datenverarbeitung, BIFOA-Arbeitsbericht 72/4, Köln 1972, S. 13 ff. und die dort angegebene Literatur; Jantzen, K., ASP - ein Betriebssystem für Großinstallationen, in: IBM-N 1972, S. 343 ff.; Bahr, D., Kapazitätsplanung für EDV-Systeme, in: IBM-N 1973, S. 613 ff.; Hartmann, B. Unternehmensführung mit Hilfe integrierter EDV-Organisationssysteme, a.a.O., S. 26; Christo, A. F./Licht, R., Rechenzentrum - Produktionsstätte für Informationen, in: adl-n 84/1974, S. 32 ff. In einer noch erweiterten Sicht kann die gesamte Unternehmungsverwaltung als Produktion von Informationen (vgl. Kosiol, E., Die Unternehmung als wirtschaftliches Aktionszentrum, a.a.O., S. 164 f.; Bleicher, K., Perspektiven für Organisation und Führung von Unternehmungen, a.a.O., S. 116) und die gesamte

sagt werden, daß mit der Automatisierung von Tätigkeiten der Arbeitsvorbereitung der fertigungswirtschaftliche Leistungsverbund elementarer Funktionalsysteme um ein drittes Aktionszentrum - das Rechenzentrum bzw. Teile seiner Gesamtkapazität (484) - erweitert wird; manuelle Entscheidungsprogramme werden aus dem Bereich der AV in den des Rechenzentrums übernommen und dort nach entsprechender Modifizierung der maschinellen Abwicklung übereignet. Im Extremfall, d. h. bei Vorliegen höchster Automatisierungsgrade sowohl bei den Planungs- als auch bei den Realisations- prozessen (siehe insbesondere die Entwicklung auf dem Gebiet der FFS sowie der PRgesteuerten Prozesse), vollzieht sich die fertigungswirtschaftliche Leistungserstellung nur noch innerhalb zweier laufend miteinander kommunizierender maschineller Aktionszentren (Maschinenzentren), von denen das eine auf die primären Leistungsprozesse (Sachleistungsprozesse), das andere auf die sekundären Leistungsprozesse (Dienstleistungsprozesse) spezialisiert ist; für den fachlich nicht vorgebildeten Außenstehenden wird es, wenn sich beide Aktionszentren in räumlicher Hinsicht partiell oder gar vollkommen überlappen, allerdings sehr schwierig, eine anschauliche Vorstellung von den Schnittstellen zwischen primären und sekundären Leistungsprozessen sowie der Struktur letzterer zu gewinnen (485).

Weisen dann insbesondere auch die dem Fertigungsbereich vor- und nachgelagerten Koppelungssysteme (486) einen relativ hohen Auto-

------

Fortsetzung von Fußnote 483)
    Unternehmungsführung als ein "service" (vgl. Paul, W. J., Jr. /
    Robertson, K. B. /Herzberg, F., Job enrichment pays off, in:
    HBR Jan. -Febr. /1968, S. 77) aufgefaßt werden (siehe hierzu
    auch Herches, H., Zur Analyse der Bürofunktionen, in: IO 1959,
    S. 143 f.).
484) Wenn das Rechenzentrum in Abb. 49 als m a s c h i n e l l e s
    Aktionszentrum gekennzeichnet wird, so soll das natürlich nicht
    die Existenz personaler Bedienungskräfte leugnen, ebenso wie
    auch die Arbeitsvorbereitung nicht als personales i. S. v. "sach-
    mittelfreies" Aktionszentrum dargestellt werden soll; es handelt
    sich hier lediglich um Charakterisierungen aufgrund der jeweiligen systemtypischen Aktionsträger.
485) Zu diesen Aussagen über die "primären" und "sekundären" Leistungsprozesse vgl. sehr ähnlich Hellfors, S., Management-
    Datenverarbeitungs-Operations-Research, a. a. O., S. 46, 117 f.;
    Hartmann, B. /unter Mitarbeit von Hellfors, S., Organisations-
    systeme der betriebswirtschaftlichen Elektronischen Datenver-
    arbeitung, a. a. O., S. 14, 141; Pollock, F. Automation, Frank-
    furt 1964, S. 25, Fußnote 22, sowie die dort jeweils angegebene
    Literatur.
486) Beschaffungs- und Absatzsysteme - siehe im einzelnen Alewell,
    K., Die Koppelung des Systems Unternehmung mit dem Umsy-
    stem, dargestellt am Beispiel des Absatzsystems, in: ZfürO 1971,
    S. 178 ff.

matisierungsgrad auf, so kann zwar i.d.R. nicht von einer "voll-
automatischen", wohl aber - in Anknüpfung an das für die damalige
Zeit so bedeutsame Buch DIEBOLDs - von einer "automatischen"
Fabrik gesprochen werden (487). Es zeugt für DIEBOLDs besonderen Weitblick und Mut, in seinem Werk "Die automatische Fabrik"
trotz des vergleichsweise bescheidenen technisch/organisatorischen
Niveaus der frühen 50er Jahre bereits zahlreiche Entwicklungslinien
und Probleme der Automatisierung antizipiert zu haben - von Teil-
aspekten moderner DNC- und CPS-Konzeptionen (488) einschließlich der Bedeutung des EDV-Einsatzes für Simulationen und andere
OR-Methoden (489) bis hin zu wichtigen, mit der Automatisierung
in einem Zusammenhang stehenden humanen Problemen (490). Als
besonders kennzeichnend für das technisch/organisatorische Niveau
der 70er Jahre kann es angesehen werden, daß DIEBOLDs "automatische Fabrik" nunmehr auch bei komplexeren, laufend sich ändern-
den In- und Umsystemen Wirklichkeit wird: "Lernende" automatische Systeme finden ihr Hauptanwendungsgebiet bei Regelstrecken,
deren Prozeßabläufe durch ein wechselseitiges Zusammenwirken
und ständiges Schwanken einer Vielzahl von Parametern gekennzeichnet sind, und automatische Systeme der Entwurfs- und Arbeits-
gangplanung ebenso wie NCA sind speziell zugeschnitten auf nicht
vorhersehbare, permanenten Änderungen unterworfene Anforderungen bestimmter Märkte bzw. Marktteilnehmer.

---

487) In sehr strenger Interpretation kann von einer vollautomatisier-
ten Fertigungswirtschaft erst dann gesprochen werden, wenn
alle in Abb. 12 enthaltenen Aufgabenkomplexe vollmaschinell
abgewickelt werden und auch zum Zwecke des Ingangsetzens
oder allgemeinen Überwachens der maschinellen Abläufe kein
personaler Aufgabenträger mehr erforderlich ist.
488) Vgl. Diebold, J., Die automatische Fabrik, a.a.O., S. 115,
132, 158 f.
489) Vgl. Diebold, J., Die automatische Fabrik, a.a.O., S. 171 ff.
490) Vgl. Diebold, J., Die automatische Fabrik, a.a.O., S. 226 ff.

5. Zusammenfassung

Unter den Untersuchungsergebnissen der vorliegenden Arbeit sollen folgende 9 Punkte noch einmal zusammenfassend hervorgehoben werden:

1. Betriebswirtschaftslehre, Verwaltungswissenschaften, Organisationstheorie, Informatik, Maschinenbau und andere Wissenschaften kennen seit langem die unterschiedlichsten Bezeichnungen für Problemlösungsinstruktionen, die bestimmten Aufgabenträgern auf Dauer zur Beachtung bzw. Befolgung vorgegeben werden: Dienstanweisung, Sachprogramm, Aktionsprogramm , Computerprogramm usw. Der allgemeine Programmansatz verdeutlicht, daß alle diese Begriffe jeweils ledigli ch ganz spezifische Ausprägungen aus einem sehr breiten Spektrum der verschiedensten Arten von Problemlösungsprogrammen bezeichnen: Anpassungs-, Regelungs- und Steuerungsprogramme vermögen mit abgestuftem Konkretisierungsgrad die Problemlösungsstrukturen der verschiedensten Arten und Ebenen von Wirkungssystemen - von Unternehmungen über Computer bis hin zu Werkzeugmaschinen, von den Ebenen der politischen und strategischen Entscheidungen bis hin zur reinen Ausführungsebene - zu definieren; in dieser universalen Sicht erfüllt der Programmbegriff damit auch eine interdisziplinär verbindende Funktion.

2. Besondere Bedeutung für die Automatisierung von Planungs- und Realisationsprozessen haben Steuerungsprogramme mit dem Aktionsspielraum 0, da nur sie auf Sachmittel übertragen und also als maschinelle Problemlösungsprogramme eingesetzt werden können. A u t o m a t i s i e r u n g   a l s   T ä t i g k e i t   i s t   d i e   S u b s t i t u t i o n   p e r s o n a l e r   d u r c h   m a s c h i n e l l e   P r o b l e m l ö s u n g s p r o g r a m m e .

3. Die speziell betriebswirtschaftlichen Aspekte der Automatisierung sind darin zu sehen, daß sich der Betriebswirt - unter weitgehender Ausklammerung der Kategorie der Systemprogramme - vor allem mit den Problemen eines potentiellen Sachmitteleinsatzes im Hinblick auf die spezifischen Unternehmungsziele sowie der damit verbundenen Strukturierung maschineller und personaler Anwendungsprogramme befaßt. Automation ist in diesem Sinne für den Betriebswirt immer Organisation.

4. Verantwortlichkeiten werden im Zuge von Automatisierungsprozessen nicht aufgelöst oder verwischt, sondern entsprechend

der Aufgaben- und Kompetenzverteilung auf Hersteller, Anwender und Kontrolleure maschineller Programme übertragen.

5. Maschinelle Problemlösungsprogramme sind i. d. R. Bestandteile umfassender vertikaler und horizontaler Programm-Hierarchien, deren Automatisierungsgrad auf der Basis dreier Merkmale (Prozeßarten) bestimmt werden kann: Gesamtaussagen über den Automatisierungsgrad von Wirkungssystemen müssen die Selbsttätigkeit sowohl von Realisations- als auch von Entscheidungs- und Übersetzungsprozessen des betrachteten realtechnischen Systems mit einbeziehen; sie müssen dabei außerdem die Qualität der Zielerreichung sowie das Erfordernis einer flexiblen, auf Fertigungstyp und Untersuchungszweck abstimmbaren Handhabung der Merkmalsauswahl und -gewichtung berücksichtigen. Allgemein gültige Stufenleitern der Automatisierung sind nicht möglich.

6. Inhalt, Erscheinungsform und Ausmaß fertigungswirtschaftlicher Automatisierung werden wesentlich vom vorliegenden Leistungswiederholungs-, Leistungskonsistenz-, Fertigungsauslösungs - und Betriebsmittelanordnungstyp bestimmt; im einzelnen konnte zu ausgewählten Kombinationen dieser Elementartypen folgendes verdeutlicht werden:

- Über einfache Kosteneinsparungen hinaus können beträchtliche Automatisierungserfolge beim Kombinationstyp "Individualfertigung" vor allem in Gestalt einer Verbesserung der erzeugnisbezogenen Planungsgrundlagen, der betrieblichen Planungs- und Steuerungsflexibilität, der Optimierungsmöglichkeiten und der Lieferbereitschaft der betreffenden Unternehmungen erzielt werden. Gerade bei diesem Fertigungstyp aber besteht in der Praxis häufig noch eine deutliche Diskrepanz zwischen den potentiell bestehenden und den tatsächlich wahrgenommenen Möglichkeiten einer Nutzung der EDV zur Erhöhung der Anpassungs- und Konkurrenzfähigkeit der Unternehmung im Markt.

- Beim Kombinationstyp "Typenfertigung" überlagern sich im Planungsbereich zahlreiche automatisierungsfördernde und automatisierungshemmende Tendenzen; entscheidende Bedeutung kommt unter diesen Umständen dem im Einzelfall vorliegenden Grad der Bestellorientierung, Störanfälligkeit und angestrebten datentechnischen Integration der betrieblichen Prozesse zu. Im Realisationsbereich kann (u. a.) erst die genaue Untersuchung des jeweiligen Leistungswiederholungstyps Auskunft darüber geben, ob verstärkt auf flexible, materialflußtechnisch integrierte Fertigungssysteme oder aber auf starr ausgelegte und starr verkettete Aggregate zurückzugreifen ist.

Der durch die FFS konstituierte neue Fertigungstyp der "Randomfertigung" verdeutlicht im übrigen, daß - ebenso wie im informationellen Bereich - mittlerweile auch im stofflichen Bereich die Automatisierung neben dem sequentiellen auch den direkten, wahlfreien Zugriff auf die Aktionsobjekte (Stoffe) einschließen kann, und daß der generelle Trend zur Prozessualisierung der Fertigung (im Sinne einer material- und/oder informationsflußtechnischen Integration) nun auch niedrigere Leistungswiederholungsgrade zu erfassen beginnt.

- Die potentiellen Automatisierungserfolge beim Kombinationstyp "Einprozeßfertigung" liegen vor allem in den Bereichen der Echtzeit-Arbeitselementeplanung sowie der Bereitstellungs - systeme.

7. Eine verstärkte Berücksichtigung der Sozialziele im Rahmen von Automatisierungsprozessen braucht nicht zwangsläufig zu Lasten der Erreichung der ökonomischen Ziele der Unternehmung zu gehen. Darüber hinaus offenbart die detaillierte Betrachtung zentraler Sozialziele, daß im Hinblick auf ihre Realisierung die Automatisierung sowohl eine positive, fördernde als auch eine negative, hemmende Rolle zu spielen vermag (Ambivalenz der Automatisierung).

8. Auf dem Feld der Hardwaresysteme kann - neben der Verfügbarkeit leistungs- und kostengünstigerer Universalrechner - in fast allen Fertigungstypen ein weiteres Vordringen des Prozeßrechnereinsatzes erwartet werden; dies gilt insbesondere in Verbindung mit neuartigen Transformations- und Bereitstellungssystemen (DNC, FFS, Industrieroboter, Palettensilos). Bei den Softwaresystemen scheinen vor allem der Standardisierungsgedanke und der Einsatz von Simulationsmodellen an Boden zu gewinnen - letzteres nicht zuletzt aufgrund neuerer Tendenzen der CPS-Konzipierung.

9. Im Extremfall, d.h. bei Vorliegen höchster Automatisierungsgrade, vollzieht sich die gesamte fertigungswirtschaftliche Leistungserstellung einer Unternehmung nur noch innerhalb zweier laufend miteinander kommunizierender Maschinenzentren, deren das eine auf Sachleistungsprozesse, das andere auf Dienstleistungsprozesse spezialisiert ist. DIEBOLDs Vorstellung einer "automatischen Fabrik" bewahrheitet sich ein Vierteljahrhundert später sogar - und insbesondere (!) - unter den schwierigen Bedingungen komplexer, laufend sich ändernder In- und Umsysteme.

Abkürzungsverzeichnis

a. Quellen-Abkürzungen

adl-n	- adl-nachrichten
AI	- Angewandte Informatik
AuL	- Arbeit und Leistung
BFuP	- Betriebswirtschaftliche Forschung und Praxis
CP	- Computer-Praxis
DB	- Der Betrieb
DU	- Die Unternehmung
FB/IE	- Fortschrittliche Betriebsführung und Industrial Engineering
HBR	- Harvard Business Review
HdIE	- Handbuch des Industrial Engineering
HdSw	- Handwörterbuch der Sozialwissenschaften
HdW	- Handbuch der Wirtschaftswissenschaften
HWB	- Handwörterbuch der Betriebswirtschaft
HWO	- Handwörterbuch der Organisation
HWR	- Handwörterbuch des Rechnungswesens
IBM-N	- IBM-Nachrichten
IE (REFA)	- Industrial Engineering (Hrsg.: REFA)
IE (AIIE)	- Industrial Engineering (Hrsg.: AIIE)
IO	- Industrielle Organisation
KRP	- Kostenrechnungs-Praxis
NB	- Neue Betriebswirtschaft
RDO	- Rechnungswesen, Datentechnik, Organisation
REFA-N	- REFA-Nachrichten
VDI-Z	- VDI-Zeitschrift
WiSt	- Wirtschaftswissenschaftliches Studium
wisu	- das wirtschaftsstudium
wt	- Werkstatttechnik
ZfB	- Zeitschrift für Betriebswirtschaft
ZfbF	- Zeitschrift für betriebswirtschaftliche Forschung
ZfD	- Zeitschrift für Datenverarbeitung
ZfhF	- Zeitschrift für handelswissenschaftliche Forschung
ZfürO	- Zeitschrift für Organisation
ZwF	- Zeitschrift für wirtschaftliche Fertigung

b. Sonstige Abkürzungen

ADV	- automatisierte Datenverarbeitung
BetrVerfG	- Betriebsverfassungsgesetz
BIFOA	- Betriebswirtschaftliches Institut für Organisation und Automation

CIRP	–	Internationale Forschungsgemeinschaft für mechanische Produktionstechnik
CNC	–	Computerized Numerical Control
CPS	–	computergestütztes Planungssystem
DE	–	Datenerfassung
DNC	–	Direct Numerical Control
DV	–	Datenverarbeitung
EDVA	–	elektronische Datenverarbeitungsanlagen
FFS	–	flexible Fertigungssysteme (im Sinne der Randomfertigung)
GfA	–	Gesellschaft für Arbeitswissenschaft e. V.
ggf.	–	gegebenenfalls
i. a.	–	im allgemeinen
i. d. R.	–	in der Regel
i. e. S.	–	im engeren Sinne
i. S. v.	–	im Sinne von
i. w. S.	–	im weiteren Sinne
Jh.	–	Jahrhundert
LP	–	Linear Programming
MIS	–	Management Information System
NC	–	Numerical Control
NCA	–	NC-Anlagen
o. J.	–	ohne Jahresangabe
OR	–	Operations Research
o. V.	–	ohne Verfasser
PR	–	Prozeßrechner
REFA	–	Verband für Arbeitsstudien e. V.
RMM	–	Read Mostly Memory
ROM	–	Read Only Memory
SE	–	Systems Engineering
STP	–	Steuerungsprogramm

Abbildungsverzeichnis

Literaturverzeichnis

Acker, H. B., Stellenbeschreibung, in: Grochla, E. (Hrsg.) HWO Stuttgart 1969, Sp. 1582 ff.

Adam, D., Produktionsdurchführungsplanung, in: Jacob, H. (Hrsg.), Industriebetriebslehre, Bd. 2, Planung und Planungsrechnungen, Wiesbaden 1972, S. 329 ff.

Adamowsky, S., Prüfung der Organisation, in: Grochla, E. (Hrsg.), HWO, Stuttgart 1969, Sp. 1371 ff.

Affeld, D., Fehlanpassungen im Betrieb - Unfallwesen, Fluktuation, Krankenstand und Absentismus, in: Bornemann, E., Betriebspsychologie, Wiesbaden 1967, S. 135 ff.

Aggteleky, B., Rollende Fabrikplanung, in: IO 1971, S. 125 ff.

Albach, H., Entscheidungsprozeß und Informationsfluß in der Unternehmensorganisation, in: Schnaufer, E. / Agthe, K. (Hrsg.), Organisation, Berlin/Baden-Baden 1961, S. 355 ff.

Albach, H., Beiträge zur Unternehmensplanung, Wiesbaden 1969

Albach, H., Informationsgewinnung durch strukturierte Gruppenbefragung, in: ZfB 1970, Ergänzungsheft Dezember, S. 11 ff.

Alewell, K. /Bleicher, K. /Hahn, D., Anwendung des Systemkonzepts auf betriebswirtschaftliche Probleme, in: Zfür O 1971, S. 159 f.

Alewell, K., Die Koppelung des Systems Unternehmung mit dem Umsystem, dargestellt am Beispiel des Absatzsystems, in: Zfür O 1971, S. 178 ff.

Amrehn, H., Prozeßrechner in der Chemie, in: CP 1973, S. 229 ff.

Arbeitskreis Pietzsch der Schmalenbach-Gesellschaft, Zur Kostenrechnung der elektronischen Datenverarbeitung, in: ZfbF 1969, S. 568 ff.

Arnold, H. /Borchert, H. /Lange, A. /Schmidt, J., Der Produktionsprozeß im Industriebetrieb, 2. Aufl., Berlin (Ost) 1968

Ashby, W. R., An Introduction to Cybernetics, London 1970

Auer, B. H., Internationale Forschung und Entwicklung im Bereich der Industrierobotertechnologie, in: ZwF 1975, S. 110 ff.

Bachmann, G., Programmtechnische Hilfsmittel und Geräte für die Dialogverarbeitung in der Arbeitsvorbereitung, in: IE (REFA) 1974, S. 89 ff.

Bachmann, G., Rechnerunterstützte Arbeitsplanerstellung nach dem Neuplanungsprinzip, in: VDI-Z 1974, S. 1171 ff.

Bahr, D., Kapazitätsplanung für EDV-Systeme, in: IBM-N 1973, S. 613 ff.

Balogh, L., Fertigungsplanermittlung mit Datenverarbeitungsanlagen - Beitrag zur Systemanalyse, in: ZwF 1971, S. 496 ff.

Bauer, A./Meier, R./Richter, H./Sieper, H.-P., Qualitätskontrolle in der Fertigungsindustrie mit Hilfe von EDV-Anlagen, Opladen 1973

Bauer, M., Ein Rechnerprogramm zur Auswertung von Arbeitsablaufanalysen und Zeitaufnahmen, in: REFA-N 1973, S. 417 ff.

Behrens, C., Computer in der Stahlindustrie - die wichtigsten Anwendungen im technischen Bereich, in: CP 1972, S. 225 ff.

Bendeich, E., Anforderungen der verschiedenen Branchen der Fertigungsindustrie an die Betriebsdatenerfassung, in: adl-n 88/ 1974, S. 46 ff.

Bendeich, E., Auswahl und Einsatz von Datenerfassungssystemen im Fertigungsbetrieb, in: IE (REFA) 1974, S. 381 ff.

Bendix, H., Der Dualismus in der Zielsetzung des Industrieunternehmens, in: Jacob, H. (Hrsg.), Zielprogramm und Entscheidungsprozeß in der Unternehmung, Wiesbaden 1970, S. 43 ff.

Berr, U., Fertigungssteuerung, in: Management-Enzyklopädie, Bd. 2, München 1970, S. 866 ff.

v. Bertalanffy, L., General System Theory, London 1971

Berthel, J., Zielorientierte Unternehmungssteuerung, Stuttgart 1973

Beste, T., Fertigungsstufen, in: Seischab, H./Schwantag, K. (Hrsg.), HWB, 3. Aufl., Stuttgart 1958, Sp. 1757 ff.

Betriebswirtschaftliches Institut für Organisation und Automation an der Universität zu Köln, Betriebsinformatik und Wirtschaftsinformatik als notwendige anwendungsbezogene Ergänzung einer allgemeinen Informatik, in: ZfürO 1969, S. 228 ff.

Bieck, R.-D./Pesall, A./Welzhofer, K., Rechnergesteuerte Funktionsprüfung von Baugruppen der Datenverarbeitung, in: CP 1973, S. 197 ff.

Biederstedt, W., Wirtschaftliches Arbeiten mit streckengesteuerten Drehmaschinen in Klein- und Mittelbetrieben, in: wt 1972, S. 549 ff.

Biegert, B., Werkstückhandhabung in der automatischen Fertigung, in: automatik 1971, S. 158 ff.

Bischoff, R./Fezer, U., Methoden und Software zur Verwendung von Modellen betrieblicher Informationssysteme, in: Grochla, E./Mitarbeiter, Integrierte Gesamtmodelle der Datenverarbeitung, München/Wien 1974, S. 169 ff.

Blaser, R./Sell, D., Anwendungsergebnisse fotoelektronischer Verfahren zur Abtastung von Oberflächen, Abmessungen und Kennungen bei Förderung und Fertigung, in: automatik 1971, S. 6 ff.

Bleicher, K., Grundsätze der Organisation, in: Schnaufer, E./Agthe, K. (Hrsg.), Organisation, Berlin/Baden-Baden 1961, S. 149 ff.

Bleicher, K., Zur Zentralisation und Dezentralisation des Entscheidungsprozesses in der Unternehmungsorganisation, in: Grochla, E. (Hrsg.), Organisation und Rechnungswesen, Festschrift für E. Kosiol, Berlin 1964, S. 125 ff.

Bleicher, K., Die Entwicklung eines systemorientierten Organisations- und Führungsmodells der Unternehmung, in: ZfürO 1970, S. 3 ff., 59 ff., 111 ff., 166 ff.

Bleicher, K., Zur Organisation von Entscheidungsprozessen, in: Jacob, H. (Hrsg.), Zielprogramm und Entscheidungsprozeß in der Unternehmung, Wiesbaden 1970, S. 55 ff.

Bleicher, K., Perspektiven für Organisation und Führung von Unternehmungen, Baden-Baden/Bad Homburg v. d. H. 1971

Bleicher, K., Organisation und Führung der industriellen Unternehmung, in: Jacob, H. (Hrsg.), Industriebetriebslehre, Bd. 3, Organisation und EDV, Wiesbaden 1972, S. 13 ff.

Bleicher, K./unter Mitarbeit von Meyer, E./Wiek, D., Systemanalyse internationaler Unternehmungen, in: Wild, J. (Hrsg.), Unternehmungsführung, Festschrift für E. Kosiol, Berlin 1974, S. 253 ff.

Bleuler, U., Neue Problemstellung beim Investitionsentscheid für NC-Maschinen, in: IO 1971, S. 277 ff.

Blohm, H., Zur Frage des Operations Research als Hilfsmittel für Management-Entscheidungen, in: Koller, H./Kicherer, H. P. (Hrsg.), Probleme der Unternehmensführung, Festschrift für E. Sieber, München 1971, S. 180 ff.

Blohm, H./Steinbuch, K. (Hrsg.), Technische Prognosen in der Praxis, Düsseldorf 1972

Böhrs, H., Leistungslohn, Wiesbaden 1959

Böhrs, H., Die menschliche Arbeitsleistung und die Möglichkeiten ihrer Messung, in: ZfB 1961, S. 641 ff.

Bokranz, R., Entwicklungen auf dem Gebiet von computergestalteten Arbeitssystemen, in: IE (REFA) 1973, S. 259 ff.

Bolinder, E. , Technischer Fortschritt und Gesundheitspolitik, in: Industriegewerkschaft Metall (Hrsg.), Automation - Risiko und Chance, Bd. 1, Frankfurt a. M. 1965, S. 431 ff.

Bollmann, H. , Automatisierungsverfahren, in: Anke, K. /Kaltenekker, H. /Oetker, R. (Hrsg.), Prozeßrechner, München/Wien 1970, S. 307 ff.

Boos, H. /Michael, R. /Trommer, W. , Aufbau eines betriebsspezifischen Simulationsmodells, in: ZwF 1975, S. 188 ff.

Bosch, H. -J. , Fließarbeit - Vorläufer der Automatisierung, in: Pentzlin, K. /Kienzle, O. (Hrsg.), Fertigungstechnische Automatisierung, Festschrift für C. M. Dolezalek, Berlin/Heidelberg/New York 1969, S. 2 ff.

Bottler, J. /Horváth, P. /Kargl, H. , Methoden der Wirtschaftlichkeitsberechnung für die Datenverarbeitung, München 1972

Brankamp, K. , Terminplanungssystem, 2. Aufl. , Würzburg/Wien 1973

Braun, W. , Grenzen traditioneller und Bedingungen moderner Leistungsentlohnung, in: ZfB 1966, S. 205 ff.

Bright, J. R. , New Potentials of Materials Handling, in: HBR Jul. - Aug. /1954, S. 79 ff.

Bright, J. R. , How to Evaluate Automation, in: HBR Jul. -Aug. / 1955, S. 101 ff.

Bright, J. R. , Does Automation Raise Skill Requirements? in: HBR Jul. -Aug. /1958, S. 85 ff.

Bright, J. R. , Lohnfindung an modernen Arbeitsplätzen in den USA, in: Automation und technischer Fortschritt in Deutschland und den USA, Frankfurt a. M. 1963, S. 133 ff.

Bright, J. R. , Erhöht die Automatisierung die Anforderungen an das Können? in: REFA (Hrsg.), Fortschrittliche Betriebsführung, Bd. 7, Arbeitsstudium und Betriebsorganisation, Berlin/Köln/Frankfurt a. M. , o. J. , S. 31 ff.

Brockhoff, K. , Probleme und Methoden technologischer Vorhersagen, in: ZfB 1969, Ergänzungsheft Dezember, S. 1 ff.

Brodbeck, B. /Herrmann, G. /Weiß, K. , Industrieroboter, ein Mittel zur Humanisierung der Arbeitswelt, in: FB/IE 1975, S. 83 ff.

Brödner, P. , Betrachtungen zum Erfassen eines Automatisierungsgrades von Fertigungssystemen, in: Simon, W. /unter Mitwirkung von Brödner, P. /Hamke, F. /Maßberg, W. (Hrsg.), Produktivitätsverbesserungen mit NC-Maschinen und Computern, München 1969, S. 43 ff.

Brückner, O., Computergesteuerte Investitions- und Finanzplanung mit PROSPER, in: adl-n 78/1973, S. 32 ff.

Buckup, H., Technische Entwicklung und Gesundheit, in: Industriegewerkschaft Metall (Hrsg.), Automation - Risiko und Chance, Bd. 1, Frankfurt a. M. 1965, S. 454 ff.

Büchel, A., Systems Engineering, in: IO 1969, S. 373 ff.

Büchel, A., Terminplanung und Terminüberwachung, in: Produktionsplanung und -steuerung mit EDV, Bd. 1, Zürich 1971, S. 72 ff.

Büttner, R., Ein integriertes EDV-Modell - Möglichkeiten und Grenzen in einem industriellen Unternehmen, in: Online 1973, S. 533 ff.

Bussmann, K. F., Die Fertigungssteuerung in Industriebetrieben als Funktion der Fertigungstypen, in: Schwarz, H./Berger, K. H. (Hrsg.), Betriebswirtschaftslehre und Wirtschaftspraxis, Festschrift für K. Mellerowicz, Berlin 1961, S. 63 ff.

Bussmann, K. F./Beissel, H.-S./Brachvogel, U./Hänisch, J./ Koxholt, R./Kraus, P./Mertens, P., Ein Vergleich von Fließbandabstimmungsverfahren, in: Bussmann, K. F./Mertens, P. (Hrsg.), Operations Research und Datenverarbeitung bei der Produktionsplanung, Stuttgart 1968, S. 313 ff.

Bylinsky, G., Der Facharbeiter in Industriebetrieb und industrieller Gesellschaft, Diss., Erlangen-Nürnberg 1969

Cetron, M. J., Technological Forecasting, New York/London/Paris 1969

Chadwick-Jones, J. K., Automation and Behaviour, London/New York/Sydney/Toronto 1969

Chladek, W., Technologische Voraussagen, in: VDI-Z 1972, S. 767 ff.

Chmielewicz, K., Wirtschaftsgut und Rechnungswesen, in: ZfbF 1969, S. 85 ff.

Chmielewicz, K., Kostenrechnungssystem und automatisierte Datenverarbeitung, in: Grochla, E. (Hrsg.), Die Wirtschaftlichkeit automatisierter Datenverarbeitungssysteme, Wiesbaden 1970, S. 163 ff.

Chorafas, D., Lagertechnik und -organisation in Industrie und Handel, Düsseldorf 1973

Christo, A. F./Licht, R., Rechenzentrum - Produktionsstätte für Informationen, in: adl-n 84/1974, S. 32 ff.

Coales, J. F., Automation und Computer in der Industrie, in: Arbeitsgemeinschaft für Forschung des Landes Nordrhein-Westfalen, Heft 170, Köln/Opladen 1967, S. 7 ff.

Corbach, K. /Hirner, M. , Wirtschaftlichkeitsvergleich am Beispiel von Nachform- und NC-Drehmaschinen, in: wt 1973, S. 327 ff.

Crawford, A. H. , Moderne automatische zerstörungsfreie Prüfverfahren, in: automatik 1971, S. 359 ff.

Dahms, H. J. /Haberlandt, K. , Erfahrungen und Grundsätze beim Aufbau eines automatisierten MIS, in: IO 1970, S. 449 ff.

Dahms, H. J. /Haberlandt, K. , Begriff und Elemente automatisierter Management-Informationssysteme, in: IO 1970, S. 455 ff.

Debler, H. /Fricke, F. /Greindl, A. , Automatisierung werkstückbezogener Planungsprozesse, in: ZwF 1972, S. 636 ff.

Diebold, J. , Automation - the new technology, in: HBR Nov. -Dec. / 1953, S. 63 ff.

Diebold, J. , Die automatische Fabrik, Nürnberg 1954

Diehl, W. /Walker, T. , Steuerung von NC-Maschinen mit einem IBM-System/7, in: IBM-N 1974, S. 190 ff.

Dilling, H. -J. /Theimert, P. -H. , Automatisierung des industriellen Arbeitsplatzes, in: Werkstatt und Betrieb 1972, S. 751 ff.

Dörken, W. , Simulationsmodelle und ihre Anwendung bei der Analyse von Prioritätsregeln zur Maschinenbelegungsplanung (I), in: Die Arbeitsvorbereitung 1973, S. 89 ff.

Dolezalek, C. M. , Automatisierung - Automation, in: VDI-Z 1956, S. 563 f.

Dolezalek, C. M. , Grundlagen und Grenzen der Automatisierung, in: VDI-Z 1956, S. 564 ff.

Dolezalek, C. M. , Grundsatzprobleme der Werkstückhandhabung bei Fertigung und Montage, in: Automatisierung in der Fertigungstechnik, VDI-Berichte Nr. 89, Düsseldorf 1965, S. 103 ff.

Dolezalek, C. M. /Ropohl, G. , Flexible Fertigungssysteme - die Zukunft der Fertigungstechnik, in: wt 1970, S. 446 ff.

Dolezalek, C. M. , Automatisierung in der Fertigungstechnik, in: Mattée, G. (Hrsg.), Fertigungstechnik und Arbeitsmaschinen, Bd. 1, Reinbek bei Hamburg 1972, S. 48 ff.

Dreger, W. , Die Anwendbarkeit der Systemtechnik, Teil 3, in: IBM-N 1974, S. 380 ff.

Dworatschek, S. /Donike, H. , Wirtschaftlichkeitsanalyse von Informationssystemen, Berlin/New York 1972

Dworatschek, S. , Einführung in die Datenverarbeitung, 5. Aufl. , Berlin/New York 1973

Eich, J., Einfluß der Schichtarbeit auf den Menschen, in: wt 1972, S. 34 ff.

Eidenmüller, B., Betriebsdatenerfassung in der Fertigung, in: ZwF 1974, S. 36 ff.

Eisinger, J., Die NC-Fertigung und ihre Auswirkungen auf die Konstruktion, in: wt 1973, S. 137 ff.

Elben, W., Entscheidungstabellentechnik, Berlin/New York 1973

Ellinger, T., Ablaufplanung, Stuttgart 1959

Ellinger, T., Industrielle Einzelfertigung und Vorbereitungsgrad, in: ZfhF 1963, S. 481 ff.

Ellinger, T., Durchlaufzeit, in: Grochla, E. (Hrsg.), HWO, Stuttgart 1969, Sp. 459 ff.

Ellinger, T., Betriebswirtschaftlich-technologische Aspekte zur Fließbanddiskussion, in: Rationalisierung 1974, S. 22 ff.

Esprester, A. C., Datenbank und Methodenbank, Teil 2, Der Bau von Analyse-, Planungs- und Informationssystemen mit dem Programmsystem METHAPLAN, in: datareport 4/1974, S. 27 ff.

Fäßler, K., Betriebliche Mitbestimmung, Wiesbaden 1970

Fäßler, K./Reichwald, R., Fertigungswirtschaft, in: Heinen, E. (Hrsg.), Industriebetriebslehre, 2. Aufl., Wiesbaden 1972, S. 245 ff.

Faltlhauser, R., Verschnittoptimierung, in: Bussmann, K. F./Mertens, P. (Hrsg.), Operations Research und Datenverarbeitung bei der Produktionsplanung, Stuttgart 1968, S. 187 ff.

Fehr, E., Produktionsplanung und -steuerung mit elektronischer Datenverarbeitung, Bern/Stuttgart 1968

Feuerbaum, E., Elektronische Materialdisposition und Fertigungssteuerung einer Maschinenfabrik, in: v. Kortzfleisch, G. (Hrsg.), Die Betriebswirtschaftslehre in der zweiten industriellen Evolution, Festschrift für T. Beste, Berlin 1969, S. 109 ff.

Fient, H. G., Der Beschaffungsprozeß für Software-Produkte, in: Online 1974, S. 463 ff.

Flechtner, H.-J., Grundbegriffe der Kybernetik, Stuttgart 1966

Forrester, J. W., Grundzüge einer Systemtheorie, Wiesbaden 1972

Frank, J., Wann empfiehlt sich der Kauf von Standard-Software? in: Online 1974, S. 823 ff.

Franke, W., Die Steuerung der Einzelfertigung mit einer elektronischen Datenverarbeitungsanlage, Berlin/Köln/Frankfurt 1969

Freber, D., Abgasanalyse mit digitalen Rechnern, in: IBM-N 1970, S. 212 ff.

Frese, E., Kontrolle und Unternehmungsführung, Wiesbaden 1968

Frese, E., Kontrolle, Organisation der, in: Grochla, E. (Hrsg.), HWO, Stuttgart 1969, Sp. 873 ff.

Frese, E., Zur wirtschaftlichen Gestaltung komplexer Informationssysteme, in: Grochla, E. (Hrsg.), Die Wirtschaftlichkeit automatisierter Datenverarbeitungssysteme, Wiesbaden 1970, S. 267 ff.

Frese, E., Heuristische Entscheidungsstrategien der Unternehmungsführung, in: ZfbF 1971, S. 283 ff.

Freudemann, H./Pacholak, L., Steuerung eines Gemengehauses mit einem Prozeßrechner AEG 60-10, in: CP 1972, S. 263 ff.

Freudhofer, F., NC-Maschinen - wirtschaftlich eingesetzt, in: IO 1973, S. 13 ff.

Friedmann, G., Grenzen der Arbeitsteilung, Frankfurt a. M. 1959

Friedrichs, G., Soziale und wirtschaftliche Aspekte bei Verwendung von Industrierobotern, in: Rationalisierung 1973, S. 247 ff.

Frisk, H., Automation, in: Griechisches etymologisches Wörterbuch, Bd. 1, Heidelberg 1960, S. 191

Fryburg, H., Die Bedeutung elektronischer Rechenanlagen für die betriebliche Planung, in: Ries, J./v. Kortzfleisch, G. (Hrsg.), Betriebswirtschaftliche Planung in industriellen Unternehmungen, Festschrift für T. Beste, Berlin 1959, S. 61 ff.

Fuchs, H., Systemtheorie, in: Grochla, E. (Hrsg.), HWO, Stuttgart 1969, Sp. 1618 ff.

Fuchs, H., Systemtheorie und Organisation, Wiesbaden 1973

Fuhrmann, J., Automation und Angestellte, Frankfurt a. M. 1971

Futh, H., Organisation und Datenverarbeitung, Köln - Braunsfeld 1968

Futh, H./Katzsch, R., Problemanalyse und Entwicklung eines EDV-Systems, in: Jacob, H. (Hrsg.), EDV als Instrument der Unternehmensführung, Wiesbaden 1970, S. 83 ff.

Gaitanides, M., Produktionstechnik und Produktionsorganisation, in: ZfürO 1974, S. 375 ff.

Ganzhorn, K., Mikroelektronik in Computern (2), in: IBM-N 1974, S. 344 ff.

Gebauer, W./Rabus, S., Eine Prozeßrechneranlage für die Serien-
    prüfung automatischer Getriebe von Personenkraftwagen, in:
    CP 1972, S. 135 ff.

Geitner, U. W., Teilefamilienbildung mit Hilfe der EDV-Datenor-
    ganisation, in: IE (REFA) 1974, S. 9 ff., 121 ff.

Glantschnig, F., Flexibilität bei zunehmender Automation in der
    Fertigung, in:IO 1972, S. 227 ff.

Götz, F.-R./Klingler, O., Adaptive Control, in: Steuerungstechnik
    1972, S. 4 f.

Goldberg, W., Die Programmierung elektronischer Rechenautoma-
    ten, in: Jacob, H. (Hrsg.), Grundlagen der elektronischen Da-
    tenverarbeitung, Wiesbaden 1970, S. 35 ff.

Goldscheider, P./Zemanek, H., Computer, Berlin/Heidelberg/New
    York 1971

Goswami, P., EDV zur Rationalisierung des Arbeitsstudiums, in:
    IO 1975, S. 21 ff.

v. Gottl-Ottlilienfeld, F., Grundriß der Sozialökonomik, II. Abtei-
    lung, Die natürlichen und technischen Beziehungen der Wirt-
    schaft, II. Teil, Wirtschaft und Technik, 2. Aufl., Tübingen
    1923

Graef, M./Greiller, R./Hecht, G., Datenverarbeitung im Realzeit-
    betrieb, München/Wien 1970

Graf, H./Roschmann, K., Problemlösungen der Datenverarbeitung
    im Fertigungsbetrieb, in: wt 1972, S. 420 ff.

Graf, H./Kunerth, W., Betriebstypologische Methodenauswahl - ein
    Hilfsmittel zur Gestaltung betrieblicher Informationssysteme,
    in: FB/IE 1975, S. 25 ff.

Graf, H./Kunerth, W., Investitionsbeurteilung von EDV-gestützten
    technisch-organisatorischen Informationssystemen, in: VDI-Z
    1975, S. 127 ff.

Gramp, E., Entscheidungstabellentechnik für die Gestaltung opti-
    maler Auftragsabwicklungssysteme, in: IE (REFA) 1974, S. 221 ff.

Grayson, C. J., Jr., Management science and business practice,
    in: HBR Jul.-Aug./1973, S. 41 ff.

Greene, C. N., The Satisfaction Performance Controversy, in:
    Business Horizons Oct./1972, S. 31 ff.

Griese, J., Adaptive Verfahren im betrieblichen Entscheidungspro-
    zeß, Würzburg/Wien 1972

Grochla, E., Das Problem der optimalen Unternehmungsplanung, in: Bellinger, B. (Hrsg.), Gegenwartsfragen der Unternehmung, Festschrift für F. Henzel, Wiesbaden 1961, S. 65 ff.

Grochla, E., Planung, betriebliche, in: v. Beckerath, E./u.a. (Hrsg.), HdSw, Bd. 8, Stuttgart/Tübingen/Göttingen 1964, S. 314 ff.

Grochla, E., Technische Entwicklung und Unternehmungsorganisation, in: Grochla, E. (Hrsg.), Organisation und Rechnungswesen, Festschrift für E. Kosiol, Berlin 1964, S. 53 ff.

Grochla, E., Zum Wesen der Automation, in: ZfB 1964, S. 660 ff.

Grochla, E., Automatisierung, in: v. Beckerath, E./u.a. (Hrsg.), HdSw, Bd. 12, Stuttgart/Tübingen/Göttingen 1965, S. 530 ff.

Grochla, E., Automation und Organisation, Wiesbaden 1966

Grochla, E., Anwendungssystem für die automatisierte Datenverarbeitung, in: ZfürO 1968, S. 242 ff.

Grochla, E., Die Bedeutung der automatisierten Datenverarbeitung für die Unternehmungsführung, in: IBM-N 1968, S. 84 ff.

Grochla, E., Modelle als Instrumente der Unternehmungsführung, in: ZfbF 1969, S. 382 ff.

Grochla, E., Planung, Organisation der, in: Grochla, E. (Hrsg.), HWO, Stuttgart 1969, Sp. 1305 ff.

Grochla, E./Szyperski, N./Seibt, D., Ausbildung und Fortbildung in der Automatisierten Datenverarbeitung, München/Wien 1970

Grochla, E., Die Gestaltung allgemeingültiger Anwendungsmodelle für die automatische Informationsverarbeitung in Wirtschaft und Verwaltung, in: elektronische datenverarbeitung 1970, S. 49 ff.

Grochla, E., Grundfragen der Wirtschaftlichkeit automatisierter Datenverarbeitung, in: ZfürO 1970, S. 329 ff.

Grochla, E., Systemtheorie und Organisationstheorie, in: ZfB 1970, S. 9 ff.

Grochla, E., Analyse gegenwärtiger und zukünftiger Entwicklungstendenzen bei der Planung, Entwicklung und Implementierung computer-gestützter Entscheidungssysteme, in: Grochla, E. (Hrsg.), Computer-gestützte Entscheidungen in Unternehmungen, Wiesbaden 1971, S. 219 ff.

Grochla, E., Auswirkungen der automatisierten Datenverarbeitung auf die Unternehmungsplanung, in: ZfbF 1971, S. 719 ff.

Grochla, E., Das Büro als Zentrum der Informationsverarbeitung im strukturellen Wandel, in: Grochla, E. (Hrsg.), Das Büro als Zentrum der Informationsverarbeitung, Wiesbaden 1971, S. 11 ff.

Grochla, E., Grundproblematik der Steuerung von Arbeitsprozessen im Datenverarbeitungszentrum, in: Grochla, E./Szyperski, N. (Hrsg.), Management der Datenverarbeitung, BIFOA - Arbeitsbericht 72/4, Köln 1972, S. 9 ff.

Grochla, E., Automatisierung der Automatisierung, in: ZfbF 1973, S. 413 ff.

Grochla, E., Das Engagement der Unternehmensführung bei der Entwicklung computergestützter Informationssysteme, in: Fortschrittliche Betriebsführung 1973, S. 65 ff.

Grochla, E./Meller, F., Datenverarbeitung in der Unternehmung/ Grundlagen, Reinbek bei Hamburg 1974

Grochla, E., Modelle und betriebliche Informationssysteme, in: Grochla, E./Mitarbeiter, Integrierte Gesamtmodelle der Datenverarbeitung, München/Wien 1974, S. 21 ff.

Grochla, E., Unternehmungsorganisation, 3. Aufl., Reinbek bei Hamburg 1974

Großenbacher, J.-M., EDV mit Systems Engineering planen, in: IO 1975, S. 169 ff.

Große-Oetringhaus, W., Typologie der Fertigung unter dem Gesichtspunkt der Fertigungsablaufplanung, Diss., Gießen 1972

Grupp, B., Einsatzmöglichkeiten der Datenverarbeitung in Mittel- und Kleinbetrieben, Ludwigshafen (Rhein) 1972

Grupp, B., Modularprogramme für die Fertigungsindustrie, Berlin/New York 1973

Gubser, A., Monotonie im Industriebetrieb, Bern/Stuttgart 1968

Günther, H., Das Dilemma der Arbeitsablaufplanung, Berlin 1971

Günther, H., Trilemma oder Dilemma der Ablaufplanung, in: ZfB 1972, S. 297 ff.

Günther, R./Rölle, H., Entwicklungstendenzen in der Gestaltung von Management-Informations-Systemen in den USA, BIFOA-Arbeitsbericht 69/10

Gutenberg, E., Grundlagen der Betriebswirtschaftslehre, Bd. 1, Die Produktion, Berlin/Göttingen/Heidelberg 1951, 19. Aufl., Berlin/Heidelberg/New York 1972

Gutenberg, E., Sortenproblem und Losgröße, in: Seischab, H./ Schwantag, K. (Hrsg.), HWB, Bd. 3, 3. Aufl., Stuttgart 1960, Sp. 4897 ff.

Haasis, G., Erfahrungen mit automatischen Montagemaschinen, in: Automatisierung in der Fertigungstechnik, VDI-Berichte Nr. 89, Düsseldorf 1965, S. 123 ff.

Haberfellner, R., Systems Engineering (SE), in: ZfürO 1973, S. 373 ff.

Hackstein, R./Nüssgens, K. H./Uphus, P. H., Personalwesen in systemorientierter Sicht, in: Fortschrittliche Betriebsführung 1971, S. 27 ff.

Hackstein, R./Nüssgens, K. H./Uphus, P. H., Struktur des Führungsprozesses im System Personalwesen, in: Fortschrittliche Betriebsführung 1971, S. 47 ff.

Hackstein, R./Bauer, A., Der Einsatz von Prozeßrechnern zur Qualitätskontrolle in der Fertigungstechnik, in: ZwF 1972, S. 366 ff., 419 ff.

Hackstein, R./Hildebrandt, W., Quantitative Analyse inter- und intraindividueller Unterschiede in der menschlichen Tagesrhythmik, in: IE (REFA) 1974, S. 43 ff.

Hahn, D., Führung des Systems Unternehmung, in: ZfürO 1971, S. 161 ff.

Hahn, D., Industrielle Fertigungswirtschaft in entscheidungs- und systemtheoretischer Sicht, in: ZfürO 1972, S. 269 ff., 369 ff., 427 ff.

Hahn, D., Planungs- und Kontrollrechnung - PuK, Wiesbaden 1974

Hahn, D., Prognose und Unternehmungsplanung, in: Hammann, P./ Kroeber-Riel, W./Meyer, C. W. (Hrsg.), Neuere Ansätze der Marketingtheorie, Festschrift für O. R. Schnutenhaus, Berlin 1974, S. 27 ff.

Hahn, D./Link, J., Motivationsfördernde Arbeitsfeldstrukturierung in der Industrie, in: ZfürO 1975, S. 65 ff.

Hahn, R., Produktionsplanung bei Linienfertigung, Berlin/New York 1972

Hamke, F., Über die Anwendbarkeit neuzeitlicher Investitions-Rechenverfahren bei der Beschaffung von numerisch gesteuerten Werkzeugmaschinen, in: Simon, W. / unter Mitwirkung von Brödner, P./Hamke, F./Maßberg, W. (Hrsg.), Produktivitätsverbesserungen mit NC-Maschinen und Computern, München 1969, S. 103 ff.

Hammel, R./Weber, H., "Intelligente" Datenerfassung nach dem Prinzip der "distributed intelligence", in: AI 1974, S. 165 ff.

Hammer, H., Integrierte Produktionssteuerung mit Modularprogrammen, Wiesbaden 1970

Hanft, K. K., Automatisches Konstruieren, in: Management-Enzyklopädie, Bd. 1, München 1969, S. 742 ff.

Hardeck, W./Nestler, H., Aus der Praxis der Layoutplanung mit EDV, in: wt 1974, S. 95 ff., 222 ff.

Hartmann, B., Betriebswirtschaftliche Grundlagen der automatisierten Datenverarbeitung, Freiburg i. Br. 1961

Hartmann, B., Elektronische Datenverarbeitung für Klein- und Mittelbetriebe, 2. Aufl., Freiburg i. Br. 1966

Hartmann, B., "Total Business Systems", in: Engeleiter, H.-J./ u. a. (Hrsg.), Gegenwartsfragen der Unternehmensführung, Festschrift für W. Hasenack, Herne/Berlin 1966, S. 167 ff.

Hartmann, B., Datenverarbeitungsanlagen, elektronische, Einführung von, in: Grochla, E. (Hrsg.), HWO, Stuttgart 1969, Sp. 411 ff.

Hartmann, B., Integrierte Datenverarbeitung, in: Grochla, E., (Hrsg), HWO, Stuttgart 1969, Sp. 774 ff.

Hartmann, B., Integrierte Datenverarbeitung und Informationssysteme in der Unternehmung, in: Haberlandt, K. (Hrsg.), Automatisierte Datenverarbeitung in Forschung und Praxis, Ludwigshafen (Rhein) 1970, S. 27 ff.

Hartmann, B./unter Mitarbeit von Hellfors, S., Organisationssysteme der betriebswirtschaftlichen Elektronischen Datenverarbeitung, Freiburg i. Br. 1971

Hartmann, B., Unternehmensführung mit Hilfe integrierter EDV-Organisationssysteme, Freiburg i. Br. 1973

Hartmann, B., Unternehmensplanung mittels integrierter EDV-Organisationssysteme, in: Kirsch, W. (Hrsg.), Unternehmensführung und Organisation, Wiesbaden 1973, S. 125 ff.

Hartmann, W., Schneidplanung im Dialog mit dem Rechner, in: data report 1/1972, S. 36 ff.

Hartwig, R., Aufbau eines Prozeßrechensystems, in: IBM-N 1970, S. 68 ff.

Hauschildt, J., Verantwortung, in: Grochla, E. (Hrsg.), HWO, Stuttgart 1969, Sp. 1693 ff.

Haustein, H., Materialfluß-Regelung in Fertigungsprozessen, in: Steuerungstechnik 1972, S. 23 ff.

Hautau, C. F., Gestaltung und Entstörung von automatisierten Fertigungsverfahren, in: Maynard, H. B. (Hrsg.), HdIE, Teil IX, Berlin/Köln/Frankfurt a. M. 1956, S. 105 ff.

Hax, H., Entscheidungsmodelle in der Unternehmung, Reinbek bei Hamburg 1974

Hedberg, B., On Man-Computer Interaction in Organizational Decision-Making, Göteborg 1970

Heilmann, H., Beispiel einer Wirtschaftlichkeitsanalyse für eine elektronische Datenverarbeitungsanlage, in: ZfürO 1970, S. 291 ff.

Heilmann, W., Fertigungsregelung, elektronische, in: Management-Enzyklopädie, Bd. 2, München 1970, S. 836 ff.

Heinen, E., Das Zielsystem der Unternehmung, Wiesbaden 1966

Heinen, E., Einführung in die Betriebswirtschaftslehre, Wiesbaden 1968

Heinen, E., Betriebswirtschaftliche Kostenlehre, 3. Aufl., Wiesbaden 1970

Heinen, E., Industriebetriebslehre als Entscheidungslehre, in: Heinen, E. (Hrsg.), Industriebetriebslehre, 2. Aufl., Wiesbaden 1972, S. 21 ff.

Heinrich, L. J./Krieger, R., Systemplanung und Anwendung benutzerorientierter Computer, Köln-Braunsfeld 1974

Hellfors, S., Management betrieblicher Datenverarbeitungszentren, München/Wien 1971

Hellfors, S., Management - Datenverarbeitung - Operations Research, 2. Aufl., München/Wien 1971

Hennig, K. W., Betriebswirtschaftslehre der industriellen Erzeugung, 5. Aufl., Wiesbaden 1969

Henzel, F., Führungsprobleme der industriellen Unternehmung, Bd. 1, Die Produktion in technologisch-wirtschaftlicher Betrachtung, Berlin 1973

Herches, H., Zur Analyse der Bürofunktionen, in: IO 1959, S. 143 f.

Herholz, H., Datenverarbeitung, Würzburg 1972

Herholz, H., Management - Informations - System, in: DB 1972, S. 445 ff.

Herrmann, J./Naumann, K., Die Generierung von Arbeitsplänen unter besonderer Berücksichtigung der Karteien/Dateien, in: IE (REFA) 1972, S. 181 ff.

Herrmann, N., Elektronische Datenverarbeitung in der Bekleidungsindustrie, Berlin 1970

Herzberg, F./Mausner, B./Snydermann, B., The Motivation to Work, New York/London/Sydney 1959

Heß-Kinzer, D./Doering, K., Grobtermin- und Kapazitätsplanung bei Einzel-, Serien- und Massenfertigung, in: IE (REFA) 1974, S. 19 ff.

Hill, W./Fehlbaum, R./Ulrich, P., Organisationslehre, Bern/Stuttgart 1974

Hoepfner, F. G./Schenck, C., Lernkurven und ihre Anwendungsbereiche im Betrieb, in: KRP 1974, S. 207 ff.

Hoffmann, F., Die Einsatzplanung elektronischer Rechenanlagen in der Industrie, München 1961

Hofmann, K. P., Organisation der Systemanalyse, in: Grochla, E./ Szyperski, N. (Hrsg.), Management der Datenverarbeitung (BIFOA Arbeitsbericht 72/4), Köln 1972, S. 31 ff.

Horváth, P., Der Betrieb als lernende Entscheidungseinheit, in: ZfB 1970, S. 747 ff.

Hoss, K., Fertigungsablaufplanung mittels operationsanalytischer Methoden, Würzburg/Wien 1965

Hülck, K., Programmiersprachen, in: Management-Enzyklopädie, Ergänzungsband, München 1973, S. 783 ff.

Hutchinson, G. K./Wynne, B. E., A flexible manufacturing system, in: IE (AIIE) Dec./1973, S. 10 ff.

Ifo-Institut für Wirtschaftsforschung, Soziale Auswirkungen des technischen Fortschritts, Berlin/München 1962

Irle, M., Soziale Systeme, in: Grochla, E. (Hrsg.), HWO, Stuttgart 1969, Sp. 1505 ff.

Jacob, H., Der Einsatz von EDV-Anlagen im Planungs- und Entscheidungsprozeß der Unternehmung, in: Jacob, H. (Hrsg.), Grundlagen der elektronischen Datenverarbeitung, Wiesbaden 1970, S. 91 ff.

Jacob, H., Einführung - Grundlagen und Grundtatbestände der Planung im Industriebetrieb, in: Jacob, H. (Hrsg.), Industriebetriebslehre, Bd. 2, Planung und Planungsrechnungen, Wiesbaden 1972, S. 15 ff.

Jacob, H., Die Planung des Produktions- und des Absatzprogramms, in: Jacob, H. (Hrsg.), Industriebetriebslehre, Bd. 2, Planung und Planungsrechnungen, Wiesbaden 1972, S. 39 ff.

Jantsch, E., Technological Planning and Social Futures, London 1972

Jantzen, K., ASP- ein Betriebssystem für Großinstallationen, in: IBM-N 1972, S. 343 ff.

Jordan, C., Einführung in den Aufbau der Hardware eines Datenverarbeitungssystems, in: Jacob, H. (Hrsg.), Grundlagen der elektronischen Datenverarbeitung, Wiesbaden 1970, S. 7 ff.

Jünemann, R./Eggenstein, F., Integration verschiedener Lagersysteme in den Fertigungsprozeß, in: wt 1975, S. 131 ff.

Kaebernick, H., Voraussage der zukünftigen Entwicklung der Fertigungstechnik mit Hilfe der Delphi-Methode, in: ZwF 1973, S. 92 ff.

Kahl, H. P., Beschäftigungs- und Auflagenumfang als Kriterien der Verfahrensauswahl, in: ZfB 1967, 1. Ergänzungsheft, S. 75 ff.

Kahle, E., Betriebswirtschaftliches Problemlösungsverhalten, Wiesbaden 1973

Kaiser, E., Numerikmaschinen, Köln-Braunsfeld 1971

Kalscheuer, H. D./Gsell, P. J., Integrierte Datenverarbeitungssysteme für die Unternehmensführung, 3. Aufl., Berlin/New York 1972

Kammerer, W., Der Einsatz von Rechnern bei der Automatisierung von Prüfaufgaben - Das integrierte Prüfsystem 70, in: messen + prüfen 1972, S. 697 ff.

Kampschulte, F., Erfolgsbeteiligung im Zeichen der Mechanisierung und der Automation, in: ZfB 1962, S. 297 ff.

Kapfer, E., Methoden der Prozeßführung, in: Anke, K./Kaltenekker, H./Oetker, R. (Hrsg.), Prozeßrechner, München/Wien 1970, S. 283 ff.

Kassalow, E. M., Technischer Fortschritt und Angestellte in den USA, in: Industriegewerkschaft Metall (Hrsg.), Automation und technischer Fortschritt in Deutschland und den USA, Frankfurt a. M. 1963, S. 266 ff.

Kaufmann, H., Informations-Verarbeitung und Automatisierung, 2. Aufl., München/Wien 1966

Kaufmann, H., Allgemeines über Informations-Speicherung, in: Kaufmann, H. (Hrsg.), Daten-Speicher, München/Wien 1973, S. 14 ff.

Kern, H./Schumann, M., Industriearbeit und Arbeiterbewußtsein, Teil II, Frankfurt a. M. 1970

Kern, H./Schumann, M., Der soziale Prozeß bei technischen Umstellungen, Frankfurt a. M. 1972

Kern, W., Optimierungsverfahren in der Ablauforganisation, Essen 1967

Kernler, H. K., Fertigungssteuerung mit EDV, Köln-Braunsfeld 1972

Kilger, W., Der Faktor Arbeit im System der Produktionsfaktoren, in: ZfB 1961, S. 597 ff.

Kinzer, D., Fertigungssteuerung mit Modularprogrammen, Berlin/Köln/Frankfurt a. M. 1972

Kirchner, J.-H., Arbeitswissenschaftlicher Beitrag zur Automatisierung, in: IE (REFA) 1972, S. 287 ff.

Kirchner, J.-H., Arbeitswissenschaftlicher Beitrag zur Automatisierung - Analyse und Synthese von Arbeitssystemen, Berlin/Köln/Frankfurt a. M. 1972

Kirchner, J.-H., Die Rolle der Analyse in der Systemgestaltung, in: IE (REFA) 1973, S. 81 ff.

Kirchner, J.-H., Auswirkungen der technischen Entwicklung und der Organisation auf einige Bedingungen der menschlichen Arbeit, in: IE (REFA) 1973, S. 249 ff.

Kirsch, W., Entscheidungsprozesse, Bd. 2, Informationsverarbeitungstheorie des Entscheidungsverhaltens, Wiesbaden 1971

Kirsch, W., Entscheidungsprozesse, Bd. 3, Entscheidungen in Organisationen, Wiesbaden 1971

Kirsch, W., Auf dem Weg zu einem neuen Taylorismus? in: IBM-N 1973, S. 561 ff.

Kirsch, W./Bamberger, I./Gabele, E./Klein, H. K., Betriebswirtschaftliche Logistik, Wiesbaden 1973

Kirsch, W., Betriebswirtschaftspolitik und geplanter Wandel betriebswirtschaftlicher Systeme, in: Kirsch, W. (Hrsg.), Unternehmensführung und Organisation, Wiesbaden 1973, S. 15 ff.

Kirsch, W./Kieser, H.-P., Perspektiven der Benutzeradäquanz von Management-Informations-Systemen, in: ZfB 1974, S. 383 ff., 527 ff.

Kisow, H./Mihm, H./Rosenbusch, R., Automatisierung von Entwurf, Konstruktion und Auftragsbearbeitung im Anlagenbau, dargestellt am Beispiel des Wärmeaustauscherbaus, in: IBM-N 1970, S. 147 ff.

Klein, H. K., Heuristische Entscheidungsmodelle, Wiesbaden 1971

Kloidt, H./Dubberke, H.-A./Göldner, J., Zur Problematik des Entscheidungsprozesses, in: Kosiol, E. (Hrsg.), Organisation des Entscheidungsprozesses, Berlin 1959, S. 9 ff.

Klussmann, G., Wirtschaftlichkeit der Organisation, Stuttgart 1970

Koch, G. A., Zur Automatisierung von Mensch-Maschine-Systemen, in: IO 1972, S. 195 ff.

Koch, H., Betriebliche Planung, Wiesbaden 1961

Köhler, R., Speicher für elektronische Datenverarbeitungsanlagen, in: ZfD 1972, S. 626 ff.

Köhler, R., Computer der Zukunft, Situation und Entwicklungstrends, in: Online 1973, S. 342 ff.

Kölbel, H./Schultze, J., Fertigungsvorbereitung in der Chemischen Industrie, Wiesbaden 1967

Kohring, G., Grundlagen und Praxis numerisch gesteuerter Werkzeugmaschinen, München 1966

Koreimann, D. S., Systemanalyse, Berlin/New York 1972

v. Kortzfleisch, G., Betriebswirtschaftliche Arbeitsvorbereitung, Berlin 1962

v. Kortzfleisch, G., Systematik der Produktionsmethoden, in: Jacob, H. (Hrsg.), Industriebetriebslehre, Bd. 1, Grundlagen, Wiesbaden 1972, S. 119 ff.

Koschnick, G., Prisma 2 - ein integriertes NC-Fertigungssystem, in: ZwF 1974, S. 442 ff.

Kosiol, E., Organisation der Unternehmung, Wiesbaden 1962

Kosiol, E., Betriebswirtschaftslehre und Unternehmensforschung, in: ZfB 1964, S. 743 ff.

Kosiol, E./Szyperski, N./Chmielewicz, K., Zum Standort der Systemforschung im Rahmen der Wissenschaften, in: ZfbF 1965, S. 337 ff.

Kosiol, E., Die Unternehmung als wirtschaftliches Aktionszentrum, Reinbek bei Hamburg 1966

Kosiol, E., Organisation - der Weg in die Zukunft, in: ZfürO 1973, S. 3 ff.

Kramer, R., Planungsrechnung und Datenverarbeitung, in: Agthe, K./Schnaufer, E. (Hrsg.), Unternehmensplanung, Baden-Baden 1963, S. 163 ff.

Kramer, R., Planung der Organisation, in: Grochla, E. (Hrsg.), HWO, Stuttgart 1969, Sp. 1317 ff.

Krippendorff, H., Automatisierung im Lager, in: Management-Enzyklopädie, Bd. 1, München 1969, S. 772 ff.

Krippendorff, H. / Auer, B. H., Die Bedeutung des Lagers für die Produktions- und Materialbesteuerung, in: ZwF 1974, S. 101 ff.

Krusch, G., Praktische Erfahrungen mit Zubringereinrichtungen, in: Automatisierung in der Fertigungstechnik, VDI-Berichte, Nr. 89, Düsseldorf 1965, S. 109 ff.

Kubitz, R. / Harenbrock, D., Das Teileprogramm für NC-Drehbearbeitung, in: ZwF 1974, S. 507 ff.

Kuhnert, H., Der Prozeß der Automatisierung und Mechanisierung, Diss., Würzburg/Leipzig 1935

Kunerth, W., Die Wirtschaftlichkeit dispositiver Anwendungssysteme - diskutiert am Beispiel der Fertigungssteuerung mit elektronischen Datenverarbeitungsanlagen, in: CP 1972, S. 257 ff.

Kunerth, W., Systematisierte Auswahl und Bewertung der Elemente für ein rechnergestütztes Fertigungssteuerungs-System, in: wt 1974, S. 134 ff.

Kunze, V., Kapazitätsauslastung und Kapazitätsbedarfsplanung von ADV-Anlagen mit Hilfe der Netzplantechnik, in: ZfürO 1971, S. 67 ff.

Kupsch, P. U. / Marr, R., Personalwirtschaft, in: Heinen, E. (Hrsg.), Industriebetriebslehre, 2. Aufl., Wiesbaden 1972, S. 445 ff.

Kussl, V., Zur Theorie der Automatisierung, in: BBC-Nachrichten 1962, S. 160 ff.

Langheck, W., Automatisierung in der Lackiertechnik, in: Pentzlin, K. / Kienzle, O. (Hrsg.), Fertigungstechnische Automatisierung, Berlin/Heidelberg/New York 1969, S. 91 ff.

Lanzendörfer, R., Neuere Aspekte bei EDV-Anwendungen im Produktionsbereich, in: IE (REFA) 1974, S. 185 ff.

Laske, S. / Reichwald, R., Emanzipation des arbeitenden Menschen im Betrieb - Schlagwort oder Programm einer neuen Arbeitswissenschaft? in: AuL 1974, S. 9 ff.

Lee, A. M., Systems Analysis Frameworks, London/Basingstoke 1970

Lehmann, H., Zum Objekt und wissenschaftlichen Standort einer "Organisationskybernetik", in: Grochla, E. / Fuchs, H. / Lehmann, H. (Hrsg.), Systemtheorie und Betrieb, ZfbF - Sonderheft 3/1974, S. 51 ff.

Leue, G., Entwicklungstendenzen der Informationsverarbeitung, in: adl-n 78/1973, S. 12 ff.

Lindemann, P., Auswirkung der modernen Informationstechnik auf die Unternehmensführung, in: Koller, H./Kicherer, H.-P. (Hrsg.), Probleme der Unternehmensführung, Festschrift für E. H. Sieber, München 1971, S. 92 ff.

Link, J., Zur Programmierung von Entscheidungen bei der Steuerung, Regelung und Anpassung organisierter Systeme, in: ZfürO 1973, S. 338 ff.

Link, J., Fertigungsplanung und -steuerung in betriebswirtschaftlicher Sicht, in: IE (REFA) 1974, S. 375 ff.

Lipp, W., Innovationsprozesse im industriellen Großbetrieb - Technologischer Wandel und sozialer Konflikt, in: DU 1971, S. 313 ff.

Ludwig, H., Die Größendegression der technischen Produktionsmittel, Köln/Opladen 1962

Lücke, W., Das "Gesetz der Massenproduktion" in betriebswirtschaftlicher Sicht, in: Koch, H./u. a. (Hrsg.), Zur Theorie der Unternehmung, Festschrift für E. Gutenberg, Wiesbaden 1962, S. 315 ff.

Lüder, K./unter Mitarbeit von Budäus, D., Standortwahl, in: Jacob, H. (Hrsg.), Industriebetriebslehre, Bd. 1, Grundlagen, Wiesbaden 1972, S. 41 ff.

Luhmann, N., Funktionen und Folgen formaler Organisation, Berlin 1964

Luhmann, N., Recht und Automation in der öffentlichen Verwaltung, Berlin 1966

Luhmann, N., Die Programmierung von Entscheidungen und das Problem der Flexibilität, in: Mayntz, R. (Hrsg.), Bürokratische Organisation, Köln/Berlin 1968, S. 324 ff.

Luhmann, N., Zweckbegriff und Systemrationalität, Frankfurt a. M. 1973

Lutz, B./Schmidt, G., Automation - gesellschaftliche Auswirkungen, in: Management-Enzyklopädie, Bd. 1, München 1969, S. 729 ff.

Lutz, T., Informatik, in: Management-Enzyklopädie, Ergänzungsband, München 1973, S. 380 ff.

Lutz, T., Sprachen im Informationssystem, in: CP 1973, S. 340 ff.

Männel, W., Die Wahl zwischen Eigenfertigung und Fremdbezug, Herne/Berlin 1968

Malle, K., Zusammenbau von Farbfernsehempfängern, in: wt 1972, S. 90 ff.

Mangold, B., Automatisches Lagerhaus, in: IO 1971, S. 57 ff.

Mantell, L. H., The Systems Approach and Good Management, in: Business Horizons Oct./1972, S. 43 ff.

March, J. G./Simon, H. A., Organizations, New York/London/Sydney 1958

Martino, J. P., Technological Forecasting for Decisionmaking, New York 1972

Marx, A., Das Zusammenwirken menschlicher und sachlicher Leistungsgrundlagen, in: Marx, A. (Hrsg.), Personalführung, Bd. 2, Personalwirtschaft im Zeichen des technischen Fortschritts und der betrieblichen Mitbestimmung, Wiesbaden 1970, S. 17 ff.

Mattessich, R., Systemsimulation und neue Aufgaben des betrieblichen Rechnungswesens, in: Busse von Colbe, W./Mattessich, R. (Hrsg.), Der Computer im Dienste der Unternehmungsführung, Bielefeld 1968, S. 173 ff.

Maul, H., Methodische Arbeitsstudien als Grundlage für die Wahl geeigneter Entlohnungsverfahren in der hochmechanisierten und automatisierten Fertigung, in: REFA-N 1963, S. 141 ff.

Maul, H., Methodische Arbeitsstudien als Grundlage für die Wahl geeigneter Entlohnungsverfahren in der hochmechanisierten und automatisierten Fertigung, in: Verband für Arbeitsstudien - REFA - e. V. (Hrsg.), Leistungslohn heute und morgen, Berlin/Köln/Frankfurt a. M. 1965, S. 35 ff.

Meffert, H., Systemtheorie aus betriebswirtschaftlicher Sicht, in: Schenk, K.-E. (Hrsg.), Systemanalyse in den Wirtschafts- und Sozialwissenschaften, Berlin 1971, S. 174 ff.

Mellerowicz, K., Betriebswirtschaftslehre der Industrie, Bd. 1, 6. Aufl., Freiburg i. Br. 1968

Mellerowicz, K., Betriebswirtschaftslehre der Industrie, Bd. 2, 6. Aufl., Freiburg i. Br. 1968

Mensch, G., Ablaufplanung Köln/Opladen 1968

Mensch, G., Das Trilemma der Ablaufplanung, in: ZfB 1972, S. 77 ff.

Mertens, P., Der Einfluß der elektronischen Datenverarbeitung auf Entscheidungsfindung und Entscheidungsprozeß, in: Jacob, H. (Hrsg.), Zielprogramm und Entscheidungsprozeß in der Unternehmung, Wiesbaden 1970, S. 81 ff.

Mertens, P., Untersuchungen zum Gesetz der Kostendegression in der ADV, in: Grochla, E. (Hrsg.), Die Wirtschaftlichkeit automatisierter Datenverarbeitungssysteme, Wiesbaden 1970, S. 199 ff.

Mertens, P., Ansätze zu Unternehmens-Gesamtmodellen, in: Rüh-
le von Lilienstern, H. (Hrsg.), Die informierte Unternehmung,
Berlin 1972, S. 293 ff.

Mertens, P., Anwendungen der EDV im Industriebetrieb, in: Jacob,
H. (Hrsg.), Industriebetriebslehre, Bd. 3, Organisation und
EDV, Wiesbaden 1972, S. 371 ff.

Mertens, P., Industrielle Datenverarbeitung, Bd. 1, Administra-
tions- und Dispositionssysteme, 2. Aufl., Wiesbaden 1972

Mertens, P./Griese, J., Industrielle Datenverarbeitung, Bd. 2,
Informations- und Planungssysteme, Wiesbaden 1972

Mertens, P., Systematisches Rechnungswesen für die Datenverarbeitung, in: adl-n 86/1974, S. 31 ff.

Meyer, B. E/Grabher, E., Automatischer Werkzeugwechsel für
vertikale Bearbeitungszentren, in: Werkstatt und Betrieb 1974,
S. 21 ff.

Meyer, C. W., Informatik als Wissenschaftsgebiet im Rahmen des
wirtschaftswissenschaftlichen Studiums, in: WiSt 1973, S. 402 ff.

Meyer, J./Sautter, G., Numerische Steuerung mit Adaption an
Werkzeugmaschinen, in: VDI-Z 1972, S. 532 ff.

Michael, U., Rechnergestützte Prüfautomaten für elektrotechnische
und elektronische Erzeugnisse, in: wt 1972, S. 468 ff.

de Micheli, F., Programmkonzepte zur Steuerung von Daten und
Informationsströmen in der Fertigung, München 1972

Minder, F., Systems Engineering in der Datenverarbeitung, in: IO
1969, S. 391 ff.

Mirow, H. M., Kybernetik, Wiesbaden 1969

Mitthof, F., NC-Maschinen, in: Steuerungstechnik 1971, S. 70 ff.

Morton, M. S. S., Management Decision Systems, Boston 1971

Müllejans, H., Gestaltung eines komplexen Arbeitssystems im Bereich der Materialverarbeitung nach der 6-Stufen-Methode, in:
REFA-N 1973, S. 175 ff.

Müller, H., Die Automatisierung der Werkstückhandhabung, in:
Pentzlin, K./Kienzle, O. (Hrsg.), Fertigungstechnische Automatisierung, Berlin/Heidelberg/New York 1969, S. 54 ff.

Müller, J./unter Mitarbeit von Breitenacher, M., Bedarf der Unternehmen an technologischen Vorausschätzungen, Berlin/
München 1973

Müller, J., Netzplantechnik steuert DV-Projekt, in: data report
4/1974, S. 21 ff.

Müller, M., Der organisatorische Gesichtspunkt im Industriebau, in: IO 1970, S. 485 ff.

Müller, W./Pressmar, D. B., Betriebswirtschaftliche Informationsverarbeitung und EDV, in: Jacob, H. (Hrsg.), Industriebetriebslehre, Bd. 3, Organisation und EDV, Wiesbaden 1972, S. 173 ff.

Müller-Merbach, H., Operations Research, 2. Aufl., München 1971

Müller-Merbach, H., Heuristische Verfahren, in: Management-Enzyklopädie, Ergänzungsband, München 1973, S. 346 ff.

Nann, R., Rechnersteuerung von Fertigungseinrichtungen, Berlin/Heidelberg/New York 1972

Nicolovius, R., Betriebssysteme für EDV-Anlagen, in: Jacob, H., (Hrsg.), EDV als Instrument der Unternehmensführung, Wiesbaden 1970, S. 61 ff.

zur Nieden, M., Maschinelle Datenverarbeitungssysteme in der Unternehmung, Wiesbaden 1971

Nieder, P., Der Zusammenhang zwischen Produktivität und Zufriedenheit, in: AuL 1974, S. 225 ff.

Niedereichholz, C., Organisationsformen der Betriebsdatenerfassung, in: ZfürO 1973, S. 455 ff.

Niedereichholz, J., Grundlagen der optimalen organisatorischen Reihenfolgeplanung in der Arbeitsvorbereitung, in: ZfürO 1970, S. 262 ff.

Niessen, K., Strategien zur Gestaltung computergestützter Informationssysteme, in: ZfB 1973, S. 710 ff.

Noack, H., Der Aufbau eines elektronischen Datenverarbeitungssystems als rationale Investitionsentscheidung, Berlin 1969

Obermann, E. (Hrsg.), Gesellschaft und Verteidigung, Stuttgart 1971

Oemigk, J., Projektablauf, in: Anke, K./Kaltenecker, H./Oetker, R. (Hrsg.), Prozeßrechner, München/Wien 1970, S. 353 ff.

Oetker, R., Prozeßmodelle, in: Anke, K./Kaltenecker, H./Oetker, R. (Hrsg.), Prozeßrechner, München/Wien 1970, S. 231 ff.

Ohse, H., Wirtschaftliche Probleme industrieller Sortenfertigung, Bd. 2, Köln/Opladen 1963

Olbrich, W./Steinmetz, G., Automatische Arbeitsplanerstellung, in: wt 1972, S. 381 ff.

Opitz, H., Werkstücksystematik und Teilefamilienfertigung, in: VDI-Z 1964, S. 1268 ff.

Opitz, H./Eversheim, W./Gräßler, D., Untersuchung über die Einsatzmöglichkeiten von Datenverarbeitungsanlagen bei der Fertigungsplanung und -steuerung in Industriebetrieben mit vorwiegender Einzel- und Kleinserienfertigung, Köln/Opladen 1968

Opitz, H./Eversheim, W./Brankamp, K., Fertigungsorganisation, in: Grochla, E. (Hrsg.), HWO, Stuttgart 1969, Sp. 521 ff.

Opitz, H./Groebler, J., Werkstattfertigung, in: Grochla, E. (Hrsg.), HWO, Stuttgart 1969, Sp. 1775 ff.

Opitz, H./Graalmann, H./Michels, W., Entwicklungstendenzen auf dem Gebiet der Produktionstechnik, in: VDI-Z 1972, S. 465 ff.

Opitz, H./Olbrich, W./Steinmetz, G., Automatische Arbeitsplanerstellung, Opladen 1972

o. V., Bearbeitungszentrum für Kleinteile, in: wt 1974, S. 337 f.

o. V., Betriebsverfassungsgesetz (vom 15. Januar 1972)

o. V., Industrie-Roboter bedienen stationäre Punktschweißmaschinen, in: wt 1972, S. 668

o. V., Marktbild: Industrieroboter, in: Produktion 1973, S. 113 ff.

o. V., Numerisch gesteuertes Bearbeitungszentrum, in: wt 1973, S. 269

o. V., Numerisch gesteuertes Bearbeitungszentrum mit 60 oder 100 Werkzeugen, in: wt 1972, S. 388

o. V., Produktions-Informations- und Steuerungssystem PICS, IBM-Form 80524-0, 1970

o. V., Prozeßrechner in der Porzellan-Industrie, in: CP 1970, S. 29

Pärli, H., Problemanalyse, in: Grochla, E. (Hrsg.), HWO, Stuttgart 1969, Sp. 1346 ff.

Paul, W. J./Robertson, K. B./Herzberg, F., Job enrichment pays off, in: HBR Jan.-Febr./1968, S. 61 ff.

Peetz, G./Eckert, H., NC-Maschinen, in: Management - Enzyklopädie, Bd. 4, München 1971, S. 817 ff.

Pfannmüller, J., Der Einfluß der Mechanisierung und Automatisierung auf die Anwendungsfähigkeit der gebräuchlichen Entlohnungsverfahren, Diss., Berlin 1969

Pfeiffer, W./Staudt, E., Das kreative Element in der technologischen Voraussage, in: ZfB 1972, S. 853 ff.

Pietsch, M., Die Auswirkung der "Automation" auf den Produktionsprozeß, in: ZfhF 1956, S. 449 ff.

Pietsch, M., Automation, in: Görres Gesellschaft (Hrsg.), Staats-
lexikon, Bd. 1, 6. Aufl., Freiburg 1957, Sp. 794 ff.

Pietsch, M., Produktion, automatische, in: Seischab, H./Schwan-
tag, K.(Hrsg.), HWB, Bd.3, 3. Aufl., Stuttgart 1960, Sp. 4460 ff.

Pollock, F., Automation, Frankfurt a. M. 1956, Neuausgabe 1964

Pornschlegel, H., Sicherung des sozialen Besitzstandes bei tech-
nischem Fortschritt in Deutschland, in: Industriegewerkschaft
Metall (Hrsg.), Automation und technischer Fortschritt in
Deutschland und den USA, Frankfurt a. M. 1963, S. 239 ff.

Pressmar, D. B., Die problemorientierten Programmiersprachen.
Ein Vergleich am Beispiel eines Fakturierprogrammes, in:
Jacob, H. (Hrsg.), Grundlagen der elektronischen Datenverar-
beitung, Wiesbaden 1970, S. 115 ff.

Preuß, H.-U., Die Automation in betriebswirtschaftlicher Sicht,
Berlin 1970

Proske, W., Aufbau von On-line-Fertigungsleitsystemen, in: ZfD
1972, S. 474 ff.

Rehhahn, H., Arbeitsorganisation und technischer Fortschritt, in:
Industriegewerkschaft Metall (Hrsg.), Automation - Risiko und
Chance, Bd. 2, Frankfurt a. M. 1965, S. 893 ff.

Rehhahn, H., Probleme der Schichtarbeit aus der Sicht der betrieblichen Praxis, in: AuL 1972, S. 151 ff.

Reisch, K., Lohnfindung bei automatisierten Arbeitsprozessen,
Wiesbaden 1972

Riebel, P., Industrielle Erzeugungsverfahren in betriebswirtschaftlicher Sicht, Wiesbaden 1963

Riebel, P., Typen der Markt- und Kundenproduktion in produktions-
und absatzwirtschaftlicher Sicht, in: ZfbF 1965, S. 663 ff.

Riedesser, A., Der Diagonalalgorithmus zur Ablaufplanung, in:
ZbfF 1971, S. 649 ff.

Riehm, H.-O., Menschliche Probleme in der Arbeitsvorbereitung
bei Einführung der elektronischen Datenverarbeitung, in: Bussmann, K. F./Mertens, P. (Hrsg.), Operations Research und
Datenverarbeitung bei der Produktionsplanung, Stuttgart 1968,
S. 406 ff.

Ringers, G., Die Planung von Fabrikanlagen, in: IE (REFA) 1971,
S. 99 ff.

Rölle, H., Die modellgestützte Systemanalyse für die Gestaltung
problembezogener computergestützter Informationssysteme, in:
ZfD 1972, S. 24 ff.

Rohmert, W., Kybernetische Aspekte der Arbeitswissenschaft bei zunehmender Automatisierung, in: VDI-Z 1967, S. 1283 ff.

Ropohl, G., Flexible Fertigungssysteme, Mainz 1971

Roschmann, K., Automatisierte Datenerfassung für Fertigungssteuerung und Kostenrechnung, Mainz 1973

Roschmann, K., Elektronische Fertigungsüberwachung, Stuttgart/Wiesbaden 1974

v. Rosenstiel, L., Leistung und Zufriedenheit - Zur Frage der Korrelation und Kausalität aus organisationspsychologischer Sicht, Vortrag vom 11.3.1975 auf dem 21. Arbeitswissenschaftlichen Kongreß der GfA (Gesellschaft für Arbeitswissenschaft e. V.) in Karlsruhe - Generalthema: Arbeitsorganisation und Motivation

Rüede, O., Analytische Werkzeugmaschinenevalution, in: IO 1975, S. 295 ff.

Rühl, G., Untersuchungen zur Arbeitsstrukturierung, in: IE (REFA) 1973, S. 147 ff.

Rühl, G., Soziotechnologische Systemforschung und -gestaltung, in: IE (REFA) 1974, S. 155 ff.

Rühl, G./Gramp, E., Industrieroboter - eine aktuelle Technologie zur Humanisierung der Arbeit, in: IE (REFA) 1974, S. 431 ff.

Rühl, H., Programmiersprachen in der elektronischen Datenverarbeitung, in: Folkertsma, B. (Hrsg.), Handbuch für Manager, Bd. 3, Herne/Berlin 1971, S. 7.3 - 101 ff. (März 1973)

Sachverständigenkommission zur Auswertung der bisherigen Erfahrungen bei der Mitbestimmung, Mitbestimmung im Unternehmen, übersandt als Drucksache VI/334 an den Deutschen Bundestag, Bonn 1970

Schäfer, E., Der Industriebetrieb, Bd. 1, Köln/Opladen 1969

Schäfer, E., Der Industriebetrieb, Bd. 2, Opladen 1971

Scharbert, J., Festspeicher, in: Kaufmann, H. (Hrsg.), Daten-Speicher, München/Wien 1973, S. 184 ff.

Scharf, P./Schulz, E., Integrierte, flexible Fertigungssysteme, in: wt 1973, S. 130 ff., 199 ff.

Scharmann, T., Gruppendynamik und Monotonieproblem in der mechanisierten Produktion, Bern 1973

Scheuchzer, R., Computergesteuertes Lager, in: IO 1969, S. 371

Schimmelbusch, H., EDV-Hilfe für die strategische Unternehmensplanung, in: IBM-N 1975, S. 96 ff.

Schlick, K./Strasser, G., Digitale Vielfachregelung, in: Anke, K./
Kaltenecker, H./Oetker, R. (Hrsg.), Prozeßrechner, München
/Wien 1970, S. 491 ff.

Schmid, D./Senger, D./Wojtkowiak, H., Technische Informatik,
Teil 1, Grundprinzipien des Entwurfs und der Organisation digitaler Rechenanlagen, München/Wien 1973

Schmid, D., Entwicklungsprognosen, in: Steinbuch, K./Weber, W.
(Hrsg.), Taschenbuch der Informatik, Bd. 1, Grundlagen der
technischen Informatik, 3. Aufl., Berlin/Heidelberg/New York
1974, S. 38 ff.

Schmidt, E., Die Automation in organisationstheoretischer Betrachtung, Berlin 1966

Schmidt, G., Organisations-Planung und Durchführung in sieben
Phasen, in: bürotechnik 1972, S. 291 ff.

Schmidt, R.-B., Wirtschaftslehre der Unternehmung, Bd. 2, Zielerreichung, Stuttgart 1973

Schmidtke, H., Ergonomie und Automatisierung, in: Pentzlin, K. /
Kienzle, O. (Hrsg.), Fertigungstechnische Automatisierung,
Berlin/Heidelberg/New York 1969, S. 107 ff.

Schmidtke, H., Mentale Beanspruchung, in: Schmidtke, H. (Hrsg.),
Ergonomie 1, München 1973, S. 256 ff.

Schmidtke, H., Psychophysische Beanspruchung, in: Schmidtke, H.
(Hrsg.), Ergonomie 1, München 1973, S. 217 ff.

Schmitz, P., Programmiersprachen, in: Grochla, E. (Hrsg.), HWO,
Stuttgart 1969, Sp. 1349 ff.

Schmitz, P., Voraussetzungen für die Gestaltung computergestützter
Entscheidungssysteme, in: elektronische datenverarbeitung
1970, S. 401 ff.

Schmitz, P., Zum Standpunkt einer anwendungsorientierten Informatik, in: AI 1973, S. 3 ff.

Schmitz, P., Computergestützte Management-Informationssysteme,
in: Wild, J. (Hrsg.), Unternehmungsführung, Festschrift für
E. Kosiol, Berlin 1974, S. 469 ff.

Schmitz, P./Seibt, D., Einführung in die anwendungsorientierte
Informatik, München 1975

Schmudlach, J./Pietsch, A./Vonholdt, H.-U., Elektronische Ver-
triebs- und Produktionsplanung mit integrierter Auftragsabwicklung in der Praxis, München 1971

Schneider, C., Datenverarbeitungs-Lexikon, Wiesbaden 1970

Schneider, D. J. G., Systemtheoretisch orientierte Betriebswirtschaftslehre? in: ZfB 1974, S. 53 ff.

Schönefeld, H., Beitrag zu Grundsatzfragen der Leistungsentlohnung
vorzugsweise bei mechanisierter und teilweise automatisierter
Fertigung, Köln/Opladen 1965

Schoppan, W./Kaiser, H./Martin, E., Betriebswirtschaftliche Aspekte der EDV, Berlin (Ost) 1970

Schramm, H. F. W., "Intelligente" Datenerfassungssysteme mit
magnetischer Aufzeichnung, in: Online 1973, S. 134 ff.

Schuff, H. K., Programmsteuerung, in: Grochla, E. (Hrsg.), HWO,
Stuttgart 1969, Sp. 1362 ff.

Schulte, B./Dörken, W./Krankenhagen, H. J., Ergonomie – ein
Hilfsmittel für humane und wirtschaftliche Fertigung, in: ZwF
1974, S. 472 ff.

Schultz-Wild, R./Weltz, F., Technischer Wandel und Industriebetrieb, Frankfurt a. M. 1973

Schulz, A., Strukturanalyse der maschinellen betrieblichen Informationsbearbeitung, Berlin 1970

Schulz, A., Informatik für Anwender, Berlin/New York 1973

Schulze, H. H., Zum Problem der Computernutzung für mittlere
und kleinere Betriebe, in: adl-n 77/1972, S. 22 ff.

Schurr, R./Fränkle, H., Konstruktive Merkmale an Bearbeitungszentren zum Bohren und Fräsen, in: wt 1973, S. 789 ff.

Schweitzer, M., Probleme der Ablauforganisation in Unternehmungen, Berlin 1964

Schweitzer, M., Einführung in die Industriebetriebslehre, Berlin/
New York 1973

Schweitzer, M., Kooperationsformen zwischen Organisationslehre
und Organisationspraxis, in: ZfürO 1973, S. 249 ff.

Schweitzer, M., Zum Wandel in den betriebswirtschaftlichen Organisationsvorstellungen, in: WiSt 1973, S. 170 ff.

Scola, L., Organisieren - ein Entscheidungsprozeß, in: DU 1972,
S. 199 ff.

Sedlmayr, H., Die Entscheidungstheorie als Rationalisierungsinstrument für Software-Projekte, in: ZfD 1972, S. 559 ff.

Seelbach, H., Interdependente Programm- und Prozeßplanung, in:
Koch, H. (Hrsg.), Zur Theorie des Absatzes, Festschrift für
E. Gutenberg, Wiesbaden 1973, S. 447 ff.

Seibt, D./Emde, W., Planung der Anwendungs-Software, in: Fuchs, J./Schwantag, K. (Hrsg.), Agplan-Handbuch zur Unternehmens-planung, Berlin 1970, Kennzahl 6202

Seibt, D., Betriebsinformatik, in: Grochla, E./Wittmann, W. (Hrsg.), HWB, Stuttgart 1974, Sp. 579 ff.

Simon, H. A., The New Science of Management Decision, New York /Evanston 1960

Simon, H. A., Perspektiven der Automation für Entscheider, Quick-born 1966

Simon, W., numerische Steuerung, in: Mattée, G. (Hrsg.), Ferti-gungstechnik und Arbeitsmaschinen, Bd. 3, Reinbek bei Ham-burg 1972, S. 678 ff.

Slagle, J. R., Einführung in die heuristische Programmierung, München 1972

Söldenwagner, F., Steuerung und Bestandsführung eines Hochraum-lagers, in: IBM-N 1972, S. 237 ff.

Spade, H.-G., Auswertung von Zeitstudien mit Hilfe der EDV, in: Zeitschrift für Führungskräfte 2/1968, S. 89 ff.

Spur, G., Automatisierung in der Arbeitsvorbereitung, in: IE (REFA) 1972, S. 59 ff.

Spur, G./Pätzold, A./Zastrow, F., Einsatz und Ausbaumöglich-keiten eines DNC-Systems in der industriellen Fertigung, in: ZwF 1973, S. 171 ff.

Spur, G./Auer, B. H., Die Steuerung von Industrierobotern, in: ZwF 1973, S. 381 ff.

Spur, G./Tomczyk, A., Programm für die Zuordnung von Drehwerk-stücken zu Drehmaschinen, in: ZwF 1973, S. 178 ff.

Spur, G./Feldmann, K./Mathes, H., Entwicklungsstand integrier-ter Fertigungssysteme, in: ZwF 1973, S. 229 ff.

Spur, G./Fricke, F./Arbeitsgruppe Automatisierte Arbeitsplanung, in: ZwF 1973, S. 589 ff.

Spur, G./Auer, B. H., Industrieroboter zum Beschicken von nu-merisch gesteuerten Werkzeugmaschinen, in: ZwF 1974, S. 3 ff.

Spur, G./Auer, B. H., Die automatische Handhabung bei flexiblen Fertigungszellen, in: wt 1975, S. 117 ff.

Spur, G./Pätzold, A./Zastrow, F., Entwicklung eines modularen, flexiblen Fertigungssystems mit automatisierter Informations-verarbeitung, in: ZwF 1975, S. 9 ff.

Staerkle, R., Der Entscheidungsprozeß in der Unternehmungsorganisation, in: DU 1963, S. 11 ff.

Starkermann, R., Zur Kybernetik wachsender Organisationen, in: IO 1970, S. 264 ff.

Stau, C. H., Die Wirtschaftlichkeit numerisch gesteuerter Drehmaschinen, in: VDI-Z 1974, S. 541 ff.

Staudt, E., Struktur und Methoden technologischer Voraussagen, Göttingen 1974

Steinbuch, K., Systemanalyse - Versuch einer Abgrenzung, Methoden und Beispiele, in: IBM-N 1967, S. 446 ff.

Steinbuch, K., Automat und Mensch, 4. Aufl., Berlin/Heidelberg/New York 1971

Steinmetz, G./Wiendahl, H.-P., Automatische Zeichnungs- und Arbeitsplanerstellung für Varianten - ein Weg zur integrierten Produktionsvorbereitung, in: IE (REFA) 1973, S. 21 ff.

Steinmetz, K., Fertigungssteuerung mit dem Datenerfassungssystem IBM 357, in: IBM-N 1963, S. 2056 ff.

Stiltz, H., Moderne Lackierverfahren, Teil 2, in: VDI-Z 1974, S. 151 ff.

Streim, H., Die Bedeutung der Simulation für die Investitionsplanung - ein systemtheoretischer Ansatz, Diss., München 1971

Stute, G., Über die Steuerung von Fertigungseinrichtungen, in: Pentzlin, K./Kienzle, O. (Hrsg.), Fertigungstechnische Automatisierung, Berlin/Heidelberg/New York 1969, S. 63 ff.

Stute, G., Flexible Fertigungssysteme, in: wt 1974, S. 147 ff.

Stute, G./Bauer, E., Steuerungssystem für ein flexibles Fertigungssystem, in: wt 1974, S. 157 ff.

Szyperski, N., Analyse der Merkmale und Formen der Büroarbeit, in: Kosiol, E. (Hrsg.), Bürowirtschaftliche Forschung, Berlin 1961, S. 75 ff.

Szyperski, N., Zur wissenschaftsprogrammatischen und forschungsstrategischen Orientierung der Betriebswirtschaftslehre, in: ZfbF 1971, S. 261 ff.

Szyperski, N., Forschungs- und Entwicklungsprobleme der Unternehmungsplanung, in: Grochla, E./Szyperski, N. (Hrsg.), Modell- und computergestützte Unternehmungsplanung, Wiesbaden 1973, S. 21 ff.

Szyperski, N., Gegenwärtiger Stand und Tendenzen der Entwicklung betrieblicher Informationssysteme, in: IBM-N 1973, S. 473 ff.

Tauschek, A., Informationssysteme für eine flexible Produktion, in: Rationalisierung 1972, S. 171 ff.

Trabalski, K., Automation - neue Aufgaben für Betriebsräte und Gewerkschaften, Köln 1967

Treier, P., Zur Problemorientierung der Arbeitswissenschaft, in: AuL 1974, S. 17 ff.

Tuffentsammer, K./Meerkamm, H., Spannvorrichtungssysteme für das Bearbeiten von Werkstücken in flexiblen Fertigungssystemen, in: wt 1975, S. 1 ff.

Tully, H., Automatisierung im Betrieb, in: Management-Enzyklopädie, Bd. 1, München 1969, S. 752 ff.

Twiss, B. C., Managing technological innovation, London 1974

Uhlig, A., Stoff-, Energie- und Informationsfluß beim mechanisierten Umformen auf Pressen, in: wt 1972, S. 732 ff.

Ulrich, H., Betrachtungen zur Willensbildung in der Unternehmungsorganisation, in: Betriebswirtschaftliche Mitteilungen Heft 1, Willensbildung in der Unternehmung, Bern 1958, S. 2 ff.

Ulrich, H., Die Unternehmung als produktives soziales System, Bern/Stuttgart 1968, 2. Aufl. 1970

Ulrich, H., Organisieren als Berufsaufgabe, in: ZfürO 1968, S. 88 ff.

Ulrich, H., Betrachtungen zum Organisationsgrad von Unternehmungen, in: Kloidt, H. (Hrsg.), Betriebswirtschaftliche Forschung in internationaler Sicht, Festschrift für E. Kosiol, Berlin 1969, S. 193 ff.

Ulrich, H., Kompetenz, in: Grochla, E. (Hrsg.), HWO, Stuttgart 1969, Sp. 852 ff.

Ulrich, P., Ein verhaltenswissenschaftlicher Ansatz zur Theorie der Prozeß-Organisation, in: DU 1974, S. 147 ff.

VDI-Fachgruppe Betriebstechnik (ADB) (Hrsg.), Elektronische Datenverarbeitung bei der Produktionsplanung und -steuerung I, Produktionsterminplanung und -steuerung, Düsseldorf 1969

VDI-Gesellschaft Produktionstechnik (ADB) (Hrsg.), Elektronische Datenverarbeitung bei der Produktionsplanung und -steuerung V, Düsseldorf 1974

Veismann, A./Pertiller, H./Mathies, H., Technische Angebots- und Auftragsbearbeitung in der Variantenfertigung (ADE) mit Entscheidungstabellen, in: IBM-N 1969, S. 693 ff.

Vogler, G., Die Betriebswirtschaftslehre in ihrem Verhältnis zu anderen wissenschaftlichen Disziplinen, in: ZfB 1969, S. 821 ff.

Vogt, M., Automatisierung zerstörungsfreier Prüfverfahren, in: messen + prüfen/automatik 1974, S. 743 ff.

Vollberg, J./Stubenrecht, A., Fertigungsorganisation, ihre Grundlagen, Konzeption und Anwendung, in: Stubenrecht, A./Vollberg, J./Roschmann, K./Herold, H. H., Methoden und Mittel für die Organisation der Fertigung, Düsseldorf 1965, S. 7 ff.

Waddell, H. L., Die Grundlagen der Automatisierung, in: Maynard H. B. (Hrsg.), HdlE, Bd. 3, Teil VIII, Berlin/Köln/Frankfurt a. M. 1956, S. 565 ff.

Wächter, H., Die Problematik von Untersuchungen zur Arbeitsmotivation, in: BFuP 1969, S. 365 ff.

Waechter, K. H., Ermitteln der Wirtschaftlichkeit des Einsatzes von Prozeß-Steuerungs-Anlagen, in: VDI-Z 1972, S. 1264 ff.

Wahl, M. P., Grundlagen eines Mangement-Informationssystems, Neuwied/Berlin 1969

Wahl, M. P., Betriebswirtschaftliche Probleme bei der Einführung der EDV in der Unternehmung, in: Jacob, H. (Hrsg.), EDV als Instrument der Unternehmensführung, Wiesbaden 1970, S. 5 ff.

Warnecke, H. J./Löhr, H.-G./Schraft, R. D., Stand der Automatisierung in der Montage, in: wt 1972, S. 125 ff.

Warnecke, H. J./Kirmse, W./Herrmann, G., Voraussetzungen für die Anwendung von Industrie-Robotern, in: wt 1973, S. 148 ff.

Warnecke, H. J./Giuliani, O./Maier, U./Nieß, P. S., Fertigungssteuerung bei flexiblen Fertigungssystemen, in: wt 1974, S. 440 ff.

Warnecke, H. J./Hirschbach, O./Metzger, H., Rechnerunterstützte Montageplanerstellung nach dem Optimierungsprinzip, in: wt 1975, S. 147 ff.

Wedekind, E., Mehrstellenarbeit und -entlohnung, in: Der Arbeitgeber 1961, S. 446 ff.

Wegner, G., Sachmittel in der Organisation, in:Grochla, E.(Hrsg.), HWO, Stuttgart 1969, Sp. 1471 ff.

Wegner, G., Systemanalyse und Sachmitteleinsatz in der Betriebsorganisation, Wiesbaden 1969

Weiler, P., Automatisierte Lagerhaussteuerung mit einem IBM-System/7, in: IBM-N 1974, S. 66 ff.

Weinberg, E., Stand und Aussichten der Automation in den USA, in: Wirtschaftsdienst 1956, S. 433 ff.

Weis, O., Die Automatisierung der industriellen Fertigung, Diss., Nürnberg 1961

Weng, H. K., Lohnfindung an modernen Arbeitsplätzen in Deutschland, in: Industriegewerkschaft Metall (Hrsg.), Automation und technischer Fortschritt in Deutschland und den USA, Frankfurt a. M. 1963, S. 194 ff.

Wentz, W., Auslegung der Speicher einer Prozeßrechneranlage am Beispiel eines DNC-Systems, in: ZwF 1973, S. 319 ff.

Wickert, L., Der Computer im Hochregallager, in: CP 1974, S. 252 ff.

Wiedemann, H., Das Unternehmen in der Evolution, Neuwied/Berlin 1971

Wiggert, H., Ermittlung der technologischen Matrix bei Anwendung der linearen Planungsrechnung in Betrieben mit mechanischer Fertigung, in: BFuP 1971, S. 158 ff.

Wild, J., Betriebswirtschaftliche Organisationslehre: Gegenwartsstand und Zukunftsperspektiven, in: ZfürO 1969, S. 3 ff.

Wild, J., Zur praktischen Bedeutung der Organisationstheorie, in: ZfB 1967, S. 567 ff.

Wilkie, G. S., Hands-off warehousing system, in: IE (AIIE), May/ 1973, S. 12 ff.

Witte, E., Phasen-Theorem und Organisation komplexer Entscheidungsverläufe, in: ZfbF 1968, S. 625 ff.

Witte, E./unter Mitarbeit von Weigand, K. H., Das Terminal als Nahtstelle zwischen menschlichem und maschinellem Informationssystem, in: Kresse, W. (Hrsg.), Aktuelle Probleme der Datenverarbeitung und Bilanzierung, Stuttgart 1971, S. 45 ff.

Woitschach, M., Datenspeicherung, in: Grochla, E. (Hrsg.), HWO, Stuttgart 1969, Sp. 366 ff.

Woodward, J., Industrial Organization: Theory and Practice, London 1970

Wunn, C. P., Einfluß der Automation auf den Lohn in betriebswirtschaftlicher Sicht, Bern 1969

Zahn, D./Scholter, W., Das Fertigungsterminierungsprogramm CLASS-20, in: IBM-N 1971, S. 726 ff.

Zangemeister, C., Systemtechnik, in: ZfürO 1970, S. 209 ff.

Zangemeister, C., Nutzwertanalyse in der Systemtechnik, 2. Aufl., München 1971

Zastrow, F., Systemkonfiguration zur Steuerung flexibel verketteter Fertigungseinrichtungen, in: ZwF 1974, S. 224 ff.

Zastrow, F., Entwicklung eines modularen, flexiblen Fertigungssystems mit automatisierter Informationsverarbeitung, in :
ZwF 1975, S. 9 ff.

Zuber, J., Der Einsatz der elektronischen Datenverarbeitung in
der Einzelfertigung, in: Haberlandt, K. (Hrsg.), Automatisierte Datenverarbeitung in Forschung und Praxis, Ludwigshafen
1970, S. 105 ff.

Dr. Ulrich Middelmann

Bedarfsorientierte Planung von Instandhaltungskosten

dargestellt an Beispielen aus der Stahlindustrie
180 Seiten — ISBN 3 409 34431 4

Buch: In dieser Untersuchung werden Aufbau und Anwendungsmöglichkeiten eines operationalen Planungs- und Kontrollsystems für Instandhaltungsleistungen dargestellt. Dieses System gibt Hinweise für die Beantwortung wichtiger Fragestellungen im Instandhaltungsbetrieb:

☐ Die **Bedarfsermittlung** der Instandhaltungsleistungen für Fertigungsanlagen in Abhängigkeit ihrer wesentlichen Einflußgrößen.

☐ Die mittelfristige **Dimensionierung** und **Strukturierung** der Instandhaltungskapazitäten für einen erwarteten Instandhaltungsbedarf.

☐ Die Beurteilung von kürzerfristigen **Anpassungsmaßnahmen** dieser Instandhaltungskapazitäten an konjunkturbedingte Bedarfsschwankungen.

Mit diesem Buch soll die aktuelle wissenschaftliche Diskussion über die Probleme der Anlagenwirtschaft bereichert und zugleich für die Praxis ein systematischer Weg zur wirtschaftlichen Betriebsführung im Instandhaltungsbereich aufgezeigt werden.

Aus dem Inhalt: Ursachen und Erscheinungsformen des Verbrauchs bei Fertigungsanlagen — Aussagefähigkeit von Anlagenkosten — Abgrenzung von Instandhaltungskosten und Abschreibung — Bedarfsermittlung mit Hilfe von Richtgrößenfunktionen — Anwendungsmöglichkeiten mit Beispielen.

Dr. Reinhard Haupt

Reihenfolgeplanung im Sondermaschinenbau

216 Seiten — ISBN 3 409 34364 4

Zum Buch: Ausgangspunkt des Beitrags ist die Reihenfolgeplanung bei der Auftragsbearbeitung in der industriellen Produktion. Durch eine Simulation, eine Nachbildung des Fertigungsgeschehens, wie es in der Praxis ablaufen könnte, lassen sich verschiedenste Reihenfolgeregelungen experimentweise erproben. In einem solchen Simulationsmodell wird nun im Besonderen den Montageverknüpfungen der Teilefertigung Rechnung getragen. Damit soll die für Netzaufträge charakteristische Forderung näher untersucht werden, nämlich die gemeinsam zu montierenden Teile nicht nur möglichst rechtzeitig, sondern auch möglichst gleichzeitig fertigzustellen. Eine typische Bemühung innerhalb der Reihenfolgeplanung, einem solchen Ziel gerecht zu werden, stellt die „Synchronisation" in der Fertigung dieser Teile dar.

Zugleich wendet sich diese Arbeit empirisch gedeckten Verhältnissen zu: Das zugrundegelegte Simulationsmodell orientiert sich an repräsentativen Gegebenheiten des Werkzeugmaschinenbaus. Damit stützt sich der Test von synchronisierenden Prioritätsregeln auf plausible Fertigungsbedingungen einer konkreten Branche.

Ein wichtiges Ereignis dieser Untersuchung über solche bisher faktisch nicht praktizierten Reihenfolgeentscheidungen: In Verbindung mit elementaren erprobten Prioritätsregeln leistet die Synchronisation eine eindeutige Verbesserung der Fertigungskostensituation.